SECCIÓN DE OBRAS DE ECONOMÍA LATINOAMERICANA

AGRICULTURAS Y CAMPESINADOS DE AMÉRICA LATINA

Traducción de
Mónica Utrilla
y José Esteban Calderón

AGRICULTURAS Y CAMPESINADOS DE AMÉRICA LATINA

Mutaciones y recomposiciones

THIERRY LINCK
(compilador)

GRAL
GROUPE DE RECHERCHE SUR L'AMERIQUE LATINE
ORSTOM
60 ANIVERSARIO

INSTITUT FRANÇAIS DE RECHERCHE SCIENTIFIQUE
POUR LE DÉVELOPPEMENT EN COOPÉRATION
FONDO DE CULTURA ECONÓMICA
MÉXICO

Primera edición en francés, 1993
Primera edición en español, 1994

Título original:
Agricultures et paysanneries en Amérique Latine. Mutations et recompositions

ISBN 2-7099-1152-3

Carretera Picacho-Ajusco, 227; 14200 México, D. F.

ISBN 968-16-4276-7

Impreso en México

PRESENTACIÓN

¿QUÉ PORVENIR ESPERA A LAS AGRICULTURAS Y LOS CAMPESINADOS DE AMÉRICA LATINA?

THIERRY LINCK
Coordinador del Coloquio,
responsable de la edición

EN DICIEMBRE de 1990 y por iniciativa de la Universidad de Toulouse le Mirail, del CNRS y del ORSTOM, bajo la égida del GDR 36 del CNRS (red de investigación sobre América Latina) y del CEISAL (Consejo Europeo de Investigaciones Sociales sobre América Latina), se celebró en Toulouse el coloquio internacional *Agriculturas y campesinados de América Latina. Cambios y recomposiciones.*

La reunión tuvo un franco éxito, al menos cuantitativo, que sorprendió a los organizadores y a veces superó su capacidad de respuesta: se presentaron más de 100 comunicaciones, que fueron debatidas por cerca de 300 investigadores de diversas disciplinas y de 21 nacionalidades; en conjunto, representaban una cincuentena completa de instituciones científicas o universitarias. Este éxito es explicable. Primero, por la parte activa y eficaz que tuvieron el Centro de Promoción de la Investigación Científica de la Université de Toulouse le Mirail y Marie-Christine Lacoste (Grupo de Investigación sobre América Latina, UPR 291 del CNRS) en la promoción del coloquio y en su organización material; y después, por la elección de tema y de la fecha.

CAMBIOS Y RECOMPOSICIONES

La importancia del tema discutido es evidente. La crisis que estalló brutalmente al comienzo de los ochenta, y que hizo necesaria la adopción de medidas políticas de estabilización y de ajuste estructural, anunció una profunda modificación de los regímenes de acumulación —de los tipos de desarrollo— seguidos desde hacía varios decenios. Las bases del crecimiento —mecanismo motor de la demanda interior, intervención del Estado, proteccionismo— son bruscamente puestas en entredicho mediante la aplicación de medidas deflacionarias, la contracción del Estado y la apertura de las fronteras. Anunciado así, el "choque liberal" se traduce en una profunda recomposición de las agriculturas nacionales: redefinición de su posición ante los otros sectores económicos y de su lugar en las dinámicas de acumulación, reorientación de la inversión pública y privada, modificación de la estructura de reparto de ingresos y adopción de un nuevo papel en busca de una reordenación en la división internacional del trabajo... Estas modificaciones van acompañadas, en los planos social y político, por una profunda reorientación de las transformaciones agrarias: las nuevas reglas del juego y el vacío dejado por la contracción del Estado entrañan la aparición de nuevas relaciones de sociabilidad y propician el surgimiento de nuevos actores sociales y grupos de presión. Tal es, pues, el campo en el cual se inscriben los *cambios* de la agricultura y de la sociedad rural latinoamericanas. Aún faltaba apreciar sus efectos y precisar su naturaleza y su orientación. Creo que el coloquio contribuyó grandemente a ello.

Esos cambios provocan otras transformaciones, consecuencias primarias pero, al mismo tiempo, etapas secundarias en la definición de nuevos tipos de desarrollo agrícola. Las *recomposiciones* de que ahora se trata se encuentran en la evolución divergente de la agricultura, según la naturaleza de la producción, según los tipos de explotación, así como según los sistemas técnicos empleados. En relación con un pasado todavía reciente, pueden notarse en esas diferentes esferas unas rupturas muy claras de los ritmos comparados de la evolución. Ponen en entredicho las capacidades de adaptación, la evolución divergente de los mercados, las estructuras de costos y el variable impacto de una alteración profunda de los sistemas de precios relativos. Unas rupturas no menos notables, probablemente más hondas y preñadas de sentido, pueden observarse en el ámbito de la evolución de las estructuras de encuadramiento de la agricultura y de los campesinados latinoamericanos. La noción de recomposición engloba, pues, igualmente el campo de las dinámicas sociales y, en particular, el de las interacciones sociales. La desreglamentación, lejos de conducir a una regulación competitiva pura, en realidad desemboca en nuevas formas de coordinación de los actores y en la constitución de grupos de presión y de redes, que actúan en diferentes escalas y a veces, por cierto, contando con gran apoyo de los diferentes Estados.

Una confrontación necesaria

Lo que está en juego es importante: los cambios y recomposiciones en vigor pueden colocarse en el origen de un orden económico y social en gestación, inscrito a contracorriente de las transformaciones agrícolas y agrarias anteriores. El porvenir aún es incierto. En un medio más hostil, ¿qué destino espera a los campesinos marginados, pobres, surgidos de los pasados regímenes de acumulación? En adelante, ¿cómo abordar el problema de la seguridad alimentaria? ¿Qué formas de dependencia se están instituyendo? Por encima de esas preguntas y de muchas otras, un tema despierta la atención de los investigadores: el de la sustentabilidad (viabilidad-durabilidad), para retomar una idea antigua y un término de moda. Ese término es pertinente; explica a la vez la importancia de lo que está en juego y la de las preocupaciones centrales de las investigaciones, cualesquiera que sean las escalas de referencia y los puntos de vista disciplinarios. En el plano local, se tratará de las relaciones entre la agricultura y su medio natural, así como de las condiciones de supervivencia de las explotaciones y de las poblaciones. En la escala de las economías nacionales, el mismo concepto engloba las modalidades de reproducción de la agricultura y su lugar en los aparatos productivos.

Las rupturas causadas por el choque liberal son, pues, igualmente sensibles en la orientación de los investigadores. La naturaleza y la amplitud de los cambios y de las recomposiciones en curso definen una situación que no tiene ningún precedente y que, por tanto, ningún cuadro teórico permite analizar en forma realmente satisfactoria. Tal es, al menos, la impresión general que deja la orientación, las más de las veces pragmática, que domina la investigación actual. En ese contexto, es particularmente grande la necesidad de intercambiar puntos de vista y experiencias de investigación. De este intercambio, por encima de las diferencias disciplinarias, institucionales y nacionales, depende la formulación de un punto de vista de conjunto, el intento de una síntesis y la producción, esperémoslo así, algún día, de nuevos paradigmas. El coloquio *Agriculturas y campesinados de América Latina...* gozó, pues, de una coyuntura particularmente favorable: fue la primera reunión de cierta envergadura organizada sobre el tema en Europa, la única capaz de precisar las actuales orientaciones de la investigación sobre el ámbito rural de América Latina, así como sus principales temas de referencia.

Semejante reunión no habría podido organizarse antes. El "choque liberal" fue rudo (recuérdese, simplemente, la amplitud de las primeras medidas de austeridad), pero fue lentamente asimilado: aún está lejos de haber producido todos sus efectos. A este respecto, el caso mexicano, sin duda, es ejemplar. Han transcurrido cuatro años entre las primeras medidas de austeridad y la opción declarada de una orientación liberal (adhesión de México al GATT). Fueron necesarios dos años más para que esto impregnara la política agrícola (cambio perceptible en la fuerte baja de los créditos al campo en 1988). Las reformas liberales que ponen un fin a la Reforma Agraria, que permiten la privatización de los ejidos y que favorecen las inversiones privadas en la agricultura fueron puestas en vigor apenas en 1992... En ese dominio, más que en muchos otros, la investigación, apremiada por los acontecimientos y obligada por sus propios retrasos, necesita tomar perspectiva. Ahora bien, en diciembre de 1990, al cabo de un decenio de cambios, esa perspectiva ya podía considerarse suficiente. También desde ese punto de vista, los organizadores del coloquio aprovecharon, pues, una coyuntura favorable.

Interdisciplinariedad y combinaciones de escalas

El estudio de los cambios y de las recomposiciones de las agriculturas y de los campesinados en América Latina nos remite a una problemática sumamente amplia y, en la medida en que toca unos ámbitos muy diversos, relativamente difícil de precisar: implica un marco geográfico vasto y heterogéneo, unos trámites, unas perspectivas disciplinarias y unas escalas múltiples. Pese a la parte arbitraria que siempre presupone ese tipo de operación, pronto resultó indispensable una mayor delimitación.

Nosotros nos hemos sometido a esta exigencia tratando de respetar en lo posible la originalidad y diversidad de los pasos efectuados, así como de estimular lo mejor posible los intercambios y las confrontaciones de experiencias de la investigación. El enfoque en gran parte pragmático de los trabajos presentados, sus constantes referencias a hechos y a procesos observados nos obligaron, para empezar, a renunciar a la solución más sencilla, que habría consistido en organizar los debates y las exposiciones de acuerdo con las separaciones disciplinarias o con las diferencias de escala. Por lo contrario, esta diversidad de perspectivas fue vista como una riqueza que habría que aprovechar organizando las intervenciones en torno de un número limitado de los temas que nos parecieron pertinentes.

En esta perspectiva, la división efectuada no podía ser plenamente satisfactoria. Por una parte, porque es imposible —salvo si se impone un paso uniforme— identificar temas realmente independientes entre sí. Luego, porque toda delimitación presupone, al menos en parte, un compromiso entre la visión previa (y por tanto sospechosa) de los organizadores, el estado de la materia, el número y el objeto de las propuestas de comunicación y las preferencias particulares, imprevisibles (la elección del taller y, por tanto, del tema de referencia era libre), de los participantes. Se han identificado cinco temas que nos remiten, *a priori*, a un particular campo de observación. Conforman un capítulo específico de la presente obra y se les debatió en el seno de los seminarios que estuvieron a cargo de científicos cuya competencia en este terreno es bien reconocida:

- Estado, políticas agrícolas y cambio técnico (Roberto Santana y Thierry Linck);
- sistemas de aprovisionamiento (Fernando Rello);
- limitaciones exteriores e internacionalización de la agricultura (Jean-Pierre Bertrand);
- sociedades rurales y transformaciones agrarias (Alain Ruellan y Pierre Gondard);
- reformas agrarias y movimientos campesinos (Christian Gros).

Estado, políticas agrícolas y cambio técnico

La referencia al Estado y a las políticas agrícolas como tema específico se impone, desde el momento en que se reconoce que las medidas de austeridad y que el ajuste estructural se derivan en gran parte del campo de la política económica y de las elecciones del desarrollo. Tanto más se les resiente en la definición de las nuevas políticas agrícolas, cuanto que las sociedades rurales latinoamericanas a menudo están fuertemente diferenciadas y la intervención del Estado en la agricultura pudo estar marcada, en un pasado reciente, por medidas políticas económicas y sociales (lucha contra la pobreza) ambiciosas. La inclusión del cambio técnico en ese campo de reflexión tal vez sea menos evidente. A nuestro parecer, se justificó por el hecho de que la producción y la difusión del cambio técnico constituye, por su naturaleza misma, un componente esencial de las políticas agrícolas, y porque ciertos Estados —entre ellos México— han podido hacer de ella un campo de intervención casi exclusivo, al menos en lo tocante a ciertos sectores específicos de su agricultura.

Sistemas de aprovisionamiento

El ajuste estructural y la puesta en marcha de medidas políticas de estabilización produjeron una brutal baja del poder adquisitivo, particularmente sensible en las ciudades. Según las categorías sociales, esta situación es experimentada en diversos grados en la evolución de los hábitos alimentarios y en la demanda de alimentos, y en consecuencia incide en el ámbito de la agricultura. La organización de los aprovisionamientos urbanos y el estudio de las relaciones entre los agricultores y sus mercados internos abren un campo que, igualmente, encuentra aquí plenamente su lugar. Esto ha sido abordado desde una perspectiva doble. Se le consideró desde el punto de vista del tiempo (relativamente) breve de la crisis y de sus consecuencias en materia de evolución de los consumos alimentarios. También fue abordado en la perspectiva del largo plazo que corresponde a los ritmos y las modalidades de la urbanización.

Limitaciones exteriores e internacionalización de la agricultura

La búsqueda de nuevos modos de inserción en las corrientes de intercambio comerciales y financieras internacionales constituye un ingrediente importantísimo del ajuste estructural y el objetivo prioritario de la totalidad de los países latinoamericanos. La reflexión en ese campo está caracterizada por la evolución poco alentadora del intercambio mundial de los principales productos agrícolas de exportación y, sobre todo, por la tendencia generalizada en favor de los cultivos de exportación "no tradicionales". Más allá de la competencia entre países latinoamericanos, que al parecer será difícil a corto plazo, el desarrollo de tales cultivos presupone la búsqueda de una nueva competitividad, inseparable de la constitución de redes y mercados estables y complejos, cuyo establecimiento exige una intervención del Estado. A ese respecto, resulta significativo el balance de las experiencias logradas y de los fracasos sufridos.

Por último, estudios efectuados a escala regional ponen en duda ciertos estereotipos relativos a la repercusión del auge de los cultivos de exportación, sobre todo en lo tocante a la constitución de enclaves estrechamente especializados, puestos bajo la dependencia estricta de las empresas multinacionales y de sus *brokers*.

Sociedades rurales y transformaciones agrarias

Las sociedades rurales y la explotación agrícola forman una totalidad que la investigación no tiene por qué separar. Integran indisolublemente las dimensiones técnica, económica, social y unas relaciones con el medio en el seno de unidades de funcionamiento o de acción coherentes y, por tanto, desde el punto de vista del observador, de unidades de análisis pertinentes. Tal es, esquemáticamente, el punto de vista de las investigaciones que se basan en las nociones de *sistema agrario* y *sistema de producción*. Consideradas globalmente, definen una corriente que se afirmó en el curso del decenio pasado hasta el punto de justificar la formación de un grupo de reflexión específico. Esta elección se justifica *a posteriori* por el número de comunicaciones presentadas y por el hecho de que dominan, con mucho, los estudios detallados que, o bien aportan una visión nueva, o bien completan oportunamente los trabajos presentados en otros talleres.

De hecho, el tema *sociedades rurales y transformaciones agrarias* ha agrupado los trabajos que, por encima del estudio del impacto de tal o cual aspecto particular de la crisis sobre la agricultura, tratan el origen de las nuevas dinámicas de interacción social: ¿cuáles son las respuestas opuestas, en la escala de las explotaciones y de las sociedades rurales, al nuevo orden económico, social y político? ¿Cuál es la capacidad de adaptación de las explotaciones? ¿En qué medida las sociedades rurales (regionales o locales) son capaces de suscitar una respuesta colectiva al nuevo orden producido por la crisis?

Reformas agrarias y movimientos campesinos

Hemos subrayado que la crisis y el ajuste estructural habían conducido a una redefinición de las relaciones de sociabilidad. Este tema, en gran parte complementario de los que fueron tratados en los otros talleres, merecía sin embargo un tratamiento específico. Por tanto, en el seno del Taller V se discutieron tres conjuntos de preguntas: sobre la organización de la agricultura, sobre el destino de la reforma agraria y sobre los movimientos campesinos.

La cuestión de la organización del trabajo nos remite a la cooperación agrícola y, por ello, al debate sobre el tamaño óptimo de las unidades de producción, tema directamente complementario, entonces, de los trabajos del Taller I. Resultado de la imposición del discurso liberal, de los desengaños causados por experiencias frustradas o del escepticismo hacia los beneficios teóricos del "progreso" técnico, el decenio actual parece poder caracterizarse por un aumento significativo del individualismo agrario: en todas partes se desmantelan o se ponen en entredicho las cooperativas, muy a menudo por iniciativa de los propios campesinos. Esta tendencia no necesariamente revela un repliegue sobre sí mismo. Por un lado, porque esas cooperativas podían ser consideradas como instrumento de un poder ajeno a las sociedades rurales. Por otro, porque es posible que no se trate más que de un simple desplazamiento del dominio de las relaciones comunitarias. La agricultura familiar recupera sus derechos, pero cuenta más con el apoyo que pueden darle las comunidades campesinas, sobre todo en lo tocante a la administración de patrimonios comunes —agua, indivisos (eventualmente), recursos naturales— y la gestión de las redes de ayuda mutua de comercialización, de aprovisionamiento y/o de financiamiento. Toma cuerpo así una nueva organización del trabajo en torno de objetivos diversificados. Podemos apostar a que esta tendencia, pese a los temores que pueda suscitar la adopción de medidas políticas liberales, contribuirá a reforzar al campesinado de la América Latina.

La cuestión de la reforma agraria debe considerarse en relación con el avance del individualismo agrario mencionado. Por encima de las costumbres más o menos asumidas o de las promesas mal cumplidas, y aparte de algunas excepciones (especialmente en el caso de Brasil), el principio mismo de la reforma agraria parece haberse liberado de las pasiones pasadas, para ser abordado en una perspectiva más vasta y más pragmática, asociando las aspiraciones de los beneficiarios eventuales, la recomposición de las alianzas de clases al nivel de las sociedades nacionales y la adecuación entre el proyecto llevado por la reforma y el modelo de desarrollo seguido. Continúa siendo, pues, decisivo el peso político de los agricultores y en particular de las organizaciones campesinas (agricultura familiar).

La amplitud de los movimientos campesinos se caracteriza a la vez por la evolución del medio de la agricultura y por el menor peso demográfico de los agricultores y del campesinado. Sigue siendo fuerte la reivindicación de la tierra, pero indiscutiblemente menos viva que en el pasado. En cambio, signo de una renovación campesina y del auge de la agricultura familiar, las luchas parecen organizarse —y disociarse— de acuerdo con reivindicaciones identitarias y económicas (precios, mercados, orientación de las políticas agrícolas, etcétera).

Algunas líneas directrices de la investigación

El choque liberal que tan profundamente influyó en el sentido de las transformaciones agrícolas y agrarias no podía dejar de causar efecto en la orientación de los investigadores. La mayoría de los grandes temas centrales de los tres decenios anteriores pertenece, en adelante, al pasado.

El estudio de las estructuras agrarias surge más como tema complementario de las investigaciones en curso que como una de sus problemáticas fundamentales. Cierto es que las reformas agrarias con frecuencia han decepcionado y que la reivindicación de la tierra, que durante los años sesenta y setenta inspiraba la investigación, ya no tiene en la actualidad el mismo peso ni el mismo sentido. La agricultura "neolatifundista" y el modelo "agroexportador", asociados a la Revolución Verde, a los grandes sistemas de irrigación y al auge de los grandes cultivos de exportación, ya no provocan las pasiones de antaño. Ahora, esos conceptos cuadran mal con la realidad, y los esquemas teóricos que los inspiraban tienen poca aceptación. El interés que durante los años setenta se centró en la agricultura tradicional hoy puede parecer ficticio. La existencia de una profunda diferencia entre la gran agricultura capitalista y la agricultura tradicional justificaba entonces, sin duda, que ésta fuese percibida ante todo como marginada, antes de ser el objeto, en gran parte pasivo, de reformas agrarias "integrales" (que ligaban la distribución de las tierras con el encuadramiento técnico y financiero) y de políticas agrícolas ambiciosas y voluntaristas. El estudio de los procesos de diferenciación social sigue siendo un tema importante, pero hoy está muy difundida la opinión de que las diferencias son más sutiles y más aún, desconocidas, o que los remedios eventuales están lejos de ser evidentes.

El tono mismo de la investigación ha cambiado: hoy es menos panfletario, menos acusador, menos dogmático. Sin embargo, el compromiso de la investigación no se ha debilitado: sólo ha cambiado de naturaleza y de orientación. Si sus requerimientos parecen más matizados ello es simplemente por afán de eficacia o porque, rica de su propia experiencia, duda más de sí misma. Por último y sobre todo, su atención se enfoca más en el porvenir (y por tanto, accesoriamente en el papel que pueda desempeñar en la gestación del futuro orden social).

La investigación, tomada en gran parte de improviso por unos cambios cuya amplitud y naturaleza no podían preverse, parece haberse asignado como tarea principal identificar, a diferentes escalas, los procesos que alimentan las transformaciones en curso, y reconocer las regulaciones que suscitan. Ante un objeto en gran parte modificado, ha tenido que adaptar sus modos de operar y sus instrumentos de análisis, y utilizar un mayor eclecticismo en sus referencias teóricas. El pluralismo y la pluridisciplinariedad han ganado con ello: definen un primer rasgo dominante de la investigación en este ámbito.

Se puede identificar un segundo punto de convergencia: el interés que se muestra por las dinámicas sociales. Cualesquiera que sean la escala o los territorios considerados, las interacciones sociales, el juego coordinado de los actores, suelen ser identificados como apoyos esenciales de las recomposiciones en curso. Tales interacciones se encuentran en el origen de la constitución de ramificaciones, de organizaciones profesionales, políticas o sindicales y, de manera más general y cuando engloban asimismo los casos en que conservan un carácter informal, de redes. La identificación de esas interacciones y el conocimiento de los factores que concurren a su florecimiento también se consideran indispensables para reconocer la naturaleza y la amplitud de las transformaciones en curso, y a la vez para modificar su sentido. Tomarlas en cuenta en tanto elementos estructurantes de las sociedades rurales produce una visión sensiblemente enriquecida de las sociedades y de las comunidades campesinas. Las respuestas de los campesinos a la crisis también parecen tomar en cuenta considerablemente esas interacciones sociales, ya se trate de intercambio de trabajo, de reapropiación de las técnicas, de innovación, de gestión de los patrimonios comunitarios, de acción y de protección del medio, o bien de organizar las relaciones con la economía global. A pesar de su aparente ingenuidad, esos análisis no dejan lugar a ningún determinismo: por una parte, porque el refuerzo de la acción colectiva y de la autonomía comunitaria es producto de una elección que no se impone por sí sola, y por otra parte, porque esta condición no es considerada suficiente.

El tercer punto de convergencia —el poco optimismo de los investigadores— ya no constituye una sorpresa. Su nueva atención en las respuestas dadas a la crisis, así como el hincapié hecho en el estudio de las interacciones sociales y la génesis de las formas nuevas de organización, difícilmente podían no subrayar la capacidad de adaptación de las agriculturas familiares estudiadas, lo mismo que la apertura al cambio y el dinamismo de las sociedades campesinas. Pese a los efectos a menudo desastrosos de la crisis en el campo, numerosos indicios permiten pensar que este optimismo no es totalmente injustificado. La situación actual de la agricultura y del campesinado de la América Latina sigue preñada, paradójicamente, de un renacimiento campesino.

Cuestiones de edición

La edición de las actas del coloquio ha resultado ser un ejercicio difícil, sometido a estrictas limitaciones técnicas, financieras y científicas.

La selección de los trabajos constituyó la fase más delicada y más desagradable del proceso. Tanto más cuanto que el comité organizador del coloquio muy pronto se pronunció en favor de una publicación, si no muy voluminosa, sí de buen contenido científico. Tal criterio estaba —y sigue estando— plenamente justificado por el hecho de que unas "preactas" del coloquio fueron distribuidas e introducidas en varios ejemplares en el Réseau Documentaire sur l'Amérique Latine (REDIAL): se les puede consultar sobre todo en el IPEALT, en Toulouse, y en el IHEAL, en París. Esas preactas reúnen la totalidad de las ponencias presentadas, con excepción de un pequeño número de textos que fueron entregados muy tardíamente.

Los criterios adoptados concernían, fundamentalmente, al respeto a las normas definidas para la edición de las propuestas de comunicación, la calidad en la redacción de los textos, la pertinencia (apreciada en relación con la orientación general del coloquio y al tema de la crisis) de los trabajos y, por último, su "valor científico".

La segunda etapa, más ardua y más exigente que la anterior, tuvo que ver con el trabajo de edición propiamente dicho. Se trataba de armonizar la presentación de los textos y, a menudo, de constreñir su redacción a los límites de la paginación impuestos: trabajo que no puede excluir una cierta arbitrariedad, de la que soy responsable por completo.

CONFERENCIA INAUGURAL

EXPANSIÓN Y CRISIS: IMPACTOS SOBRE LA PEQUEÑA AGRICULTURA BRASILEÑA

CHARLES C. MUELLER
Universidad de Brasilia

LA VISIÓN convencional en el Brasil del movimiento de la población rural del campo a la ciudad establece que, como consecuencia de la conjunción de los factores de atracción de las grandes ciudades y de los factores de expulsión relacionados con el proceso de modernización conservadora en el campo,[1] se originó un flujo creciente de trabajadores rurales y campesinos del medio rural hacia los principales centros urbanos del país, y en menor escala, a las zonas de la frontera agrícola.

El impacto de los factores de atracción puede conceptualizarse siguiendo los lineamientos del modelo de Harris-Todaro.[2] Según este autor, la migración rural-urbana es inducida por la diferencia entre la utilidad (monetaria y otras) que los emigrantes esperan obtener en las áreas de atracción y las que usufructúan en el campo, a lo que debe añadirse el mayor o menor grado de desempleo. A mayor diferencial de utilidades y menor desempleo en las ciudades, mayor flujo de emigrantes rurales-urbanos, y viceversa. Se reconoce que un índice elevado de desempleo hace que disminuya el flujo, pero lo que se espera es que la modernización conservadora de la agricultura brasileña, aun haciendo que se desplacen trabajadores rurales y campesinos, mantenga su número siempre en un nivel elevado.

Argüimos que, aun cuando en lo esencial esa visión sea correcta, no toma en cuenta el hecho de que el mecanismo en que se apoya puede no operar al máximo en periodos de retroceso económico y desempleo considerable, y que, en casos extremos, el flujo puede incluso dar marcha atrás.

Es importante tener presente en este contexto el hecho de que en el Brasil, cuando la economía registra una elevada tasa de crecimiento, se presenta una expansión considerable de la demanda de mano de obra no calificada, especialmente si, junto con el crecimiento, tiene lugar un marcado incremento en la actividad de la industria de las construcciones civiles y se destinan grandes inversiones a las obras públicas. Estos

[1] Hay un atinado análisis del proceso de modernización conservadora brasileña en G. Martine, "Fases e Faces da Modernização Agrícola Brasileira", en *Planejamento e Políticas Públicas*, IPEA, núm. 3, Brasilia, junio de 1990.

[2] Véase J. R. Harris y M. P. Todaro, "Migration and Development: a Two-Sector Analysis", en *American Economic Review*, marzo de 1970, pp. 126-142.

sectores utilizan grandes contingentes de trabajadores no calificados, abundantes en el medio rural. Por otra parte, en periodos de recesión prolongada, además de una disminución del flujo rural-urbano, puede haber un retroceso de la corriente, provocado por una desaceleración drástica en la actividad de la industria de la construcción, por la desactivación de las obras públicas y, consiguientemente, por un descenso radical en el empleo de la mano de obra no calificada.

Los censos agropecuarios de 1975, 1980 y 1985 presentan datos que confirman el criterio expresado arriba. Además, permiten examinar la evolución de los indicadores de los movimientos de población rural entre 1975 y 1980, y entre 1980 y 1985, periodos en que la economía brasileña siguió rumbos diametralmente opuestos. Antes de discutir los datos de los censos, haremos un esbozo de esa evolución.

La economía brasileña en los quinquenios 1975-1980 y 1980-1985

Por una conjunción de factores favorables, tanto internos como internacionales, entre 1968 y 1974 la economía brasileña registró una expansión extraordinaria, reflejada en el crecimiento del Producto Interno Bruto (PIB) a una tasa media anual de 10.9%. En el periodo 1975-1979, de fuerte contracción a escala mundial, el crecimiento brasileño dinsminuyó un poco (el PIB registró una tasa media anual de 6.7%), pero se mantuvo considerablemente más elevado que el de los países industrializados. Ahora bien, eso fue posible porque el país aplazó la adopción de medidas de ajuste e incrementó considerablemente su endeudamiento externo.

No pudo mantenerse ese estado de cosas y, a principios de la década de los años ochenta, el Brasil se sumergió en una grave recesión. En el periodo 1981-1985 el PIB registró a lo sumo una tasa de crecimiento anual de 1.2%, y, en los tres primeros años, el descenso se acercó a 7 por ciento.

Es enorme el contraste entre los dos periodos que separan a los censos mencionados. El primero fue de expansión económica, de grandes inversiones en obras públicas, financiadas por empréstitos externos, durante el cual la industria de la construcción tuvo una tasa de crecimiento anual de 6.9%. El segundo periodo se caracterizó por el descenso económico y un acentuado desempleo. Víctimas de la aguda crisis fiscal, las obras públicas prácticamente se suspendieron y la industria de la construcción registró una baja media anual de 1.8% (entre 1981 y 1983 la baja media anual fue de 7.7 por ciento).

A continuación se examina, con base en datos de los Censos Agropecuarios, cómo esa evolución contrastante influyó en los desplazamientos de la mano de obra rural en el Brasil.

Desplazamientos de la mano de obra rural a la luz de los censos agropecuarios

Según los censos, aunque la agricultura y la ganadería brasileñas hubieran experimentado una fuerte reducción de su dinamismo entre 1980 y 1985, en comparación con la década de 1970, en dicho periodo dio claramente marcha atrás una tendencia, que se juzgó definitiva, de virtual estancamiento en el número de pequeños establecimientos agrícolas y del personal ocupado en actividades agropecuarias, como reflejo de los movimientos de población rural-urbanos mencionados arriba.[3]

Brasil y regiones: variaciones en el número de establecimientos agropecuarios, 1975-1980 y 1980-1985

	1975-1980		*1980-1985*	
Brasil y regiones	*Unidades*	*Variación %*	*Unidades*	*Variación %*
BRASIL	166599	3.3	674928	13.1
Norte	70966	21.1	91602	22.4
Noreste	96097	4.1	370396	15.1
Sureste	12185	1.4	108038	12.1
Sur	–11032	–0.9	56355	4.9
Centro-Oeste	–1617	–0.6	48537	18.1

IBGE, Censos Agropecuarios de 1975 y 1980 y Sinopsis Preliminar del Censo de 1985.

En el Brasil, considerado en su totalidad, el número de establecimientos agropecuarios, que sólo había crecido 3.3% (166600 unidades) entre 1975 y 1980, aumentó 13.1% (674900 unidades) entre 1980 y 1985 (primer cuadro). En las regiones el comportamiento fue semejante, exceptuando la región norte. Se destacan la regiones noreste y sur. En el noreste, el número de establecimientos, que sólo había aumentado 4.1% (96100 unidades) entre 1975 y 1980, registró un crecimiento de 15.1% (370400 unidades) en el periodo 1980-1985. En la región sur se pasó del descenso (–0.9% o –11000 establecimientos) en el primer periodo, a un aumento considerable (4.9%, es decir, más de 56400 unidades) en el segundo.

Esa evolución estuvo asociada, básicamente, a cambios en el número de establecimientos agrícolas con menos de 10 hectáreas. En el Brasil, considerado en su totalidad, es significativo el contraste entre el com-

[3] El autor realizó un estudio preliminar sobre este asunto, en el que encontramos cuadros y datos mucho más detallados de lo que el espacio disponible nos permite presentar aquí. Véase Mueller, C. C., "Ensaio Especial - Censos Agropecuários", en *Agroanálisis*, Fundação Getúlio Vargas, vol. 11, núm. 6, Río de Janeiro, junio de 1987, pp. 8-21.

Variación en el número de establecimientos agropecuarios con menos de 10 hectáreas (unidades)

	1975-1980	*1980-1985*
BRASIL	–3 841	487 822
Norte	–4 221	19 514
Noreste	12 913	331 626
Sureste	12 711	68 270
Sur	–8 864	52 370
Centro-Oeste	–16 380	16 042

IBGE, Censos Agropecuarios de 1975 y 1980 y Sinopsis Preliminar del Censo de 1985.

portamiento de esa variable en los quinquenios 1975-1980 y 1980-1985. En el primero, disminuyó el número de establecimientos pequeños en 0.2% (–3 841 unidades); en el segundo, se registró un significativo aumento de 18.8% (487 800 unidades). El número de establecimientos de más de 10 hectáreas ya había aumentado casi en la misma proporción en ambos periodos (7.1% y 7.3%, respectivamente). Por tanto, el significativo cambio registrado se localizó en el sector de la pequeña agricultura.

Brasil y regiones: variaciones en el personal ocupado en establecimientos agropecuarios, 1975-1980 y 1980-1985

	1975-1980		*1980-1985*	
	Total	*En establecimientos de menos de 10 hectáreas*	*Total*	*En establecimientos de menos de 10 hectáreas*
BRASIL	818 043	–421 727	2 109 759	1 353 227
Norte	368 964	–22 823	448 592	86 812
Noreste	594 409	–127 520	1 041 606	890 365
Sureste	166 698	–2 438	427 942	199 719
Sur	–440 032	–215 535	71 354	151 031
Centro-Oeste	128 004	–53 411	120 265	25 300

IBGE, Censos Agropecuarios de 1975 y 1980 y Sinopsis Preliminar del Censo de 1985.

En las dos regiones que más se destacaron, el noreste registró un fuerte aumento en el número de establecimientos de menos de 10 hectáreas en épocas más recientes, pasando de 12 913 nuevas unidades entre 1975 y 1980, a 331 626 en el periodo 1980-1985. La región sur, que había registrado descensos (–8864 unidades) entre 1975 y 1980, alcanzó una expansión de 52 370 unidades en el periodo 1980-1985.

El análisis se completa con un examen de la evolución del personal en actividades agropecuarias. Los datos de los censos revelan que en el quinquenio 1975-1980, el número de personas ocupadas sólo aumentó 4% (818 000 trabajadores), y que entre 1980 y 1985 la expansión ascendió a 10%, es decir, a 2.1 millones de personas. Además, el personal ocupado en establecimientos con menos de 10 hectáreas, que entre 1975 y 1980 había registrado una reducción de 421 700 personas, presentó un aumentó de cerca de 1.4 millones de personas en el periodo 1980-1985 (cerca de 64% del incremento total del personal ocupado en la agricultura brasileña).

En el ámbito de lo regional, el comportamiento fue semejante. En todas las regiones hubo descenso en el número de personas ocupadas en pequeños establecimientos en el periodo 1975-1980, y aumentos, casi siempre considerables, entre 1980 y 1985.

De nuevo merece destacarse la evolución en el noreste y en la región sur. En el noreste, el personal ocupado en pequeños establecimientos, que entre 1975 y 1980 registró un descenso de 127 500 personas, aumentó considerablemente —890 000 trabajadores— en el quinquenio siguiente. La región sur, donde 440 000 personas quedaron sin trabajo en el periodo 1975-1980 (215 500 en propiedades de menos de 10 hectáreas), registró un aumento de más de 151 000 trabajadores con empleo en el periodo 1980-1985 (tercer cuadro). Es interesante destacar que, en ese último periodo, las propiedades con más de 10 hectáreas registraron un descenso de casi 80 000 personas con trabajo. Los establecimientos mayores continuaron despidiendo mano de obra durante el último quinquenio entre uno y otro censo, en forma semejante a lo ocurrido en los dos periodos anteriores.

Obsérvese que la evolución del personal con trabajo en los dos últimos periodos, entre uno y otro censo, corresponde al número de establecimientos pequeños. El considerable aumento en el número de propiedades con menos de 10 hectáreas en el periodo 1980-1985 estuvo estrechamente relacionado con la reabsorción de mano de obra ocupada en labores agropecuarias.

Factores en la evolución reciente de los movimientos de la población rural

Es importante analizar por separado los factores responsables de la evolución que se presentó en el noreste, dos de los cuales influyeron en la región sur y también estuvieron presentes en la región sudeste, las zonas más desarrolladas del país. En el noreste, a la fuerte sequía de 1979-1983 se debe mucho de lo que ocurrió. Ese fenómeno llegó al máximo precisamente en 1980; desquició la producción agropecuaria de la zona, y obligó a varios miles de campesinos a procurar sobrevivir fuera del medio rural, inclusive en obras públicas, como las de la planta hidroeléctrica de Tucuruí, en la Amazonia, entonces en construcción. A esto se añadió que un gran número de establecimientos interrumpieran sus labores.[4] Sin embargo, la situación cambió en el periodo de 1980-1985. En 1984 y 1985 llovió normalmente en el noreste, lo cual facilitó la rehabilitación de fincas agrícolas y la siembra de cultivos básicos. Evidentemente, la cancelación o desactivación de obras públicas y la falta de oportunidades de trabajo fuera del medio rural hicieron que, para muchos, no hubiera más remedio que volver al campo. Esas circunstancias fortalecieron el reflujo de la migración, pero influyó aún más el fin de la sequía.

La magnitud del fenómeno se percibe en este hecho: en el noreste, 76.5% del personal ocupado en labores agropecuarias entre 1980 y 1985 se concentró en propiedades de menos de 5 hectáreas. Es asimismo revelador que, en ese periodo, 68.2% del aumento en el número total de establecimiento se diera entre productores clasificados como mancomunados o contratados, categorías que por lo general se asocian a una agricultura itinerante, eventual.

Ahora bien, en la región sur, la evolución que tuvo lugar durante los dos periodos mencionado se debió íntegramente a la evolución de la coyuntura económica. En el periodo 1975-1980, el notable crecimiento, la expansión de la construcción urbana y las fuertes inversiones en obras públicas (algunas de ellas enormes, como la planta hidroeléctrica de Itaipú, localizada en esa región) aumentaron mucho la contratación de mano de obra no calificada, y propiciaron una amplia incorporación de los inmigrantes rurales a actividades diferentes a las agropecuarias. En el periodo 1980-1985 hubo estancamiento y descenso urbano-industrial; ya no había grandes obras y las inversiones públicas se vieron afectadas por una seria crisis fiscal. Por ello, aumentó considerablemente el desempleo y muchos regresaron al campo. En esta forma de nuevo creció el número de establecimientos y de los trabajadores ocupados en labores rurales. Asimismo, aumentó considerablemente la invasión de tierras —especialmente en la región sur—, junto con la presión para que hubiese una reforma agraria que se ocupara de los sin tierra, cuyas filas se fueron engrosando precisamente en las zonas más desarrolladas del país. (De acuerdo con el criterio convencional, ese excedente demográfico debería hallarse en las grandes ciudades.)

Comentarios finales

Las pruebas presentadas arriba revelan que las relaciones entre lo rural y lo urbano en el Brasil son más complejas de lo que se suponía. Décadas de crecimiento económico casi continuo hicieron pensar, o imaginar, que

[4] En los estados más afectados por la sequía (Ceará, Rio Grande do Norte, Paraíba, Pernambuco, Alagoas y Sergipe), incluso se registró una baja de 25 500 establecimientos en el periodo 1970-1975, aun cuando en la región, considerada en conjunto, hubo un aumento de 96 000 unidades.

funcionaba un mecanismo lineal de transferencia demográfica del campo a la ciudad. La fuerte recesión que el Brasil experimentó en la primera mitad de los años ochenta demostró que el mecanismo puede detenerse y dar marcha atrás, y que la presión de los excedentes demográficos desemboca no sólo en las grandes ciudades o en la frontera agrícola, sino también en zonas rurales ocupadas desde mucho tiempo atrás.

Como la economía brasileña dista mucho de retomar una trayectoria de crecimiento vigoroso, es de creerse que ese mecanismo complejo siga actuando, y que en el futuro veamos una acentuación de los conflictos rurales, a menos que se adopten medidas y políticas adecuadas.

Taller I

ESTADO, POLÍTICAS AGRÍCOLAS, CAMBIO TÉCNICO

SÍNTESIS Y COMENTARIOS

THIERRY LINCK
GRAL-IPEALT
Toulouse, Francia

Los años de ilusión en que la implementación de políticas ambiciosas y voluntaristas debían permitir la rápida eliminación de la miseria de campos y del "atraso" de la agricultura tradicional han quedado atrás. Con las políticas de "estabilización" y de "ajuste estructural", con la "desreglamentación" y la "liberalización", la crisis ha puesto fin al papel de protector y de guía que el Estado con frecuencia se arrogaba, o que se esperaba de él. En ese contexto nuevo, en el subcontinente latinoamericano, hablar de política agrícola casi equivale a mencionar todo lo contrario de lo que se habría dicho o escrito hace tan sólo cinco o diez años. De este modo, los trabajos presentados en este taller evocan mucho más las condiciones y los efectos del retiro del Estado, las consecuencias para la agricultura y las sociedades rurales de la liberalización de las economías nacionales, que la pertinencia del proyecto de desarrollo del que son portadoras las nuevas políticas. Esto no tiene nada de sorprendente en la medida en que el ajuste y la estabilización son inseparables, y en la medida en que la agricultura —sector heterogéneo y frecuentemente frágil al principio— ha sido particularmente afectada por la baja generalizada del poder adquisitivo y, sobre todo, por la disminución de los subsidios y de las inversiones públicas. La mayor parte de las ponencias hacen así un balance del impacto de las nuevas orientaciones sobre las condiciones de existencia de los agricultores, antes de abordar el estudio de las respuestas individuales y colectivas dadas por los agricultores y las instituciones afectadas. La importancia atribuida a ese balance permite unir los trabajos presentados en dos grupos. El primero se interesa por los efectos y las condiciones del cambio desde una perspectiva sobre todo macroeconómica; el segundo, a partir de estudios de casos, conduce a una reflexión más alentadora sobre las respuestas individuales y, de hecho, las más de las veces colectivas a la crisis y a la inflexión de las políticas agrícolas.

Globalmente, la confrontación de escalas complementarias y de perspectivas disciplinarias diferentes nos ofrece una visión rica y matizada de las transformaciones en curso. Así, en convergencia con los otros talleres, las sociedades rurales, en particular las campesinas, son consideradas como sociedades en movimiento, sin duda duramente afectadas por la crisis, pero capaces de dar pruebas de una gran capacidad de adaptación. En este taller, como en los otros, esta apertura al cambio está estrechamente relacionada con el resurgimiento y el reforzamiento de las "interacciones sociales" en el seno y más allá de las sociedades rurales. Interacciones que, una vez estabilizadas desde que sobrepasan el objetivo inmediato que las ha suscitado, no son otra cosa que aquella famosa red que Pierre Gondard evoca en su comentario de los trabajos del Taller IV. Este juicio vale aquí, evidentemente, como comprobación y caracterización de las mutaciones en curso, pero también como probable identificación de un importante tema central de la actual investigación en este campo.

El choque neoliberal

Las ponencias y la parte de los debates que pueden agruparse bajo este título se inscriben en una visión crítica y pesimista matizada. La evaluación del movimiento de recomposición directamente relacionado con el retiro del Estado no deja ninguna duda sobre la gravedad de la situación actual: acentuación de los procesos de diferenciación social y de la precariedad de las condiciones de existencia de la mayoría de los habitantes rurales, notable desde el punto de vista de la evolución del poder adquisitivo y de la situación sanitaria y nutricional de las poblaciones afectadas. Desde entonces, el balance se vuelve necesariamente crítico. Y lo es en una perspectiva doble: *1)* por una parte, cuando se trata de los medios las más de las veces demasiado limitados para poner en acción las medidas de acompañamiento eficaces; *2)* por otra parte, cuando la investigación dirige su atención a la evaluación retrospectiva de políticas agrícolas pasadas.

La crítica pone entonces en entredicho, directamente, el centralismo exagerado que dichas políticas han suscitado, su orientación profundamente sectorial y las elecciones técnicas que se han adoptado. De este modo, la adopción del modelo técnico occidental (fuerte consumo de energía y de insumos de origen industrial) favorece una agricultura especializada, las más de las veces muy mal adaptada a los contextos ecológicos y sociales característicos de las agriculturas tradicionales latinoamericanas. Igualmente explica el hecho de que la acción de las políticas agrícolas por regla general se haya efectuado sobre la producción propiamente dicha, así como sobre la organización de los productores en cooperativas (mejor adaptadas a las normas de funcionamiento de la administración agrícola), y no sobre su medio económico: la comercialización en particular. La profunda diferenciación de las agriculturas y de los agricultores, así como el paternalismo (reflejo de la ausencia de concertación), no serían más que las consecuencias de dichas tendencias.

Así, el análisis pone en relieve una cierta permeabilidad de la crítica a la argumentación liberal, al mismo tiempo que su pragmatismo. Desde luego, nada permite afirmar que el ajuste estructural debe desembocar en unas modalidades de producción y de difusión del cambio técnico que estén mejor adaptadas. Sin embargo, queda en pie el hecho de que la contracción del Estado puede estimular la liberación de las "fuerzas vivas campesinas" y, en ciertas condiciones, una mejor coordinación de los esfuerzos productivos y una adopción más directa, y casi más autónoma, del desarrollo. Permite salvar un obstáculo (pero quedan otros) al establecimiento y a la consolidación de redes así como a una reapropiación efectiva del cambio técnico por los productores.

Esta perspectiva interesa, en primer lugar, a las organizaciones no gubernamentales cuya influencia probablemente deberá aumentar. De ello es testimonio el interés que ponen en la definición de métodos de diagnóstico capaces de permitir un mejor conocimiento de las necesidades de los campesinos, teniendo en cuenta la orientación de sus estrategias productivas y las características de su medio natural y social.

El pragmatismo se encuentra en la evaluación del impacto mismo del choque liberal. La amplitud del debilitamiento del Estado no es del mismo orden en todas partes: es particularmente sensible en los grandes países productores de petróleo (Venezuela y, sobre todo, México), que habían aplicado políticas agrícolas voluntaristas. La apertura de las fronteras, la disminución frecuentemente brutal de los subsidios y de las inversiones productivas públicas y la distorsión de los sistemas de precios relativos que de ello resulta pueden encontrarse en el origen de los movimientos de recomposición cuyos efectos se resienten en forma muy desigual. Con toda reserva, es posible esbozar un balance general. Las fincas orientadas hacia la exportación, en primer lugar las especializadas en los cultivos de exportación no tradicionales, logran sacar ventaja: pero al tratarse de mercados muy selectivos, se anuncia una fuerte competencia entre los países latinoamericanos. Las granjas familiares modernizadas —pero que dependen poco de insumos de importación—, grandes empleadoras de mano de obra (ahora muy barata), son relativamente aventajadas, a diferencia de las grandes plantaciones tradicionales y de los productores de alimentos básicos. Este cuadro, demasiado esquemático, sin embargo oculta lo esencial. El choque liberal es muy fuerte; sólo pueden preverse las explotaciones más abiertas al cambio y las sociedades rurales más aptas para favorecer la coordinación de los esfuerzos productivos de sus miembros y para estimular su inserción en redes de comercialización o de encuadramiento técnico y financiero. Esta dimensión es perfectamente perceptible en los estudios de tipo macroeconómico: ya se ha subrayado abundantemente el papel activo de los Estados (a contracorriente del discurso neoliberal) en la constitución de redes de comercialización y en la instrumentación de medidas (precios, crédito, etc.) que favorecen los cultivos de exportación, lo mismo que el de las organizaciones profesionales, el de los sindicatos y hasta, especialmente en Brasil, el de la Iglesia. Un campo relativamente nuevo de investigación se ha podido precisar. Es complementario de los estudios de casos y del análisis de las dinámicas sociales observadas en la escala de las sociedades rurales.

¿Renacimiento de lo local?

Un segundo grupo de ponencias se ha interesado más en el análisis prospectivo de las dinámicas de cambio perceptibles en la escala de las sociedades campesinas que en sus efectos inmediatos. Los trabajos y comentarios comparten una visión pragmática que no tiene nada que envidiar a la del grupo anterior. Lejos de los enfoques esquemáticos y lugares comunes sobre la agricultura tradicional, las investigaciones presentadas se interrogan sobre las modalidades de adaptación y el surgimiento de perspectivas nuevas en un sistema frecuentemente comparativo. Sus conclusiones coinciden en subrayar la flexibilidad y la capacidad de evolución y de adaptación de las agriculturas tradicionales, así como el potencial que casi siempre encierra la organización comunitaria. De ahí se desprende una nota optimista que puede parecer exagerada, si no dudosa. Esas investigaciones, destinadas sobre todo a evaluar la capacidad de respuesta de los campesinos a la crisis y a los ajustes, han podido ser llevadas con mayor frecuencia a donde existían tales respuestas.

Pero lo esencial no está ahí. En efecto, queda en pie el hecho de que la multiplicación de los estudios de casos y la diversidad de situaciones estudiadas muestran que la pregunta planteada es pertinente y que la acción para el desarrollo no se puede considerar independientemente de ella. Sin ser exhaustivos ni representativos, esos estudios definen eficazmente el marco y plantean los hitos de investigaciones futuras.

Esta capacidad de adaptación es notable, por ejemplo, entre los campesinos de los Andes peruanos. Ante la hiperinflación, ellos recurren alternativamente a unas estrategias de repliegue y de apertura al mercado: en consecuencia, adaptan técnicas de producción, rotaciones y elección de cultivos. En otras partes —en los Cerrados brasileños y en los Andes venezolanos en especial—, los campesinos desempeñan un papel activo en la extensión de los frentes pioneros. Las respuestas a la crisis y a los ajustes son, por tanto, más colectivas que individuales. Aparte de la investigación de nuevas formas de integración a la economía global por la inserción en ciertas redes, se trata entonces de la explotación de las relaciones comunitarias. Tal es, por ejemplo, el caso a escala regional en los Andes venezolanos: en torno de la pequeña irrigación surge una organización de productores, empeñados a la vez en la conservación de su medio y en la de sus mercados. Tal es, asimismo, el caso en los Andes peruanos: el retorno al país de los emigrantes pone a prueba a la organización comunitaria y finalmente le da un nuevo impulso. En el mismo contexto geográfico, la organización comunitaria pudo ser identificada como un soporte fundamental de la definición de estrategias —individuales y colectivas— de adaptación a la crisis, en ámbitos tan variados como la producción, su financiamiento, la investigación de mercados y de provisionadores, las elecciones técnicas, la protección del ambiente, las migraciones y la educación...

IMPACTO DE LAS POLÍTICAS ECONÓMICAS Y AGRÍCOLAS EN AMÉRICA LATINA

Algunas reflexiones originadas del análisis de diferentes países

VINCENT RIBIER
CIRAD, París

UN RÁPIDO estudio general de las políticas económicas puestas en marcha en los diversos países de la América Latina desde comienzos del decenio de 1980 nos permitirá comprobar su relativa homogeneidad. Ciertamente, esta tendencia no es fruto de la casualidad sino, por el contrario, consecuencia lógica de una evolución histórica. Siguiendo a México, que en agosto de 1982 se declaró incapaz de seguir pagando su deuda exterior, numerosos gobiernos latinoamericanos, ante el agotamiento de las líneas de crédito fácilmente conseguidas hasta entonces, tuvieron que recurrir a los organismos financieros internacionales. Estos últimos condicionaron entonces el otorgamiento de nuevos préstamos tendientes a sostener las balanzas de pago, a la adopción, en cada uno de esos países, de políticas económicas de tipo liberal, llamadas de ajuste estructural.

LAS GRANDES LÍNEAS DE LAS POLÍTICAS ECONÓMICAS

Una homogeneidad relativa

Así pues, la misma lógica general ha marcado la orientación de las políticas económicas de todos los países de América Latina en el curso del último decenio. Estas políticas se fijaron dos objetivos fundamentales: la reducción de los desequilibrios macroeconómicos existentes y la reactivación del crecimiento mediante el estímulo de la oferta. Esas orientaciones de política económica general se derivan del análisis de la crisis que hicieron los organismos financieros internacionales: los desequilibrios macroeconómicos observados se deben a un exceso de la demanda en relación con la oferta (por tanto, hay que reducir la una o aumentar la otra); a corto plazo, es improbable un aumento notable de la oferta, pues ésta reacciona lentamente (en consecuencia, la rectificación de los desequilibrios tiene que pasar, en una primera etapa, por una reducción de la demanda interna, sobre la cual cada gobierno tiene mayor influencia directa; tal es la fase de estabilización); a plazo más largo, la política de ajuste propiamente dicha, que modifica las condiciones estructurales de la producción, deberá favorecer un aumento de la oferta.

En el marco de los acuerdos tenidos con el Fondo Monetario Internacional y el Banco Mundial, cada uno de los países adoptó desde 1982 una serie de medidas que iban en ese sentido.

En lo tocante a la compresión de la demanda interna, los esfuerzos de los gobiernos se hicieron tanto sobre la reducción de los gastos públicos como sobre la reducción del crédito distribuido a la economía por medio del aumento de las tasas de interés. Las restricciones presupuestarias afectaron más particularmente la inversión pública, que a menudo fue grandemente reducida en términos reales en los primeros años de aplicación de los programas de ajuste. Una política salarial restrictiva, que provocó la disminución de los salarios reales, contribuyó a contener la demanda interna.

Del lado del estímulo de la oferta, las políticas económicas adoptadas favorecieron el desarrollo de las exportaciones. Primero, porque dichas políticas tienden a la apertura de las economías nacionales, buscada por los organismos financieros internacionales y por muchos países industrializados. Esta apertura debe lograr las divisas necesarias para financiar las importaciones, pero también el pago de la deuda. Luego, porque después de haberse deprimido el mercado interno por largo tiempo durante la fase de estabilización, los países han buscado, antes que nada, los mercados exteriores. Las modificaciones al tipo de cambio fueron, sin duda, la palanca central de la política de desarrollo de las exportaciones: todos los países latinoamericanos procedieron a hacer devaluaciones, la mayor parte en proporciones notorias. Importantes estímulos fiscales vinieron a apoyar la política de cambio. Fueron dirigidos, prioritariamente, hacia las exportaciones no tradicionales; el margen de maniobra de los países sobre las exportaciones tradicionales se consideró muy reducido.

Otro eje de la estimulación de la oferta, complementario del proceso de apertura de las economías nacionales, lo constituyó una estructura de precios relativos que favoreciera una utilización más eficaz de los factores de producción, y fue buscada mediante la liberalización general de los precios e intercambios. Esta política se tradujo en el abandono de los numerosos precios controlados, en la eliminación de gran número de subsidios y en la adopción de unos regímenes arancelarios flexibles.

Factores de diversidad

Sin embargo, no es posible presentar en su conjunto esta aparente homogeneidad de las políticas económicas adoptadas en los diversos países de América Latina. Aunque efectivamente es posible discernir una inspiración general común, un análisis más sutil de la situación de cada país muestra que es bastante variable el grado de aplicación de esas políticas. Depende, en especial, de la naturaleza de las causas estructurales de los desequilibrios macroeconómicos existentes y de la evolución política de los distintos países: cada cambio de gobierno fue seguido, generalmente, de una modificación bastante brusca de la política económica.

En lo fundamental, dos factores contribuyen a romper la homogeneidad relativa de las políticas económicas. Se trata de la intensidad y del ritmo de aplicación de las medidas: ambos factores están, por cierto, ligados entre sí. La intensidad de los programas de ajuste depende de la importancia de las medidas correctivas que se hayan adoptado (reducción del salario real, variación del tipo de cambio...). El ritmo de aplicación, junto con el calendario de las medidas, desempeñó, asimismo, un papel de primer orden. Algunas medidas tendientes a reducir la demanda interna tienen un efecto negativo sobre el estímulo a la oferta. Si el fenómeno recesivo es demasiado brutal, la reactivación del crecimiento podrá verse comprometida por mucho tiempo. La variabilidad del calendario de aplicación de los programas económicos ha contribuido en gran parte a diferenciar las políticas adoptadas por cada país.

Comparando los casos de México, Costa Rica, Colombia, Venezuela y Ecuador, cinco países de América Latina tropical, pueden notarse distinciones importantes: el criterio "país exportador de petróleo" parece desempeñar un papel determinante.

En efecto, los diferentes países exportadores de petróleo (México, Venezuela y Ecuador) pasaron, a comienzos de los años ochenta, por fuertes desequilibrios que los llevaron a adoptar medidas de estabilización y de ajuste sumamente marcados. Las exportaciones de petróleo provocaron un flujo de divisas y una revaluación del tipo de cambio. Las exportaciones no petroleras cayeron notablemente. La producción agrícola también bajó, particularmente en lo referente a los cultivos de exportación, pero también en la producción de alimentos. En ese contexto, la caída de los precios mundiales del petróleo provocó una crisis muy aguda que se tradujo en profundos desequilibrios y en una inflación acrecentada. Las políticas de ajuste fueron tanto más radicales cuanto más profundos eran los desequilibrios.

Para esos países, la política de contracción de la demanda fue muy rigurosa, conduciendo a una notoria caída de los gastos públicos, particularmente de las inversiones y de los salarios reales.

México y el Ecuador redujeron drásticamente el presupuesto del Estado en 1983, con una baja, en términos reales, del orden de 22-23% en relación con el año anterior. Desde entonces, los gastos públicos no han vuelto al nivel del periodo de 1980-1982.

En Venezuela, la fuerte reducción de los gastos públicos, en el marco del programa de ajuste de comienzos de 1989, causó la congelación de los salarios, la supresión de diversos subsidios a la agricultura y la reducción de los gastos de inversión. La recesión que de ello se derivó fue muy marcada y el PIB cayó en 8.1 por ciento.

En esos países, las inversiones fueron particularmente afectadas por las restricciones presupuestarias, más que los gastos corrientes, que se han mantenido en un nivel relativamente constante. La caída de las inversiones públicas entrañó, las más de las veces, la caída de las inversiones privadas, al menos en la primera etapa. En ese marco recesivo, los salarios reales cayeron fuertemente, y su nivel actual es, en general, muy inferior al del comienzo del decenio. Por ejemplo, en México el índice del salario mínimo real urbano era de 45 en 1988 (base 100 en 1980), o sea, una caída de 55% en el poder adquisitivo entre 1980 y 1988.

A ello se añade un alza de los precios alimentarios al consumo generalmente más fuerte que la inflación (IPC), lo que también ha contribuido al deterioro de las condiciones de vida de los sectores urbanos pobres, de los campesinos sin tierra o con muy poca tierra para ser autosuficientes.

Las políticas de ajustes emprendidas en los países no petroleros —Costa Rica y Colombia— no han mostrado un carácter tan dramático: las medidas de compresión de la demanda, más progresivas y menos importantes en volumen, no produjeron una recesión de la amplitud de las que se observaron en México y en Ecuador a partir de 1983 y más recientemente en Venezuela. En Costa Rica y en Colombia, los gastos públicos reales crecieron ligeramente entre 1980 y 1988, lo mismo que el salario real promedio, cuyo índice era, para cada uno de los países, del orden de 106-107 en 1988 (base 100 en 1980).

Carácter e impacto de las políticas sobre el ingreso agrícola

Las políticas agrícolas

La política económica general ha condicionado marcadamente las políticas sectoriales, que por ello han perdido la autonomía relativa de la que antes gozaban. Desde entonces, la política agrícola ha consistido esencialmente en aplicar al sector unas medidas inspiradas por las orientaciones de la política general. La modificación de las estructuras de precios relativos, la lógica del control de la demanda interna y del estímulo de las exportaciones han tocado directamente al sector agrícola, afectando su evolución, tanto al nivel de la producción misma como al de las estructuras productivas. En la mayoría de los países, las principales medidas que afectaron al sector agrícola fueron la supresión escalonada de los subsidios a la producción en el marco de la liberación de los precios y de los intercambios agrícolas, la reorientación del crédito y de las inversiones destinadas a la agricultura, así como la introducción de estímulos fiscales a la exportación, sobre todo para los productos no tradicionales.

Baja de precios a la producción de los cultivos de consumo interno por supresión de los subsidios

Las medidas afectaron muy particularmente la cosecha y la comercialización de los cultivos alimentarios. En cada país, los organismos públicos encargados de regular el mercado garantizando un precio mínimo a los productores mientras controlaban los precios del consumo redujeron fuertemente sus intervenciones, tanto en el nivel de los volúmenes tratados como en el de la importancia de los subsidios a los precios garantizados. La banca mundial puso atención particular en ese punto, ya que la reducción de los precios de apoyo en términos reales constituía una de las condiciones de los programas de ajuste de numerosos países.

Reorientación del crédito y de la inversión

En el marco de las medidas de estabilización, se hizo un esfuerzo importante para controlar la circulación monetaria y reducir los gastos públicos. El sector agrícola fue uno de los sectores productivos más directamente afectados por esas políticas restrictivas; las primeras economías a menudo se hacían en su contra.

En cada país se observa una tendencia a la reducción de la parte relativa de los gastos públicos asignados al desarrollo rural en el curso de los años ochenta. Esta reducción a menudo fue acompañada por una modificación de la estructura de asignación de los recursos presupuestarios: los cultivos alimentarios eran abandonados en beneficio de los cultivos de exportación no tradicionales. La caída de la inversión agrícola tuvo grandes consecuencias pues, como lo subrayan diversos autores, el nivel de ésta condiciona la capacidad de respuesta del sector agrícola y el aumento de su productividad.

Esta tendencia también se ha comprobado en lo tocante al crédito. El sector agrícola fue severamente afectado por la política monetaria restrictiva, tanto en los volúmenes de préstamos concedidos como en la reducción de las modificaciones sobre las tasas. También allí las restricciones fueron muy selectivas: la tendencia general es una fuerte baja de los volúmenes de crédito para los cultivos alimentarios, una baja más moderada para los cultivos de exportación tradicionales y la aparición de líneas de crédito específicas para estimular el desarrollo de ciertos cultivos de exportación no tradicionales, tales como las flores, las plantas ornamentales, las frutas y las legumbres.

Estímulos fiscales a la exportación

Para apoyar la política del cambio, los países con frecuencia trataron de estimular el desarrollo de exportaciones por medio de estímulos fiscales como los CAT (Certificados de Abono Tributario) y programas de promoción financiados generalmente con derechos aduanales cobrados sobre las importaciones. Así, a los exportadores se les propuso toda una variedad de ventajas fiscales, entre ellas exenciones de impuestos sobre los beneficios de las exportaciones no tradicionales y sobre los productos importados que entraban en la fabricación de las exportaciones, y permisos para importar sin necesidad de un acuerdo previo y con derechos aduanales reducidos.

El impacto sobre el sector agrícola

Las diversas medidas de política económica adoptadas en el curso de los años ochenta no tuvieron todas el mismo sentido en cuanto a su impacto sobre el sector agrícola. Las medidas correspondientes a la fase de estabilización castigaron, sin duda, al sector agrícola por el hecho de la reducción de los servicios públicos y de la eliminación de ciertos subsidios. Las que se relacionaron con la fase de ajuste propiamente dicha tuvieron un impacto más reducido. Según la teoría, dado que el sector agrícola está constituido por bienes comercializables, debía beneficiarlo una política de depreciación del tipo de cambio, pues éste, supuestamente, debe mejorar los términos del intercambio interno en favor de la agricultura. Además, la modificación del sistema de precios relativos, una de las orientaciones fundamentales de las políticas de ajuste estructural, debía favorecer la oferta de bienes en general y la de bienes agrícolas en particular.

El hecho de tomar en cuenta la realidad matiza de manera importante este análisis: en la gran mayoría de los países latinoamericanos, el Producto Interno Bruto agrícola creció un poco más rápidamente que el Producto Interno Bruto total en el curso de los años ochenta, pero esta mejora ha sido inferior, sin duda, al aumento demográfico. Además, este lento crecimiento de la producción agrícola generalmente observado oculta una evolución muy diferenciada en el seno del sector.

Así, en lo que toca a la producción, las principales actividades agrícolas han reaccionado de maneras muy distintas a las medidas de política económica y de política agrícola. Aunque de un país a otro existan importantes variaciones que dificultan toda generalización, sí pueden esbozarse algunas grandes tendencias:

- crecimiento moderado pero regular de la producción animal, que parece menos sensible a los azares coyunturales que los cultivos anuales o perennes;
- crecimiento de la producción agrícola con mayor utilización de insumos y de mano de obra asalariada (arroz, soya, sorgo), particularmente en los países donde los salarios reales cayeron después del proceso de estabilización (México, Ecuador);
- evolución bastante errática de los cultivos tradicionales de exportación (café, cacao, plátano, azúcar). Los efectos impulsores de las devaluaciones sobre esas exportaciones parecen haber sido casi anulados por un contexto internacional poco favorable. Además, la existencia de cuotas sobre los mercados mundiales de la mayor parte de los productos ha constituido un freno al aumento de las exportaciones;

- baja tendencial de la producción de cultivos alimentarios por habitante, especialmente en maíz y en frijol. Esta baja fue acompañada por un aumento de las importaciones alimentarias. Sin embargo, observamos en la mayor parte de los países la ausencia de una política consistente en materia de cultivos alimentarios (apoyos coyunturales a la producción introducidos un año y suprimidos al año siguiente), aun si la tendencia a largo plazo es la supresión de los subsidios, por considerar que falsea el sistema de precios relativos óptimo;
- fuerte progresión de los cultivos no tradicionales destinados a la exportación. Se trata principalmente de frutos y hortalizas, de flores y de plantas ornamentales, productos de la pesca (camarón). La modificación de los tipos de cambio y los numerosos incentivos fiscales han favorecido sin duda esta evolución reciente, pero diversos indicadores permiten suponer que el ritmo de progresión de estos últimos años no podrá mantenerse en el futuro. Los mercados de esos productos son relativamente estrechos mientras que muchos países, obedeciendo a una misma política, han desarrollado simultáneamente sus exportaciones, constituyendo así una viva competencia. Empiezan a aparecer señales de saturación.

También ha sido muy marcado el impacto de los programas de ajuste sobre las estructuras productivas. La tendencia de fondo es el debilitamiento de las pequeñas granjas agrícolas diversificadas y la constitución de oligopolios productivos, las más de las veces con capitales extranjeros, para los cultivos de exportación no tradicionales.

Los pequeños productores, en su gran mayoría, fueron directamente afectados por la reducción de los gastos públicos agrícolas y del crédito, y por ello, penalizados al nivel de las producciones para el mercado interno. Por otra parte, sólo parcialmente pudieron aprovechar las políticas de estímulo tendientes a desarrollar los cultivos de exportación. Uno de los principales factores que limitaron la integración de los pequeños productores fue la desorganización de los circuitos de comercialización de los productos de exportación a nivel nacional. Por ello, los pequeños productores sólo están en posibilidad de aceptar las condiciones de un pequeñísimo número de empresas que tienen acceso directo al mercado internacional. Son esas empresas las que principalmente aprovechan los aumentos de precios debidos a la devaluación y a los estímulos fiscales de toda naturaleza.

A este respecto, resulta significativo el caso de Costa Rica.

El rápido desarrollo de las exportaciones de piña en el curso de los años ochenta está directamente relacionado con la creación, en 1982, de la empresa PINDECO, filial del grupo internacional Del Monte, que poseía en 1988, ella sola, 46% de la superficie cultivada de piña y controlaba la casi totalidad de la comercialización de esa fruta.

Aparte de la piña, según los datos del Banco Nacional de Costa Rica, 40% de las 5 000 hectáreas de nuez de macadamia, 80% de las 6 100 hectáreas de cítricos y 52% de las superficies de flores pertenecen a empresas de capitales extranjeros que se han instalado o han desarrollado sus actividades a partir de 1984-1985, aprovechando la modificación del tipo de cambio pero también incontables estímulos fiscales otorgados por el gobierno.

Esta tendencia a la concentración de las actividades productivas, acompañada por una creciente introducción de capitales extranjeros, se observa no sólo en las nuevas exportaciones agrícolas, sino, asimismo, en el plátano. Según una nota del Banco Nacional, la participación interna en la producción del plátano bajó en el curso de los últimos años (36% en 1988) y podría continuar bajando en el corto y en el mediano plazos, mientras que el Estado hace un gran esfuerzo fiscal para estimular la producción platanera. Parece ser que una parte importante de los estímulos financieros destinados a las exportaciones agrícolas fue captada por un número muy reducido de inversionistas, y que la gran mayoría de los productores no pudieron obtener ningún provecho.

En el curso de los años ochenta, el sector agrícola fue tratado en los diversos países de América Latina como cualquier otro sector productivo. Las orientaciones de la política económica general fueron determinantes en la evolución del mismo. La política agrícola ya no tuvo la autonomía ni los medios para compensar los efectos más negativos sobre este sector, y tampoco sobre la pobreza rural y suburbana.

¿Es el agrícola un sector productivo como los demás?

Se impone una primera verificación: en todos los países en que la agricultura fue abandonada, los indicadores sociales son malos. Tal es el caso, especialmente, de Venezuela, que posee el más fuerte PNB por habitante en América Latina (3250 dólares en 1988) y sin embargo presenta una tasa de mortalidad infantil e índices de desnutrición anormalmente elevados. En México, la agricultura alimentaria tenía excedentes antes de 1970; después, el país se ha vuelto importador neto de alimentos, con la correspondiente degradación de los indicadores sociales. En el otro extremo, Costa Rica, cuyo sector agrícola siempre ha sido considerado prioritario, presenta los indicadores sociales más elevados de América Latina.

Con toda evidencia, el sector agrícola desempeña un papel social específico en el proceso de desarrollo de un país. Además de su contribución a la riqueza nacional y al mantenimiento del empleo, y por tanto de la población, en las zonas rurales, el sector agrícola aporta en todos los países latinoamericanos una parte importante de la alimentación nacional; esto es, contribuye de manera preponderante a la seguridad alimentaria nacional. Es cierto que el concepto mismo de seguridad alimentaria no necesariamente implica la autosuficiencia completa, y las necesidades alimentarias de una población pueden ser satisfechas coyunturalmente con importaciones, pero no es deseable que una gran dependencia de las importaciones alimentarias llegue a volverse estructural. En efecto, esta dependencia aumenta la vulnerabilidad a las fluctuaciones del mercado internacional y a eventuales presiones políticas externas. En los países donde el precio nacional de diversos productos alimentarios es en la actualidad superior al precio mundial es imposible asegurar que la situación no se invertirá, e inclusive a un precio muy superior a los costos de la producción nacional, siempre será posible aprovisionarse en el mercado mundial. Por tanto, hay que integrar al concepto de seguridad alimentaria una dimensión de largo plazo que se encuentra en un universo incierto. Ahora bien, si es fácil frenar y casi anular una actividad productiva apoyándose en datos coyunturales, es mucho más difícil, si las condiciones cambian, volver a elevar esta actividad, una vez que se han destruido sus capacidades de producción.

Por su condición particular y por el papel que desempeña en la sociedad, el sector agrícola no puede ser considerado y tratado como un sector productivo más en el momento de definir la política sectorial. El afán de mejorar la productividad debe estar presente como en otras partes, pero no debe constituir la norma única de orientación de la política agrícola. Las consideraciones de eficiencia económica de los agentes deben articularse tomando en cuenta otros aspectos, como el reparto del ingreso y de la riqueza nacional, el mantenimiento de la paz social, el equilibrio demográfico entre ciudades y campos, so pena de conducir a desórdenes políticos y a una desestructuración profunda de la sociedad. Ahora bien, los desórdenes sociales y políticos son causa de distorsiones económicas importantes: asignación de recursos a sectores no productivos (ejército, policía), destrucción de la infraestructura existente... Tomar en cuenta el costo de esos desórdenes modificará sin duda el cálculo del óptimo económico en favor del sector agrícola.

Indicadores sociales

	PNB/hab. 1988	*Tasa de mortalidad*	*Consumo calórico diario*	*Analfabetismo*	*Pob. rural en pobreza absoluta*
	Dólares	*‰*	*media*	*%*	*%*
Venezuela	3 250	35	2 494	13	56
México	1 760	46	3 132	10	49
Costa Rica	1 690	18	2 803	6	34
Colombia	1 180	39	2 542	12	67
Ecuador	1 120	62	2 058	18	65

Banco Mundial y FAO.

En esta perspectiva, es preocupante la evolución reciente del sector agrícola en la mayoría de los países de América Latina. El abandono de toda política agrícola autónoma en favor de la aplicación sectorial de una política global priva a la agricultura del trato particular que debería dársele, sobre todo en lo relativo a la aportación de servicios y al mantenimiento de un mínimo de protección a la producción para el mercado interno. La eliminación de las políticas de apoyo a la producción alimentaria comercial y el recurrir cada vez más frecuentemente a importaciones alimentarias entregadas en condiciones concesionales, la concentración acelerada de las estructuras productivas en manos de un pequeño número de empresas, casi siempre filiales de grupos extranjeros, han contribuido fuertemente a debilitar a las granjas agrícolas pequeñas.

Por ello, es importante devolver a la gran mayoría de los productores agrícolas los medios de participación activa en el proceso productivo nacional. Ello ocurre, para empezar, mediante el apoyo a una agricultura destinada a satisfacer la demanda interna, pero también por la creación de infraestructuras y de servicios nacionales que permitan a los productores pequeños y medianos asociarse a la agricultura de exportación en posiciones menos desventajosas que hasta ahora.

Bibliografía

Banco Mundial, *Rapport sur le développement dans le monde*, 1990.

Banco Mundial, *Colombia, country economic memorandum: productivity, growth and sustained economic development*, 1989.

CEPAL, *The economic crisis: policies for adjustment, stabilization and growth*. Cuadernos de la CEPAL, núm. 54, 1986.

De Janvry, A. y E. Sadoulet, "Investment strategies to combat rural poverty: a proposal for Latin America", en *World Development*, vol. 17, núm. 8, 1989, pp. 1203-1221.

Fallas, H. y E. Rivera, *Agricultura y cambio estructural en Centroamérica*, Serie Documentos de Programas, IICA, núm. 8, Costa Rica, 1988.

FAO, *La situation mondiale de l'alimentation et de l'agriculture,* 1989.

Luiselli, C., *Las políticas de ajuste estructural sobre el sector agroalimentario de México*, IICA, Costa Rica, 1988.

Martínez, A., *Colombia: effects of the adjustment policy on agricultural development*, CEPAL, informe núm. 33, 1987, pp. 91-105.

Mora, J., "Los campesinos y la exportación de productos agropecuarios", en William Reuben Soto (comp.), *Los campesinos frente a la nueva década*, Editorial Porvenir, Cecade, Costa Rica, 1989.

Norton, R., "Agricultural issues in structural adjustment programs", en *FAO economic and social development paper*, FAO, núm. 66, Roma, 1987.

Pomareda, C. *et al.*, "Las políticas macroeconómicas y la agricultura", Serie Documentos de Programas, IICA, núm. 14, Costa Rica, 1989.

Rivera, R. e I. Román, "Ajuste estructural y alternativas productivas para los pequeños productores", en William Reuben Soto (comp.), *Los campesinos frente a la nueva década*, Editorial Porvenir, Cecade, Costa Rica, 1989.

Salgado, G., *Ecuador: crisis and adjustment policies. Their effect on agriculture*, CEPAL, informe núm. 33, 1989, pp. 129-143.

Vermeer, R., "La política agraria de la administración Arias en el marco del ajuste estructural", en William Reuben Soto (comp.), *Los campesinos frente a la nueva década*, Editorial Porvenir, Cecade, Costa Rica, 1989.

EL CAMBIO TÉCNICO Y LAS ESTRATEGIAS CAMPESINAS

Estudio de tres casos: Chile, Colombia, Honduras

GUY DURAND
ENSA-INRA
Rennes, Francia

EL PROCESO de modernización[1] de las agriculturas latinoamericanas (Chonchol, 1986 y 1990) no ha afectado de la misma manera las diversas formas de producción. Los grandes beneficiarios han sido, sin duda, las explotaciones medianas y grandes que se han transformado en verdaderas empresas agrícolas recurriendo al trabajo asalariado. Los grandes perdedores fueron los minifundistas y campesinos sin tierra, reducidos al estado de reserva de mano de obra a la que se puede recurrir según las necesidades y que en la actualidad constituyen la mayor parte de los pobres en el mundo rural (FAO, 1988). La agricultura tradicional en el sentido en que se la entiende actualmente —explotaciones que emplean pocos o ningunos asalariados y que poseen escasos medios de producción—, empero, no ha desaparecido. A finales de los años setenta, se puede resumir su importancia en algunas cifras: 13.5 millones de explotaciones, sólo 20% de las tierras pero 44% de las superficies cultivadas. Si su actividad a menudo queda confinada a la producción de alimentos básicos (maíz, frijol, papa...), su participación es significativa para algunos productos exportables (café, cacao, frutas y legumbres...). A pesar de las diversas políticas —reforma agraria, colonización, desarrollo rural integrado—, se puede afirmar que esta agricultura tradicional fue poco afectada por dicha modernización. Lo que es más grave, el "gap" técnico entre ella y las formas llamadas modernas no deja de ensancharse.[2] Según Martín Pineiro,[3] los escasos rendimientos obtenidos en el pasado se explican, entre otras cosas, por un enfoque demasiado parcial que no toma en cuenta la complejidad de las situaciones; las instituciones encargadas del cambio técnico no ofrecen opciones viables y compatibles con las necesidades y los recursos de los pequeños campesinos.[4] Sin embargo, desde hace algunos años, los Centros Internacionales de Investigación Agronómica han desarrollado investigaciones socioeconómicas siguiendo un enfoque sistemático que toma en cuenta la complejidad de

[1] En el sentido de utilización de los recientes progresos de la ciencia y de la técnica.
[2] J. Echenique y N. Rolando, 1989.
[3] M. Pineiro, 1989, p. 47.
[4] Para un análisis de las relaciones entre las instituciones y los campesinos, véase también, P. Campagne, 1982, pp. 37-44, .

las explotaciones agrícolas.[5] Esos trabajos movilizan equipos enteros de investigadores de las diversas disciplinas, pero los plazos de realización a menudo son muy largos.

Nuestro estudio de casos: Chile, Colombia y Honduras muestra cómo la diversidad de los comportamientos campesinos se opone a una visión frecuentemente simplista del cambio técnico. Nos dedicaremos, con prioridad, a analizar el comportamiento al nivel de la unidad de producción por medio de un método de diagnóstico rápido que se apoya en el análisis sistémico. Después de haber presentado la naturaleza y el contexto de los programas de transferencia de tecnología, expondremos sucintamente el método utilizado y los diferentes tipos de estrategias adoptados por los campesinos.

Estudio de tres casos

Los tres proyectos tienen en común el haber sido dirigidos a granjas que asociaban cultivos y cría de ganado, y que tienden a introducir técnicas más productivas (aumento de la productividad de la tierra, del trabajo o del desempeño de los animales).

Chile: desarrollo de la cría bovina y ovina en la isla de Chiloé

La investigación se sitúa más allá de una operación de investigación-desarrollo AGRARIA, ONG de apoyo a la pequeña agricultura, y trataba de completar su diagnóstico de la isla por un conocimiento de los diferentes tipos de criadores de bovinos y ovinos que le permitiera identificar las fuerzas y las flaquezas de los sistemas observados. El producto de esta investigación servirá de base para la elaboración de una estrategia de intervención de AGRARIA: tipo de apoyo técnico y financiero, carácter de las experimentaciones que deben efectuarse en la estación de Caulín, en el norte de la isla. La isla de Chiloé presenta la particularidad de concentrar un número importante de pequeños agricultores (cerca de 12 000), al parecer relativamente homogéneos en cuanto a su tamaño y al tipo de actividades, en su mayor parte olvidados por los servicios estatales de apoyo. Muchos tienen una actividad distinta de la agricultura: pesca, acarreo de leña, migración temporal a Argentina para la esquila de ovejas, artesanado rural. Estas actividades exteriores siguen siendo aleatorias, por lo que es normal que busquen en la agricultura las vías de mejora de las condiciones de vida. Aunque Chiloé sea una de las regiones originarias de la papa, su porvenir local parece comprometido por

[5] D. Pillot, 1987; N. W. Simmonds, 1986.

la competencia del continente; por tanto, le queda la cría de bovinos y ovinos que posee un potencial apreciable.

Colombia: programa de Desarrollo Rural Integrado (DRI) en el departamento de Magdalena, el pueblo de Media Luna

La originalidad de Media Luna consiste en tener una extensión plana de cerca de 3000 hectáreas de tierras comunales: La Colorada, en la cual está prohibida la ganadería, y ello en una región en que domina la cría extensiva. Esas tierras fueron dadas en usufructo a los agricultores en parcelas de una a diez hectáreas. En ellas se cultiva la mandioca, cultivo básico del sistema, solo o alternado con el maíz o el sésamo, y un poco de frijol y de arroz sobre las tierras bajas. Algunos agricultores practican además la cría de ganado fuera de La Colorada.

Varios problemas se plantean en esta zona a los cuales debe hacer frente el DRI: falta de tierras, baja en la fertilidad de los suelos, enfermedades de las plantas, dificultad en la comercialización de la mandioca, monopolio de los poseedores de tractores. El eje central del DRI sigue siendo el aumento de la producción y de la productividad de las unidades agrícolas mediante la adopción de un "paquete" técnico adaptado a las condiciones de la pequeña agricultura. Por tanto, la investigación se ha centrado en la pertinencia de los proyectos a las diferentes granjas y en la explicación de las reticencias de los agricultores.

Honduras: transferencia de tecnologías para impulsar la producción lechera en el norte del país (región de La Ceiba)

El programa de transferencia de tecnologías dirigido por el servicio de agricultura del Banco Central va dirigido a todos los ganaderos, pequeños o grandes. Aunque la ganadería domina en la región, también se explotan cultivos de exportación: piña, cacao, palma africana, y cultivos alimentarios: maíz, frijol. El rendimiento (menos de 600 litros de leche por vaca al año) justifica ese programa de transferencia de técnicas ya utilizadas y probadas en otros países (dos ordeñas por día, introducción de razas mejoradas, inseminación artificial, complementación alimentaria...). De una explotación considerada representativa se definió un modelo mejorado que permite deducir, a partir de una lista establecida por el banco, las técnicas que deben introducirse. Éstas han sido introducidas, en primer lugar, en aquellas unidades agrícolas piloto más estables en el plano técnico y financiero. También ahí, la investigación se sitúa en segundo plano: se trata de verificar la adecuación del programa a los diferentes sistemas identificados. Al contrario de los dos casos precedentes, aquí nos encontramos, para empezar, con una población heterogénea: agricultura tradicional y grandes plantaciones.

Del funcionamiento técnico-económico a la estrategia

La compatibilidad entre los programas de intervención y los campesinos a quienes van dirigidos se apoya en un conocimiento del comportamiento técnico-económico de estos últimos. Por esta razón, el análisis sistémico es un procedimiento privilegiado. Reposa sobre dos principios clave: la pareja familia-granja es asimilada a un sistema,[6] y las decisiones tomadas por el agricultor se consideran coherentes en relación con su visión. Tal es el postulado de racionalidad que puede expresarse por esta fórmula: "Los agricultores tienen razones para hacer lo que hacen".[7] Por tanto, es la unidad de producción, en tanto que sistema de producción, la que es investigada. Su caracterización recurre a los útiles del agrónomo y del economista. Nos falta describir la estructura (elementos consecutivos estables del sistema) y el funcionamiento (flujo entre los elementos y mecanismos de regulaciones que dependen o no de la intervención del campesino). La caracterización desemboca en una tipología que sólo nos informa sobre las relaciones particulares que existen entre estructura y funcionamiento de los sistemas. No presenta ningún valor explicativo de las prácticas campesinas. Para ello, hemos de añadir el actor principal del sistema, el campesino, y tratar de identificar lo que le conduce a adoptar tal práctica o tal sistema. De esta confrontación se podrá deducir realmente su lógica y, por tanto, su estrategia. Así, la identificación de las técnicas y de las posibilidades de mejora no se hace fuera del contexto en que se insertan. Son las interrelaciones entre técnicas y funcionamiento del sistema-estrategia las que constituyen la pieza central del diagnóstico.

La realización de una tipología de funcionamiento y la identificación de las estrategias reposan sobre la realización de investigaciones profundas que han desembocado en monografías de las unidades agrícolas. Plantea dos tipos de cuestiones: las dimensiones y la representatividad de la muestra, y el tipo de investigación. La muestra es relativamente reducida (diagnóstico rápido) y tiende a representar lo mejor posible la diversidad de los sistemas. La representatividad estadística no es investigada, y las explotaciones que lo son forman el objeto de una elección razonada. La propia investigación es de tipo semidirectivo: se trata de describir lo más precisamente posible el sistema pero también de hacer hablar al agricultor.

[6] Para un análisis sobre la noción del sistema y una aplicación a la explotación agrícola, véase Bonneviale *et al.*, 1989, capítulos 1 y 2. Véase también, J. Brossier, 1989.

[7] Bonneviale *et al.*, 1989, p. 65.

Resultados

Honduras[8]

La observación de las técnicas y de las prácticas ha permitido elaborar una tipología funcional de los sistemas de producción. Se ha podido comprobar que ciertas técnicas (la asignación) condicionan el funcionamiento global del sistema: por ello constituyen un criterio discriminante de la tipología. La división del rebaño determina los métodos de cría de las terneras, el control de la reproducción, el empleo de pasturas... Por tanto, no se pueden introducir técnicas nuevas sin poner en entredicho la coherencia del sistema. Esta tipología funcional distingue así:

- las granjas sin división del rebaño. Muy pequeñas (menos de 20 hectáreas), nivel técnico muy bajo, todas las operaciones son manuales, y el capital fijo está limitado a los cercados. A menudo, practican cultivos alimentarios;
- sistemas extensivos "básicos" o "avanzados". La granja es grande pero subutilizada. La división del rebaño entraña numerosas modificaciones, pero la cría sigue siendo rudimentaria. En los sistemas "avanzados" aparece un aporte exterior de sales minerales y un mejor control del rebaño;
- sistemas intensivos. La intensificación aparece en diversos niveles: pastos, alimentación complementaria, dos ordeñas por día. Entre los más intensivos (en general, de dimensión media: 40 hectáreas) se practica la inseminación artificial, la fertilización de los pastos.

Partiendo de esta tipología, el estudio socioeconómico nos dará la explicación de la elección de los diversos sistemas por los criadores. La investigación hace notar claramente las diferencias de comportamiento según la granja sea familiar o de empresa (capitalista):

- en relación con el ingreso exterior a la cría (cultivos alimentarios, cultivos de renta, trabajo externo), que es un complemento para la granja familiar y una fuente de inversión para la granja de empresa. En ciertas unidades familiares pequeñas y medianas la cría de ganado, al aportar un ahorro previo y a veces un aumento de la superficie, facilita la transición de los cultivos alimentarios a los cultivos comerciales;
- riesgo: la granja familiar utiliza la cría en el marco de una estrategia antirriesgos, de acopio de ingresos por un proceso de ahorro-desahorro en cabezas de ganado. En cambio, las granjas de empresa pueden permitirse hacer inversiones más arriesgadas, gracias especialmente a los créditos bancarios;

[8] J. E. Beuret, 1987 y 1988.

- trabajo: la abundancia y el escaso costo del trabajo familiar (el costo de oportunidades es casi nulo) conduce a unas prácticas técnicas que emplean mucha mano de obra pero que son productivas por hectárea, especialmente en cuestión de forrajes.

Después de analizar esta tipología funcional y del análisis socioeconómico, de ellos se desprende que el comportamiento de los criadores puede articularse en torno de cuatro estrategias principales:

- una estrategia llamada de "aparcería" que tiende a maximizar el número de animales: el rebaño es utilizado a la vez como fondo de reserva o como seguro. Esto ocurre sobre todo en las pequeñas granjas familiares que no practican una división del rebaño; la intensificación se basa en el trabajo familiar;
- una estrategia llamada de "tierra" que concierne a los sistemas extensivos con división del rebaño. El aumento de la capacidad de producción se debe a la adquisición de tierras, de preferencia sobre el aumento de la aparcería, o a la introducción de insumos. Si se trata de granjas familiares, el criador no quiere correr riesgos para su familia intensificándolas; el aumento de la superficie le permite emplear toda la mano de obra familiar y, a más largo plazo, dividir la granja entre sus hijos. En el caso de la explotación de empresas, la adquisición de tierras corresponde a una inversión sin riesgos que además permite al criador (a menudo ausente) garantizar los préstamos bancarios para la explotación u otras actividades (comercial, inmobiliaria, etcétera);
- una estrategia llamada de "capital" que concierne a las granjas que se intensifican sobre una superficie reducida. Todos los criadores de ese tipo tienen un trabajo externo que les deja altos ingresos y por tanto pueden correr riesgos. Las ganancias, a menudo elevadas, son sistemáticamente reinvertidas y se encuentran capitalizadas en el valor de la granja;
- por último, una estrategia "mixta" que consiste en intensificar moderadamente la explotación mientras se siguen aumentando en forma gradual las dimensiones de la granja. Esto ocurre a menudo con los criadores que viven sólo del ingreso de su explotación y que por tanto no pueden correr los mismos riesgos que los antes citados.

En términos dinámicos, parece ser que la transición de una situación a otra puede efectuarse por dos vías posibles: o bien por intensificación, o bien por un aumento de la superficie de la granja. Por tanto, los caminos son múltiples, pero son limitadas las posibilidades reales de evolución, dada la importancia de las modificaciones engendradas por un cambio de sistema así como por el peso de factores sociales sobre la elección de una estrategia diferente.

Chile: los sistemas de cría chilotes[9]

La tipología permite identificar dos grupos y varios subtipos.

El primer grupo reúne a los campesinos que sólo viven de la cría y cuya importancia económica permite superar los límites de la simple reproducción. El objeto principal de esos campesinos es mejorar la productividad de la cría. Se encuentran ahí dos subtipos: uno de ellos más orientado a la producción lechera destinada a la venta (lechería de Ancud o venta directa a consumidores urbanos, en forma de leche o de queso), y especializada la otra, antes que nada, en la producción de ganado de engorda, y que vende sobre todo animales flacos que serán engordados por los grandes criadores de la isla o del continente.

Los criadores de este primer grupo se enfrentan a dos tipos de problemas: la mejora de los pastos y la comercialización de los productos. La mejora de los pastos comprende la fertilización (beneficio del nivel de fósforo, en especial) y la elección entre dos caminos: la mejora de los pastos permanentes o la creación de pastos temporales. Tanto para una como para otra de esas cuestiones carecemos de referencias agronómicas precisas adaptadas a las condiciones agroecológicas de la isla. Otros problemas son más específicos de cada uno de los subsistemas identificados: alimentación y salud de las vacas de ordeña, mejora genética de los animales de carne, manera de efectuar la engorda. La comercialización debe buscar, especialmente, la organización de los productores de carne para conseguir un mejor precio ante los intermediarios de la isla o en las ferias del continente, y una renegociación de las condiciones de acceso a la lechería Chilolac de Ancud.

El segundo grupo lo integran los campesinos que deben completar sus ingresos mediante un trabajo externo y actividades no agrícolas, la ubicación de los pastos cuando falta dinero para adquirir animales y el acarreo de madera para los aserraderos, utilizando la tracción bovina. Este grupo parece preocuparse poco por aumentar la producción. Aquí la seguridad triunfa sobre el objetivo de aumento de la productividad. Un primer subgrupo reúne a los minifundistas cuyas actividades están relativamente diversificadas (cultivos, cría de bovinos orientada al autoconsumo y al ahorro y la cría de ovinos para la lana) pero que, no obstante, deben recurrir al trabajo externo, y a campesinos propietarios de tierras cuya compra los había endeudado a finales de los años setenta y que ya no disponen de los recursos para adquirir los animales suficientes para darles valor. Estos últimos compran animales en el lugar para subir el valor de sus tierras. Un segundo subgrupo corresponde a los campesinos que disponen de una riqueza ganadera orientada al autoconsumo y de algunos bovinos de tiro que utilizan para la explotación del bosque: venta del trabajo del acarreo de madera a los aserraderos vecinos. En ese caso, los suelos son a menudo de mala calidad, y los pastos

[9] G. Tosca, 1989.

están en mal estado. Los ingresos son escasos y no permiten hacer ahorros continuos; sólo los animales constituyen un fondo de reserva manejable.

Así, en ese grupo, el comportamiento de los criadores está dominado por tres tipos de objetivos: asegurar un autoconsumo con el menor gasto, maximizar la aportación de trabajo de los bueyes, y constituir un fondo de reserva.

Media Luna (Colombia)[10]

Partiendo de sistemas de cultivo relativamente homogéneos, las diferencias de funcionamiento aparecen en las relaciones entre el sistema de cultivo y el resto del sistema de producción, según el agricultor posea o no un rebaño y/o ejerza una actividad externa. Las necesidades de la familia (según las dimensiones de la granja y la edad del jefe de la misma) también son importantes. Por último, la evolución histórica de los últimos 25 años nos muestra un elemento esencial. En efecto, en 1960 los agricultores practicaban una agricultura rotatoria sobre una o dos hectáreas (quema, cultivo de la mandioca, maíz y barbecho) destinada al autoconsumo. La introducción del tractor constituyó un poderoso factor de diferenciación. Desde 1964, la situación fundamental se había modificado y toda La Colorada había sido roturada. El aumento de la superficie cultivada benefició sobre todo a los agricultores que en aquella época tenían unos 30 años y que soportaban la carga de una familia (grupo 1); los más jóvenes, con escasas necesidades familiares o que ejercían una actividad externa, no fueron afectados (grupo 2). En el grupo 1, ciertos agricultores tratan de capitalizar y convertirse en ganaderos mediante un proceso bastante complejo: constitución de un rebaño, que luego se vendía para comprar tierras, y por último la reconstrucción progresiva de un nuevo rebaño, todo ello fuera de La Colorada. Sin embargo, los créditos del DRI para cultivo con frecuencia son "desviados" para la compra de animales; el pago se hace mediante trabajo externo (migración a Venezuela). Una actividad de tipo agrícola o una cría complementaria (por ejemplo, de cerdos) pueden permitir este ahorro previo. Sólo la importancia de los recursos externos permite explicar las diferencias de dimensiones del rebaño y de la superficie. En el grupo 2, el retardo nunca pudo compensarse y la insuficiencia de tierras obliga a los agricultores a recurrir a una actividad externa (albañilería, ebanistería, pesca, trabajo en las granjas de cría...) para subvenir a las necesidades de la familia. Lo mismo puede decirse de los agricultores instalados después de 1970 en menos de tres hectáreas: el umbral de viabilidad parece ser al menos de cinco hectáreas en La Colorada.

[10] F. Mouton, 1986.

Conclusión

Los programas de transferencia de tecnología elaborados y puestos en vigor por las instituciones, aun si se hace un esfuerzo para adaptarlos a los campesinos de escasos ingresos, se apoyan, todos ellos, en el mismo razonamiento. Las más de las veces se trata de acciones basadas en una producción o en una actividad (crédito, ayuda técnica) que favorece el objetivo de aumento del ingreso monetario que, supuestamente, el campesino obtendrá mediante la explotación intensiva. Ahora bien, las tipologías obtenidas después de hacer diagnósticos rápidos en los tres casos estudiados nos sugieren un comportamiento mucho más diferenciado que el habitualmente tomado en cuenta por esas instituciones. Salvo en casos excepcionales, el aumento del ingreso monetario no es el primer objetivo. A menudo se prefiere la seguridad del sistema familia-explotación, que induce a buscar un rebaño más numeroso y no más productivo, y a aumentar la superficie, y no a intensificarla. En ambos casos, la disminución del riesgo productivo parece ser la explicación. También la acumulación aparece como un objetivo importante, pero contemplado a largo plazo, y requiere el incremento de las capacidades de producción. Por lo demás, se habrá observado al respecto que en ese proceso el animal no constituye más que un medio transitorio hacia la adquisición de tierras, considerada como única base sólida de la acumulación. Por contra, el animal también puede desempeñar el papel de ahorro preventivo ante los altibajos en la producción y aun los familiares. La acumulación en forma de tierras no se busca por sí misma, sino también por una seguridad actual y futura (transmisión a los hijos).

Tampoco la explotación intensiva es la única vía adoptada por los campesinos, como puede verse en Honduras con la estrategia de "tierra" o en el grupo 2 de Chiloé. En Media Luna el caso es único, por cierto, ya que no hay allí la intensificación buscada por la acción del crédito. Éste es desviado a la compra de animales, y el pago se efectúa recurriendo al trabajo externo que, por ello, entra en competencia con el trabajo necesario para unas prácticas más competitivas. El DRI no había tomado en cuenta el conjunto del sistema de producción agrícola y ganadera.

Puede comprenderse ahora que las estrategias determinen tanto las elecciones técnicas como a la inversa. Por tanto, no basta proponer unas técnicas *a priori* más rendidoras para conseguir automáticamente su adopción. En cambio, el conocimiento de las estrategias y de las relaciones estrategias-funcionamiento de los sistemas puede hacernos dirigir mejor las intervenciones. Así, en Honduras, los ganaderos que adopten una estrategia de rebaños serán receptivos, sin duda, de los aportes concernientes a la salud de los animales, la mejora genética, la prioridad de la reproducción, acciones poco costosas que se integran bien en su lógica. En cambio, resulta inútil proponer a los criadores una intensificación de la estrategia de "tierra", cuyo objetivo es la búsqueda de la seguridad.

Ese tipo de diagnóstico rápido, utilizando el enfoque sistémico, resulta, pues, un interesante medio de evaluación que también puede emplearse por sobre los programas para orientar las acciones que deben ponerse en vigor, como en el caso de Chiloé. Los resultados obtenidos deben apreciarse, empero, con modestia: se trata más bien de pistas para búsquedas complementarias que de certidumbres para la acción. En efecto, todo programa de desarrollo debe ir acompañado por un proceso de evaluación permanente, dejando abierta la posibilidad de realizar desviaciones y modificaciones. Esto supone, y tal es la orientación que toma una ONG como AGRARIA en Chiloé, una participación efectiva de los campesinos en el proceso de investigación y de desarrollo que les concierne. Permitir, según los términos de Sorj y de Wilkinson, "a los campesinos acceder al estado de ciudadanos". A fin de cuentas, el progreso técnico no es automáticamente un progreso económico y social.

Bibliografía

Barloy, J. y G. Durand, *Systèmes de production et transfert de techniques. Le cas du Honduras,* informe sobre la investigación, ENSA Rennes, 1988.

Beuret, J. E. y L. Vallet, *Etudes des systèmes et stratégies d'elevage laitier dans le nord du Honduras*, tesis de DEA de la Universidad de Montpellier, tesis de fin de curso, ENSA Rennes, octubre de 1987.

Beuret, J. E., *Evaluation d'un programme de développement de la production laitière dans la région nord du Honduras. L'apport de l'analyse systémique,* ENSA Rennes, documento mimeografiado, mayo de 1988.

———, *Les typologies de stratégies agricoles: un outil pour l'agro-économiste. Proposition méthodologique et applications,* ENSA Rennes, documento mimeografiado, 1989.

Bonneviale, J. R., R. Jussiau y E. Marshall, *Approche globale de l'exploitation agricole,* Instituto Nacional de Investigaciones Pedagógicas, Dijon, documento INRAP, núm. 90, 1989.

Brossier, J., "Risque et incertitude dans la gestion de l'exploitation agricole. Quelques principes méthodologiques", en M. Eldin y P. Milleville (comps.), *Le risque en agriculture,* ORSTOM, París, 1989.

Campagne, P., "Etat et paysans: la contradiction entre deux systèmes de reproduction", en *Economie rurale,* núms. 147-148, enero-marzo de 1982.

Chonchol, Jacques, *Paysans à venir. Les sociétés rurales du tiers-monde,* La Découverte, 1986.

———, "Modernisation agricole et stratégies paysannes en Amérique Latine", en *Revue internationale des sciences sociales*, núm. 124, mayo de 1990.

Echenique, J. y N. Rolando, *Pequeña agricultura, una reserva de potencialidades y una deuda social,* AGRARIA, Santiago de Chile, 1989, 193 pp.

FAO, "Le développement rural en Amérique Latine et dans les Caraïbes", en *Revue Développement rural*, núm. 10, enero-diciembre de 1988.

Mouton, Florence, *Critiques d'un projet de développement rural dans une zone d'agriculture traditionelle au nord de la Colombie. Apports de l'approche systémique*, ENSA Rennes, mayo de 1986.

Pillot, Didier, "Recherche-développement et farming system research, concepts, approches et méthodes", en *Travaux de Recherche-Développement*, GRET, París, 1987.

Pineiro, Martin E., "Generation and Transfer of Technology for Poor Small Farmers", en Abbas M. Kesseba, *Technology systems for small farmers. Issues and Options*, Boulder, San Francisco y Londres, 1989.

Reinhardt, Nola y Peggy Barlett, "The Persitence of Family Farms in United States Agriculture", en *Sociologia Ruralis*, vol. XXXIX-312, 1989.

Rivera, Rigoberto A., "Los campesinos chilenos", serie GIA/3, Santiago de Chile, 1988.

Simmonds, N. W., "A short Review of Farming System Research in the Tropics", en *Farming Systems Series I*, 1986.

Sorj, B. y J. Wilkinson, "Du paysan au citoyen: évolution technologique et transformation sociale dan les pays en développement", en *Revue internationale de sciences sociales*, núm. 124, mayo de 1990.

Tosca, Gilles, *Diagnostic de l'élevage paysan de Chiloë (Patagonie chilienne): éléments pour une démarche recherche développement*, ENSA Rennes, 1989.

LOS CAMBIOS AGRARIOS EN CHILE BAJO PINOCHET

Una nueva geografía económica

ANNE DUBREUCQ
Universidad Libre de Bruselas
Bélgica

EN NUESTRA exposición abordaremos el tema de las transformaciones del sector agrícola en Chile: la exportación agrícola constituyó uno de los pilares del modelo de acumulación puesto en vigor por Pinochet.

Estructuraremos nuestra exposición en torno a una serie de mapas* que ilustran por una parte el proceso de formación del espacio chileno y, más precisamente, del espacio agrícola hasta 1973; por otra parte, el proceso de transformaciones efectuadas sobre este espacio tras la toma del poder por Pinochet y la aplicación de su política económica.

LA FORMACIÓN DEL ESPACIO ECONÓMICO Y AGRÍCOLA HASTA 1973

Chile nace de las peripecias de la historia del Perú colonial, funcionando en cierto modo como un excedente cuando el aumento de la población española del Perú deja cada vez menos posibilidades para una carrera señorial. En su expedición de conquista a Chile, Pedro de Valdivia espera obtener una concesión territorial relativamente importante y encontrar oro, lo que le permitiría entroncar la economía chilena y la economía española. Por entonces Chile está escasamente poblado, y una parte de su población no fue sometida por los incas. La ocupación del territorio por los españoles no podrá establecerse de manera estable sino hasta el río Bío-Bío, donde los indios habían recibido la influencia o la dominación inca. Más allá, la resistencia de los araucanos dará a la ocupación española un carácter precario; sólo será impulsada con el objeto de explotar el oro, y bien encuadrada militarmente. En el centro de Chile, las encomiendas de indios forman una base demográfica, que pronto escasea, en busca de metales en los lavaderos de oro.

Las encomiendas y los donativos de tierras hechos por la Corona española como recompensa por servicios prestados se encontrarán en el origen mismo de la hacienda, que va a establecerse desde el siglo XVII. Entonces, las minas de oro caen en decadencia al agotarse por falta de

* Mapas incluidos en la edición de las actas del coloquio disponible en el seno de la red documental CEDOCAL.

mano de obra, o vuelven a manos de los indómitos araucanos. La escasa densidad de la población indígena durante el periodo colonial hace de Chile un caso relativamente atípico en el contexto latinoamericano. Para atraer mano de obra, los hacenderos se ven obligados a ofrecer una parcela de tierra a los indígenas, lo que será la base del sistema de inquilinaje. Los inquilinos, a cambio del usufructo de su parcela, deben trabajar cierto número de días para la hacienda. Esto difiere del sistema que prevalece en Perú, donde el hacendero obtiene sus recursos principalmente de un tributo y de la *mita* impuestos a los indios, que fueron agrupados en reducciones. Las haciendas ocupan toda la parte del Valle Central y se dedican esencialmente a la ganadería, produciendo sebos, cuero y carne salada, destinados al polo minero peruano.

El periodo republicano

De pronto, la situación se invirtió por completo. Las comarcas que antes constituían los límites del imperio colonial cobraron importancia en relación con su núcleo, bajo la influencia de los ingleses. Éstos atacaron el monopolio comercial donde era más débil, a partir de Argentina y del estrecho de Magallanes.

El Chile del siglo XIX se caracterizó por una cierta prosperidad. Las haciendas se convirtieron a la cultura del trigo y exportaron hacia el estructuralmente deficitario mercado de Perú, a California y Australia, donde la carrera del oro había creado una demanda. El afán de ocupar las tierras del sur, propicias para el cultivo del trigo, motivará al nuevo Estado a emprender la guerra contra los araucanos. Tal es la época en que la Araucania será "pacificada". El confinamiento de los mapuches a "reservas" permitirá la colonización de la región.

Esta apertura de la frontera agrícola por el sur tendrá dos efectos importantes sobre la estructura agraria:

- se encontrará en la base de una corriente migratoria hacia el sur, y de la creación de una capa de propietarios medianos que tendrá su origen, por una parte, en la oferta de tierras por el Estado a los soldados que hayan participado en la guerra indígena, y por otra, en la instalación de cerca de 65 000 inmigrantes europeos, principalmente alemanes. Por tanto, sólo habrá muy pocas propiedades grandes en el sur del país. Las pocas excepciones se habrán constituido a partir de dominios de tamaño medio, por colonos que fueron capaces de agrandar su propiedad. Las unidades agrícolas conservan un carácter familiar, el uso de la tierra es más intensivo y las relaciones de producción son más de tipo salarial que en el inquilinaje-aparcería;
- el confinamiento del pueblo mapuche en espacios limitados y la usurpación de sus tierras va a restringir considerablemente el espacio vital de los indígenas, a obligarlos a sedentarizarse y a convertir su economía basada en la cría extensiva a la cultura del trigo.

Las ganancias obtenidas por la exportación de trigo darán al país una cierta prosperidad, lo que hará posible su victoria sobre el Perú y sobre Bolivia en la Guerra del Pacífico (1879-1883). La ulterior anexión del Norte Grande permitirá a Chile apropiarse de importantes depósitos de salitre y de las minas de cobre y de plata recién descubiertas. La explotación minera del salitre y de la plata con la ayuda de capitales británicos se vuelve entonces el sector dinámico de la economía, mientras que las exportaciones de trigo han disminuido claramente después del cierre de los mercados californianos y australianos, en los años de 1858 a 1860.

Sin embargo, los terratenientes conservan las riendas del poder. El control territorial les permite ejercer un dominio social sobre la población campesina y les procura una posición hegemónica ante el resto de la sociedad y ante el Estado. A su vez, el control del Estado por los terratenientes les permite apropiarse de una parte de la renta minera y financiera.

La situación del agro antes de la aplicación de la reforma agraria (comienzo de los años sesenta)

La estructura agraria puede resumirse de la manera siguiente:

- un latifundio que sigue ocupando lo esencial del Valle Central y está basado en el sistema de inquilinaje;
- un cordón minifundista en la cordillera costeña y sobre la precordillera andina. Ahí, sobre tierras de menor calidad agrícola que no se habían apropiado las haciendas, se ha refugiado la población que pudo escapar de las encomiendas, haciendo surgir un sector de pequeñas propiedades individuales;
- varios cinturones minifundistas en torno de la ciudad. Su origen está ligado a las tierras donadas por la Corona espanola a los soldados en torno de las ciudades recién fundadas. Esas propiedades de menor importancia también se han subdividido con el tiempo, al capricho de las herencias;
- en el Norte Chico, donde la agricultura sólo puede beneficiarse de un espacio limitado en los valles con riego, las *mercedes* de tierra se encuentran en el origen de una forma de explotación comunitaria en que los descendientes, no pudiendo extenderse, en lugar de dividir sus tierras, continuaron su explotación en común;
- un cordón minifundista en la precordillera centro-sur, ligado a una política de colonización en forma de pequeñas propiedades, fomentada por el Estado durante los años treinta.

Todos esos sectores minifundistas alimentan un importante éxodo rural, principalmente dirigido hacia Santiago:

- la Araucania y la región de La Frontera, donde predomina la mediana propiedad de carácter familiar;

- las reservas mapuches, cuyo carácter limitado se acentúa más después de la expansión demográfica;
- la región de grandes estancias de cría de ganado ovino en el sur, escasamente habitado todavía.

Las transformaciones agrarias bajo Pinochet

¿Por qué la estructura agraria ha evolucionado poco?

Durante la crisis de 1930 había en Chile los capitales por una parte, y una base urbana, por otra, ligados a la explotación minera y al auge económico con la influencia del comercio con los ingleses. Así pues, se habían dado las condiciones para establecer un nuevo modo de acumulación fundamentado en la sustitución de importaciones y que será financiado por las exportaciones del cobre.

Y sin embargo, pese a la crisis del modelo primario-exportador, las clases latifundistas conservaban un lugar importante en el sistema de poder, si bien se vieron obligadas a compartir una parte de éste con ciertos sectores de las clases medias y de la naciente burguesía industrial. Esto determinará el estancamiento de las relaciones de producción en el sector agrario.

Hacia 1960 resulta necesario un cambio. ¿Por qué?

El modelo de acumulación basado en la sustitución de importaciones se agota. El mercado interno es limitado, lo que condiciona la existencia de una importante capacidad instalada ociosa para las grandes empresas manufactureras, contribuyendo de manera significativa a la caída de las tasas de ganancia y al poco dinamismo económico. Una vez agotado el proceso de sustitución fácil, los recursos externos no bastan ya para impulsar la industrialización de los sectores que exigen una tecnología y un volumen de capitales más importante. El aumento de las importaciones de bienes intermedios y de bienes de producción que requiere la continuidad del proceso de industrialización pesa cada vez más sobre la balanza de pagos. Por otra parte, la incapacidad del sector agrícola para responder a la demanda de un mercado urbano en expansión determina un déficit crónico de la producción, que también debe ser remediado con importaciones.

Así pues, hay una crisis estructural, a la cual tratará de responder la política reformista de Frei y después Allende, antes de que el régimen de Pinochet intervenga con tácticas de choque, estableciendo un nuevo modelo de acumulación.

¿Cuáles son esas respuestas, que tendrán influencias profundas sobre el sector agrícola?

La política reformista intentará incidir sobre dos planos: actuando sobre la balanza de pagos y sobre el tamaño del mercado interno. Para resolver el problema del déficit estructural de capitales, el gobierno de Frei intentará atraer a Chile capitales extranjeros, apropiarse de una mayor parte de los recursos provenientes del cobre (chilenización por el gobierno de Frei que será radicalizada por Allende con la nacionalización), y encontrar una solución al problema del desequilibrio agrícola.

En ese marco, la organización del proceso de reforma agraria, comenzada por Frei y radicalizada por Allende, responde a varios objetivos:

- modernización y capitalización agrícola tendiente a aumentar la producción;
- extensión del mercado interno por medio de una mayor demanda de bienes de producción y de insumos;
- incorporación en el plano económico y político de vastos sectores campesinos hasta entonces marginados.

No detallaremos aquí los efectos de la reforma agraria. La política reformista no logrará resolver los problemas centrales de la crisis. Esto producirá un recrudecimiento de la inflación, una disminución del ritmo del crecimiento económico y sobre todo una dinámica social cada vez más violenta y más aguda, hasta desembocar en el verdadero enfrentamiento por el cual las nuevas tendencias estructurales y la nueva alianza de clases podrán imponerse.

El nuevo modelo organizado por Pinochet se basará, por una parte, en la penetración del capital extranjero, y por otra, en la concentración de los ingresos que debían permitir el inicio de una nueva etapa de acumulación. Una severa restricción a los salarios debía actuar, a la vez, sobre la tasa de ganancia y estimular la penetración del capital extranjero. Dado que la tendencia a la concentración del ingreso y a la reducción de la demanda de los sectores populares implicaba crecientes dificultades de realización para los bienes tradicionales, las posibilidades de proseguir la industrialización reposarán en la diversificación productiva, en el dominio de los bienes de consumo duradero y en la orientación a la exportación hacia los mercados internacionales de los sectores más dinámicos de la economía. Por otra parte, la producción con fines de exportación se propone ser una respuesta a la crisis crónica del comercio exterior. Para ser competitivos en el mercado exterior, va a lanzarse un vasto proceso de restructuración económica por medio de una liberación casi total de las barreras aduanales protectoras, lo que conducirá a que los sectores no competitivos desaparezcan del mercado, acelerando así el proceso de centralización de capitales y el reforzamiento de los grandes monopolios económicos. Así, vemos que la obtención de los recursos necesarios para la acumulación reposa sobre el capital extranjero y sobre el dinamismo de los sectores exportadores, industriales y agrícolas. En ese marco, se pondrá un acento particular en la exportación agrícola, ámbito en el que Chile se beneficia de "ventajas comparativas".

Como puede verse, la agricultura es uno de los puntos centrales del nuevo modelo de acumulación establecido por el régimen de Pinochet. Las transformaciones agrícolas irán acompañadas por importantes cambios en la política agraria que se articulan en torno de los puntos siguientes:

- contrarreforma agraria, creación de un sector agrícola capitalista en el dominio de la agroexportación;
- apertura de las barreras aduanales a la importación de trigo y desplome de la producción agrícola de consumo interno.

La contrarreforma no puede quedar aislada del contexto de las reformas anteriores que, en última instancia, favorecieron la penetración de las fuerzas capitalistas en la agricultura.

El gobierno de Pinochet ordenará la restitución de cerca de un tercio de las tierras expropiadas a sus antiguos propietarios (así, la mayoría de las propiedades sólo fueron restituidas en parte; las que lo fueron por completo correspondían a las unidades de menores dimensiones). Otra tercera parte será vendida en grandes unidades, en subasta pública, mientras que el último tercio será distribuido en forma de parcelas individuales a los campesinos. Esta política será completada en 1979 por la parcelación de las tierras comunitarias de las reservas mapuches.

La contrarreforma tendrá tres grandes efectos:

- el desarraigo de numerosos campesinos de la hacienda tradicional. Una parte de esos campesinos no podrá beneficiarse de la asignación de un lote de tierra y constituirá una importante reserva de mano de obra, lo que permitirá a las empresas capitalistas que operarán en el agro hacer presión sobre los salarios. Todas las relaciones de producción de tipo arcaico (aparcería, inquilinaje) serán eliminadas, y presenciamos un proceso de proletarización de la mano de obra;
- la constitución de un mercado capitalista de la tierra, reforzado por el hecho de que una parte de los *parceleros*, careciendo de capital suficiente para hacer viable su explotación, se verán obligados a vender;
- la parcelación contribuirá a debilitar al movimiento campesino y a reducir su fuerza política.

La nueva estructura agraria

Servirá de base a la penetración de las fuerzas capitalistas en la agricultura. Estas nuevas empresas se orientarán hacia los sectores que tienen una tasa alta de ganancias, es decir, los que presentan las famosas "ventajas comparativas", vueltos hacia la exportación: principalmente la fruticultura (manzanas, peras, albaricoques, kiwis...), la viticultura y la madera. Estas empresas serán beneficiadas por el gobierno con toda una serie de subsidios. El cuadro siguiente muestra la evolución de la superficie cultivada, respectivamente, para las especies de ciclo breve (cereales, cultivos industriales) y las de ciclo largo (piña, árboles frutales, explotaciones madereras).

	Ciclo breve 1000 ha	*% del total*	*Ciclo largo 1000 ha*	*% del total*	*Viñas y frutas 1000 ha*	*% del total*	*Plant. de bosque 1000 ha*	*% del total*
1954-55	1 300	68.3	602	31.6	180	9.4	422	22.2
1964-65	1 335	68.4	6 163	31.6	198	10.1	419	21.4
1975-76	1 310	56.6	1 006	43.4	203	8.8	803	34.7
1985-86	1 235	45.8	1 459	54.1	226	8.4	1 234	45.8

Censos agropecuarios para los años agrícolas 1954-1955, 1964-1965, 1975-1976; para 1985-1986, estadísticas oficiales del INE y de la CONAF.

La apertura de las barreras aduanales y el retiro del Estado provocarán una grave crisis de la producción de cereales. La caída de los precios reducirá considerablemente los ingresos de todos los pequeños agricultores que, por falta de capital, no pueden abocarse a los cultivos de exportación, así como de los agricultores del sur del país, donde las condiciones climáticas no permiten el desarrollo de otro cultivo que el de los cereales. Constituyendo a la vez una unidad de producción y de consumo, los pequeños campesinos no tienen otra alternativa que la de seguir produciendo y servirán de lugar de reproducción de la fuerza de trabajo temporal que necesitan las empresas capitalistas. El modelo de acumulación actual atribuye, pues, al sector minifundista dos funciones: la producción de bienes alimentarios baratos y la reproducción de la fuerza de trabajo y constitución de la importante reserva de mano de obra. Esas dos funciones sirven para mantener bajo el nivel de los salarios.

El nuevo espacio rural chileno

El desarrollo de la fruticultura y de la viticultura se localiza en la parte mediterránea del Valle Central. La especialización en la fruticultura de esas regiones provocará un aumento del carácter estacional de la demanda de mano de obra.

La expansión de la silvicultura se llevará a cabo sobre todo en la zona templada del país, pero en forma diferenciada, ya que el norte de la región boscosa está constituido esencialmente por plantaciones de pinos insignes, mientras que en el sur las empresas se consagran a la explotación del bosque natural. La demanda de mano de obra estacional en el marco de la explotación de los bosques es mucho más eventual que en los otros tipos de cultivos: el primer año para la plantación, luego para el corte, combinado con un número muy reducido de trabajadores permanentes encargados de la vigilancia y el mantenimiento. Como el cuadro lo muestra, esas grandes empresas de los bosques han llegado a controlar superficies inmensas, a veces en detrimento de los parceleros, obligados a vender sus tierras. Luego esos campesinos se agrupan en pequeños pueblos rurales, cerca de la unidad agrícola, y ahí las empresas pueden encontrar abundante mano de obra.

Por último, en la zona cerealera del país la crisis ha provocado una caída de la demanda de mano de obra, causando con ello una corriente migratoria hacia la zona frutícola, mientras que los agricultures que disponían de un capital suficiente se han dedicado a la cría de bovinos.

Conclusión

La política agraria del régimen de Pinochet puede definirse por tres aspectos esenciales:

- penetración de las fuerzas capitalistas y especialización en la agricultura de exportación;
- proceso de *campesinización pauperizante* con formación de un importante sector minifundista muy pobre y de campesinos sin tierras que desempeñan a la vez el papel de abastecedores de productos alimentarios baratos y de reserva de mano de obra para las empresas capitalistas;
- acentuación de las diferencias regionales por medio de una especialización en función de las "ventajas comparativas".

El sector agrícola desempeña así una doble función en el nuevo modelo de acumulación: la obtención de recursos necesarios para dicha acumulación y el mantenimiento de salarios bajos.

NICARAGUA: LOS CAMBIOS TÉCNICOS BLOQUEADOS POR LAS RELACIONES DE FUERZA POLÍTICA

LEVARD
Universidad Centroamericana
Managua

EL DESARROLLO BLOQUEADO

EL MODELO agroexportador se desarrolló a finales del siglo XIX con el café, y después de la segunda Guerra Mundial, con el algodón y la ganadería extensiva. Sobre todo, ha sido provechoso para la burguesía latifundista: el campesinado aparecía como reserva de mano de obra estacional, y como garante de la independencia alimentaria. Hasta 1979, el modelo agroexportador aprovechó unos precios internacionales favorables, los bajos salarios y la ayuda del Estado (crédito, infraestructuras).

- los cultivos de la llanura occidental, algodón, caña de azúcar y arroz (mercado interno), intensivos en mano de obra (cosecha manual del algodón y de la caña)[1] y en medios de producción importados (motorización parcial);
- la cafecultura, intensiva en mano de obra en el momento de la cosecha;
- el ganado de carne, extensivo en mano de obra y en medios de producción que, teniendo en cuenta unas superficies considerables, exige una abundante mano de obra (siega anual de desechos).

El modelo entró en crisis en el curso de los años setenta. Por el deterioro de los precios mundiales, el excedente obtenido se volvió insuficiente. Desde entonces, la situación no hace más que empeorar: el PIB por habitante pasa de 1285 dólares en 1977 a 536 en 1988; el valor de las exportaciones se desploma a 273 millones de dólares mientras que había llegado a cerca de 640 durante los setenta.[2] La autosuficiencia en cereales fue, en promedio, de 67% entre 1986 y 1988, y de 80% diez años antes.[3] Cierto, la política de ajuste estructural del gobierno sandinista ha permitido algún "saneamiento" de la situación. Sin embargo, lejos de plantear las premisas de un nuevo desarrollo, ha debilitado la base productiva del país (industria, artesanado y campesinado).

[1] Con excepción del arroz, cuyo cultivo está totalmente mecanizado.
[2] *Encuentro*, diciembre de 1989, y anuarios del comercio exterior de Nicaragua.
[3] Datos del Ministerio de Desarrollo Agrícola y del Ministerio de Comercio Exterior.

LA VÍA CAMPESINA, BASE DE UN DISTINTO DESARROLLO

En un contexto marcado por la importación de los insumos más costosos y por la baja de los precios mundiales de los productos exportados, el desarrollo agrícola plantea un desafío. La repartición del excedente entre las diversas capas sociales y su utilización final (producción o importación; inversión o consumo) se presentan con mayor agudeza.

La evaluación de los diferentes comportamientos de los cultivos[4] toma en cuenta los gastos reales en divisas y los precios mundiales (precios de exportación para los productos exportados, precios de importación para los bienes destinados al mercado interno):

- para los cultivos anuales: cultivo con coa, con tracción animal "integral" (bueyes), con tracción animal "parcial" (trabajos motorizados de preparación de la tierra), cultivo motorizado;
- para el café: cultivo "extensivo" a la vez en trabajo y en insumos, intensivo en mano de obra (mayor densidad de las plantas, trabajo de mantenimiento de los árboles), intensivo en insumos y de gran densidad de plantas;
- para la ganadería: diversos niveles desde la cría "extensiva" (alimentación basada en el pastoreo de llanos muy poco cuidados) hasta la cría intensiva en mano de obra y en insumos (pastoreo rotativo, con mantenimiento de las llanuras, alimentos concentrados).

Las normas de evaluación se fundan esencialmente en la relación entre la tierra y el hombre, el gasto en divisas por trabajador y diferentes indicadores de su eficacia: productividad neta del trabajo (valor agregado anual por trabajador), rendimiento neto por hectárea (valor agregado anual/hectárea), generación neta de divisas (dólar de valor agregado/dólar gastado en medios de producción).

Las tecnologías socialmente "aceptables"

Hemos determinado los niveles técnicos "aceptables" desde el punto de vista de la sociedad: aquellos cuyo establecimiento permitiría maximizar el valor agregado nacional y obtener un alto excedente.

Nuestra primera hipótesis es que la maximización del valor agregado nacional implica el pleno empleo de los recursos disponibles (fuerza de trabajo, superficie agrícola y divisas) y una distribución relativamente igualitaria de la tierra y de las divisas. Una distribución no igualitaria se manifestaría en la motorización de los sistemas de producción mejor

[4] Maíz, sorgo, frijol, sésamo, algodón, café y la ganadería bovina, así como los principales sistemas técnicos relativos.

dotados, mientras que una parte de la fuerza de trabajo quedaría subempleada. Los niveles técnicos "aceptables" se caracterizan, pues, por una relación tierra/hombre y un grado de gastos en divisas por trabajador tal que la distribución de esos recursos sea relativamente igualitaria.

Nuestra segunda hipótesis toma en cuenta la Generación Neta de Divisas (GND). Las divisas, en oposición a la fuerza de trabajo y a la tierra, implican un costo real para el país (intereses de la deuda) y un costo de oportunidad (se les podría utilizar en otros sectores de actividad). Por tanto, los niveles observados se caracterizan por una generación neta o una economía de divisas elevada.

Para los cultivos anuales, con excepción del algodón,[5] los niveles "aceptables" corresponden a la tracción animal "integral" (GND de 0.8 a 3.3, según el cultivo) y, para ciertos cultivos, a la tracción animal "parcial" y al cultivo permanente con coa (GND de 0.15 a 2.1, según el cultivo). Para el café, los niveles "aceptables" corresponden al cultivo extensivo en mano de obra y en insumos y al cultivo intensivo en mano de obra (GND de 6.7 y 5.6). Por último, en el caso de la ganadería, sólo se han conservado los niveles intermedios (GND de 2.6 a 7.5). Los niveles más intensivos (fuertes raciones de alimentos suplementarios) fueron excluidos, así como la ganadería "extensiva" que no va asociada a los cultivos.

Las condiciones del despegue económico

El comportamiento observado corresponde en general al pequeño y al mediano campesinado. Los sistemas de producción de los latifundios son, o demasiado extensivos (el caso de la ganadería), o demasiado intensivos (mecanización). En ambos casos, utilizan menos mano de obra: la fuerza de trabajo constituye un costo para el latifundista, no para el campesino. Sólo el café, cultivo sumamente rentable, admite en los latifundios una evolución conforme a los intereses del país.

La generalización del uso de la tracción animal en las tierras labrantías exige una estructura agraria campesina. La reforma agraria permitiría una mejor utilización de las tierras, de la fuerza de trabajo y de los subproductos de los cultivos y de la cría de ganado. Facilitaría también la forestación de las pendientes ya agotadas o cultivadas por campesinos pobres en condiciones que tienden a la destrucción de los suelos.

Suscitaría un reparto más eficiente del excedente. La burguesía latifundista consagra sus ingresos, en el mejor de los casos, a la compra de medios de producción importados y, en el peor, a la importación de bienes de consumo, a actividades especulativas o a inversiones fuera del país. Una vez asegurada la reproducción de su fuerza de trabajo, el campesinado consagra una parte mucho más importante de sus ingresos a la inversión (compra de equipo, de ganado). El componente nacional de

[5] Ningún nivel tecnológico se ha conservado (GND negativo en todos los niveles).

sus gastos en bienes de consumo o de producción es mucho más elevado. Este aumento de la demanda interna es condición indispensable para el desarrollo, en la medida en que el país no dispone ni de recursos, ni de capacidades, ni de las técnicas indispensables para orientar el conjunto de su economía de acuerdo a la evolución del mercado mundial.

Nuestro análisis supone también:

- generalización de los sistemas de cultivo practicados actualmente por el pequeño y mediano campesinado (utilización, en particular, de la tracción animal "integral");
- asignación en divisas al sector agrícola superior a la que se da actualmente (250 millones de dólares en lugar de 150, las importaciones totales del país se elevan, en la actualidad, a 700 millones de dólares);
- aumento de la población agrícola en 20%, con retorno a las tierras de una parte de la población de origen agrícola desempleada o subempleada;
- reinversión en la agricultura, desde el segundo año, de 30% del excedente agrícola suplementario; el resto queda disponible para los otros sectores;
- crecimiento progresivo de los rendimientos agrícolas por reconstitución de las reservas de materia orgánica en el suelo (+1.5% por año);
- aumento progresivo de los trabajos, desarrollo de la cafecultura e intensificación progresiva de la cría de ganado paralelamente al acceso a nuevos recursos en trabajo y en divisas.

El valor actual de las exportaciones agrícolas del país es del orden de 300 millones de dólares. Según nuestros cálculos, la agricultura podría garantizar una cuota de exportaciones de 455 millones dentro de dos años y de 824 millones dentro de diez años. Este crecimiento iría acompañado por una mejora sensible de los niveles de consumo calórico y proteínico de la población y del acceso a un excedente agrícola creciente para el resto de la economía.

Esta estrategia de desarrollo supone la adopción de medidas concomitantes, tendientes a mejorar la eficacia de los sistemas de producción campesinos y facilitar la integración de los cultivos y de la ganadería. Pese al apoyo expresado en las campañas, la vía del desarrollo elegida por el FSLN, en el poder de 1979 a 1990, sin embargo fue totalmente distinta.

El fracaso de la política agraria sandinista

En 1979, una reforma agraria parcial trataba de responder a las exigencias del campesinado sin tierras. Los sandinistas también aspiraban a garantizar la independencia alimentaria del país y a asegurar su industrialización. El modelo establecido se basaba en la utilización intensiva de máquinas y de insumos, sobre el riego de las mejores tierras y la transformación industrial de una parte de la producción (algodón, leche, sorgo, frutas y legumbres). Ese modelo suponía grandes inversiones, aseguradas gracias a la ayuda exterior. Muy a menudo, el Estado se hizo cargo de ellas directamente en el seno de las granjas estatales, especialmente en el marco de los famosos "grandes proyectos". El modelo también se apoyó en los latifundios de la burguesía agraria (aproximadamente, 25% de las tierras agrícolas)[6] y en la población campesina organizada en cooperativas de producción (13% de las tierras agrícolas);[7] las granjas del Estado, que no representaban más que 12% de las tierras agrícolas,[8] no bastaban para esta tarea. Estos dos factores fueron en gran parte subvencionados (dotación de máquinas y de insumos a precios simbólicos).[9] Muy a menudo las cooperativas de producción quedaron sometidas a las "líneas directrices" del Ministerio del Desarrollo Agrícola. En materia de elecciones técnicas, el modelo reforzaba la tendencia esbozada desde los años setenta, hasta tal punto, que la democratización instaurada por los sandinistas (acceso al crédito) permitió una gran difusión de los insumos importados entre el campesinado.

Las causas del fracaso

Durante los años ochenta, Nicaragua se benefició de una considerable ayuda internacional.[10] El nivel de las inversiones era el más alto de la América Central[11] y la utilización de insumos en la agricultura era muy superior a la habida durante los setenta.[12] Y sin embargo, la producción agrícola disminuyó sensiblemente (30% entre 1974-1978 y 1984-1989).[13]

Esto pudo deberse a una baja de la eficiencia técnica: los costos aumentaron mientras que, globalmente, los rendimientos físicos no mejoraron de manera sensible, y disminuyó la superficie cultivada.

[6] Estimación según *La reforma agraria en Nicaragua, 1979-1989*, CIERA, 1989.

[7] *La reforma agraria...*

[8] *La reforma agraria...*

[9] Los dos principales instrumentos de la política económica agrícola sandinista entre 1980 y 1987 fueron: *1)* establecimiento de un sistema de tipo de cambio múltiple, que favorecía las importaciones de máquinas y de insumos, y *2)* la generalización del crédito a tasas de interés reales negativas.

[10] Según la Banca Central de Nicaragua, la transferencia neta de recursos fue de 368 millones de dólares anuales, en promedio, entre 1980 y 1987.

[11] 21% del PIB, en promedio, entre 1980 y 1987. Richard Stahler-Sholk y Max Spoor, informe final de misión, proyecto PAN/CADESCA/CEE.

[12] Las importaciones anuales de abono alcanzaron las 114000 toneladas, en promedio, durante los años 1984 a 1986, mientras que habían sido de 68000 toneladas de 1970 a 1978. Al mismo tiempo, la superficie cultivada se redujo en cerca de 15% (según los *Anuarios..., op. cit.)*.

[13] Esta baja no revela más que parcialmente la crisis: si añadimos el aumento de la población, el resultado es aún más neto (baja de 54% del promedio anual del producto bruto agrícola por habitante entre los dos periodos).

El aumento de los costos se debe a la utilización masiva de insumos y de máquinas (tractores, segadoras), subsidiados en extremo: los agricultores tendieron a emplearlos en el límite del despilfarro. La motorización condujo a remplazar trabajo por capital importado, mientras que Nicaragua sufre de un subempleo estructural. Mantuvo los salarios rurales en un nivel muy bajo y favoreció la emigración a las ciudades y el auge de actividades no productivas. El estancamiento de los rendimientos nos remite a los factores siguientes:[14]

- el centralismo no permitió una adaptación rápida de la producción y de las técnicas a los peligros (clima, ataques parasitarios). Los cooperativistas no se sintieron dueños de sus tierras y se portaron como simples obreros agrícolas;
- la inadaptación de las técnicas (vacas lecheras de gran potencial no adaptadas al clima) y su fragilidad en un contexto en que los insumos y las piezas de repuesto no siempre se conseguían a tiempo;
- la descapitalización efectuada por la gran producción privada, que a menudo prefirió colocar sus ingresos en Miami o en Costa Rica. Éste fue el caso, especialmente, de la ganadería extensiva (disminución de 40% del capital bovino nacional entre 1978 y 1984);
- la degradación de los ecosistemas cultivados, ejemplificada por la baja de los rendimientos de algodón en la llanura occidental.

El aumento eventual de los rendimientos (maíz y sorgo) fue acompañado por un fuerte incremento de los costos de producción, debido a la utilización de dosis crecientes de pesticidas, exigidas por la degradación de los ecosistemas y por los monocultivos sistemáticos. Más generalmente, excluyendo el policultivo y la ganadería, el modelo sandinista fue incapaz de aumentar los rendimientos de manera duradera y a un bajo costo. No tomó en cuenta el potencial productivo del campesinado no sometido a la planificación centralizada,[15] y los subsidios que éste recibió tendían a incorporarlo al modelo "oficial" de desarrollo. En el centro del país, agrario y poco fértil, los gastos en abono apenas permitieron mantener los niveles de rendimiento.

La disminución de la superficie cultivada fue muy importante en la zona occidental (-18% entre 1974-1978 y 1980-1984). El auge de la ganadería extensiva y de los eriales se debe a grandes explotaciones (granjas del Estado, cooperativas, latifundios): el esfuerzo de intensificación en capital se concentró sobre las mejores tierras.

El crecimiento de la agricultura tuvo pocos efectos sobre los otros sectores. La reforma agraria no trató de establecer, realmente, unos sistemas

[14] Observemos que, en el caso del café, la disminución de los rendimientos se explica ante todo por la guerra (mayor presión militar en el momento de la cosecha y problemas de mano de obra).

[15] Explotaciones de menos de una hectárea a varias docenas de hectáreas sobre cerca de la mitad de las tierras cultivadas, según *La reforma agraria...*

de producción más eficientes ni de reforzar la articulación de los diversos sectores productivos. Fue concebida, más que nada, como medida política tendiente a responder a una exigencia de la base social del sandinismo y como etapa hacia la colectivización: 28% de las tierras del país fueron expropiadas, y casi todas fueron convertidas en granjas del Estado o en cooperativas de producción (12 y 13% de las tierras).

¿Por qué tales decisiones?

El gobierno sandinista se vio en la necesidad de atenuar los efectos de la crisis sobre la población. Las medidas adoptadas a menudo dependieron, asimismo, de objetivos de orden social, político y militar, más que económico. La cooperativización de una parte del campesinado produjo importantes despilfarros, pero también hizo posible la creación de un ejército de reservistas. Desde 1984, el objetivo ya no era reconstruir el país, sino asegurar la supervivencia de la revolución.

Los cuadros del sandinismo son, sobre todo, de origen urbano, provenientes de las clases media y acomodada, y de sectores dotados de una cultura y de una formación que les permiten hacerse cargo del movimiento revolucionario y de la dirección del nuevo Estado. Ahora bien, la ideología dominante en el seno de estas capas sociales suele considerar al campesinado como un mundo atrasado, incapaz de efectuar por sí mismo las transformaciones técnicas que exige el país. Esta ideología es tanto más fuerte cuando las capas privilegiadas tienen raíces agrarias. Hoy, la mayoría de sus miembros aún tiene al menos un pariente propietario de una finca. La formación y la condición social de los cuadros y de los técnicos los llevaron, incluso, a dirigir al campesinado de manera autoritaria, en lugar de ponerse a su servicio.

La alianza del Frente sandinista y de una parte de la burguesía latifundista fue un hecho constante de la revolución. Ahora bien, la supervivencia económica de la burguesía dependía de la conservación de los salarios rurales bajos[16] y de los subsidios. Los patrones latifundistas buscaron, pues, un entendimiento con el poder revolucionario: se asociaron desde 1989 a unos organismos de cogestión (comisiones encargadas de administrar la producción y el mercado por ramas de actividad). Esta alianza explica el carácter limitado de la reforma agraria.[17]

Las ideas predominantes sobre el campesinado y sobre el auge de las fuerzas productivas fueron reforzadas por las concepciones transmitidas por los responsables, las escuelas y los manuales cubanos y soviéticos de la época de Brejnev. La ayuda de los países de la Europa del este

[16] La venta de sus productos dependía poco de la demanda interna y, por tanto, del poder adquisitivo de la población.

[17] Sólo afectó a cerca de 28% de las tierras: 20% corresponden a latifundios controlados por el clan Somoza y 8% a latifundios de la burguesía agraria no somocista (indemnizada). Esta última aún posee actualmente 25% de las tierras agrícolas del país.

así como de la comunidad europea llegó a apoyar este modelo de desarrollo: es difícil rechazar un crédito que permite adquirir material agrícola barato. Ahora bien, esos créditos son más frecuentes que los destinados al mantenimiento del material existente...

Las relaciones sociales fijas, una burguesía en crisis de hegemonía

Si bien ciertos sectores del gobierno, del FSLN y de la Unión de Agricultores y Ganaderos (UNAG) defendían claramente los intereses de una categoría social a corto plazo, la mayor parte de los otros sectores fue fuertemente influida por la ideología y la concepción del desarrollo predominantes.

El objetivo de la unión de los diversos componentes de la sociedad contra Somoza y luego contra el enemigo común norteamericano y, por último, el esfuerzo hecho para probar al mundo occidental el carácter democrático y tolerante del régimen, contribuyeron a fijar las relaciones económicas y sociales y a bloquear las transformaciones necesarias al surgimiento de un proceso de desarrollo. Esta elección fue conforme al discurso sandinista que atribuía a la guerra y al enemigo norteamericano el conjunto de los males que sufría el país.

La política del nuevo gobierno consistió ante todo en acentuar el reajuste monetario, en privatizar las empresas del Estado (entre ellas, las granjas del Estado), a menudo en favor de sus antiguos propietarios, y en crear las condiciones favorables para la inversión extranjera. Así, con algunas variantes (desarrollo de los "cultivos no tradicionales", etc.), se trató de promover el modelo agroexportador. Por tanto, no se propuso ninguna verdadera alternativa de desarrollo. La crisis del modelo agroexportador, ocultada un momento por el intermedio sandinista, está más presente que nunca.

COSTA RICA: POLÍTICA ECONÓMICA Y EXCLUSIÓN CAMPESINA EN LOS OCHENTA

JORGE A. MORA A.
Universidad Nacional de Heredia

LA SOCIEDAD costarricense experimentó una situación de cambio paulatino en la década de los años ochenta. La liberalización de la economía ha introducido modificaciones sustanciales en el contexto social global y en los procesos económicos y políticos. En el agro, el tipo de desarrollo introducido en estos años ha provocado cambios importantes en la estructura agraria, y en el comportamiento de los agentes, de las organizaciones sociales y del Estado.

En los tres apartados siguientes se presentarán algunos de los aspectos más relevantes de la estructura agraria conformada o reconstituida en el país, en las tres décadas en las cuales prevaleció la estrategia denominada de industrialización por sustitución de importaciones. Asimismo, se examinarán las modificaciones provocadas por el fomento de las exportaciones agropecuarias. Este análisis permite percibir las nuevas condiciones en las cuales se desenvuelven los productores e identificar sus formas de resistencia.

Una de las características más importantes del agro costarricense es la conformación de su particular estructura capitalista. Sobresale un conjunto de empresas nacionales y transnacionales, entrelazadas con un significativo sector de productores familiares, secularmente establecidos en el valle central del país, vinculados a las actividades agropecuarias más dinámicas de la economía nacional. La estructura agraria muestra también la presencia de grupos importantes de productores campesinos, cuyo acceso al suelo se llevó a cabo como resultado de las políticas agrarias estatales. Entre 1963 y 1986, el Instituto de Desarrollo Agrario (IDA) compró 663 889 hectáreas que distribuyó entre 32 961 familias (Robinson, 1987, pp. 143-144). De igual manera, grandes grupos de campesinos a lo largo del territorio nacional ocuparon fincas y se (re)establecieron como productores familiares (Villarreal, 1983).

El proceso de diversificación de la estructura productiva, que amplió las actividades agropecuarias de exportación (café, plátano, azúcar, ganadería, algodón), y la modernización del agro, que como parte integrante de la estrategia de industrialización se impulsa en este periodo, genera una doble situación:

- por un lado, fortalece la capitalización del agro integrando a un sector relevante de productores familiares en el proceso agrario;

- por otro, provoca el desplazamiento de asalariados agrícolas y productores familiares, quienes son reinstalados por el Estado o inician procesos de (re)campesinización por su propia iniciativa. En este caso, la expansión del capital no requirió de la proletarización ni de la descampesinización generalizada para alcanzar su constitución a escala social.

Es importante recalcar cómo, a pesar de sus limitaciones informativas, los censos agropecuarios de 1973 y 1984 expresan las tendencias generales del agro costarricense. En estos años la extensión de las fincas ubicadas entre menos de cinco y 100 hectáreas pasó del 33 al 38.9% del total de tierras en fincas. Las explotaciones de 100 y 500 y más hectáreas, que agrupaban en 1973 el 67% de la tierra, redujeron ese porcentaje al 61.1%. Si bien se conserva una concentración de la propiedad relativamente acentuada, lo más significativo lo constituye la ampliación de la tierra agrupada por las fincas de hasta 100 hectáreas y la disminución de las fincas más grandes. Esta información resulta congruente con el proceso de capitalización del agro: el fraccionamiento de latifundios y la consolidación de un sector de empresas agrarias, de tamaño mediano, se relacionan con el surgimiento de una tendencia hacia el uso más intensivo —más capitalista— del suelo. La consolidación de un sector de productores familiares y los procesos de recampesinización se expresan en el incremento de la superficie agrupada por las fincas de menores tamaños.[1]

La economía costarricense sufre una aguda crisis a partir de 1978. El deterioro de la economía mundial y el agotamiento de la modalidad de desarrollo prevaleciente en el país durante las tres décadas anteriores provocan el estancamiento de la producción agropecuaria. El principal producto de exportación del país, el café, ve disminuir su precio de 5.10 dólares por kilo en 1977 a 3.54 en 1978. Los precios pagados a los productores de café en el país pasan de 4860 colones en la cosecha 1976-1977 a 3001 en la de 1978-1979. La tasa anual de crecimiento del PIB agropecuario pasa de 6.6% en 1978 a 0.5% en 1979, y –0.5% en 1980, recuperándose en 1981, cuando alcanza 5.1%, para caer de nuevo en 1982 a –4.9 por ciento.

El empobrecimiento de las familias rurales, la paralización de los programas estatales ejecutados en el campo y la desocupación de sectores importantes de trabajadores rurales provocan una creciente presión sobre la tierra, en áreas rurales o en los espacios urbanos. El número de familias pobres alcanzó una proporción similar a la existente en el país en la década de 1960.[2]

En consecuencia, la crisis trajo consigo el desplazamiento de amplios sectores de asalariados agrícolas y su reinstalación en otras áreas rurales, o su traslado hacia los espacios urbanos, en donde por lo general pasan a engrosar la creciente informalidad urbana.

[1] Mora y Fernández, 1987, pp. 106-111.
[2] Céspedes *et al.*, 1990, pp. 99-108.

La respuesta a la crisis formulada desde el Estado es la adopción de una estrategia orientada a fortalecer las exportaciones, abrir la economía integrándola de manera más decisiva en el mercado internacional y liberalizar los procesos económicos. En el agro, la política denominada "Agricultura de Cambio" es la expresión de la modalidad de desarrollo implantada en el país. Pretende reorganizar la actividad agropecuaria, de tal manera que se sustituya la producción tradicional por nuevos cultivos destinados al mercado internacional. El reforzamiento de la producción tradicional de exportación, el fomento de actividades no tradicionales destinadas a atender la demanda del mercado internacional y la modernización de la agricultura son tres de los aspectos centrales de esta política agraria.

La diversificación de las exportaciones agropecuarias, el surgimiento de nuevos complejos agroindustriales, ligados a los cultivos de exportación,[3] así como el establecimiento de nuevas modalidades de subordinación de los productores familiares, son algunos de los resultados de la política adoptada en la década de los años ochenta.

Asimismo, la modalidad de desarrollo agrario implantado agudiza los procesos de diferenciación social. Los productores agropecuarios con capacidad para orientar sus inversiones hacia las actividades de exportación, o quienes se dedicaban a éstas con antelación, reciben los estímulos destinados a ampliar y dinamizar la producción para el mercado exterior. Las devaluaciones permanentes de la moneda fortalecen a los exportadores y estimulan las inversiones en actividades de exportación. Esta misma medida encarece los costos de producción de muchos productores y eleva los precios de gran parte de los bienes consumidos por sus familias.

La eliminación de los subsidios (crédito barato, precios de sustentación), el aumento de las importaciones de productos agropecuarios, el incremento de los costos de producción y la creciente inflación experimentada por el país colocan en una situación muy difícil a amplios grupos de productores familiares. La suspensión de las medidas que han contribuido a su permanencia en el mercado los excluye.

No obstante, la iniciativa de los campesinos, la ampliación de sus organizaciones y las movilizaciones llevadas a cabo tratando de influir en la orientación de las políticas económicas, constituyen un proceso que puede amortiguar los efectos de la estrategia de desarrollo implantada en la pasada década.

El gobierno actual, instalado el 8 de mayo de 1990, no ha variado las líneas generales de la política agraria. la única propuesta novedosa ha sido la de impulsar medidas de "compensación social" orientadas a enfrentar los problemas más agudos de las familias empobrecidas en el campo y la ciudad. Este programa es, sin duda, el principal delator de la estrategia neoliberal aplicada en el país: si es necesaria la compensación

[3] Altenburg *et al.*, 1990, pp. 183-196.

social, es porque la modalidad de desarrollo provoca el empobrecimiento de miles de familias. Se compensa a quienes quedan excluidos de la economía y la sociedad, aunque por cierto puede ser que no de la política. Es aquí en donde volver la mirada hacia el campo de los otros países centroamericanos resulta un buen consejo para los responsables de la definición de las políticas agrarias.

Un aspecto central del proceso agrario costarricense de los años ochenta es la ampliación del número de organizaciones campesinas y del número de productores afiliados. En 1986 se encontraban inscritas 98 organizaciones campesinas y de asalariados agrícolas en el Ministerio de Trabajo y Seguridad Social (Mora, 1987, pp. 175-182). De los afiliados, 79.7% son agricultores integrados en sindicatos de pequeños y medianos productores.

Son también significativos los aspectos cualitativos del análisis de las organizaciones campesinas. La variación en la composición social de las organizaciones y de los movimientos sociales es llamativa: los productores y asalariados desplazados, que ocupaban la posición más destacada en los años sesenta y setenta, dejan el lugar a los productores familiares, establecidos como tales en diversos momentos históricos. Éstos asumen las principales luchas reivindicativas: se organizan y fortalecen su capacidad movilizadora y de negociación con el gobierno. Demuestran una autonomía muy clara con respecto a los partidos políticos y el Estado. Agrupados desde la sociedad civil, a partir de la propia iniciativa campesina o alentados por otras organizaciones de trabajadores, plantean reivindicaciones tales como el reestablecimiento de subsidios a los productores campesinos, la detención del incremento de los costos de producción, acceso al crédito y a otros servicios estatales, extensión del seguro social a las familias campesinas, establecimiento de sistemas de comercialización adaptados, representación de los campesinos a distintas instancias gubernamentales y recursos para el establecimiento de proyectos productivos. De igual modo, las organizaciones campesinas son las principales proponentes de una política agraria orientada a propiciar la seguridad alimentaria en el país. La movilización y la formulación de políticas agrarias alternativas constituyen aspectos novedosos de los movimientos campesinos. La consecución de algunas de estas reivindicaciones ha constituido una forma efectiva de impedir la marginalización de numerosas familias campesinas.

Para los campesinos, la adopción de las técnicas exigidas por la agricultura de exportación no es impensable. Gran parte de los productores familiares de café alcanzan una productividad similar al promedio (la más alta del mundo en esta actividad). El campesino costarricense ha incorporado los adelantos técnicos estimulados por el proceso modernizador en las tres décadas anteriores.

Su integración en los complejos agroindustriales muestra que los campesinos están en condición de adoptar los requerimientos establecidos por la empresa agroindustrial, aun a costa de su autonomía como productores.

Su mayor problema, que no ha resuelto aún, es la comercialización de sus productos en el mercado internacional. El control del mercado por un reducido número de empresas procesadoras y comercializadoras establece fuertes lazos de dependencia de los productores familiares con esas empresas. Esta situación, a la vez, constituye una forma por medio de la cual los productores directos transfieren excedentes a quienes controlan la industrialización y la venta en el exterior de sus productos. La agricultura de exportación es, sin duda, una política que cambia las condiciones en las que se desenvuelven los productores campesinos.

Bibliografía

Altenburg, Tilman *et al.*, *El desafío económico de Costa Rica. Desarrollo agroindustrial autoconcentrado como alternativa,* DEI, San José, 1990.

Céspedes, Víctor Hugo *et al.*, *Costa Rica frente a la crisis política y resultados,* Academia de Centroamérica, San José, 1990.

Álvarez, Antonio, *Nuestro reto agropecuario,* Editorial Costa Rica, San José, 1990.

Hernández, Jorge Luis, *Política agraria para los 90.* UPANACIONAL *toma la palabra,* CECADE, San José, 1990.

Mora, Jorge, *La distribución de la tierra y los asentamientos humanos en Costa Rica,* FAO, Roma, 1989.

———, "Crisis y movimientos campesinos en Costa Rica 1978-1986", en *Abra,* Universidad Nacional, núms. 5-6, 1987.

Mora, Jorge y Fernando Fernández, "Costa Rica: cambios en la distribución y uso del suelo 1963-1984", en *Abra,* Universidad Nacional, núms. 7-8, 1987.

Robinson, Walter, "Desarrollo y límites agrícolas", en *Abra,* Universidad Nacional, núms. 7-8, 1987.

Vermeer, René, *El cambio en la agricultura,* Litografía Comarfil, San José, 1990.

Villarreal, Beatriz, *El precarismo rural en Costa Rica,* Editorial Papiro, San José, 1983.

Villasuso, Juan Manuel *et al.*, *El sector productivo crisis y perspectivas,* Editorial Porvenir, San José, 1984.

LAS ONG LATINOAMERICANAS Y LOS CAMBIOS TÉCNICOS DE LA AGRICULTURA CAMPESINA

PHILIPPE BARRET
Geyser, St. Michel L'Observatoire
Francia

LA MEJORA de la producción agrícola se consigue con la resolución de problemas técnicos concretos, con la adopción de innovaciones y también con acciones de formación y de organización. Numerosas ONG latinoamericanas opinan que los proyectos "técnicos" siempre deben insertarse en un proceso organizativo que tenga su propia dinámica: si ese proceso ya está en marcha, la proposición técnica se integra a la estrategia global definida por los agrupamientos campesinos; si no es el caso, el trabajo técnico se complementa con una acción educativa y organizativa que permitirá a los campesinos formular sus propias hipótesis.

Una vez cubierto ese requisito, podemos examinar el camino seguido por las ONG para resolver los problemas técnicos concretos de la agricultura campesina. Hacer elecciones técnicas para resolver problemas equivale, para empezar, a identificarlos y darles prioridad en función de los objetivos del desarrollo. Dicho de otra manera, ¿qué problemas técnicos se van a resolver?

Una vez identificado el problema, se buscan las referencias técnicas disponibles, que servirán para encontrar la solución o las soluciones apropiadas. Pero, ¿de qué tipos de referencias se dispone en América Latina? Si las soluciones a la mano no convienen por completo, será necesario un trabajo de adaptación, de perfeccionamiento. ¿Cómo perfeccionan las ONG latinoamericanas una innovación técnica?

Por último, llega la elección propiamente dicha: entre diferentes soluciones posibles, entre las innovaciones y las prácticas actuales. ¿Cómo llevan a cabo esa elección las ONG latinoamericanas?

¿QUÉ PROBLEMAS TÉCNICOS SE VAN A RESOLVER?

Para empezar, y ante todo, viene el diagnóstico que permita identificar con mayor o menor precisión los límites y los ejes de trabajo del proyecto. A menudo no se trata sino de un diagnóstico parcial, preparatorio: en Costa Rica, la ONG "C" realiza una investigación previa que le permite seleccionar ciertos sistemas de cultivo y las formas de experimentación correspondientes. En el Perú, los técnicos del CCAIJO determinan el cultivo prioritario y tratan de mejorar sus diferentes puntos de itinerario técnico (calidad de las semillas, fertilización, etcétera).

En otros lugares, las necesidades expresadas por los productores pesan mucho más sobre la elección de las formas de experimentación. Para AGRARIA, en Chile, esa elección se efectuó muy pronto, en el curso de reuniones con los productores, y los resultados del diagnóstico sólo se integran poco a poco. Con el ONG "P" (Perú), el diagnóstico sólo desempeña un papel de marco de referencia para la introducción de innovaciones: la elección de los problemas técnicos que se van a resolver depende a la vez de las necesidades expresadas por los productores y de los modelos de producción llevados por los técnicos (puede pensarse, *a priori*, que hay que introducir variedades mejoradas y generalizar el uso de insumos).

Este último elemento se encuentra en otros proyectos. Se experimenta ahí determinado tema técnico, más bajo la influencia o la presión exteriores que alimentándose de las necesidades y condiciones propias de las comunidades. Influencias que, por ejemplo, apuntan a la extensión del modelo productivista, o bien a la introducción de técnicas intermedias. A menudo, pues, el agente de desarrollo es el que desempeña el papel predominante: el modelo de desarrollo que transmite o, más sencillamente, sus competencias propias tienen un gran peso en la elección de los temas técnicos.

¿Cuáles referencias técnicas?

De manera general, las ONG latinoamericanas recurren muy a menudo a referencias técnicas elaboradas fuera de la zona del proyecto. Esquemáticamente se trata, o bien de técnicas "convencionales", o bien de técnicas "alternativas".

Las técnicas convencionales se perfeccionan en los centros de investigación oficiales y son divulgadas por las universidades nacionales o por los organismos especializados. Ese tipo de información es al que se tiene más fácil acceso pero tiene el inconveniente de que, con frecuencia, no está bien adaptado a las condiciones propias del pequeño campesinado.

Las técnicas alternativas son propuestas por ONG especializadas, por algunas universidades y por ciertos servicios oficiales. En este rubro agruparemos las tecnologías llamadas "intermedias" o las conocidas como "apropiadas" o "adaptadas". Las ONG latinoamericanas a menudo recurren a ese tipo de referencias, que es el que mejor responde a su visión del desarrollo y a las necesidades de los campesinos.

Sin embargo, asistimos a una puesta en entredicho del concepto mismo de tecnología apropiada. "Es una tecnología de subdesarrollados", se ha dicho a veces; incontables ONG ven ahí una nueva estrategia de los países del norte para mantener la dependencia. Esas ONG se orientan cada vez más hacia tecnologías "populares" o "campesinas"; es decir, las que son objeto de un proceso de adaptación más o menos largo en el ambiente campesino o que son fruto del ingenio de los campesinos.

El sistema consiste cada vez más en partir del estudio preciso de las necesidades y de las tecnologías para encontrar las alternativas, lo que no excluye el empleo de técnicas "alternativas" o "convencionales", pero favorece recurrir a unas referencias más endógenas.

De hecho, la mayor parte de las ONG latinoamericanas intentan diversificar lo mejor posible sus fuentes de información técnica para aumentar las posibilidades de opción entre diferentes modelos de producción. Sea como fuere, para algunos ese esfuerzo no es prioritario. El CADEP, en el Perú, sólo utiliza la información que está a la mano. Si las respuestas obtenidas por este medio no son "satisfactorias", los campesinos siempre podrán modificar la elección inicial. Lo esencial será promover una dinámica y hacer que la comunidad llegue a dominar la acción así originada.

Concepción y adaptación de las técnicas nuevas

Esquemáticamente, se distinguen dos fases:

- una fase de concepción de la innovación en condiciones controladas por el innovador;
- una fase de adaptación a las condiciones reales de utilización.

La adaptación puede efectuarse con o sin la participación de los interesados. En México, los sistemas integrados de producción agrícola son creados por los investigadores y luego adaptados a las condiciones particulares de cada familia o comunidad en estrecha colaboración con estos últimos. En Costa Rica, el "C" pone a prueba la innovación propuesta a diferentes grupos de agricultores; investigaciones realizadas antes y después de introducida la innovación permiten analizar el cambio inducido y reajustar la proposición inicial.

En cuanto al "G" peruano, trata de dar a los campesinos el dominio del conocimiento y de las técnicas para permitirles adaptarlas a sus condiciones ecológicas, económicas y sociales. Queda por saber cuál es, en ese caso, el papel del técnico, sobre todo en materia de formación.

A veces el proceso es más complejo; por ejemplo, cuando se trata de perfeccionar un nuevo instrumento. La creación de un nuevo arado en el CIFEMA, en Bolivia, comienza por ensayos técnicos en el taller y luego el prototipo es puesto a prueba en una parcela experimental no sembrada. El ensayo prosigue en el seno de los sistemas de cultivo más representativos, que se perfeccionan en el centro experimental. Termina fuera del centro, en explotaciones campesinas. Esta última etapa, en particular, permite observar las reacciones de los futuros usuarios; en semejante proceso la adaptación es progresiva.

Notemos, por último, que la fase de adaptación no siempre está presente: sea porque la técnica no es fácilmente adaptable (tractor, medicamento...), o porque no necesita ser adaptada, en particular cuando fue creada en las condiciones mismas de su empleo.

La elección de una solución

Antes de optar por determinada solución técnica, ciertas ONG ponen a prueba, en condiciones reales, las diferentes soluciones posibles. Esto puede suceder particularmente en el caso de la agricultura: las pruebas efectuadas entre los campesinos deben permitir comparar:

- diferentes valores de un parámetro técnico (dosis de fertilizante);
- varias innovaciones (entre ellas, compuestos y abonos químicos);
- la innovación y la práctica tradicional (carreta y arado).

Tales pruebas ofrecen importantes elementos de elección a los técnicos, pero también a los productores. En Yucatán, la Universidad Autónoma de Chapingo tuvo que adaptar los modelos experimentales clásicos, con el fin de favorecer la comprensión de los resultados por los productores (tamaño de la parcela tomando en cuenta la clasificación regional de los suelos).

Esos ensayos en condiciones reales aún son, a menudo, difíciles de interpretar. Por una parte, el operador no es único, y por ello no hay repetición de los mismos errores; por otra parte, los modelos convencionales más utilizados no se aplican por la heterogeneidad de numerosos sistemas agrarios latinoamericanos (suelos, inclinaciones, microclima...). A veces se efectúan pruebas "multilocales", pero su gestión es difícil.

Como hemos visto, la elección de los problemas que deben resolverse es determinada en gran parte por el diagnóstico, las necesidades prioritarias de la base y los modelos de desarrollo transmitidos por los técnicos. La elección de las soluciones técnicas que supuestamente resolverán esos problemas depende en gran parte de los mismos factores.

El diagnóstico resultante permite prever que alguna solución está mejor adaptada que otras a tal o cual situación. Los responsables del proyecto y los técnicos, con una cierta visión del desarrollo y de sus experiencias pasadas, pueden pesar mucho sobre la elección. En cuanto a la base, desempeña un papel determinante en numerosos proyectos.

Para el JUNDEP chileno, no sólo las proposiciones deben concordar con la realidad campesina, sino que la búsqueda de alternativas va acompañada por una reflexión con los productores. También en Chile, el CETAL realiza unas maquetas o montajes audiovisuales para presentar a los grupos de base las diversas soluciones posibles y facilitar así el diálogo (por ejemplo, elección de letrinas).

En Piaxtla, México, promotores de sanidad y campesinos pasan revista a las ventajas y desventajas de las técnicas tradicionales (cataplasmas) y de las técnicas modernas (inyecciones); según la patología, cualquiera de estas técnicas es la que predomina, y a menudo se complementan.

Por lo demás, en ciertas ONG latinoamericanas lo más importante es enseñar a los productores los medios para hacer una buena elección.

A propósito de ello, retomaremos un célebre proverbio chino: "No basta dar pescado, hay que enseñar a la gente a pescar." A ello añade el CICDA: "...aún mejor, hay que ayudar al pescador a escoger y a realizar el género de pesca que más le convenga."

Valorar las prácticas tradicionales

Como hemos visto, las ONG latinoamericanas recurren cada vez más al conocimiento de los campesinos. Para ciertas ONG, valorar las prácticas tradicionales o el saber popular se ha convertido en un eje prioritario de acción. En efecto, esas prácticas son fruto de un proceso de adaptación más o menos antiguo, en el cual el campesino ha desempeñado un papel esencial, no sólo porque esas prácticas con frecuencia están bien adaptadas a su medio, sino también porque valorarlas es reforzar la identidad cultural del grupo en cuestión, favorecer su participación en el proceso de desarrollo y, sin duda, reducir su dependencia del exterior.

La valoración de las prácticas tradicionales se ha efectuado en tres etapas:

- identificación de esas prácticas y comprensión de su racionalidad *(cf.* diagnóstico);
- ordenación de datos y síntesis;
- reproducción en un medio controlado de ciertas prácticas para comprenderlas mejor, difundirlas y, llegado el caso, adaptarlas...

Esto ha sido experimentado por varias ONG, tanto en el dominio de la salud como en el dominio agrícola. Ante ello, subsisten varias preguntas: para empezar, ¿es deseable y posible valorar todas las prácticas tradicionales, cualesquiera que sean? Los encargados de la investigación participativa estiman que una parte del saber popular fue introducida por la ideología dominante y que, por tanto, hay que suprimir de esa sabiduría los elementos externos impuestos. Otros observan que no siempre es posible recoger y transmitir una sabiduría popular: tal es el caso del SEMTA boliviano, que intervino en la recuperación de la medicina Kallawaya.

Por último, y más allá de la simple valoración de las prácticas tradicionales, subsiste una pregunta planteada por las ONG latinoamericanas: ¿cómo reforzar la capacidad de innovación de los campesinos?

Bibliografía

SAED-ERA-GEYSER-PDP-CRUCO-CREFAL-FES-FPH, *La apropiación de tecnologías para el desarrollo rural - mito, experiencia y realidad,* s. f.

GEYSER, *Desarrollo rural en América Latina. La experiencia de organismos no gubernamentales,* Ed. Gea, México, s. f.

LA DINÁMICA DE UNA FRONTERA AGRÍCOLA TECNIFICADA
El caso de los Cerrados (Brasil)

JEAN FRANÇOIS FRITSCHE
IHEAL-CREDAL
París

LA REGIÓN de los Cerrados es, desde hace unos diez años, objeto central de un fenómeno pionero, caracterizado por una agricultura moderna, tecnificada y capitalizada, fuertemente integrada a los complejos agroindustriales. Este fenómeno tiene origen, al mismo tiempo, en la restructuración de la agricultura del sur de Brasil, con la expulsión de una parte del campesinado medio por un movimiento especulativo que tuvo como base grandes subvenciones de capitales y en la demanda mundial de la soya. Pese a la crisis que impera en Brasil, la ocupación de esos especios nuevos del centro-oeste prosigue y se estructura. La frontera no solamente avanza sino que se consolida, produciendo nuevas localizaciones espaciales de las actividades tanto de producción como de transformación.

EL ESTADO Y LA DINÁMICA DEL DESARROLLO DE LOS CERRADOS

El desarrollo pionero de los Cerrados se caracteriza por recurrir a una agricultura moderna, en técnica y capital, insertada en los complejos agroindustriales. Al contrario de numerosos frentes pioneros, el de Cerrados es obra de campesinos medios, originarios del sur de Brasil, habituados a una agricultura intensiva y al uso de técnicas modernas. Frecuentemente integrados en potentes cooperativas y con una imagen más cercana a la del empresario rural que a la del agricultor tradicional, forman el embrión de una "nueva clase campesina". Esta dinámica pionera tiene su origen en la acción vertical del Estado federal, y en la aparición de nuevas formas de acumulación y de expansión (tanto espacial como económica) de los segmentos dominantes del capital privado. En ruptura con las formas anteriores de aprovechamiento del centro-oeste, la fase actual, cuyo prototipo y punto de articulación es el programa Prodecer,[1] tiende menos a objetivos políticos o geopolíticos que a objetivos econó-

[1] Programa de Desarrollo de los Cerrados. Proyecto nipo-brasileño concebido sobre la base del polo de crecimiento. El modelo se centra en explotaciones familiares intensivas y mecanizadas, de 300 a 500 hectáreas, enmarcadas por cooperativas. *Cf.* Bertrand, Thery y Waniez, 1989; Lavinas, INRA, 1987.

micos. Con la conquista de los Cerrados, el Estado brasileño garantiza el desarrollo del capital agroindustrial mientras coadyuva, sin excesivas tensiones económicas y sociales, a la restructuración de la agricultura de las regiones de origen de los inmigrantes. En ese sentido, el desarrollo pionero es "una frontera del punto de vista del capital, comprendido en tanto que relación social de producción"[2] y de reproducción. El Estado federal aparece así como el actor fundamental en el proceso de desarrollo de los Cerrados, determinando la dinámica de la transformación agraria, mediante el control de los tipos de cambio y de las exportaciones, con políticas de precios y principalmente con una política de crédito rural. El Estado delimita lo que está en juego (lo que hay que ganar), los actores (quiénes pueden participar), así como las reglas de la participación en el aprovechamiento de los espacios nuevos. En cuanto al capital agroindustrial oligopólico, éste consigue crearse nuevos territorios económicos de reproducción ensanchada y extender su hegemonía al conjunto del espacio brasileño, así como adaptarse a las nuevas condiciones de la competencia internacional.

Consolidación del frente pionero pese al retiro del Estado

Desde comienzos de los años ochenta presenciamos un retiro del Estado en el desarrollo de los Cerrados: congelación del Polocentro,[3] reducción de la ayuda financiera y de las inversiones en infraestructura, disminución de los diferenciales de las tasas de crédito entre las regiones de agricultura ya consolidadas del sur y los nuevos espacios del centro-oeste. Esta retirada expresa así, por encima de la crisis financiera, una cierta modificación en la posición y el papel del Estado brasileño. De ser un Estado autoritario e intervencionista, que buscaba su legitimidad en una política de grandes obras y en el crecimiento económico, pasa lentamente a ser un Estado regulador de las condiciones macroeconómicas, menos implicado en la producción. Sin embargo, pese a la fuerte reducción del volumen del crédito rural, su encarecimiento (las tasas se han vuelto superiores a la inflación), la cuasi suspensión de los programas oficiales y el debilitamiento de los mercados internacionales de la soya, el aprovechamiento de los Cerrados continúa a un ritmo sostenido. Mientras que en el caso de la experiencia amazónica el retiro del Estado había provocado una caída de la inversión privada, en los Cerrados, por el contrario, surgen nuevas relaciones entre las regiones de frontera y el mercado interno, incorporando esos espacios nuevos a los procesos de acumulación del capital agroindustrial y orientando una cierta "autonomización" de la dinámica en relación con la intervención del Estado. La frontera

[2] Según la expresión de J. G. da Silva, 1981.

[3] Programa de desarrollo integrado de los Cerrados. Programa federal implantado en el marco del II Plan Nacional de Desarrollo, a partir de 1975, pero fue casi desactivado a partir de 1979.

no sólo avanza sino que se consolida. Paralelamente presenciamos una reubicación de las actividades. Por tradición, en los estados del sur de Brasil se concentraba casi totalmente la superficie cultivada de soya, así como el conjunto de las capacidades de almacenamiento, trituración y refinación. Ahora bien, desde hace una década presenciamos en esos estados un estancamiento de la superficie sembrada de soya, o incluso su abandono, al tiempo que su incremento en los Cerrados es espectacular: de menos de 900000 hectáreas a finales de los setenta (11% del total de la superficie de soya), en 1989 fueron cosechadas cerca de 4.9 millones de hectáreas (más de 40% de la superficie de soya). Paralelamente, y pese a la existencia en el nivel nacional de una sobrecapacidad de trituración, las industrias de transformación empiezan a implantarse en los Cerrados.

Dinámica de Cerrados de Bahía

¿Cómo explicar este aumento en la cosecha de soya en Cerrados? Ese frente pionero, situado a la mitad del camino entre Brasilia y Salvador, comenzó en 1980 con la llegada de los primeros emigrantes meridionales atraídos por el bajísimo precio de las tierras y por la existencia de un diferencial de la tasa de interés que hacía más barato el crédito rural en el nordeste que en el sur de Brasil. En 1981 se plantaron las primeras superficies de soya (320 hectáreas). Ocho años después, se recogían 600000 toneladas en 400000 hectáreas. Más de 4000 familias de productores, agrupadas en el seno de poderosas cooperativas, han emigrado ya, a las que debemos añadir todo el personal del cuadro técnico, comercial y financiero, también originario en su mayoría del sur de Brasil. Paralelamente a la implantación en los Cerrados bahianeses de dos polos del Prodecer II,[4] dos unidades de transformación de soya se montan en Barreiras, ambas de grupos agroindustriales de la región. Se trata de "Industrias Coelho", de Petrolina (PE), y del grupo Chaves de Itabuna (BA), especializado largo tiempo en el comercio del cacao. La primera unidad entró en operación en la primavera de 1989, con una capacidad inicial de 300 toneladas diarias. A largo plazo, la capacidad de trituración de soya instalada en Barreiras llegará a cerca de 500000 toneladas anuales.[5] Mientras que en el sur de Brasil la soya compite con otros cultivos, y se toman decisiones en función de la rentabilidad esperada, en Cerrados representa la única producción rentable, tanto más cuanto que toda la

[4] Proyecto de colonización "Oro Verde", 16500 hectáreas divididas en 47 lotes bajo la responsabilidad de la Cotia. Proyecto "Brasil Central", 15000 hectáreas, 38 lotes, puesto en acción por la Coaceral.

[5] Se planeaba instalar una tercera industria de transformación en Bahía, la Ceval (SC), primer complejo brasileño de comercialización e industrialización de la soya, pero en el momento de la investigación del terreno la localización aún no había sido escogida (¿Salvador o Barreiras?).

infraestructura de apoyo y de comercialización se ha montado en torno de esa leguminosa. Los agricultores de los nuevos desarrollos prácticamente no tienen otra opción que plantar soya. Sólo ahora empieza a esbozarse, sobre todo en el nivel de la investigación agroeconómica, un esfuerzo de diversificación. Empero, si la soya tiene un desarrollo tan espectacular es por ser rentable aun en esos espacios en que los costos de producción son más elevados que en el sur. Ahora bien, desde que la crisis financiera del Estado se hizo más profunda, éste ya no interviene prácticamente en esos nuevos espacios (sostén de la investigación, construcción de infraestructura...). Asimismo, la renta diferencial que existía debido a las condiciones de crédito se ha reducido considerablemente. Si el escaso valor de las tierras causó al principio una ligera inmovilización de los capitales y de las inversiones productivas más importantes, ese fenómeno se observa hoy cada vez menos. De manera general presenciamos, pues, una homogeneización de las condiciones económicas con el conjunto de Brasil. Y aunque las ventajas comparativas iniciales que permitieron su desarrollo estén disminuyendo, el frente de la soya sigue desarrollándose en los Cerrados.

Aparición de una dinámica regional

Se puede decir que el punto principal que permite la rentabilidad macroeconómica del cultivo de la soya en Cerrados, y particularmente en Bahía, es el precio de compra de los granos por las industrias, superior al precio del mercado en el sur. Las agroindustrias destinan la mayor parte de su producción al mercado regional de aceites, alimentarios o industriales (jabón), pero han descuidado la exportación. Hay que tomar en cuenta el hecho de que el aceite de soya representa el 90% del mercado brasileño de aceites comestibles, y registra un fuerte aumento de su consumo en las regiones del norte y del nordeste, y ello por dos razones: primero, porque en esas regiones existe una demanda "reprimida" y luego porque la soya está sustituyendo las oleaginosas tradicionales (aceite de palma, de algodón, de arroz), con el resultado de una fuerte demanda y unas cotizaciones elevadas, con el fin de garantizar su aprovisionamiento.[6] Esta demanda proviene principalmente de las agroindustrias tradicionales de las oleaginosas del nordeste. En realidad, la expansión de la soya ha abierto nuevas posibilidades para la diversificación y reconversión del capital agroindustrial de la región, que empieza a hacer competencia a las empresas internacionales de granos en los mercados locales de consumo de aceite. Al principio la soya ha permitido una mayor rentabilidad del capital productivo, reduciendo la subutilización de la capacidad regional de trituración y refinación, pero a largo plazo represen-

[6] Cf. "Novas industrias esto provocando alta da soja", en *Gazeta Mercantil,* 19 de abril de 1988, e "Industria de beneficiamiento de soja torna preos mais competitivos", en *A Tarde,* 2 de diciembre de 1988.

ta una mejor opción que las oleaginosas tradicionales, sobre todo porque una parte de las inversiones industriales son financiadas por los estímulos fiscales en vigor en esa región. Aunque las grandes empresas de gramíneas, originarias del sur, han aumentado sus compras en la región de Cerrados, todavía se trata de adquisiciones marginales en relación con sus capacidades de trituración, y la mayor parte de sus aprovisionamientos siguen llegando del sur. Si su presencia en ese nuevo frente de Cerrados de Bahía responde a ciertas exigencias oligopólicas del mercado, no por ello deja de ser cierto que sus estrategias de expansión se vuelven cada vez más hacia espacios ya más consolidados (Triángulo Minero, región de Brasilia). Por ello, el crecimiento registrado por los grupos regionales parece relativamente asegurado. Sin embargo, la competencia entre el capital regional y el capital municipal podrá volverse a largo plazo más aguda, sobre todo en el actual marco de restructuración del mercado agroindustrial de la soya y de concentración de las instalaciones de refinamiento. De momento, la estrategia de las grandes empresas del comercio internacional de granos parece consistir en asegurarse una base en la región, no en controlar el mercado regional de la soya en Cerrados de Bahía. Las industrias regionales de las oleaginosas se aprovisionan sobre todo en las cooperativas, especialmente por contratos de lotes particularmente favorables para estas últimas, que comercializan más de dos terceras partes de la producción bahianesa de la soya. El dinamo de la expansión del frente pionero en Cerrados de Bahía, como de los del centro-oeste, parece estar más ligado a la dinámica del mercado interno de los aceites comestibles y a la reconversión de los capitales agroindustriales, especialmente regionales, que a una demanda mundial de pasta de soya, demanda que fue el motor de la expansión del complejo de soya en el sur de Brasil hasta el comienzo de los ochenta.[7] Hay que observar que la instalación de unidades de industrialización de soya incluye y hace viables otros eslabones de la cadena agroalimentaria: ganadería intensiva, mataderos, frigoríficos e industrias de condicionamiento. El ejemplo de Río Verde (GO) o de Uberlindia (MG) resulta significativo en este sentido. El mismo fenómeno se está reproduciendo en Barreiras, donde se está tratando de implantar la ganadería intensiva con el fin de utilizar el pan de soya. Si en ese caso el pan aparece en la primera etapa como un derivado del refinamiento del aceite, a largo plazo permite una mejor utilización de la capacidad de trituración de soya y una mejor rentabilidad de las inversiones: ambos fenómenos se refuerzan mutuamente. La dinámica del frente pionero tiene hoy, pues, un efecto de arrastre sobre la economía regional, creando así un proceso de desarrollo relativamente autónomo del Estado federal. Sin embargo, las estructuras de comercialización aún están evolucionando sin una definición estable. La situación puede evolucionar muy rápidamente. Por ejemplo, basta que la opción de la exportación se vuelva rentable (en especial mediante inversiones

[7] Cf. la tesis de Leclercq (1986), G. Mueller (1982) y Bertrand (1981).

del Estado en infraestructura de transporte) para que surjan serias tensiones en los mercados regionales de la soya.

¿Hacia una recomposición política?

Resulta interesante observar la alianza entre los productores de soya, emigrantes llegados del sur, y los grupos de empresarios regionales: cada uno de ellos tratan de hacer viable el proceso de acumulación de los otros; los productores ofrecen una nueva materia prima más rentable, y las empresas regionales de trituración ofrecen precios más elevados. Pero no se observa ninguna relación de esta articulación en el plano político. Los agricultores del sur tratan entonces de definir ciertas alternativas desarrollando unas estrategias específicas (creación de nuevas localidades, con el afán de transformarlas, a largo plazo, en municipios autónomos), que les permitirán hacer la competencia, local y regionalmente, al poder aún ejercido por los grupos oligárquicos.

En conclusión, se puede decir que pese a la reducción en los últimos años, de los programas especiales de integración de Cerrados implantados por el Estado (como el Polocentro), la expansión de la frontera agrícola no ha sido amenazada por el retiro del Estado, como se habría podido pensar. El retiro del Estado en Cerrados no ha contenido el desarrollo del complejo industrial en esta región, ni el establecimiento de nuevas relaciones entre factores económicos locales y extrarregionales. Esta dinámica parece apoyarse actualmente en el crecimiento del mercado local, relacionado con los grupos regionales dominantes en vías de modernización y de conversión. Pero queda por saber si la aparición de esas nuevas articulaciones internas será capaz de sostener en forma prolongada una expansión de las nuevas fronteras. El crecimiento de Cerrados aunado a la actual sobrecapacidad de trituración de la soya va a causar una restructuración de grupos industriales, que se manifestará en el cierre de las unidades menos rentables y más vetustas, especialmente en las regiones del sur y del sudeste. Entonces, ¿cuáles serán los efectos de esta expansión sobre la restructuración del sector de las oleaginosas en el marco de una nueva división, tanto espacial como sectorial del trabajo?

Bibliografía

Aubertin, C. y P. Lena (coords.), "Frontières mythes et pratiques", en *Cahier des Sciences Humaines de l'ORSTOM,* vol. 22, núm. 3/4, 1986.

Bertrand, J. P., "Le boom du soja au Brésil: apparition d'un complexe national dépendant", en *Document de recherche,* núm. 1, Equipe Brésil, CNRS-CREDAL, París, 1981, pp. 11-25.

———, H. Thery y P. Waniez, 5 y 6 de junio de 1990, "Les Japonais et la mise en valeur agricole des Cerrados au Brésil", Communication SFER, París.

CREDAL, "Les phénomènes de frontière dans les pays tropicaux", en *Travaux et Mémoires de l'IHEAL*, núm. 34, CNRS-CREDAL, París, 1981.

Economie et Finances Agricoles, noviembre de 1989, suplemento especial, "Brésil, les promesses de l'agroalimentaire", EFA, núm. 246, 1989.

Fernandes, A., M. Santos Filho y P. H. de Almeida, "A modernizao do campo nos Cerrados baianos", en *Espaos e Debate*, vol. 25, pp. 63-77, 1988.

Fritsche, J. F., "Migraos e mercado da terra nos Cerrados da Bahia", en *Annales du IX ENGA*, Universidade Federal do Santa Catarina, Florianpolis, 1988.

Goodman, D., B. Sorj y J. Wilkinson, "Agroindustria, políticas públicas e estructuras sociais rurais", en *Revista de Economía Pública*, vol. 5, núm. 4, pp. 31-54, 1985.

INRA (J. P. Bertrand, coord.), *Agroindustrialisation, approvisionnement et agroexportation des grains; la dynamique de la frontière agricole des Cerrados au Brésil*, informe de la reunión de los 26/27, INRA, París, junio de 1987.

Leclercq, V., *Conditions et limites de l'insertion du Brésil dans les échanges mondiaux du soja*, tesis doctoral, INRA, Montpellier, 1986.

Loureiro, M. R. (coord.), *Cooperativas agrícolas e capitalismo no Brasil*, Ed. Cortez/Ed. Associados, São Paulo, 1981.

Muller, G., "O Complexo agroindustrial e as transnacionais. O complexo agroindustrial da soja". *Document de recherche*, núm. 24, Fundação Getúlio Vargas, Río de Janeiro, 1982.

Riviere d'Arc, H. (coord.), *Portrait de la Bahia*, Ediciones de la MSH, París, 1987.

Silva, J. G. da, *A modernizao dolorosa, Estructura agraria, Fronteira agricola e Trabalhadores rurais no Brasil*, Zahar Ed., Río de Janeiro, 1981.

Wilkinson, J., *O Estado, a agroindustria e a pequena produo*, Hucitec/Cepa-Ba, São Paulo/Salvador, 1986.

MODERNIZACIÓN Y CRISIS: LA ECONOMÍA CAMPESINA EN EL SUR ANDINO DEL PERÚ

VOLKMAR BLUM
Instituto de Estudios Latinoamericanos
Universidad Libre de Berlín

LAS teorías opuestas de modernización y de marginalización compartían una visión parecida del campesinado: el campesinado es tradicional, excluido del desarrollo social y estancado en una tecnología atrasada. Por cierto, su situación es caracterizada por pobreza, poca inserción al mercado y baja productividad, pero el campesino andino siempre ha incorporado nuevas técnicas. El sistema de cultivo de maíz bajo riego, desarrollado y controlado por especialistas incas, se transformó en una técnica manejada por los campesinos, y los bueyes traídos de Europa se usaron como principal fuerza de tracción. La eficacia del sistema de rotación para mantener la fertilidad de la tierra se basa en el uso de leguminosas y en el pastoreo de vacas y ovejas en terrenos de descanso, todos de origen europeo.

En los últimos veinte años el proceso de modernización se aceleró. Comenzó con el uso de pesticidas, seguidos por la aplicación de fertilizantes y culminando en la siembra de semillas híbridas para productos meramente mercantiles y el uso de tractores en donde sea factible. La difusión de estas nuevas técnicas ya no se limita a ciertas regiones ni a ciertas capas sociales, como sucedía anteriormente; abarca a gran parte del campesinado andino. Al mimso tiempo, los cambios técnicos asumen una nueva calidad frente a los antiguos procesos de difusión del cambio técnico: ninguno de los nuevos factores de producción puede ser reproducido y proveído por la misma economía campesina. Cada gota de pesticida, cada grano de fertilizante químico y cada semilla híbrida tienen que ser comprados. Y también para conseguir y mantener un tractor se debe recurrir al mercado.

No sorprende el hecho de que este proceso ocurra, ya que caracteriza el desarrollo o subdesarrollo agrario en todas las zonas latinoamericanas, pero sorprenden sus circunstancias y consecuencias. La modernización se desenvuelve en una sociedad en crisis permanente, que no dedica ningún recurso económico al desarrollo campesino. La política agraria, si aún existe, se concentra en el fomento de productos exportadores no tradicionales e ignora a los productores de alimentos básicos en los Andes (Figueroa, 1983). Paradójicamente, la difusión de insumos modernos se realiza, aun cuando ninguna agencia estatal la propaga en forma coherente.

Las consecuencias visibles del proceso de modernización contradicen lo que teóricamente siempre se ha constatado: los campesinos mantienen una amplia producción de subsistencia. No se transforman en productores de mercancías y la competencia entre ellos no resulta en procesos de concentración de capital fijo. Más bien persisten parcelación y descentralización de entidades medianas y grandes, resultando en números crecientes de familias campesinas. No se nota un proceso de proletarización como en otros países latinoamericanos.

Conocemos mal el proceso de modernización, poco sabemos de las razones por las cuales los campesinos aplican nuevas técnicas o acerca de los conflictos que este cambio genera. El estudio de esta problemática fue probablemente iniciado por Golte (1980) y continuado por los trabajos de González y Kervyn (1987), Carrasco (1987) y Cotlear (1989). Mi aportación se basa en estudios de campo realizados entre 1982 y 1989 en una comunidad campesina del distrito de Lamay, en el Valle Sagrado de los Incas, Cuzco, concentrándome en las siguientes preguntas: ¿Cómo afecta la crisis de la economía nacional a la economía campesina? ¿Por qué y en qué formas se incorporan nuevas tecnologías? ¿Qué papel juegan el mercado y los recursos comunales? ¿Qué conflictos arrastran y qué tendencias se vislumbran?

CRISIS ECONÓMICA Y ECONOMÍA CAMPESINA

Los campesinos sólo comercializan una parte de su producción. Es menor de lo que se estimaba todavía en los años setenta. En el sur andino venden en promedios comunales sólo entre un décimo hasta un tercio de su producción (para datos detallados, vea Blum, 1989, pp. 150-157). Si bien la evolución de los precios agrícolas sólo afecta a esta parte mercantilizada, las relaciones con el mercado no son de ninguna manera insignificantes para la producción campesina. Su importancia salta a la vista cuando se observa el comportamiento campesino frente a una sequía en 1982-1983, la cual disminuyó la producción promedio en un tercio. Tal baja de la producción arriesgó la sobreviviencia aun de campesinos "medios", que cultivan alrededor de una hectárea. La producción ya no les alcanzaba para cubrir las necesidades de subsistencia.

La escasez de alimentos de origen campesino, como maíz y papa, elevaba los precios. Los campesinos aprovecharon los precios altos, vendiendo algo de lo poco que cosecharon, para comprar alimentos de origen industrial, sobre todo arroz. Vendiendo papa y maíz y comprando arroz triplicaron la cantidad de calorías disponibles por estos productos. Sólo esto los salvó de una hambruna. Tal "desvío reproductivo" —excepcional pero importante— ilustra que la tesis de González de que cada transacción en el mercado significaría una pérdida de calorías es falsa (González, 1987, p. 158).

Los acontecimientos de fines de la década, sin embrago, previenen contra una sobrestimación de las posibilidades del mercado. A partir de 1987 los precios reales de los productos campesinos declinaron y la hiperinflación a partir de septiembre de 1988 dificultó las transacciones mercantiles. Los precios del arroz subieron y el arroz mismo escaseó. Con vender maíz y comprar arroz no se podía ganar ninguna caloría. Los campesinos de la comunidad estudiada respondieron con la intensificación del cultivo de verduras. Pero no se transformaron en productores meramente de verduras, sino que los que tenían acceso a terrenos aptos y vías de comercialización dedicaron una chacra pequeña al cultivo de verduras, sembrándola además en forma consecutiva y alternadamente. Cosechando cada dos o tres semanas un saco de zanahorias o de cebollas se disminuyeron los efectos devolutivos de la hiperinflación. Además, de los ingresos de ventas se compraba lo que se conseguía. Mientras que anteriormente se compraba arroz, fideos, sal o azúcar, cuando se necesitaban, ahora se compra en cantidad, cuando hay dinero. Mientras que anteriormente sólo se almacenaba los productos de la chacra, como maíz y papa, ahora se llena la despensa también con productos del mercado, incluyendo insumos productivos como fertilizantes o pesticidas.

Estos comportamientos sólo son factibles cuando se tienen productos para vender. Pero igualmente se basan en una amplia producción de subsistencia. Si los mismos productores no pudieran comer el maíz y la papa, tampoco los podrían retirar del mercado cuando los precios son desfavorables, y si cultivaran verduras en grandes cantidades, los precios caerían a tal nivel, que la mayoría de los productores no podrían sobrevivir. Recientemente el alto nivel de producción de subsistencia posibilita el comportamiento selectivo frente al mercado. La interdependencia mutua de producción de subsistencia y de producción mercantilizada explica también por qué los campesinos no se arruinan cuando ciertos precios declinan, lo que ocurre por ejemplo con los productores de café. Ya que es indispensable aprovechar las ventajas del mercado para sobrevivir, los campesinos andinos ni en época de crisis nacional podrían retirarse por completo de la producción de subsistencia, lo que ocurre por ejemplo en África.

Eso indica algunos factores del efecto de la crisis en el comportamiento campesino y algunas razones de por qué los campesinos pueden sobrevivir y, en pequeña escala, aun ganar en dicha crisis. Pero eso no esclarece todavía por qué se aplican insumos modernos.

Remigración, intensificación y nuevas técnicas

Hasta los años setenta la población agrícola creció en menos de 1% al año: la migración hacia las ciudades sirvió como principal canal de fuga del campo. El lento crecimiento demográfico se acompañó por un aumento de la tierra controlada por los campesinos gracias a la Reforma Agraria. Si bien entonces ya se intensificaba la agricultura, disminuían los barbechos y se sufría una "crisis ganadera" por la extensión de las tierras cultivadas a expensas de los pastos naturales (González y Kervyn, 1987, pp. 115 y 139).

La crisis económica de los años ochenta, sin embargo, provoca la remigración de jóvenes que ya no pueden conseguir medios de supervivencia en las ciudades. En la comunidad estudiada de Lamay, por ejemplo, el número de socios subió de 81 en 1984 a 120 en 1989. Ellos demandan terrenos a sus padres. Como ninguna familia posee suficientes terrenos para cubrir las demandas de todos sus hijos, y como ya no hay pastos naturales aptos para los cultivos, se intenta ganar tierras abandonando el sistema de descanso. Eso reduce aún más las posibilidades de pastoreo y agrava la "crisis ganadera". Escasea el guano de corral cuando el abandono parcial del descanso aumenta la demanda de fertilización. La aplicación de fertilizantes químicos es ya indispensable. Se intensifica también la agricultura en terrenos bajo riego. Donde anteriormente se cultivaba maíz en monocultivo con tres meses de descanso, se introducen verduras o cereales para forraje como cultivos intermedios, llevando así tres cultivos en dos años (maíz-papa-cebada).

La intensificación fomenta la parcelación y privatización en aquellos terrenos bajo control de la comunidad. La comunidad trabaja parte de los terrenos fértiles en el piso del Valle Sagrado a través de comités. En algunos comités el sistema de cultivo se apoya en el muy "tradicional": se reparte el espacio en partes iguales entre los productores. Cada uno de éstos tiene que poner semillas, fertilizantes, pesticidas y fuerza de tracción, sean bueyes o tractores. El comité determina el producto que se va a cultivar y los días de labor. Después de la cosecha se permite el pastoreo indiscriminado entre los productores. En 1985, por primera vez un grupo de cinco campesinos ignoró la autoridad del comité, sembrando papa inmediatamente después de la cosecha de maíz, por lo que ya no permitieron el pastoreo comunal y privatizaron de facto su parcela. Bajo estas condiciones, una redistribución del terreno entre los socios ya no era factible.

La importancia de los procesos de intensificación y privatización dentro de los comités se entiende mejor, cuando se considera su papel dentro de la comunidad. Los comités son parte de una empresa comunal (vea *Comunidad Campesina,* 1986). Esa empresa comunal fue fundada en 1976 después de una toma de tierras para ordenar el cultivo de las que habían sido recuperadas. Se instalaron tres comités regionales entregándoles una parte del terreno de la empresa comunal. Los comités cultivan estas tierras a favor inmediato de sus socios. En recompensa del terreno entregado, cada socio tiene que trabajar para la empresa comunal 15 días al año, cultivando aquella mitad de los terrenos en manos de la empresa. Los ingresos de estos terrenos comunales sirven para mantener el tractor, comprar fertilizantes y cubrir los gastos monetarios de la comunidad. Los socios por su lado pueden recurrir al servicio del tractor y conseguir fertilizantes de la empresa comunal a través de la entrega de días de trabajo adicionales.

Aunque este sistema es muy conflictivo, resuelve tres problemas a la vez:

- cada socio tiene acceso a terrenos fértiles aptos para el cultivo de maíz blanco;
- la empresa comunal se asegura la mano de obra para el cultivo de sus terrenos y el mantenimiento del tractor;
- los socios tienen acceso a nuevos medios de producción sin tener que comprarlos en forma individual, lo que en caso del tractor jamás podrían hacer.

Sobre todo, el tercer punto es de suma importancia para entender las razones por las que los campesinos introducen nuevas técnicas: en los meses de siembra de maíz —agosto y septiembre— la fuerza laboral de una unidad doméstica ya es altamente aprovechada. La escasez de mano de obra en estos meses se agrava cuando la cosecha de cereales en secano se prolonga. Sólo el uso del tractor para la preparación del terreno les posibilita extender las tierras cultivadas con maíz. El uso de fertilizantes con variedades de maíz blanco —variedades incaicas de altos rendimientos— duplica la productividad de la tierra frente al cultivo de maíz amarillo. El efecto combinado de los tres factores —selección de semillas, uso de fertilizantes químicos y mecanización— triplica la productividad del trabajo. Considerando la baja productividad del trabajo con las técnicas tradicionales, la pobreza general del campesinado y el alto grado de aprovechamiento de la fuerza laboral familiar en los meses de siembra, se puede entender el afán de los campesinos por conseguir y mantener las técnicas modernas, aun si se trata de una técnica tan criticada como la del tractor *(cf.* Linck, 1986).

Por otro lado, el modelo organizativo de la empresa comunal limita los riesgos del mercado y la dependencia mercatil de la reproducción de la unidad campesina hacia la empresa comunal. Pagando el costo del uso de los insumos modernos por días de trabajo, ninguna unidad campesina tiene que vender más de sus productos ni tiene que pedir créditos personales, ni es necesario que compita en el mercado con unidades de producción más modernizadas. De esa manera, la empresa comunal absorbe las diferencias que producen las fuerzas atomizadoras del mercado.

Este sistema, sin embargo, resulta arriesgado no sólo por una privatización clandestina dentro de cada comité, sino sobre todo por los acontecimientos recientes debidos a la crisis nacional y la remigración. A pesar de la intensificación de la agricultura en los terrenos individualmente controlados, la mayoría de los jóvenes remigrantes no consiguen una base suficientemente sólida para asegurar su reproducción. Presionan por eso sobre todo a los terrenos bajo control colectivo. Frente a esa creciente presión demográfica los comités ya no admiten nuevos socios, porque se reduciría la cantidad de tierras asignadas a cada socio. Los jóvenes son de esta manera excluidos de las tierras de la empresa comunal, porque sólo pueden usufructuar terrenos de la empresa comunal siendo miembro de un comité. A esa situación ellos respondieron con la fundación de un comité nuevo, el comité de jóvenes. A través de la asamblea general consiguieron la asignación de algunas tierras a su comité.

Fuera de la asignación de tierras al comité de jóvenes, las tierras trabajadas directamente por la empresa comunal se reducen continuamente. Alrededor de una hectárea fue transformada en zona residencial para aquellos jóvenes sin tierras que ya han fundado un nuevo hogar. Otros mantienen terrenos entregados en recompensa por cargos comunales, aunque ya no los tengan. De esa manera, las tierras trabajadas para el fondo comunal se han reducido entre 1984 y 1989 en la mitad. Esa disminución pone en riesgo este bien elaborado sistema, por el cual los campesinos pueden conseguir los nuevos medios de producción sin sufrir consecuencias negativas.

Los resultados que el proceso de parcelación lleva consigo ya se vislumbraban en 1989. A la empresa comunal le faltaba el dinero para comprar semilla de papa y pesticidas. Recurrieron por eso a una unidad nacional de desarrollo, la cual debía prestar la semilla por la reentrega de la misma cantidad de semilla después de la cosecha. Los ingenieros, sin embargo, prestaron la semilla más los pesticidas y sugirieron las formas de trabajo, reclamando la mitad de la cosecha total. Aprovecharon la debilidad económica de la empresa comunal para introducir una forma de trabajo que hasta entonces jamás se había aceptado. Este ejemplo muestra que los campesinos se encuentran en una situación de explotación, cuando sus recursos comunales ya no les alcanzan para conseguir y mantener los medios de producción modernos.

Conclusiones

Aunque cada comunidad campesina en sí es única, los procesos observados en Lamay permiten sacar algunas conclusiones válidas no solamente para el sur andino del Perú. La crisis económica de la sociedad en conjunto afecta a los campesinos, en especial por dos vías: precios agrícolas y remigración.

- una amplia producción de subsistencia facilita un comportamiento selectivo frente a los movimientos de precios. En periodos de altos precios, los campesinos pueden ganar calorías vendiendo sus productos y comprando alimentos de origen agroindustrial. Durante la hiperinflación e hiperrecesión de fines de la década, los productos agroindustriales escaseaban y los campesinos intensificaron la producción de productos de altos precios, sin abandonar su base de producción de subsistencia;
- la crisis nacional es en primer lugar una crisis de reproducción en las ciudades. La remigración de jóvenes se acelera y la presión sobre

la tierra se agudiza. Eso tiene dos efectos relacionados entre sí: intensificación y privatización;

- la intensificación es indispensable, porque ya no hay tierras baldías o en descanso largo. La tierra gana en calidad, porque no es manejable dentro de la antigua matriz técnica. Tiene que adoptar insumos modernos provenientes del mercado. Éstos se pueden conseguir en forma individual y manejar sólo si se tiene dinero y los conocimientos. Esto fomenta un proceso de individualización y debilita el control comunitario sobre el proceso productivo;
- la privatización se agudiza con la escasez de recursos y la presión de los remigrantes sobre la tierra. Esto lleva a fuertes conflictos, que ya no se desarrollan entre clases sociales claramente definidas, como en los años sesenta y setenta, sino dentro del mismo campesinado;
- detrás del conflicto de generaciones de esconde un conflicto fundamental entre los intereses de cada unidad campesina por controlar terrenos suficientes para su sobrevivencia y entre los intereses de la colectividad por mantener tantos recursos comunales para conseguir medios de producción modernos, que no pueden ser conseguidos individualmente sin graves riesgos;
- en la medida en que la comunidad mantiene una fuerza productiva suficiente para conseguir y mantener medios de producción, éstos no generan procesos de expulsión o proletarización como en otras partes de América Latina. La fuerte presión sobre la tierra, sin embargo, pone en peligro el sistema elaborado por los campesinos al exponerlos a ciertos riesgos del mercado;
- el conflcito entre intereses individuales y colectivos de supervivencia nunca puede resolverse en favor de uno u otro lado, ya que el campesinado sólo puede sobrevivir si se mantiene la base comunitaria. Mientras el conflicto sigue vigente, impulsará una modernización acelerada, que se desenvolverá hacia rumbos totalmente diferentes de los recorridos en otras partes del mundo.

Bibliografía

Blum, Volkmar, *Zur Organisation kleinbäuerlichen Wirtschaftens. Entwi cklungstendenzen, Erklärungsansätze und Fallstudien aus den sätlichen,* Anden Südperus, Saarbrcken/Fort Lauderdale, 1989.

Carrasco V., Alfonso, *El cambio tecnológico en poblaciones rurales andinas,* ITDG, Lima, 1987.

Comunidad Campesina, *Comunidad campesina y Empresa comunal* (C. Barrios y M. Padrón, eds.), CLA/CEDEP/DESCO, Lima, 1986.

Cotlear, David, *Desarrollo campesino en los Andes,* IEP, Lima, 1989.

Figueroa, Adolfo, "Mito y realidad de la economía campesina", en Javier Iguíñiz (ed.), *La cuestión rural en el Perú,* PUC, Lima, 1983.

Golte, Jurgen, *La racionalidad de la organización andina,* IEP, Lima, 1980.

González de Olarte, Efraín, *Inflación y campesinado. Comunidades y microrregiones frente a la crisis,* IEP, Lima, 1987.

——— y Kervyn Bruno, "La lenta modernización: cambio técnico en comunidades campesinas", en Efraín González de Olarte *et al.* (eds.), *La lenta modernización de la economía campesina,* IEP, Lima, 1987.

Linck, Thierry, "Mechanisierung des Regenfeldbaus. Welches Gesellschaftsmodell soll man wählen?", en *Peripherie* 22/23, 1986, pp. 44-59.

PROTECCIÓN DEL MEDIO Y DESARROLLO AGRÍCOLA

El "Programa Valles Altos" en los Andes venezolanos

JEAN CHRISTIAN TULET
GRAL-CNRS
Toulouse, Francia

SEGÚN muchos, el éxito de los programas de riego en el Tercer Mundo parece por lo menos muy discutible: el costo de su construcción es muy elevado, y su utilización deja mucho que desear. Lo es aún más cuando, como a menudo ocurre, deben ser rehabilitados a gran costo, a veces algunos años después de su inauguración, mientras que su simple amortización se ha previsto en general sobre 30 años. Venezuela no está al abrigo de esos fracasos. Sin embargo, muestra un extraordinario ejemplo de éxito con la edificación de pequeños sistemas de riego en los Andes. Éstos han transformado a toda la región.

Existen, pues, espacios afortunados. Entre las razones de ese éxito hay que subrayar la acción de un grupo de promotores locales, ingenieros agrónomos y responsables administrativos. Pero, tanto como su éxito, son las formas, el camino de su acción los que parecen no menos importantes.

TRANSFORMACIÓN RADICAL DE LOS VALLES ALTOS

Hace menos de una generación, los Andes venezolanos se podían clasificar entre las regiones más pobres del país. En la actualidad, los focos de pobreza o de miseria no han desaparecido. Pero en adelante se yuxtaponen a unos focos de actividad económica intensa, nacidos de la creciente organización de pequeños sistemas de riego.

No existe fuente precisa sobre su extensión global, por la actual multiplicidad de maestros de obra, pero se puede calcular en cerca de 20 000 hectáreas, repartidas en cerca de 300 comunidades. Ello puede parecer bastante poco. Sea como fuere, su localización en altitud (entre 1 500 y 2 500 m) les permite consagrarse a cultivos de hortalizas, por lo demás imposibles en el resto de ese país tropical. Esos productos no sólo poseen un altísimo valor agregado, sino que sólo exigen algunos meses de trabajo. Cada unidad agrícola puede obtener, así, dos o tres cosechas por año, según los lugares.

Según estimaciones, se crearon 30 000 empleos directamente por el conjunto de esos sistemas, lo que es muy considerable si tomamos en cuenta los insumos de empleos. Ello formaría entonces un total de entre 100 000 y 150000 trabajadores. Estos últimos, con sus familias, representan medio millón de personas, cifra que debe cotejarse con la población de la región andina: 2.5 millones de habitantes. Aunque buen número de esos empleos no se sitúe en el lugar (intermediarios, mayoristas...), ello muestra el considerable peso adquirido por esta nueva actividad.

Por muy dinámico que fuera, un solo grupo de promotores no habría podido obtener tal resultado. La demanda urbana de productos alimentarios "templados" constituiría un señuelo considerable, como lo demuestran las transformaciones análogas ocurridas en otros países latinoamericanos. Por lo demás, parece evidente que ciertos productores, a menudo de origen canario, han provocado un notable efecto de arrastre. Así, la acción de esos promotores se inscribe en un contexto eminentemente favorable, pero que han sabido explotar, dándole una orientación original.

Los orígenes: la protección del medio

Los comienzos de la democracia, después de 1958, hacen surgir un gran interés en los problemas de la lucha contra la erosión, con prioridad para los medios más frágiles (pendientes en las montañas). El nuevo Ministerio de la Agricultura y de la Ganadería crea un "Servicio de Conservación de Suelos" que recibe el apoyo de las más altas esferas del Estado. Este nuevo organismo se encuentra entonces en una situación bastante paradójica. En general, sus miembros sólo poseen muy poca experiencia concreta; en cambio, disponen de muchos medios, gracias en parte a la renta petrolera. Una gran verticalidad preside las primeras medidas, decretadas nacionalmente. Se trata de poner en acción una serie de prácticas antierosivas para proteger las pendientes y para reforestar, luchando contra el sobrepastoreo, en particular el de cabras. En caso de necesidad, se utiliza la represión por medio de la Guardia Nacional.

Aún hoy se pueden apreciar los efectos de tales medidas, particularmente en el centro de los Andes, en la cuenca de Mucuchíes: algunos bosquecillos mezquinos (desde luego, de pinos) se aferran a las pendientes, donde la ausencia total de otra vegetación subraya la amplitud de las terrazas creadas (banquetas perpendiculares a la pendiente), totalmente inútiles. A veces, el remedio ha sido peor que la enfermedad, por las profundas barrancas provocadas por trabajos mal controlados (San Rafael de Mucuchíes).

Aun pasando por alto tales resultados o encubriendo esas medidas coercitivas, éstas no podían dejar de provocar oposición, o, al menos, la indiferencia de las poblaciones campesinas, estando en contradicción con el empleo tradicional de esos medios. En los Andes se cultivan las pendientes (sin que inspiren temor las más abruptas) en caso de necesidad, dejando reposar la tierra durante un largo periodo después de algunas cosechas de trigo o de maíz. Se utilizan, de paso, las superficies disponibles, o los barbechos. Los fondos de los valles, frecuentemente difíciles de cultivar por la existencia de grandes rocas y de mal drenaje (y a pesar de la presencia de aluviones muy fértiles), sirven de tierras de pastoreo complementarias, en particular durante las temporadas de sequía. Todas las medidas que no propongan otra solución a ese sistema de utilización corren el riesgo de privar a los campesinos de una parte de sus recursos, de por sí escasos y por tanto, no se les puede aceptar.

Del "Subsidio Conservacionista" al "Programa Valles Altos"[1]

Sólo paulatinamente y en forma empírica, diversos responsables de la administración fueron acercándose, localmente, a soluciones más eficaces, en particular a la colocación de antenas locales, dependientes del Ministerio de Agricultura, pero dotadas de una cierta autonomía de acción. A ello se añadió el instrumento específico de financiamiento constituido por la creación del "Subsidio Conservacionista" (1961). En su primera etapa, la acción de éste siguió fiel a sus orígenes. Se trata ante todo de una "incitación económica" dirigida por el Estado venezolano a las comunidades rurales organizadas en comités para favorecer la conservación, el desarrollo y el aprovechamiento de los recursos naturales renovables, mientras mejora la situación económica de esas mismas comunidades.[2] En el estado de Trujillo, donde se hicieron sus aplicaciones más notables, los dos primeros años siguen siendo un periodo de tanteo. Una parte de los fondos otorgados es retirada, por su no-utilización.

Para esos responsables locales la opción de los bosques se vuelve cada vez menos prioritaria, por ser contraria a los intereses inmediatos de los agricultores, quienes se interesan mucho más por las prácticas "agronómicas", por ser más cercanas a su formación profesional. Poco a poco llegan a crear una forma de pedagogía de protección del medio destinada a hacer adoptar voluntariamente las medidas propuestas. Se hace así hincapié en la construcción de muros de contención, erigidos con piedras recogidas de los campos. Esos trabajos son realizados por los mismos campesinos, quienes reciben una retribución. No obstante, al principio ellos consideran eso sólo como una nueva fuente de ingresos y nada más. Sin embargo, su desconfianza inicial cede ante un deseo de colaboración, favorable para hacerles reconocer que las medidas propuestas están bien fundadas.

Sin embargo, el salto cualitativo se efectuará con la creación de los primeros sistemas de riego. Su interés parece entonces evidente. Los mercados urbanos son enormes (las legumbres frescas no pueden ser impor-

[1] Todos esos desarrollos deben mucho al ingeniero Jaime Soriano, y a las largas conversaciones que con él tuvimos para lo que se desentendió de sus muchas ocupaciones. Sus informes son tanto más valiosos cuanto que él se encontró en el meollo de las transformaciones operadas, sin abandonar nunca una singular apreciación crítica sobre su acción.

[2] Luis A. Aguilar, *El subsidio conservacionista y la difusión y adopción de innovaciones tecnológicas*, Mérida, 1978.

tadas en cantidades tan grandes como otros productos alimentarios). El productor no sólo tiene ahora la seguridad de vender, sino también la de vender a buen precio. Además, no tiene que invertir a largo plazo: cobra los beneficios de su trabajo al cabo de unos cuantos meses. Los gastos de instalación del sistema, del desmonte, diversas adaptaciones, colocación de la tubería... corren por cuenta del Subsidio, y por ello no pesan directamente sobre las finanzas de los productores que, sin ello, tendrían las peores dificultades para lograrlo.

La técnica empleada es la de la aspersión que, aunque gastando más agua que la de la gravedad, ofrece la gran ventaja de adaptarse a todas las formas de terreno, aun a las más empinadas, por medio de un nivelamiento sencillo. También llega a justificar plenamente todas las acciones propuestas: desempedramiento, aprovechamiento de superficies regulares (aunque sean inclinadas), separadas por muros, drenaje... Por medio de lo cual se produce una completa modificación del sistema de utilización del suelo: la agricultura tiende a concentrarse en los bajos fondos, en las terrazas aluviales (que tienden a ser de gran fertilidad), mientras que las pendientes antes cultivadas van siendo poco a poco abandonadas en favor de una ganadería cada vez más extensiva. Por lo demás, esto no significa que se vuelvan inútiles o queden perfectamente independientes del nuevo sistema de producción, sino al contrario. La ausencia casi total de mecanización en los valles altos no sólo se debe a la presencia de grandes pendientes sino, sobre todo, a un cálculo económico muy claro. Una pareja de bueyes utilizada para los trabajos y que luego se mantiene por sí sola en los campos cuesta mucho menos que un tractor y su mantenimiento.

Todo esto no surgió espontáneamente. También aquí vemos vacilaciones y hasta fracasos, que no han sido raros. Algunos responsables aún se acuerdan, 20 años después, de su decepción cuando su primera tentativa de instalación de una red de riego, en Tuñame, no tuvo éxito: los tubos cedieron bajo la presión del agua, ante toda la comunidad reunida. Hubo entonces que recomenzar todo, reanudar las reuniones de productores, volver a convencerlos de participar, lo que no siempre es fácil después de tal desastre...

Por lo demás, el Subsidio resulta ser cada vez más inadecuado para la nueva situación. Los créditos ya no están a la altura de las demandas: inicialmente fueron previstos para las acciones de "golpe por golpe" y no para operaciones de mayor amplitud. En 1974, el "Programa de Desarrollo Agrícola de los Valles Altos del estado Trujillo, Venezuela" (Programa Valles Altos), entonces aprobado, toma en cuenta cada valle en su conjunto, colocando sistemáticamente en el lugar unas redes de riego por aspersión como medio fundamental para llevarles la riqueza. *Los problemas de protección del medio se vuelven entonces subproductos de una operación deliberadamente enfocada al desarrollo.*

"Programa Valles Altos": una metodología del desarrollo[3]

El cambio del Subsidio al Programa no expresa solamente una visión más amplia de las cuestiones que deben arreglarse, y ni siquiera una mayor cantidad de los créditos otorgados. Constituye también una oficialización: el Programa se vuelve el instrumento único de todas las operaciones de riego en la montaña para Trujillo, contando con el apoyo de diferentes gobernadores. Comoquiera que sea, esta oficialización no constituye una institucionalización, no considerada necesaria en esta época, lo que después no dejará de plantear graves problemas.

También es el momento en que las experiencias acumuladas se materializan en un "manual" didáctico.[4] No se trata, en ese caso preciso, de uno de los innumerables "planes", "anteproyectos" y "diagnósticos", pasos obligados de cualquier operación que luego se apresuran todos a dejar sobre un estante de la biblioteca del servicio. Aquí, el manual hace hincapié en los aspectos pragmáticos, y en primer lugar, en la organización de los productores con la creación de los "Comités de Riego", que toman las formas tradicionales del trabajo colectivo habitual en los Andes (*convite, cayapa, mano vuelta*...). Por ello, se invita a distinguir a los productores más ilustrados, que harán las veces de "agentes de desarrollo". Los trabajos se deciden en común, sin apelar (salvo en caso extremo) a empresas externas y sin retribución individual. Se produce así un verdadero control de los campesinos sobre el programa, que se vuelve "su" programa. Desde luego, ello no ocurre sin innumerables reuniones, discusiones colectivas o privadas, lo que presupone una singular disponibilidad de parte de los responsables administrativos. A fin de cuentas, la comunidad dispone de un "capital" constituido por las horas de trabajo efectuadas, y es éste el que "paga" los equipos y la instalación de la red de riego (aun si su costo real es muy superior). Esa red es considerada por los productores como una verdadera propiedad colectiva: su diseño y su implantación no necesitan más de empresas privadas. Todo se realiza en común, a partir de las recomendaciones de los técnicos del Programa. Esto a veces da resultados más que pintorescos: no es raro ver los tubos atravesar los caminos, sostenidos sobre horquetas de árboles, o incluso apoyados sobre viejos autos abandonados. Asimismo, a menudo hay que parchar o remplazar los tubos, construir cuencas destinadas a aliviar la presión. Pero globalmente todo funciona, ¡y muy bien!

Vemos así que ese *Programa ha tenido un éxito notable. Se ha vuelto un verdadero ejemplo, una referencia para el conjunto de toda la región*, prueba de que verdaderamente pueden haber acciones de desarrollo que

[3] L. Germain Wettstein, *Modernisation agricole et affirmation d'une nouvelle paysannerie en Amérique Latine*, Toulouse, 1980.

[4] CORPOANDES: *Programa de desarrollo agrario de Valles Altos de la región Andina: fundamentos y metodología*, Mérida, 1978.

tengan un éxito indiscutible. Se ha lanzado una dinámica, adoptada por otros, aun en formas a menudo mixtas (en particular recurriendo a empresas privadas para colocar los sistemas de riego). Hasta la actualidad los resultados se juzgan de tal modo positivos, por parte incluso de los campesinos no directamente interesados, que las diversas instancias administrativas ya no pueden atender a tantas demandas de comunidades que desean aprovechar la innovadora tecnología, tanto más cuanto que la coyuntura ya no es tan favorable para la distribución de créditos.

Sin embargo, hay que añadir que el entusiasmo del comienzo ya casi no existe. Diversos fracasos personales, las lógicas de la carrera y también la fatiga han provocado la partida o el abandono de buen número de responsables entre los más activos del equipo original. Asimismo, lo que al principio parecía relativamente poco importante en comparación con las tareas emprendidas, se ha vuelto mucho más. La institucionalización del Programa, no exigida al principio, cuando casi no constituía ningún problema, en la actualidad muestra un gran peso. A falta de una identidad específica, las administraciones interesadas tienden a recuperar sus prerrogativas abandonadas por un momento, para no dejar al Programa más que una estructura cada vez más hueca. Por último, éste también es víctima, en cierta medida, de su propio éxito. Los intentos de recuperación de sus beneficios "políticos" son cada vez más poderosos.

Conclusión

El éxito económico de los sistemas de riego parece, pues, indiscutible. Se puede afirmar que *en este caso preciso, "se ha sembrado petróleo"*, aun si finalmente los capitales invertidos están lejos de comparase con lo que se ha gastado en otras partes. Pero esta experiencia nos propone una enseñanza que no por ser discreta parece menos importante. Cierto, sería extremadamente exagerado atribuir la responsabilidad de toda esta operación a la acción de algunas personas, por muy brillantes que sean. Asimismo, el método utilizado, *el afán de enfrentarse a lo concreto y obtener de ahí los elementos necesarios para una práctica del desarrollo, es lo que parece más significativo*. Hay que pensar que, aun cuando ese grupo se benefició de unas circunstancias excepcionales, pudo llevar a bien su programa largo tiempo sin afrontar dificultades mayores: *como si las trabas administrativas y la corrupción dejaran de ser obstáculos para un programa cuando no cabe duda de su utilidad social, y de que está bien fundado.*

Bibliografía

Aguilar, Luis A., *El subsidio conservacionista y la difusión y adopción de innovaciones tecnológicas*, ULA, Facultad de Forestales, IGCRN, Mérida, Venezuela, 1978, 114 pp.

Wettstein, L. Germain, *Modernisation agricole et affirmation d'une nouvelle paysannerie en Amérique Latine*, tesis de doctorado de Estado, Universidad de Toulouse Le Mirail, 1980, pp. 109-222.

CORPOANDES, *Programa de desarrollo agrario de Valles Altos de la Región Andina: fundamentos y metodología*, Mérida, 1978.

CAMBIO TÉCNICO Y DESARROLLO ECONÓMICO
El caso de la cultura de la soya en Brasil

Derli Dossa
EMBRAPA-CNP Soja, Brasil
Eduardo Chia
INRA-SAD, Dijon, Francia

El medio rural brasileño se ha transformado mucho en 30 años. La asociación de industrialización agrícola y producción de soya ha modificado de manera radical la agricultura del país. La modernización de las unidades agrícolas se ha logrado esencialmente a partir de la introducción de la mecanización y de los abonos industriales. Esto ha causado un aumento de la productividad de la tierra y del trabajo. El cultivo de la soya se ha vuelto muy competitivo y es una importante fuente de divisas para Brasil. Pero su crecimiento ha causado grandes problemas técnicos y sociales.

El objetivo de este trabajo es analizar algunas técnicas adoptadas por los cultivadores de soya a partir de las investigaciones realizadas en el Paraná y en Goyas en 1987 y 1988. En la primera parte presentamos las principales características del desarrollo del cultivo de la soya, de 1940 a 1990, y su importancia económica y social para el país. En la segunda analizaremos algunas técnicas desarrolladas por la investigación agrícola y su utilización por los cultivadores de soya.

El cultivo de la soya

Después de la segunda Guerra Mundial, la estructura agrícola del sur de Brasil (Paraná-PR, Santa Catarina-SC y Rio Grande do Sul-RS) estaba constituida por explotaciones familiares. Las prácticas consistían en quemar los bosques y cultivar la tierra. Los campesinos aprovechaban las condiciones naturales del suelo para producir cultivos alimentarios. En las regiones de São Paulo, Río de Janeiro, Espíritu Santo, Minas Gerais y el Paraná, la principal producción era el café para la exportación. En el noreste de Brasil los principales cultivos eran la caña de azúcar y la mandioca. La primera era exportada y la segunda servía como alimento básico para los campesinos. En el periodo 1950-1960, más de 50% de la población era rural. Pero el aprovisionamiento del país no estaba asegurado. La congelación del precio de los productos alimentarios, la falta de medios para la investigación y el aumento de la capacidad de almacenamiento de los productos frenaron el desarrollo de la agricultura. En este periodo fue introducida la soya en Rio Grande do Sul. Algunas industrias de oleaginosas se interesaron en su comercialización. Con la participación gubernamental, organizaron la difusión del cultivo de la soya. Los agricultores, que cultivaban el trigo en invierno, se orientaron hacia la soya (durante el verano). Los incentivos eran muchos, puesto que la soya podía producirse con las mismas máquinas y equipo que el trigo, y el mercado era estable y buenos los precios. Los problemas del medio rural eran variados: concentración de la tierra, falta de crédito para la agricultura y de lugar para el almacenamiento de los productos. Entre 1964 y 1980, el gobierno militar de Brasil dio prioridad a la industrialización del país. En 1967 creó el crédito agrícola para favorecer las inversiones y el desarrollo en este sector. La mecanización permitió a las grandes explotaciones entrar en el proceso de producción de la soya. La asociación de mecanización agrícola, producción de la soya e industrialización urbana contribuye a acelerar el éxodo rural y la concentración de las tierras en el sur de Brasil. Puede observarse que hacia 1967, año en que se creó el crédito agrícola, la superficie en que se cultivaba soya era de 700 000 hectáreas, con un crecimiento de 20% anual, primordialmente en las regiones de Rio Grande do Sul, Santa Catarina, Paraná y São Paulo (región tradicional de la soya). El papel dado a la agricultura en el proceso de la industrialización del país consistía en aportar bienes agrícolas baratos, mano de obra y ayuda en el equilibrio de la balanza de pagos. El empleo de ayudas fiscales, los tipos de cambio, la congelación de los precios de los productos agrícolas y la importación de alimentos perjudican a la agricultura. Como reacción, los agricultores se reorganizan en un sistema de cooperativas que les ayudan durante todo el proceso: producción, comercialización e industrialización. Sostienen sus reivindicaciones sobre el crédito agrícola y los precios, y participan en la investigación y en la promoción agrícolas. Así la cultura de la soya contribuyó a fortificar el sistema cooperativo por todo Brasil.

Al comienzo de los años setenta, el gobierno favorece las exportaciones agrícolas. El crédito agrícola empieza a ser subvencionado. El alza de los precios en el mercado internacional de las oleaginosas estimula la expansión del cultivo de la soya: pasa de 1.3 millones de hectáreas en 1970 a 8.7 millones de hectáreas en 1980.[1] A finales de los setenta, la producción de la soya alcanza los 15 millones de toneladas. Pero la región tradicional aporta 70% de la producción total. A comienzos de los ochenta, un fuerte movimiento popular por el retorno a la democracia provoca una lucha por la tierra. Bajo los efectos unidos del segundo choque petrolero (1979), de la alza de las tasas de interés (de 1983), de la deuda exterior y del déficit público, Brasil es víctima de una inflación muy importante. El gobierno aumenta las tasas sobre las exportaciones agrícolas, reduce el crédito subvencionado de las medianas y grandes empresas agrícolas, y libera las importaciones de la soya para el *draw back* (importaciones

[1] Instituto Brasileiro de Geografia e Estadistica, IBGE.

de soya en granos, obligación de transformarla y de reexportarla). En 1981-1982 la superficie de la soya disminuye en un millón de hectáreas: la producción cae entonces a 12.8 millones de toneladas. Sólo en los años de 1987-1988 este cultivo vuelve al nivel de principios de los ochenta. En 1986 el país ha vivido el Plan Cruzado, que se caracterizó por la congelación de los precios, un fuerte consumo, una reducción del ahorro, la importación de bienes alimentarios, la confiscación del ganado, la reducción de las reservas monetarias disponibles, etc. Ese plan se volvió después el Plan de Verano, de breve duración, que fue seguido por pequeñas medidas económicas restrictivas. Esos sucesivos planes tenían como principal objetivo combatir la inflación. El nuevo gobierno del país, elegido por sufragio universal en 1989, después de 30 años sin elecciones presidenciales impone, como el anterior, una economía de gran austeridad.[2] Hace esfuerzos por combatir la crisis económica, financiera, social y moral. Una vez más, la agricultura es muy afectada por esas nuevas disposiciones.

El cultivo de la soya en la economía brasileña

En 1988-1989, el cultivo de la soya se extiende sobre 12.2 millones de hectáreas, y su producción es de 24.1 millones de toneladas. El país ha exportado 4.55 millones de toneladas de granos, 9.84 millones de toneladas de pastas, y 862 000 toneladas de aceite.[3] La soya se ha convertido en uno de los principales productos de exportación de Brasil. Produce 3.3 millones de toneladas en 1989. Da de comer a más de 400 000 agricultores y a 500 000 obreros. Los empleos secundarios pueden evaluarse en más de 1.5 millones. Cuarenta por ciento de la producción de soya se consume en el mercado interior. Seis millones de toneladas de trigo se producen en invierno en las mismas tierras, con las mismas máquinas y equipos. El cultivo de la soya no sólo tuvo efectos directos sobre la agricultura, también modificó las prácticas alimentarias de los brasileños: es un producto que contiene 20% de aceite y 40% de proteínas (10 veces menos cara que las de origen animal). La expansión de la soya en la región de Cerrados participa fuertemente en el desarrollo económico y social de esta región. Observamos el nacimiento del ciclo de la soya en la agricultura de Brasil, al lado de los cultivos tradicionales: caña de azúcar, caucho y café.

La soya en la región tradicional y Cerrados

La producción de la soya se ubica en dos regiones: tradicional y Cerrados. En la región tradicional, el cultivo entra en competencia, por una parte,

[2] La inflación alcanza 1630% anual.
[3] *Safras & mercado* 600/XIV y 604.

con las leguminosas, el maíz, la mandioca y el arroz, y por otra parte con productos de exportación como el algodón, la caña de azúcar, el café, la carne de bovino y de ovino. En esta región puede notarse un contraste entre las producciones alimentarias (leguminosas, mandioca, maíz) de escasa productividad, y los cultivos de exportación (soya, algodón, caña de azúcar), modernizados, industrializados y abiertos a los mercados internos y externos. En la región de Cerrados, los agricultores que se instalaron hacia 1975 eran viejos productores de soya de la región tradicional; adquirieron la tierra a bajo precio y pudieron constituir grandes explotaciones. También se beneficiaron con el desarrollo de la investigación que había perfeccionado unas técnicas nuevas. La introducción de la soya causó una competencia por la tierra con los grandes productores de carne de bovino. Aún hoy, hay una competencia con la caña de azúcar utilizada para la producción de alcohol.

El desarrollo de la soya en Brasil se debió esencialmente a la congelación del precio de los productos alimenticios, a la introducción de la mecanización agrícola, a la adaptación del país a las técnicas desarrolladas en los Estados Unidos, a unos precios internacionales favorables a los oleoproteaginosos, a las medidas de subsidio del crédito agrícola, a la estructuración del sector cooperativo, a la respuesta de los productores de trigo y de carne bovina, así como a la movilización de los industriales, abastecedores y exportadores. Hoy es indiscutible la importancia social y económica de la soya. Por una parte, por sus posibilidades de utilización en la fabricación de alimentos para seres humanos y animales. Por otra parte, por su demanda en el mercado internacional. La producción de la soya podría reportar cada año más de 500 millones de dólares, lo que podría acelerar la integración de Cerrados y sostener la modernización de las pequeñas ciudades que ya se han desarrollado en torno del cultivo de la soya.

La soya y el cambio técnico[4]

La difusión del cambio técnico

De 1967 a 1980, la producción de soya fue favorecida por condiciones propicias. Un número significativo de productores pudo aumentar su patrimonio. A partir de 1980, las condiciones económicas en el país se modificaron de manera radical. La reducción de los precios de los derivados de la soya, del aceite y de la pasta, las dificultades inherentes a la competitividad de los mercados internacionales y el crecimiento de las tasas de interés del crédito agrícola causaron una reducción de las ganancias de los agricultores. Este diagnóstico nos hace interrogarnos sobre

[4] Los datos que presentamos se deben a una investigación efectuada en el Paraná (370 agricultores) y en el Goias (109 agricultores), realizada durante el ciclo agrícola 1987-1988.

el porvenir de los productores de soya. En lo que respecta a las explotaciones, deben considerarse varios aspectos: aumentar la productividad, reducir las cargas estructurales y operacionales, diversificar la producción y la calificación de la mano de obra. A los niveles meso y macroeconómicos, los esfuerzos deben hacerse sobre la formulación de las políticas de crédito y de precios, así como sobre la promoción del consumo.

A partir de los datos de las 479 encuestas realizadas en Paraná (370) y en el Goias (109), comprobamos que los productores de soya no utilizan todas las técnicas disponibles. La respuesta engloba ciertamente varios niveles: el corto y el largo plazos, la jerarquización de los objetivos y de las limitaciones en la exportación, la percepción técnico-económica del agricultor, la agricultura familiar y la empresa agrícola. J. P. Darre *et al.* (1989), en una síntesis, consideran que "las transformaciones técnicas no son ni el simple producto de efectos de difusión ni de técnicas lógicas o de técnicas económicas o de relaciones macrosociológicas. Son, en cambio, producto de interacciones sociales. La adopción de una técnica nueva, introducida en un sistema existente, es un proceso de negociación permanente". Así, los agricultores adoptan una técnica sólo si ésta se adapta al contexto. Es decir, para que una técnica pueda ser adoptada deberá insertarse en la lógica del productor, de su familia y de su medio (J. Brossier *et al.*, 1990). Esta hipótesis se aplica tan bien a las explotaciones de tipo familiar como a las explotaciones de tipo capitalista.[5]

El progreso técnico y la difusión de la soya

En Brasil, la mecanización de la agricultura es lo que más ha modificado las condiciones del medio rural, aunque también han contribuido otros factores. Ella permite un crecimiento importante de la productividad del trabajo y de la tierra. En 1960 un productor de cereales y de semillas oleaginosas producía para dos personas. Hoy, produce para cinco brasileños y tres extranjeros. También el progreso técnico ha beneficiado a los clientes de la agricultura: por una mejor calidad de producto y por una reducción de su precio. En el Paraná, los índices de paridad (fórmula de Laspeyres) muestran que la relación de los precios recibidos y pagados por los agricultores en febrero de 1989 era de 0.84 para el conjunto de la agricultura y de 0.77 para el cultivo de la soya (1977 = 100).[6] La producción agrícola de Brasil aumenta más rápidamente que la población, gracias a la incorporación de técnicas nuevas.

Esta evolución entraña el éxodo de una parte de la población. Pero la creación de empleos directos compensan las pérdidas iniciales debidas al cambio técnico. Las regiones de São Paulo, Paraná y Rio Grande do Sul,

[5] E. Chia, 1987.
[6] SEAB/DERAL, 1990.

que han sufrido las más fuertes reducciones de la población rural, también son las regiones más desarrolladas y donde las desigualdades sociales son menores. En esas regiones, los obreros rurales están mejor calificados y el nivel de vida es superior que en las otras regiones. Esta calificación favorece a los agricultores, les permite aumentar la productividad por hectárea y utilizar mejor las máquinas y los equipos reduciendo los costos medios de producción. El cuadro siguiente presenta algunas técnicas desarrolladas en Brasil por el Sistema Nacional de Investigación de la Soya, con la participación de los gobiernos, de las industrias privadas y de las cooperativas.

Algunas técnicas desarrolladas en Brasil para la soya

	Objetivo	*Ganancia esperada*
Racionalización de insecticida	1 y 3	101
Variedades nuevas	2 y 4	510
Utilización de abonos	1 y 2	838

1 = Reducción de costos. 2 = Aumento de la productividad. 3 = Protección del medio. 4 = Reducción de riesgos del clima y el mercado.

Los agricultores de la región tradicional (Paraná) y Cerrados (Goias)

Con un 2.4% de la superficie de Brasil, el Paraná es el primer productor de trigo, sorgo, girasol, algodón, maíz, chícharo, papa y cerdos. El segundo en soya, café, aves de corral y tabaco. También ocupa un buen lugar en la producción de caña de azúcar, mandioca, avena, leche y carne de bovino. Más de 460 000 agricultores producen 25% de los granos y 12% de las exportaciones. En el Goias, situado en el corazón de Brasil, la producción de soya es reciente. Este estado es considerado como la nueva región agrícola, en primer plano en la producción de arroz y de carne de bovino. Ahí, la superficie de la soya pasó de 128 000 hectáreas en 1978-1979 a 905 000 hectáreas en 1989-1990 (8% de la superficie de soya del país).[7]

En el cuadro siguiente se observa la fuerte participación de los pequeños agricultores en la producción de soya en el Paraná y en el Goias. La *concentración* de tierras en el Paraná queda ilustrada por el hecho de que los grandes agricultores (>170 ha), 13% del total, poseen 58% de la superficie de la soya, y las pequeñas explotaciones, 63%, poseen sólo 14 por ciento.

[7] Se observará que las normas utilizadas son insuficientes y discutibles.

Repartición de los productores por clase de superficie en soya

	PARANÁ		*GOIAS*
Sup. soya	*Productores*	*Sup. soya*	*Productores*
<50 ha			
<150 ha	63	14	60
51 a 170 ha			
151 a 500 ha	24	28	32
>170 ha			
>500 ha	13	58	8
TOTAL	100	100	100

Datos de la investigación 1987-1988.

Los datos del cuadro indican que los agricultores que hemos interrogado tienen una productividad superior a la media nacional (1830 g/ha en 1987-1988). Esto se debe a las condiciones climáticas más favorables, a la calidad superior de las tierras y a la técnica empleada.

Estructura de producción (ha)

	PARANÁ		*GOIAS*	
	SAU	*Soya*	*SAU*	*Soya*
Promedio	190	93	494	196
Modo	24	12	720	50
Media	49	29	200	100
Ec. tipo	518	250	710	228

Datos de la investigación 1987-1988.

De 1950 a 1975, para el *control de los insectos de la soya* (orugas y pulgones) se utilizaban de cuatro a cinco aplicaciones de insecticidas por año. La investigación ha perfeccionado un método que permite reducir el empleo de los insecticidas. Esto puede hacerse ya sea con el mínimo de

Repartición de los productores por clases de rendimiento (%)

Kg/ha	*PARANÁ*	*GOIAS*
<1500	23	12
1501 a 2 000	33	38
>2 001	44	50
Total	100	100
Promedio	2 024 kg/ha	2 086 kg/ha

Datos de la investigación 1987-1988.

aplicaciones de insecticidas, ya sea mediante un control biológico, ya sea por ambos métodos. Así, contra el pulgón, se recomienda la aplicación de insecticidas cuando el ataque es superior a cuatro insectos por metro cuadrado (periodo de desarrollo hasta la madurez de los granos de la soya). Por lo demás, es posible utilizar insecticidas selectivos que permiten el desarrollo de los enemigos naturales de los insectos dañinos. La lucha biológica de la oruga de la soya se hace utilizando el *Baculovirus anticarsia*. La técnica consiste en seguir periódicamente el desarrollo de las orugas y de sus enemigos naturales. Pasando un límite máximo, el agricultor deberá rociar con el *Baculovirus*. Esta técnica permite reducir los costos y no daña el ambiente. En el Paraná, 59% de los agricultores lo utilizan poco. El "tejido de colecta", que permite un mejor dominio de la técnica, sólo es utilizado por 19% de los agricultores. El hecho de que no se recurra mucho a la lucha biológica se debe a problemas de índole técnica y de disponibilidad de mano de obra para la vigilancia de los insectos y para la producción del *Baculovirus*. Habría que añadir las consecuencias de la publicidad de los fabricantes de insecticidas, y la poca diferencia de costos entre el insecticida y el *Baculovirus*. Esas razones pueden explicar los frenos observados en el desarrollo de la lucha biológica. Pero la doble aplicación de un insecticida para combatir los pulgones no siempre constituye una mala práctica. En efecto, el empleo de los insecticidas está directamente ligado a las condiciones climáticas que condicionan el desarrollo de los insectos.

Utilización de los Baculovirus *y de muchos tratamientos*
(% de las explotaciones investigadas)

	PARANÁ	*GOIAS*
Baculovirus	11	7
Aplic. insecticida		
Oruga una vez	22	45
Oruga dos veces	23	21
Pulgón una vez	35	57
Pulgón dos veces	3	5
Tejidos de toque	19	

Datos de la investigación 1987-1988.

Las *variedades nuevas* tienen por objeto aumentar la productividad e introducir polos de resistencia a los azares del clima, de la tierra y de las plagas. Pero también permiten mejorar el porcentaje de aceite y de proteína. En las recomendaciones de variedades del PNP/SOJA (1989), la investigación recomendó 135 variedades.[8] Los datos de la muestra indi-

[8] Para la región tradicional se utilizan 51 variedades, 67 en la región de Cerrados y 17 otras variedades en conjunto para las dos regiones.

Variedades principales: origen, año de recomendación y participación (%) de los productores

Variedad	*Origen*	*Año*	*Paraná*	*Goias*
Bragg	Florida	1963	40	
Davis	Arkansas	1965	18	
Bossier	Río Rojo	1962	8	
Doko	Brasil	1980		64
Cristalina	Brasil	1979		38
EMGOPA	Brasil	1980		37

Datos de la investigación 1987-1988.

can que tres de las seis variedades principales utilizadas en el Paraná son originarias de los Estados Unidos. En el Goias, todas esas variedades se desarrollaron en Brasil (Doko, Cristalina, EMGOPA, entre otras). Pero en el Paraná (región tradicional) los agricultores siempre prefieren las variedades desarrolladas por la investigación norteamericana hace 20 años: Bragg en 40%, Davis en 18% y Bossier en 8% de las explotaciones. Los agricultores utilizan más de una variedad cada año y unos ciclos diferentes. La diversificación de las variedades según los ciclos ilustra el comportamiento de los agricultores ante los riesgos y ante la investigación de un mejor reparto de las tareas. Quieren optimizar el empleo de los factores estructurales de producción: mano de obra, máquinas y equipos. Las variedades más recientes y más productivas no se utilizan por no estar disponibles. Los agricultores prueban esas nuevas variedades sobre una pequeña parte de sus explotaciones.

Utilización de fertilizantes e inoculantes

	PARANÁ	*GOIAS*
Nitrógeno en la fórmula	60	
Abono foliar		15
Productos inoculantes	37	67

Datos de la investigación 1987-1988.

La investigación ha enseñado que las leguminosas toman el hidrógeno directamente de la atmósfera (no es necesaria ninguna aportación complementaria de hidrógeno si se trata de semillas tratadas). Sin embargo, 60% de los agricultores del Paraná utilizan abonos nitrogenados, lo que puede explicarse por el hecho de que los abastecedores de abono tratan de proponer en el mercado una variedad de producto estándar que contiene una parte más o menos importante de nitrógeno; 63 y 23% de los agricultores del Paraná y de Goias no utilizan productos inoculantes. Los trabajos complementarios, indispensables para la introducción de los inoculantes a las semillas, son un obstáculo para su empleo. Las condiciones climáticas son muy importantes para la germinación de la semilla. Los agricultores no disponen de un largo periodo para sembrar. Así, hasta en las pequeñas explotaciones, con la mano de obra familiar, no siempre se utilizan inoculantes. Quince por ciento de los agricultores del Goias utilizan abonos foliares.

La *diversificación de los cultivos* es una práctica que permite mejorar la calidad de los suelos y reducir los riesgos del mercado. Veintidós por ciento de los agricultores del Paraná y 30% del Goias no la practican. Si los agricultores prefieren practicar el monocultivo de la soya es porque ello les permite dominarlo mejor y contar con equipos mejor adaptados a sus características. También sabemos que la producción de maíz es más arriesgada y que ha tropezado con problemas de transporte y de comercialización. La producción de chícharo y de arroz, en el caso del Paraná, también tiende a asegurar el autoconsumo familiar.

Diversificación de los cultivos de verano

	PARANÁ	*GOIAS*
Soya	22	30
Soya + maíz	57	28
Soya + maíz + arroz	2	29
Soya + chícharos	7	
Soya + otros	12	3
TOTAL	100	100

Datos de la investigación 1987-1988.

CONCLUSIÓN

Los datos estadísticos sobre la evolución de la producción de soya nos han permitido mostrar la importancia de los potenciales existentes. La investigación puede desarrollar nuevas técnicas, mientras toma en cuenta la protección del ambiente. Los datos de la investigación muestran que hay un espacio de tiempo entre las técnicas propuestas y su adopción. Pero sería temerario concluir que para aumentar la productividad de la soya bastaría intensificar el esfuerzo de promoción del consumo, multiplicar los subsidios o liberar el mercado de la soya.

Nos parece esencial desarrollar nuevos métodos de estudio de los procesos de adopción del cambio técnico. Hay que tomar en cuenta la explotación agrícola en su aspecto global: técnico-económico y social. Sería útil el desarrollo de los trabajos de investigación, en un sistema del tipo investigación-acción,[9] que permita la participación de los agricultores en el proceso de producción y en la adopción tecnológica.

[9] Entre esos métodos podemos citar el diagnóstico global (DIGREX), el análisis de teso-

BIBLIOGRAFÍA

Acompanhamento da situacao agro-pecuaria do Parana, SEAB, Curitiba, 1988.

Anuario estadístico 1982-1987, CFP, Ministerio da Agriculture do Brasil.

Assouline, G., "Concentration, innovation, practiques concurrentielles dans l'industrie des phytosanitaires", en *Economie et Société*, 1989.

Bertrand, J. P., "Le développement spectaculaire du soja", en *Economie et Finances Agricoles*, noviembre de 1989.

Billot, A., *Rationalité et Incertitude*, Universidad de París 2, 1990.

Bonato, E. R. y A. L. V. Bonato, *A soja no Brasil: historia e estadistica,* EMBRAPA. CNPSO, 1987.

Bonny, S. y P. Dauce, "Les opinions des agriculteurs à l´égard des nouvelles technologies. Une enquete dans le centre et la Bretagne", en *Economie Rurale,* 1989, pp. 192-193.

Brossier, J., E. Chia, E. Marshall y M. Petit, "Recherches en Gestion: vers une théorie de la gestion", en J. Brossier *et al.* (compiladores), *Modélisation systémique et système agraire. Décision et organisation*, INRA-SAD-VERSAILLES, 1990.

Chia, E., *Les practiques de trésorerie des agriculteurs. La gestion en quete d'une théorie* (tesis), Universidad de Dijon, 1987.

Dossa D. Dias, S., *Perfil socioeconomico e tecnologico dos produtores de soja no Parana,* EMBRAPA. CNP, 1989.

Darre, J. P., R. Le Guen y B. Lemery, Changement Technique et Structure Professionnelle Locale en Agriculture", en *Economie Rurale,* julio-octubre de 1989, pp. 192-193.

Homem de Mello, F. B., *Prioridade agricola: sucesso ou fracasso?*, Pioneira, São Paulo, 1985.

Joly, P. B., "Strategie d'enterprises et rupture technologique dans l'industrie des semences", en *Economies et Societé,* núm. 9, 1989.

Mendonca de Barros, J. R., "Politica e desenvolvimento agricola no Brasil", *X encontro nacional de economia,* ANPEC, Aguas de São Pedro; V.I, 1982.

Meyer, R. L., D. W. Adams y P. F. C. Araujo, "Mercado de credito rural e os pequenos agricultores do Brasil", en *Desenvolvimento da Agriculture: Analise da Politica Economica,* Pioneira, São Paulo, 1982.

Sayad, J., *Credito Rural no Brasil. Estudos economicos,* FIPE-USP, Pioneira, São Paulo, 1984.

Shultz, T. W., *A transformaçao da agriculture tradicional,* Zahar, Río de Janeiro, 1965.

Taieb, E. y Barros, O., *Economie et sociétè brésiliennes,* Nathan, París, 1989.

Willians, G. W., *A industria de soja no Brasil: estrutura economica e politicas de intervençao do governo no mercado,* Coleçao Analises e Pesquisa, vol. 34, CFP, Brasilia, 1988.

rería, el empleo de la programación lineal como métodos de investigación, la elaboración de tipologías, el sistema clínico, etcétera.

LOS INSTRUMENTOS DEL CAMBIO TÉCNICO EN LA AGRICULTURA
La protección de los vegetales en el Brasil

GÉRALD ASSOULINE
Precepta Rhône-Alpes
Grenoble, Francia

LA MODERNIZACIÓN AGRÍCOLA

El Estado, actor esencial de los cambios técnicos en la agricultura

EL ESTADO ha permitido el desarrollo de un modelo técnico de producción agrícola fundado en el consumo intensivo de insumos: abonos, fitosanitarios, semillas, máquinas, material de riego.... La influencia de los Estados Unidos ha sido determinante desde el fin de la segunda Guerra Mundial en la adopción de las prioridades de la política agrícola y del modelo de funcionamiento del sistema de promoción —extensión rural; los años de 1960 a 1970 constituyen un periodo intermedio importante.

Por una parte, el Estado va a participar en la creación de un verdadero mercado de insumos, entre ellos los fitosanitarios, adoptando diversas directrices:

- creación, en 1985, del sistema nacional de crédito rural, favoreciendo el crecimiento de una demanda solvente de insumos;
- puesta en marcha en Brasil de una industria local de tractores a comienzos de los sesenta, de abonos y de insumos fitosanitarios (mediante el plan nacional de defensivos agrícolas, en 1975).

Por otra parte, se crean dos agencias de adaptación y de difusión de ese modelo técnico: la EMBRAPA en 1973 y la EMBRATER en 1974 (disuelta en 1989).

Todos esos elementos han permitido la consolidación de una agricultura caracterizada por el aumento rápido del uso de insumos industriales, entre ellos los pesticidas.

Un modelo de desarrollo dinámico y contradictorio

De 1970 a 1980, el financiamiento del desarrollo y de las importaciones industriales y el espectacular crecimiento de la deuda obligan a los responsables del gobierno a hacer de la agricultura un recurso para restablecer la balanza comercial:

- directamente, favoreciendo las exportaciones de productos agrícolas;
- indirectamente, haciendo de la agricultura un sector de sustitución parcial del petróleo, por intermediación de la producción y del consumo de etanol, alcohol de azúcar (Plan Nacional del Alcohol).

Aumento del consumo de pesticidas en Brasil, de 1965 a 1985 (índice según volumen)

Año	*Insecticidas*	*Herbicidas*	*Fungicidas*	*Total*
1965	100	100	100	100
1970	158	1 417	184	176
1975	233	9 302	337	350
1980	135	10 205	592	330
1985	56	7 288	378	194

ANDEF.

Hasta 1982, el crédito rural con bajas tasas de interés sirvió para financiar los avances en la producción y las inversiones. Esta política de apoyo fue muy selectiva y permitió un espectacular crecimiento de los cultivos industriales y/o de exportación.

De esta opción se beneficiaron las explotaciones agrícolas intermedias o grandes y las industrias productoras de insumos. Por el contrario, no resolvió los problemas alimentarios de una mayoría de la población urbana que, por falta de ingresos suficientes, no tiene acceso a las disponibilidades alimentarias. El apoyo de la producción agrícola para el mercado interior encontró un límite en la dependencia de la fijación de los precios agrícolas a la lucha contra la inflación.

El decenio de los años ochenta se caracterizó por una crisis de las finanzas públicas que condujo al fracaso del sistema de crédito rural después de 1982, y por el deterioro de la coyuntura internacional: la caída continua de los precios mundiales de materias primas, la competencia cada vez más intensa entre países productores y el mantenimiento de las barreras de protección en los principales países o espacios económicos desarrollados participan en esta degradación.

Este giro se manifestó en una baja relativa de parte de los productos agrícolas y agroindustriales en el total de las exportaciones brasileñas a partir del comienzo de los años ochenta y de aumentos relativos del consumo interior en relación con los mercados externos. Varias consecuencias resultan a la vez de esta lógica de la política agrícola y de las rupturas en el modo de inserción de Brasil en la economía mundial:

- la continuación del éxodo rural de los pequeños agricultores y campesinos sin tierras hacia aldeas o regiones fronterizas;
- la creciente inestabilidad en las ganancias de la agricultura intensiva, afectados por el costo exorbitante del crédito y la caída importante del precio de los productos agrícolas exportados (especialmente azúcar, cacao, café y soya). Y con ello, es el núcleo mismo del mercado de abastecimiento agrario el que queda seriamente desestabilizado.

Estrategias de la industria agroquímica

Desde finales de los años setenta, el contexto internacional de la industria de los insumos fitosanitarios se ha modificado grandemente:

- tendencia al estancamiento global del consumo;
- rigor creciente de las normas ecotoxicológicas, especialmente en los países desarrollados;
- morosidad del proceso de innovación en el dominio de las nuevas moléculas químicas;
- costo creciente de la investigación-desarrollo, marcado por las biotecnologías vegetales.

Desde hace un decenio, esas evoluciones impulsan en el mundo entero un poderoso movimiento de concentración industrial.

En un contexto de dificultades para los agricultores de los países desarrollados y en desarrollo, ¿cómo se enfrentan las empresas agroquímicas internacionales al vigoroso surgimiento de industrias locales de fitosanitarios?

Brasil, mercado esencial

Brasil, quinto mercado mundial en 1986 (836 millones de dólares y cerca de 5% de las ventas mundiales), cuarto en 1985 (654 millones de dólares) y en 1984 (714 millones de dólares), ocupa un lugar privilegiado en la estrategia de la industria internacional. Es uno de los primeros productores y exportadores agrícolas mundiales:

- sus reservas de tierras cultivables se consideran particularmente vastas;
- está dotado de una estructura industrial y de capacidad técnica favorable a la instalación de unidades industriales de formulación y de síntesis química de productos fitosanitarios.

Existen varios mercados de la producción química.

Uno de ellos se apoya en la pequeña explotación, con ingresos débiles e irregulares: es un mercado constituido por productos pequeños (no protegidos por patentes), que se venden en gran volumen y a bajos precios; las empresas brasileñas están aquí fuertemente representadas.

El otro reposa en las "empresas agrícolas", equipadas, mantenidas financieramente, bien apoyadas en el aspecto técnico, orientadas hacia la producción exportable o industrial, los pesticidas utilizados son más refinados, más caros, más modernos, de aspecto más estrecho y, sin duda, menos tóxicos. Las empresas internacionales controlan esta demanda. De todos modos, la crisis económica actual y la baja casi general de los ingresos agrícolas incitan a esas categorías de productores a reducir sus costos y disminuir sus consumos intermedios.

Estructura del consumo de pesticidas en Brasil en 1986

Cultivos	*%*	*Cultivos*	*%*
Soya	20.3	Caña de azúcar	10.4
Cereales	9.4	Cítricos	8.8
Café	8.5	Algodón	6.9
Arroz	5.0	Pastoreo	3.3
Papa	3.2	Tratamiento de semillas	3.0
Tomate	2.8	Labores de huerta	2.5
		Subtotal	84.1
		Total Brasil	
en M de $	836.0	en %	100.0

ANDEF.

El análisis del desempeño de las empresas presentes en el mercado brasileño muestra que las 10 primeras son internacionales. Las brasileñas de mejor rango se sitúan entre el undécimo y el vigésimo lugares.

Varios factores son mencionados por las firmas internacionales para explicar que ese mercado se haya vuelto mucho más competitivo que en los años setenta:

- la evolución de una agricultura dependiente de las fluctuaciones de la política agrícola y de los movimientos del mercado mundial;
- la política en materia de protección de la propiedad industrial y de patentes de Brasil, que no reconoce la posibilidad de patentar las moléculas y el ser vivo; sólo los procedimientos de fabricación pueden ser protegidos;
- la limitación de las importaciones de materias activas;
- la tendencia a un mayor rigor de las reglas en materia de producción y de comercialización de los productos;

- el aumento de las empresas brasileñas, considerado como una amenaza seria, comercial e industrial.

Esas empresas de capital nacional han visto intensificarse su crecimiento por varias razones:

- presencia comercial en mercados de fuerte competencia, como los de herbicidas, soya y fungicidas del café;
- costos de producción lo bastante bajos (sobre las economías de escala) para imponerse sobre los mercados interior y exterior;
- pocas inversiones en investigación y desarrollo, que se apoyan en el trabajo de las estructuras de investigación pública y en la compra de tecnologías de procesos extranjeros que permiten producir moléculas competidoras de las ya presentes en el mercado (protegidas o no por patentes).

Su gran flaqueza es la falta de capitales.

La supremacía del hecho organizacional

El papel fundamental de las cooperativas

Como en otros países, en Brasil las cooperativas son poderoso instrumento de difusión de ese modelo técnico en agricultura. ¿Tenemos que insistir en la importancia y la diversidad de sus funciones? Cuadro técnico, distribución de insumos, cosecha y transformación de las cosechas, y, en muchos casos, transformación de los productos agrícolas. Como en Francia, para muchas cooperativas de abastecimiento y colecta, la venta de fitosanitarios ha sido y sigue siendo motor esencial de crecimiento y de rentabilidad.

En el sur de Brasil, la FECOTRIGO llegó a financiar la constitución de una empresa productora de insumos fitosanitarios que en pocos años llegó a ser una de las principales productoras de herbicidas para la soya (trifluralina).

La estructura de estudios de los mercados en la escala real es una parte indispensable de la industria de los fitosanitarios. Estas estructuras de distribución negocian los precios, los volúmenes, los plazos de pago, el costo de almacenamiento y la exclusividad... Pero la tendencia más recurrente consiste en hacer pagar a las firmas químicas el aporte informacional que se les da y hacerlas participar en los costos internacionales de la actividad de distribución: publicidad, formación, consejo.

Como en otras partes, esas cooperativas tienen ciertas dificultades para respetar simultáneamente su obligación económica de maximización de las ventas y la necesidad del agricultor de limitar sus costos, en un contexto de incertidumbre tal que este último no pueda correr ningún riesgo cultural. Sin duda, se encuentran, en parte, en el origen del sobreendeudamiento de los agricultores brasileños y del movimiento de concentración.

¿Y la pequeña agricultura?

Los agricultores familiares con escasos excedentes, campesinos sin tierra *acampados* o *asentados*, candidatos a una hipotética reforma agraria, ¿qué tienen qué ver con esta lógica del cambio técnico en la agricultura?

Los bancos se interesan poco por esta población de "alto riesgo económico". En el periodo más reciente, las estructuras de promoción concentraron su intervención en los cultivos y las exportaciones económicamente viables.

Esas masas de pequeños campesinos se reconocen con dificultad en las estructuras cooperativas existentes; la relación con el negociante próximo basta a menudo para el aprovisionamiento y casi para la venta de su cosecha. De todos modos, es perceptible una tendencia: la renovación sobre una base muy local de formas de organización colectivas, apoyándose en organizaciones cercanas a la Iglesia o a los sindicatos rurales de la Central Única de Trabajadores (CUT), el encuadramiento técnico y la organización económica de esos campesinos se encuentra en el centro mismo de las preocupaciones de esos movimientos.

La adopción colectiva de soluciones técnicas adaptadas, como un banco de semillas, fertilización verde, cultivos asociados o redescubrimiento de las virtudes de la tracción animal, son prueba de la toma de conciencia de la inadaptación del modelo técnico dominante y del rechazo de la deuda.

Antes del desarrollo de las soluciones técnicas adaptadas, la organización también es un canal de acceso al mercado y, por tanto, un modo específico de integración por el financiamiento, la colecta o la adopción de circuitos de comercialización directa: ¿lugar de paso "adaptado" a la integración económica o, por el contrario, nuevo útil de sobrevivencia económica y social?

CONCLUSIÓN

La industria internacional de los fitosanitarios se encuentra ante un dilema. El modelo agrícola que ha asegurado su prosperidad muestra sus límites. Desemboca en:

- el aumento de las tensiones sociales;
- el afán de limitar los costos de producción y por tanto los gastos en insumos;
- el crecimiento de firmas locales de pesticidas baratos;
- una orientación hacia la diversificación de las actividades agrícolas.

Las formas de la protección vegetal se diversifican bajo la presión de diversos factores:

- el modelo químico parece inadaptado económica y técnicamente a la pequeña agricultura;
- las soluciones biológicas e integradas existen y son capaces de asegurar una protección mucho menos costosa;
- los fenómenos de resistencia creciente obligan a buscar técnicas no químicas, pero eficaces;
- En ciertas regiones, la contaminación de las aguas, de los suelos y los problemas de salud se han vuelto tan importantes que provocan una reacción de rechazo a los fitosanitarios.

Bibliografía

Assouline, G., *Transition technologique en amont de l'agriculture; le cas des phytosanitaires,* UNICAMP, Campinas, Brasil, 1990.

———, *Stratégies et performances dans l'industrie des phytosanitaires en France*, PRECEPTA, París, 1988.

———, E. David y M. Garin, *Changements techniques dans l'agriculture. Conditions économiques et instruments,* GRAD, Bonneville.

Grzybowsky, C., *Política agrícola e reforma agraria: subsidios ao programado P.T.*, mimeografiado, Río de Janeiro, 1989.

Jank, M., "Mudanças no padrão de crescimento e dinamica do ajusto externo do setor agroindustrial", en *A agricultura e agroindustria dos años 90,* XXVIII Congresso Brasileiro de Economia e Sociologia Rural (SOBER), Florianopolis, Brasil, 1990.

Naidin, L., *Crescimento e competiçao na industria de defensivos agricolas no Brazil,* UFRJ, Río de Janeiro, 1985.

Repetto, R., *Paying the price: pesticide subsidies in developing countries,* World Resource Institute, Washington, 1987.

TALLER II

SISTEMAS DE ABASTO

SÍNTESIS Y COMENTARIOS

FERNANDO RELLO
FAO
Roma, Italia

LA DIVERSIDAD de los sistemas de abasto de América Latina y del Caribe refleja la diferencia en los grados de desarrollo económico y social de los países y de las regiones en un solo país. En los extremos de esta diversidad se encuentran los sistemas de abasto semicerrados de las comunidades andinas y los complejos macrosistemas que abastecen a las grandes urbes. Su investigación implica problemas metodológicos distintos, pero en todos los casos marcados por un acelerado proceso de urbanización y por los efectos de una severa crisis económica, son los campesinos, los pequeños productores rurales y los consumidores urbanos de ingresos medios y bajos, los que están tratando de amortiguar los impactos negativos de la crisis y adaptarse a nuevas situaciones.

El acceso a los alimentos en las comunidades andinas de Perú y Bolivia está basado en dos formas de abasto complementarias. Una es de tipo tradicional, fincada en relaciones de solidaridad y reciprocidad, en las cuales prevalecen el trueque y el autoconsumo. Es una viejísima forma de abasto que pierde fuerza conforme avanza la articulación de la microeconomía andina con el resto de la economía nacional. Todavía conserva cierta importancia: la mitad de los alimentos consumidos en estas regiones pasa por estas formas de abasto.

El abasto basado en el comercio de alimentos producidos fuera de la región de consumo (del país o importados) proporciona nuevos alimentos y complementa la disponibilidad local de alimentos estacionales. Sin embargo, genera dependencias que se exacerban y se tornan peligrosas en tiempos de crisis:

- con respecto a alimentos que no se pueden producir localmente y determinan hábitos alimenticios en comunidades con un frágil acceso a la comida;
- con respecto a agentes externos colocados en situación ventajosa frente a los comuneros (comerciantes, agroindustrias, sectores públicos que canalizan la ayuda alimentaria).

La recesión y la caída del empleo abaten los ingresos de los comuneros y su poder de compra. La inflación eleva rápidamente los precios de los alimentos que se venden en mercados locales muy deficientes. Todo se conjuga para amenazar el acceso a los alimentos de las comunidades en el límite de la supervivencia.

En este caso, la respuesta social es una huida del mercado, del intercambio, de la moneda, y un buscar refugio en el autoconsumo, el trueque, la solidaridad y el ahorro en especie (cuando se tiene, y no en dinero, ya que este pierde valor). La crisis hace resurgir las formas de abasto tradicionales, aquellas sobre las cuales el campesino tiene mayor control. Es una manera de obtener con recursos propios y através de relaciones sociales conocidas un acceso alimentario precario, pero seguro en tiempos de desquiciamiento de la economía.

El sistema productivo-comercial que abastece a las grandes ciudades es sumamente complejo. Comprende a la vez instituciones comerciales tradicionales, como el pequeño comercio o los mercados informales, y modernas, como los supermercados. Abarca a los productores rurales de todo un país creando nuevas oportunidades de ganancia, pero también riesgos para los campesinos con poca experiencia comercial. El puente entre el campo y la ciudad lo realizan los grandes comerciantes en los mercados centrales, quienes establecen relaciones comerciales, financieras y económicas sumamente complejas con los productores.

No resulta fácil enfocar el estudio de este complicado sistema. En el taller, ganó consenso la idea de abordarlo como un todo, analizando en primer término el papel estructurante de las ciudades en su formación y funcionamiento. El estudio de los mercados centrales —como instancia articuladora de relaciones rurales y urbanas— es por ello muy importante. El enfoque resulta muy recomendable aun para quienes investigan temas más específicos. Por ejemplo, el estudio de las posibilidades que tienen los campesinos de vender mejor sus productos a través de los canales del sistema de abasto de las ciudades no puede realizarse sin una buena comprensión de estos sistemas.

Conforme avanzan la urbanización y el magnetismo ejercido por las grandes ciudades sobre sus zonas de abastecimiento, se va dando una nueva subordinación de los campesinos con respecto a agentes comerciales y financieros que dominan los sistemas de abasto urbanos. Sin embargo, estos sistemas implican para los campesinos y los pequeños productores mercados alternativos y posibilidades de ganancia atractivos. La investigación de la capacidad de los campesinos de insertarse ventajosamente en los sistemas de abasto modernos y de las políticas implementadas para incrementar esa posibilidad resultan ser tema de interés para el futuro.

También se discutieron los efectos de la crisis y el impacto de los programas de ajuste sobre los consumidores de ingresos medios y bajos. Los datos disponibles indican una caída del nivel de ingreso y un aumento absoluto de la población, que se ubica abajo de los umbrales de pobreza y desnutrición.

La caída del poder adquisitivo tuvo un impacto notable sobre la alimentación, aunque las familias de bajos o medianos ingresos encontraron formas de limitar el impacto de la crisis sobre sus niveles nutricionales. Una fue cambiar el contenido de la canasta alimentaria básica, sustituyendo alimentos caros (carnes de res y puerco, aceites y alimentos procesados) por alimentos baratos (cereales, túberculos, leche, carne de pollo). Desde un punto de vista nutricional, se trata de una adecuación racional de la dieta. Otra forma, en los países que aún mantienen este tipo de programa, fue comprar una mayor cantidad de alimentos subsidiados. Muchos países carecen de encuestas nutricionales recientes, pero se puede suponer que estas formas de hacer frente a la crisis han logrado, hasta el momento y de manera incompleta, amortiguar los efectos negativos de la crisis.

Donde se cuenta con encuestas nutricionales recientes (México por ejemplo), se observa que las familias pobres han reducido sus gastos en alimentos en una proporción mayor que en otros rubros del consumo básico (transporte, vivienda). Ello significa que el gasto alimentario está funcionando como mecanismo compensatorio ante la caída del ingreso familiar. De aquí se desprende la importancia de las encuestas de seguimiento nutricional para evaluar los efectos de la crisis sobre la alimentación y definir políticas adecuadas.

Otra forma de adaptación ha sido aumentar a la vez el número de horas trabajadas y el número de miembros de la familia que trabajan (mujeres y niños), principalmente en el sector informal. El pequeño comercio callejero ha representado una fuente de ingresos complementaria que, en algunos países, resulta muy importante.

Se opina a menudo que los sectores de ingreso intermedio han resultado más afectados por la crisis. Ello es cierto en los que se refiere a *disminución relativa* del ingreso. Sin embargo, el *costo absoluto* pagado por los grupos más pobres es mucho mayor. Para ellos, significa reducir su nivel de alimentación por debajo del umbral en el cual empieza a peligrar el desenvolvimiento normal de los niños y a cuestionarse la estabilidad familiar misma.

El tema de la relevancia de los subsidios a la comida debe discutirse tomando en cuenta esta vulnerabilidad social y alimentaria. En el pasado, muchos gobiernos han subsidiado fuertemente el consumo de alimentos populares. En la actualidad se aconseja suspender estos programas porque contribuyen en buena medida a incrementar el déficit presupuestal y porque se considera que los subsidios no llegan en forma eficiente a los grupos más necesitados. Conviene preguntarse si los subsidios al consumo alimentario popular son realmente necesarios. Si la respuesta es positiva, corresponde encontrar los instrumentos que permitirán incrementar su eficiencia económica y social.

Existen evidencia empíricas de que el subsidio a los alimentos ha desempeñado un papel muy importante como amortiguador de la crisis entre los grupos urbanos de bajo ingreso. Es una buena razón para seguir otorgando subsidios; sin embargo, se requieren políticas alimentarias muy selectivas y más eficientes. Algunas experiencias indican que la participación comunitaria o de los grupos de beneficiarios mejora el manejo de los subsidios y su eficacacia social. Debe agregarse también que este tipo de ayuda se ha concentrado excesivamente en las ciudades, recrudeciendo así el problema de las migraciones campo-ciudad.

Se discutieron, por último, las relaciones entre comercio y acceso a la alimentación. ¿Encarece el comercio los alimentos que consumen los grupos pobres? ¿Se deben las carencias alimenticias a un mal funcionamiento del sistema comercial o a la falta de empleos e ingresos? Está muy extendido el argumento de que el comercio constituye un importante factor de encarecimiento de los alimentos, sobre todo para las familias pobres. Sin embargo, se argumentó también que muchos estudios contradicen esta opinión. En efecto, se manejan en las ciudades sistemas de abasto muy complejos y desarrollados dentro de los cuales funcionan tipos de comercio bastante adaptados a las necesidades de las familias pobres y que no parecen estar encareciendo los alimentos en forma desmedida. Se añadió que tal vez la trillada idea del encarecimiento provocado por el comercio sirva para encubrir el hecho de que el verdadero problema es la pobreza y una injusta repartición de la riqueza.

Se trata en todo caso de un problema relevante para investigaciones futuras, sobre todo en la perspectiva de la definición de políticas orientadas a mejorar el acceso a la alimentación de los sectores de bajo ingreso. Habrá que tomar en cuenta también que los sistemas de abasto rurales y urbanos funcionan de manera diferente pese a que están muy ligados. Las zonas rurales están menos abastecidas; el comercio encuentra allí condiciones propicias para la especulación y la venta de productos a un precio mayor que en los centros urbanos.

MÉXICO: HÁBITOS ALIMENTARIOS Y SISTEMAS DE ABASTECIMIENTO

THIERRY LINCK
GRAL IPEALT
Universidad de Toulouse Le Mirail, Francia

ES LÍCITO ver en la evolución de los hábitos alimentarios y en las transformaciones que han aparecido en la organización del abastecimiento de las grandes ciudades latinoamericanas un interesante indicador del alcance de la naturaleza de los movimientos de recomposición que están en curso. En México, tres decenios de prosperidad marcaron profundamente los modos de vida y la orientación del aparato productor. La crisis que explotó brutalmente en agosto de 1982 aparece como una profunda ruptura del tipo de desarrollo seguido. Los ajustes que se han observado desde entonces se inscriben en un proceso de redefinición del régimen de acumulación que se traza progresivamente, a veces a tientas, a lo largo de todo el decenio. Tomar en cuenta en ese ámbito los modos de organización, el empuje de las clases medias y el reparto de los ingresos, permite comprender mejor en este periodo de austeridad y de debilitamiento del Estado la acción estructurante de los nuevos factores de cambio sobre la agricultura. En este sentido, resulta significativo el caso de las frutas y las legumbres, ilustrado aquí por los ejemplos de la papa, de la cebolla y del tomate.

URBANIZACIÓN Y ASCENSO DE LAS CLASES MEDIAS

Entre 1950 y 1982, el producto interno bruto mexicano aumentó a un ritmo medio anual superior a 6%. Este crecimiento fuerte y relativamente estable modificó profundamente las estructuras económicas y sociales del país. La reducción de la población activa agrícola, el auge espectacular de las ciudades y de las actividades de transformación dan prueba de ello. De todos esos cambios, el auge de los mercados internos urbanos merece una atención particular, ya que se trata de uno de los resortes fundamentales del régimen de acumulación seguido en el curso de los años de prosperidad.

El surgimiento y el refuerzo de las clases medias son perceptibles en la evolución de la estructura de reparto del ingreso. Globalmente, la mitad de la población mexicana vio aumentar sus ingresos con más rapidez que el promedio nacional. Como lo indica el cuadro presentado enseguida, se trata de los deciles V a IX.

Reparto del ingreso. México, 1958-1977

Deciles	*1958*	*1970*	*1977*
I a III	10.7	7.3	6.5
IV a VI	18.5	18.2	17.5
VII a IX	36.2	35.3	39.8
X	35.7	39.2	36.7

Eugenio Rovzar, "Análisis de las tendencias en la distribución del ingreso en México, 1958-1977", en Rolando Cordera y Carlos Tello, *La desigualdad en México*, Siglo XXI, México, 1984.

El crecimiento de los mercados interiores también se inscribe en un movimiento largo de crecimiento y de concentración urbanas. Si incluimos en el número de ciudades a las localidades de más de 2500 habitantes, la parte de citadinos de la población total pasa de una tercera parte en 1940 a la mitad y a dos tercios, respectivamente, en 1960 y 1980. Además, este periodo se caracteriza por un notable refuerzo de la polarización del sistema urbano: el aumento urbano ha sido notable, sobre todo en las grandes ciudades y en la capital. En contraste, al aumento de las ciudades de rango intermedio es mucho más modesto, cuando no negativo. Tal es el caso especialmente de las pequeñas ciudades entre 1970 y 1980. Ahora bien, esas localidades adoptan el papel de relevos muy importantes entre los campos y las ciudades más grandes, verdaderos centros de gravedad de la economía mexicana. Más allá del sistema urbano propiamente dicho, esas rupturas también son las del aparato productivo.

Ese doble movimiento de concentración urbana y auge de las clases medias es el reflejo de un régimen de acumulación demasiado estrechamente impulsado por el crecimiento de los mercados internos. Los desequilibrios que caracterizan al mercado interno mexicano (fuerte concentración de ingresos, desarrollo regional desigual, frecuente ruptura de los mercados industriales) limitan, en efecto, notablemente, la longitud y la complejidad de los circuitos económicos y la intensidad de las relaciones intersectoriales, así como el alcance de los aspectos de arrastre capaces de reportar sobre el conjunto de la economía el auge de una rama de actividad. La industrialización por sustitución de importaciones se agotó seriamente en un crecimiento inflacionario y dependiente, demasiado exclusivamente basado en el impulso de las ramas de los mercados industriales.

Nuevos hábitos alimentarios y viejas recetas: hacia una gestión bien comprendida de la pobreza

En el terreno que nos interesa, puede subrayarse la importancia del crecimiento de la demanda por la evolución de los hábitos alimentarios y su impacto sobre la organización del abastecimiento. Las mutaciones que se presentan de manera cada vez más marcada en ese ámbito en el curso de los años sesenta y setenta definen el cuadro de una nueva dinámica de acumulación en la agricultura.

La evolución de los hábitos alimentarios puede relacionarse con el aumento global del poder adquisitivo; refleja igualmente una transformación profunda de los modos de vida, que está lejos de limitarse a las grandes metrópolis y a las clases medias: los progresos de la escolarización, el aumento de la tasa de actividad de las mujeres, el tiempo muerto en los desplazamientos y la influencia creciente de los medios informativos: he aquí otros tantos elementos que subrayan la amplitud de la evolución de los modos de vida y contribuyen a explicar una gran difusión de los hábitos alimentarios inspirados en los modelos norteamericano y europeo.

La evolución de los consumos aparentes de los diversos productos alimentarios que hemos tomado como indicador no permite dar cuenta con

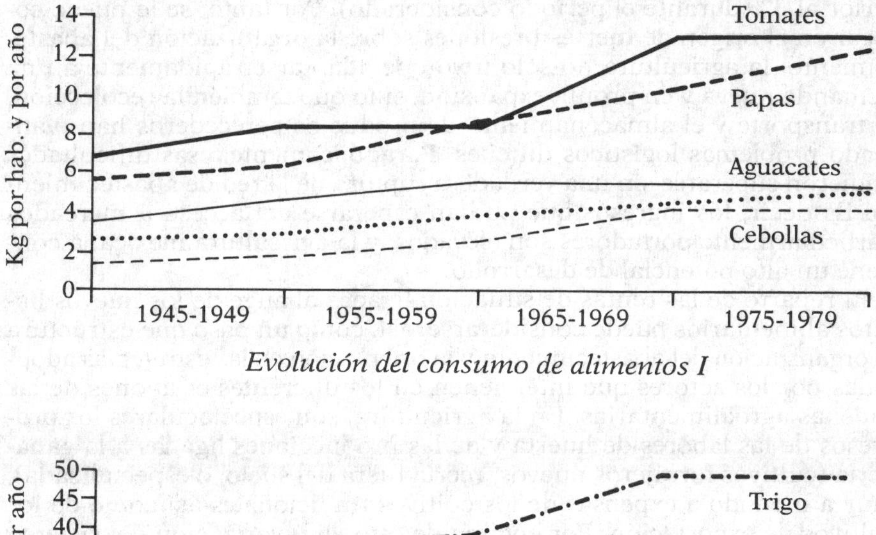

Evolución del consumo de alimentos I

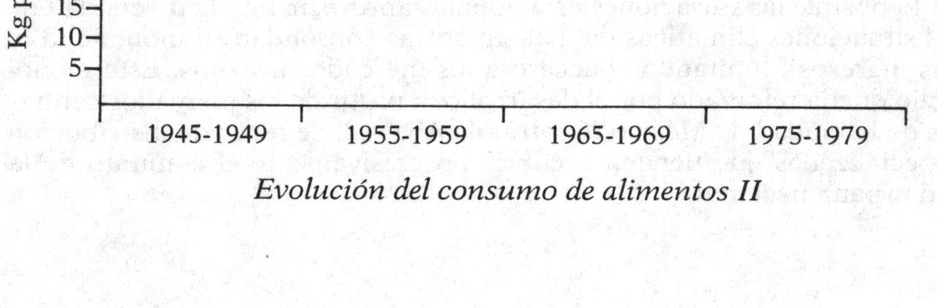

Evolución del consumo de alimentos II

precisión de la naturaleza del fenómeno. Sin embargo, sí permite hacer una clasificación significativa de la evolución de la demanda a largo plazo. Hace aparecer un aumento sensible del consumo de productos ricos: productos de origen animal y frutas y legumbres frescas, en especial.

Durante un largo periodo (1945-1980), la comparación de promedios quinquenales hace resaltar un considerable aumento del consumo de productos de origen animal que no pudo apreciarse en un periodo más breve (1962-1981). La comparación de los promedios bianuales hace evidente un fuerte aumento del consumo de la carne de puerco por habitante (más de 5% en el ritmo anual), de aves y de carnes rojas (superior a 4%) y de huevos (más de 3%). Esos altos porcentajes se deben, en parte, sin duda, a la imprecisión de las fuentes estadísticas, pero también al hecho de que se trata de productos que a menudo no ocupan sino un lugar secundario en los regímenes alimentarios tradicionales: esta evolución es, pues, reflejo de una profunda transformación de los hábitos alimentarios.

Se inscribe, pues, en un fondo de gran avance demográfico (nunca inferior al 3% durante el periodo considerado). Por tanto, se le puede colocar en el origen de fuertes presiones sobre la organización del abastecimiento: la agricultura no sólo tuvo que adaptarse rápidamente a una demanda nueva y en pronta expansión, sino que también la recolección, el transporte y el almacenamiento de productos perecederos han planteado problemas logísticos difíciles. Paradójicamente, esas dificultades pudieron superarse sin una verdadera ruptura de la red de abastecimiento. Es decir, los ingresos que podían esperarse del acceso a mercados particularmente portadores son elevados, y la agricultura mexicana contiene un alto potencial de desarrollo.

El reparto de las rentas de situación ligadas al auge de los nuevos hábitos alimentarios puede considerarse, así, como un paso que estructura la organización del abastecimiento y la orientación de las estrategias adoptadas por los actores que intervienen en los diferentes eslabones de las cadenas agroalimentarias. En la agricultura, son espectaculares los progresos de las labores de huerta y de las producciones ligadas a la ganadería (cultivos forrajeros nuevos, recría fuera del suelo, o especializada), muy a menudo a expensas de los cultivos tradicionales así como de los cultivos de exportación. Por encima de esto, la polarización del sistema urbano en torno de la ciudad de México favorece la constitución de redes de abastecimiento fuertemente centralizadas. Ese centralismo permite a los actores que las dominan meter en la competencia, en su favor, a regiones muy alejadas unas de otras: para ellos se trata de limitar en lo posible las variaciones estacionales aprovechando la diversidad de las situaciones climáticas del país mientras consolidan su monopolio (y sus ingresos), limitando el acceso a los mercados urbanos. Este monopolio queda reforzado por el desarrollo, a partir de los mercados centrales de la ciudad de México (Central de Abasto), de redes de distribución especializadas que tienden a cubrir progresivamente el conjunto de la red urbana nacional.

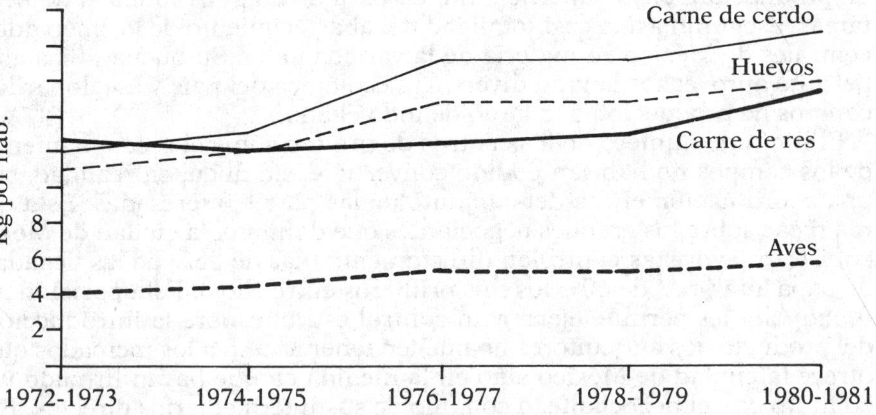

Consumo de productos animales

Semejante organización, sin duda, pesa fuertemente sobre el sentido de las transformaciones agrícolas. Los productores —al menos los que no tienen que luchar con una mala localización en relación con las redes de comunicación o las estrategias definidas por las empresas que controlan la comercialización— pueden tener acceso parcial a las rentas de situación si respetan las normas estrictas impuestas en materia de calidad (sobre todo, en la elección de las variedades), de volumen y de presentación. Los demás —una gran mayoría— tendrán que sufrir la pérdida progresiva de sus mercados tradicionales en las ciudades chicas y medianas. Los nuevos mercados urbanos y el levantamiento de barreras que limitan cada vez más estrictamente su acceso entrañan entonces, paradójicamente, una contracción de sus bases materiales de reproducción. Desde entonces, los excluidos se ven obligados a refugiarse eventualmente en cultivos (esencialmente el maíz) poco rentables, o bien a desarrollar actividades extra-agrícolas.

La papa y sus derivados ofrecen un ejemplo característico de esta situación. El auge de los nuevos mercados urbanos puede relacionarse estrechamente con la adopción de nuevos hábitos alimentarios: sólo se aprovecharon las variedades nuevas, correspondientes a las normas de consumo europeas o norteamericanas. Se trata, esencialmente, de la variedad alfa, cuya carne blanca, tamaño respetable y buen aspecto son muy apreciados. Su rápida difusión fue adquirida a expensas de las variedades locales y de las regiones productivas tradicionales: los relieves del centro del país en que la papa se cultiva sin riego.

El dominio de los mayoristas de los mercados centrales de la ciudad de México puede percibirse, en una primera etapa, en la gran concentración de las zonas de producción y en su localización en zonas muy alejadas unas de otras, del noroeste al sudeste de México. Sólo 12 centros de producción, cuya superficie nunca pasa de algunos millares de hectáreas, aseguran así la casi totalidad del abastecimiento de los mercados centrales de México en materia de la variedad alfa. Su buena ubicación permite aprovechar la gran diversidad ecológica del país y escalonar los campos de producción a lo largo de todo el año.

El limitado número de los centros de producción y el escalonamiento de los campos no habrían podido convertirse, sin duda, en realidad, sin una coordinación eficaz del conjunto de las partes interesadas. Esta tarea recae sobre los grandes negociantes que dominan la ciudad de México. Diez mayoristas controlan directamente más de 85% de las llegadas de papa alfa (más de 60% los seis primeros entre ellos). Esta posición de monopolio les permite ejercer un control estricto sobre la introducción del producto: los agricultores no pueden tener acceso a los mercados que ofrece la ciudad de México sino en la medida en que hayan firmado un contrato con el negociante, o con uno de sus intermediarios directos. En tales condiciones, es verdaderamente imposible la apertura de un nuevo centro de producción. Más difícil aún resulta debido a que los grandes comerciantes tienen la tendencia a formar un frente común. Estas transacciones suelen impedir el acceso al lugar a todo recién llegado y permitir el mantenimiento en actividad de los negociantes cuyos centros de aprovisionamiento se han agotado una vez que terminan las cosechas. Estos tratos reposan así sobre un verdadero reparto territorial que limita más aún el alcance de las relaciones de competencia. Casi siempre, ese reparto actúa tanto para definir las zonas de abastecimiento exclusivas, como para la comercialización del producto en la provincia.

Producción mensual de papa Alfa
(miles de toneladas)

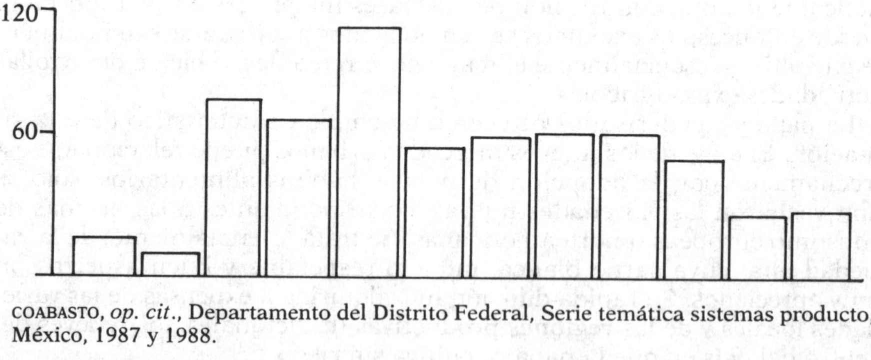

COABASTO, *op. cit.*, Departamento del Distrito Federal, Serie temática sistemas producto, México, 1987 y 1988.

La comercialización de la cebolla presenta numerosas similitudes con la de la papa. La demanda ha sido particularmente dinámica en el curso de los dos últimos decenios: la producción aumentó a un ritmo anual aparente[1] de cerca de 8% entre 1965 y 1985. Este espectacular aumento se relaciona con la utilización de variedades de alto rendimiento y con una gran intensificación de la producción en un pequeño número de centros bastante estrechamente especializados. Una vez más, las rentas predilectas están muy reservadas debidas al auge de los mercados urbanos. Tres estados (Morelos, Guanajuato y Chihuahua), repartidos en una distancia de más de 2000 kilómetros aseguran por sí solos el 80% del abastecimiento de cebolla en la ciudad de México. Esta concentración de la producción permite asegurar un eficaz control de la oferta y, por tanto, evitar un abasto excesivo. Asimismo, la localización de los centros de producción permite escalonar de manera satisfactoria la producción a lo largo de todo el año.

Ese tipo de regulación se basa en el ejercicio de un control estricto por parte de los negociantes de los mercados centrales de la ciudad de México y es posible por una concentración marcada de ese eslabón de la cadena: los seis principales mayoristas controlan (en 1987) más del 80% del abasto. Este monopolio encuentra su prolongación lógica en el ejercicio de un dominio directo de la producción propiamente dicha: en todos los casos, el número de intermediarios es usualmente nulo. En realidad, los negociantes pueden encargarse por sí mismos de la producción, en calidad de propietarios o como locatarios: tal es una situación frecuente en Morelos. El control que ejercen puede incluir el establecimiento de contratos de integración con propietarios medianos: esta fórmula es corriente en el estado de Guanajuato donde predomina ese tipo de explotación. Por último, los mismos efectos pueden obtenerse en el marco de convenciones (que incluyen una cláusula de autolimitación de la superficie) firmadas con asociaciones profesionales en la región: tal es el caso particularmente en Chihuahua, donde las grandes explotaciones que se prestan a ese género de convención se encuentran en posición predominante. En esa situación,[2] las pequeñas o medianas explotaciones "libres" sólo tienen un papel marginal de válvulas de seguridad: ellas son las que aportan, en caso de necesidad, el "flotante especulativo" que da su flexibilidad al sistema y que asegura su eficacia.

Como en el caso de la papa, el predominio de esos negociantes también cubre las actividades de distribución en los centros urbanos de provincia. Se calculó así que en 1985 la tercera parte del abasto de cebollas no hizo más que transitar por la ciudad de México antes de ser enviada a provincia. Esto, desde luego, sin contar las entregas efectuadas directamente en las bodegas que los negociantes de la ciudad de México poseen en

[1] Se trata, sin duda, de la producción realmente tomada en cuenta en las estadísticas agrícolas nacionales. Se subestimó la producción de las explotaciones campesinas, la que proviene de cultivos complementarios que no son exclusivamente huertas. Ahora bien, es probable que la huerta intensiva se haya desarrollado a expensas de ese tipo de producción.

[2] Esas observaciones podrían renovarse a propósito de la papa, en que las variedades locales y los productores "libres" asumen esas funciones de regulación "en última instancia".

los diferentes mercados secundarios del país (en especial Guadalajara, Monterrey y Puebla).

El caso de la red del tomate requiere un juicio más matizado: este producto se identifica menos estrechamente con los nuevos hábitos alimentarios que la papa alfa o las cebollas.

En este caso, la concentración de la producción es menos exagerada. Con excepción de Sinaloa y de Morelos (dos estados que aseguran más del 50% del abasto), ninguna zona contribuye en forma decisiva al abastecimiento de la ciudad de México: contribuyen 12 estados en total. La concentración también es menos marcada en lo que respecta a los mercados centrales de la ciudad de México. Según la estación, los 11 principales negociantes sólo controlan de 35 a 50% de la distribución. Su dominio de la producción también es menos marcado: el establecimiento de nexos directos con los productores (intervención directa en la producción, contratos de integración o arreglos con las asociaciones profesionales regionales) sólo afecta a 55% del abasto. Por tanto, a pesar de una mayor dispersión de los centros de producción, las fluctuaciones de temporada son particularmente grandes: el volumen del abasto puede variar de 1 a 4. Por último, a diferencia de los dos productos antes mencionados, el peso de las pequeñas asociaciones es mucho más decisivo en el caso del tomate. Para no considerar más que las dos primeras regiones productoras, si el tamaño medio de las explotaciones en Sinaloa es de 38 hectáreas (lo que ya es relativamente poco en relación con otros cultivos), sólo es de 1.2 hectáreas en el caso de Morelos.[3]

[3] La producción de tomate se va reduciendo, sin embargo, en Morelos. CEPAL, *Economía campesina y agricultura empresarial en México*, Siglo XXI, México, 1980; SARH, Dirección General de Información y Estadística Sectorial, *Agenda estadística 1984*.

CIUDAD DE MÉXICO: CRISIS Y CONSUMO DE ALIMENTOS

JACQUES ARNAULD
GRAL-IPEALT
Universidad de Toulouse Le Mirail, Francia

EN LA mayor parte de los países de América Latina, las economías domésticas se encuentran sometidas desde hace un decenio a los altibajos de la inflación y de las medidas de austeridad adoptadas por los gobiernos. No nos corresponde aquí determinar las causas ni analizar las ondas de choque de esos sismos, sino observar sus efectos en el nivel de las familias.

Las economías latinoamericanas se caracterizan por unas tensiones particularmente fuertes entre los diversos factores sociales para el reparto de los ingresos. Un contexto semejante favorece la propagación de las ondas inflacionarias y entraña enormes desigualdades en el reparto de las cargas reales al aplicarse las medidas de ajuste. Al no disponer de excedentes comerciales, de la compresión de la demanda interna se obtienen en gran parte los recursos necesarios para el pago de los intereses de la deuda. Esta compresión se hace en detrimento de los salarios, aprovechando su relativa escasa velocidad de indización.[1] Las medidas de ajuste intentan así provocar un ahorro doméstico forzoso, sobre todo en la clase media asalariada. Afectan más o menos eficazmente, según los países, a las capas elevadas y a los sectores de renta. En cuanto a las clases marginadas del mercado formal de trabajo y de los servicios, que a veces alcanzan porcentajes relativamente altos, sufren efectos directos e indirectos, cuya naturaleza y amplitud se ignoran casi por completo.

Los modelos econométricos no revelan los efectos diferenciados de la adaptación, por demasiado acumulativos y centrados sobre los equilibrios globales, o por falta de datos. En cuanto a las medidas directas, aún son prácticamente inexistentes. Entre las aproximaciones de los modelos, los índices parciales, los consejos de los expertos y las afirmaciones de los diversos grupos sociales, son grandes las contradicciones: según estimaciones de CASAR,[2] el número de personas que viven por debajo del umbral de la pobreza en América Latina pasó de 20 a 150 millones entre

[1] J. Adda, "Economies d'Amérique Latine. Inflation e hyperinflation", en *Alternatives Economiques*, núm. 77, 1990.

[2] CASAR (Comité de Acción para la Seguridad Alimentaria Regional), "National food programs in Latin America and the Caribbean; a response to the economic crisis", Buenos Aires, 1986.

1981 y 1986; en el noreste brasileño la inversión, en 1982, de las tendencias de la mortalidad infantil coincide con la aplicación de una política de ajuste;[3] Argentina y Venezuela padecieron motines por el hambre, sin que se sepa muy bien de qué capas sociales brotaron; por lo contrario, el bloqueo económico en Brasil no pareció afectar la situación política del presidente Collor. Por último, según un estudio de apreciación de la FAO, las capas urbanas marginadas que viven del salario mínimo fueron más afectadas por las medidas de ajuste que las masas consideradas desfavorecidas del medio rural.[4]

La nutrición ofrece una perspectiva interesante para apreciar el fenómeno en el nivel familiar. Permite introducir una dimensión antropológica en el estudio de los fenómenos económicos. En efecto, la nutrición mide las consecuencias sobre el estado físico de la población de los fenómenos en su conjunto e inscribe el consumo de alimentos en un marco fisiológico y sociocultural. Está directamente ligada a los factores económicos que pesan sobre el nivel de vida, como los precios, los salarios, el empleo y el acceso a los servicios públicos y a los subsidios.

La crisis mexicana

La inflación, que ya en 1981 alcanzaba una tasa anual de 26%, se elevaba en 1983 a 99% y superaba el 100% en 1986, después de un ligero respiro en 1984-1985. En 1986, el valor real del salario mínimo no representaba más que el 50% del de 1976. Los salarios reales habían bajado 32% entre 1981 y 1985. Al mismo tiempo, los gastos públicos relativos al desarrollo social se redujeron 23.5% entre 1981 y 1984, los subsidios al consumo de tortilla y de pan fueron considerablemente reducidos después de 1986. El empleo, en términos generales, sufrió una reducción menor que los ingresos y la producción, pero las tendencias han sido distintas en los diversos sectores: entre 1981 y 1986, el empleo disminuyó 12% en la industria, pero la merma superó el 20% en la construcción. Analizando la política de ajustes del gobierno, concluye David Ibarra:[5] "Desde un punto de vista puramente económico, la política gubernamental ha hecho hincapié en las medidas a corto plazo recomendadas por el FMI... Al no aportar soluciones a los desequilibrios de fondo que se presentan del lado de la oferta, las políticas recesivas deben mantenerse durante periodos cada vez más largos, lo que representa costos humanos cada vez mayores." ¿Necesitamos recordar que la ciudad de México cuenta con

[3] UN ACC/SCN (Comité Administratif de Coordination/ Sous-Comité de Nutrition des Nations Unies), "First report on the world nutrition situation", c/o OMS, Ginebra, noviembre de 1987.

[4] FAO, "Effects of stabilization and structural adjustment programmes on food security", en FAO-ESD, *Document technique,* núm. 89, Roma, 1989.

[5] David Ibarra, "Ajuste y progreso social en México", en *Investigación Económica,* núm. 190, México, 1989, pp. 87-105.

cerca de 20 millones de habitantes, que la fuerza de trabajo de México está organizada en una federación nacional que constituye una importante base nacional del PRI, y que los programas de subsidios y de redistribución constituyeron hasta entonces instrumentos importantes de estabilización política?

La investigación del Instituto Nacional del Consumidor (INCO)

En junio de 1985, el INCO emprendió un estudio longitudinal con el fin de seguir los efectos de la crisis en el nivel de las familias de ingresos escasos y medianos. Semestre tras semestre se observó la situación laboral, económica y alimentaria de una muestra fija de hogares, elegidos aleatoriamente. La muestra no fue ponderada, pues su objetivo no era extrapolar los resultados en términos cuantitativos, sino analizar e interpretar un fenómeno. Se distinguieron dos grandes categorías de familias: aquellas cuyo jefe pertenecía al sector llamado *formal* (empleo fijo con seguro social extendido a su familia) y aquellas cuyo jefe pertenecía al sector *informal* (trabajo por su cuenta, sin protección social).

Se han establecido "tajadas" de los ingresos familiares, arbitrariamente, en el interior de esas dos categorías. Una primera muestra de cerca de 50 familias por grupo fue interrogada seis veces, de junio de 1985 a febrero de 1988. En agosto de 1986 se comenzó una nueva serie de seis investigaciones, con una nueva muestra de igual tamaño.

Identificación de las familias investigadas

	Sigla	*Tajada del ingreso familiar*
Formal, escasos ingresos	FB	0.8–15×SM
Formal, ingresos medianos-escasos	FMB	1.5–25×SM
Formal, ingresos medios	FM	2.5–35×SM
Informal, ingresos escasos	IB	0.8–15×SM
Informal, ingresos medios	IM	1.5–35×SM

* SM, salario mínimo individual.

Los resultados publicados[6] de esta investigación se refieren a la primera muestra. Revelan que el sector más afectado en su poder adquisitivo

[6] José Manjarrez, M., "Los cambios en el consumo alimentario por los efectos de la crisis económica en la ciudad de México y área conurbada, 1985-1988", en *Investigación económica,* núm. 190, UNAM, México, 1989, pp. 107-142; Jacques Arnauld, "Repercusiones nutricionales en situaciones de crisis y de políticas de ajuste económico", en *L'Ordinaire Me-*

por la crisis es el sector "formal de ingresos medios"; en efecto, el grupo FM perdió 25% de su poder adquisitivo entre junio de 1985 y febrero de 1988. Las categorías que parecen enfrentarse mejor a la crisis son, paradójicamente, los sectores de bajos ingresos, formales o informales, cuyo poder adquisitivo tuvo, globalmente, durante este periodo, una ligera mejora. Esta asombrosa adaptación de las capas habitualmente calificadas como "desfavorecidas" se explica por su capacidad de multiplicar las fuentes de ingresos, que integra al mercado de trabajo informal un número cada vez mayor de personas. El número de "perceptores de ingresos" aumentó, en efecto, de 35 a 40% en las capas de bajos ingresos (FB e IB, respectivamente) contra sólo 4% de las capas de ingresos medios (FM e IM).

Si se analiza el gasto alimentario, podrán verse caídas de 23% y de 14% en los grupos de ingresos escasos, formales o informales, que son semejantes a las registradas por los grupos homólogos de ingresos medios (28 y 15% respectivamente). Esos resultados corrigen las interpretaciones demasiado optimistas de los datos sobre el ingreso, en la medida en que revelan unas dificultades de equilibrio del presupuesto que obligan a las familias de todos los grupos a reducir en forma considerable sus gastos alimentarios.[7] La reducción de los gastos alimentarios en todas las familias se constriñe a un ajuste de la composición de la canasta básica. Puede observarse un aumento en las compras de cereales, pero también de leche y de carne de pollo, que vienen a compensar una reducción de las compras de aceite y de carne de res y de cerdo. Esta restructuración, que puede verse en todos los grupos, va en sentido de una minimización de los riesgos alimentarios por el mantenimiento de un notable equilibrio de la canasta básica. Los datos sobre el valor nutricional de las canastas básicas indican que la aportación energética se mantuvo en las capas de bajos ingresos, pero a un nivel inferior a las normas recomendadas.

Ingresos monetarios y gastos alimentarios
(pesos y %, agosto de 1986)

	FB	*FMB*	*FM*	*IB*	*IM*
Ingreso semanal $	20 560	31 650	37 762	21 021	35 572
Ingreso jefe de familia $	18 269	22 980	23 155	17 378	21 740
(%)	89	73	61	83	61
Aportación de ingresos fijos (%)	87	85	83	36	56
Gastos alimentarios $	10 570	14 161	13 762	10 977	13 846
Gasto/ingreso (%)	51	45	36	52	39
Gasto en productos animales $	4 969	6 719	7 050	5 207	6 849

xique Amérique Centrale, núm. 124, GRAL-IPEALT, Toulouse, 1990; INCO, "El gasto alimentario de la población de escasos recursos de la ciudad de México", en *Comercio Exterior*, vol. 39, núm. 1, México, 1989.

[7] Esto significa que la tasa oficial de inflación utilizada aquí como deflador para medir la evolución del ingreso real fue grandemente subestimada. El poder adquisitivo alimentario de las capas de escasos ingresos ha caído peligrosamente.

El periodo agosto 1986-febrero 1988

Los resultados aquí presentados se remiten a la segunda muestra y cubren cuatro tomas de datos sucesivas efectuadas, respectivamente, en agosto de 1986, febrero y agosto de 1987 y febrero de 1988. Los datos utilizados provienen de una serie de cuadros aún no publicados del INCO. Es un análisis preliminar, cuyo objetivo es formular un número de hipótesis.

Agosto de 1986.
Situación económica y alimentaria

La diferencia de ingresos entre los grupos se debe en parte a una diferencia del nivel de remuneración por persona, particularmente entre los jefes de familia. También se explica por el número absoluto de perceptores por familia, más elevado en las capas de ingresos medios, donde las familias son más numerosas y de mayor edad.

Esas diferencias de ingresos sólo se transmiten de manera amortiguada en el nivel de los gastos alimentarios, ya que el grupo formal de ingresos medios (FM) sólo gasta por persona en alimentos 1.14 veces más que el grupo formal de ingresos escasos (FB), mientras que su ingreso es 1.84 veces superior. Se notará, por otra parte, que la parte del ingreso reservado a la canasta alimentaria es muy inferior, en un grupo como en el otro, a la parte indicada por las encuestas nacionales de los presupuestos familiares. Si bien es cierto que la confiabilidad de los datos, en lo tocante a los ingresos, es limitada y podría explicar en parte esas divergencias, la nivelación indiscutible del gasto en alimentos indica, empero, que la crisis ejerce una presión extremadamente fuerte sobre la parte de los gastos alimentarios en todos los grupos; lo alimentario aparece como una parte de compresibilidad insospechada.

Compras de productos alimentarios básicos
(gr por persona y por día)

	FB	*FBM*	*FM*	*IB*	*IM*
Total	371	331	335	383	340
Cereales					
Tortillas de maíz	271	214	230	271	234
Legumbres	25	23	25	27	21
Leche	257	164	195	169	163
Carne	46	63	57	42	52

Dadas las escasas diferencias entre los grupos en el gasto alimentario per cápita, no se esperaría encontrar grandes diferencias en la composición de las canastas. En realidad, cada uno de los cinco grupos sólo se aparta moderadamente, en un sentido o en otro, según los productos, de una estructura de consumo común. Se observan así las tendencias clásicas de aumento del consumo de carne (de preferencia de res, pero también de cerdo). A la inversa, el consumo de tortillas, de huevos y de carne de pollo disminuye con el ingreso. Curiosamente, en la ciudad de México el consumo de la leche va en función inversa del ingreso. El programa de subsidio selectivo para el consumo de leche, ejecutado por la empresa estatal LICONSA, parece ser eficaz.

Resulta difícil apreciar el valor alimentario de las canastas: sería temerario calcular una tasa de adecuación a las necesidades, pues los datos son insuficientemente precisos. Sin embargo, la parte del presupuesto ocupado por los gastos de productos de origen animal, cualquiera que sea el grupo, y el consumo de leche relativamente importante, son elementos positivos que denotan un cierto nivel de diversificación y de equilibrio alimentario. Por el contrario, el escaso consumo de grasas, poco diferenciado entre los grupos, y el alto consumo de cereales (más de 1000 kCal diario por persona) son característicos de los regímenes pobres. El grupo informal de ingresos escasos es aquel cuya canasta está más desequilibrada; ahí, la leche está presente en proporción claramente más escasa que en la canasta de su homólogo del sector "formal".

Evolución de la situación económica de agosto de 1986 a febrero de 1988

Globalmente, los datos de febrero de 1988 coinciden con las observaciones hechas sobre la primera muestra: reflejan una acumulación hacia abajo de los ingresos medios; los ingresos escasos se mantienen (mejor, por cierto, en el sector "formal" que en el sector "informal"). ¿Quiere decir esto que las capas de bajos ingresos no son afectadas por la coyuntura económica, y que incluso llegarían a aprovecharla?

El salario del jefe de familia ha disminuido en valor real en 3% en el grupo FB y en 14% en los grupos FMB y FM, lo que revela una cierta protección de los salarios bajos. Por lo contrario, el grupo FB aumentó 10%

Ingresos monetarios y gastos alimentarios
(febrero de 1988, pesos de agosto de 1986)

		FB	*FBM*	*FM*	*IB*	*IM*
Ingreso semanal	%	22 807	27 141	35 517	20 608	33 820
Variación 1988/1986	%	+11	−14	−6	−2	−5
Ingresos fijos	$	17 672	20 169	20 339	15 306	21 992
Parte del ingreso	%	62	78	77	43	58
Gastos alimentarios	$	10 434	11 627	13 940	9 710	12 804
Variación 1988/1986	%	−1	−18	+1	−12	+8

la fuerza de trabajo y compensó mediante empleos informales la pérdida neta de empleos formales: la parte de los ingresos fijos en el ingreso global cayó de 87% en agosto de 1986 a sólo 62% en febrero de 1988.

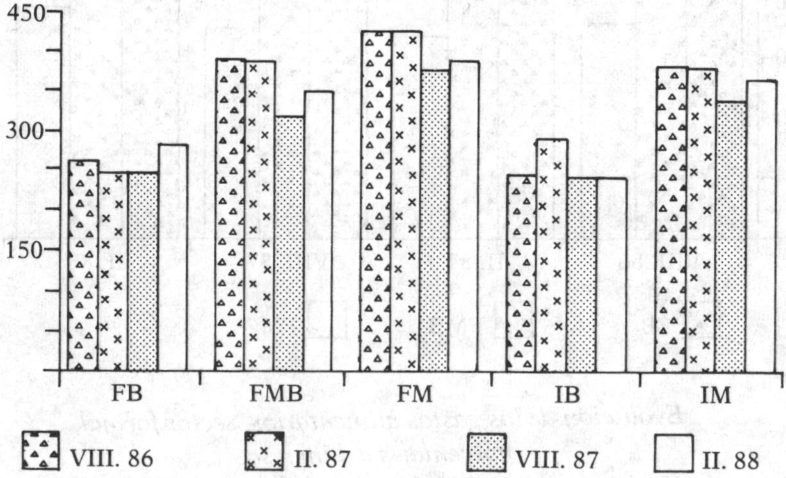

Evolución de los ingresos por persona, por día, miles de pesos de agosto de 1986

El sector informal muestra un comportamiento particular. El ingreso individual del jefe de familia en el grupo de bajos ingresos ha disminuido en 12% y la fuerza de trabajo ha aumentado en 18%, lo que representa una considerable baja del nivel de remuneración por persona (17%). Además, la evolución del ingreso de ese grupo parece mucho más errática que la de los otros grupos, lo que sugiere una mayor fragilidad. Por el contrario, el sector informal de ingresos medios parece adaptarse mejor a la coyuntura, a juzgar por la capacidad del jefe de familia para mantener su ingreso individual y por la débil incorporación (4%) de nuevos miembros al mercado de trabajo.

Esos datos reflejan, pues, un fenómeno de achatamiento de la pirámide de los ingresos en el sector formal, y de deslizamiento de ese sector hacia un sector informal cuyos ingresos por persona son cada vez más bajos. Tan sólo el sector informal de ingresos medios muestra una real capacidad de adaptación, indizando sobre la inflación los ingresos "medios" del jefe de familia.

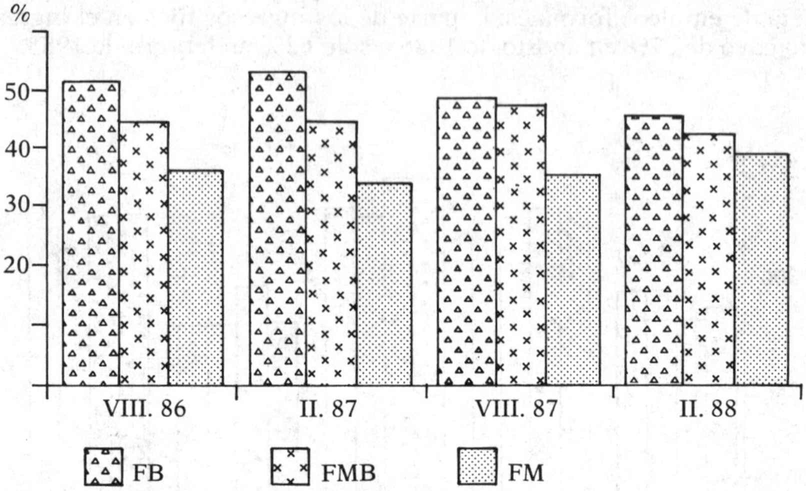

Evolución de los gastos alimentarios, sector formal, porcentajes del ingreso

Evolución de la canasta alimentaria, de agosto de 1986 a febrero de 1988

La evolución de los ingresos familiares indica, semestre por semestre, una ligera recuperación en febrero de 1988 para el conjunto de los grupos estudiados. Los gastos alimentarios siguen globalmente esas variaciones, tanto a la baja como a la alta, aunque de manera más o menos amortiguada según los grupos. En el sector formal se observa una gran convergencia de los tres grupos en lo que concierne a la parte del ingreso dedicada a los gastos alimentarios.

Por el contrario, en cualquier grupo puede establecerse un paralelismo casi perfecto entre ingreso y gastos en productos alimentarios de origen animal. El porcentaje de los ingresos dedicado a la compra de productos de origen animal es notablemente constante de un grupo a otro y en el tiempo: es del orden de 22% y no se aparta más que en algunos puntos de este valor.

Contrariamente a los resultados del análisis transversal comparativo entre grupos socioeconómicos, que pone en evidencia unos fenómenos de sustituciones en función del ingreso entre productos de "prestigio" y productos "básicos", el análisis longitudinal revela que una recuperación de los ingresos medios entraña un aumento del consumo de productos básicos como la tortilla (para el grupo FMB), el chícharo o el pollo (FMB y FM). En otros términos, el comportamiento alimentario de las capas consideradas de ingresos medios es análogo al de las capas de escasos ingresos: es característico de una situación alimentaria precaria, por no decir más. Por ello, en lo que toca al consumo de carne, de chícharo y de leche, se borran las diferencias entre grupos. Para la leche, el antagonismo con el ingreso, aun en una perspectiva longitudinal resulta sorprendente: es como si obtener la leche de LICONSA no dependiera tanto de un problema de costos cuanto de limitaciones tanto menos aceptadas cuanto menos fuerte es la presión económica.

CONCLUSIÓN

Tomando como límite superior del ingreso familiar 3.5 veces el salario mínimo individual, al efectuarse la encuesta de junio de 1985 el INCO pensaba tomar en cuenta un universo que comprendiera cerca de 50% de la población de la zona metropolitana de México. El mismo criterio, aplicado hoy, incluiría a un porcentaje de personas mucho más elevado. Desde un punto de vista económico, los datos de la investigación coinciden con la hipótesis de una caída de los ingresos: la base de la pirámide ensanchada agotaría cada vez más los recursos de supervivencia en actividades informales subremuneradas.

Incluso si la base de esta pirámide resiste, sería falso concluir por ello que el impacto de la crisis es relativamente menos fuerte en las capas de ingresos medios que en las de ingresos escasos. El empleo de la variación relativa del poder adquisitivo como indicador de impacto es engañoso en este caso, pues tal variación no es independiente del ingreso; los ingresos más escasos parecen haber llegado a un límite que ya no puede ir más allá. El poder adquisitivo de las familias de ingresos medios ha caído pero el costo, aunque muy elevado, se inscribe sobre todo en el corto plazo; depende de un proceso que parece reversible. Por el contrario, en las familias de escasos ingresos, el sacrificio parece centrado en factores más estructurales y ha producido un efecto en gran parte irreversible y perjudicial a corto plazo. Ahí, su costo se expresa en términos de salud, en el cuidado a los niños, y se traduce en un déficit de educación y de formación: por tanto, hipoteca el porvenir. Sólo un cierto sector informal, sin duda relativamente especializado en sus actividades, parece mostrar un dinamismo positivo y una auténtica capacidad de adaptación.

Desde el punto de vista del consumo alimentario, los datos no dejan ver comportamientos fundamentalmente distintos entre los grupos. Todos se consideran apegados a un mismo modelo de consumo urbano, que valora los productos de origen animal, asignándole una parte asombrosamente constante del ingreso, que mantiene una cierta diversidad y que en caso de dificultad se refugia en los productos adicionales de base con una notable racionalidad alimentaria. Con la nivelación de los ingresos se produce una homogeneización del consumo alimentario. Es como si los grupos de ingresos escasos y medianos tendieran hacia un mismo punto de fuga. La diferencia entre las canastas básicas, ya relativamente débiles en agosto de 1986, se ha reducido significativamente en el curso del periodo estudiado.

La canasta alimentaria de los grupos de ingresos llamados "medios" presenta las características de un régimen relativamente pobre. La escasa parte del ingreso consagrado a su adquisición indica que en lo alimentario se centra una gran parte del sacrificio exigido por la crisis. ¿Quiere esto decir que la población está amenazada, masivamente, de desnutrición? Un estudio[8] efectuado con expedientes médicos y realizado en los hospitales periféricos de la ciudad de México durante el mismo periodo, no permitió descubrir ningún indicio tangible de notable recrudecimiento de la desnutrición. Ese resultado, conforme a las observaciones hechas a partir de la investigación del INCO no significa, sin embargo, que el impacto nutricional haya sido insignificante. La desnutrición que caracteriza al medio urbano es una desnutrición relativamente ligera pero crónica, cuyos efectos imperceptibles afectan el desarrollo del niño y luego del adulto actuando sobre su salud, su éxito escolar y luego profesional. Los datos de consumo del INCO sostienen la hipótesis de que la desnutrición ligera se ha extendido grandemente, afectando a las capas de ingresos medios. En otros términos, indican que la crisis económica perjudica a largo plazo el desarrollo integral de una parte cada vez más importante de la población de la ciudad de México.

[8] FAO, 1988, "Indicadores hospitalarios de nutrición y salud", informe de consulta del proyecto SISVAN, MEX/82/014, FAO-ESN, Roma.

LOS CAMBIOS DE LOS SISTEMAS DE ABASTECIMIENTO EN EL CARIBE

DENISE DOUZANT ROSENFELD
INTERGEO, París
GRAL-IPEALT, Toulouse, Francia

SITUADAS en uno de los cruces más notables del mundo en la entrecara de América del Norte y América Latina, las cuatro islas-naciones que hemos seleccionado y en las que hemos investigado directamente los sistemas de comercialización pertenecen a las Antillas Mayores. Nos ha parecido interesante comparar por una parte la República Dominicana, Jamaica y Haití, cuya producción y comercialización son privadas, con diversos grados de capitalización, y por otra parte Cuba, única república socialista de América, aislada desde hace 30 años por el bloqueo y por un régimen militante, cuyo comercio está totalmente estatizado.

Situados en la misma zona geográfica tropical, esos cuatro países tienen, en efecto, un largo pasado común de colonización, de poblamiento, de hábitos alimentarios y de potencial agrícola. Por doquier las mejores tierras, en gran número, fueron acaparadas por los cultivos de exportación, y las importaciones de alimentos entran al relevo de la oferta, que se ha vuelto insuficiente, mientras la población urbana aumenta con gran rapidez. Estas economías abiertas dependen de un número relativamente ilimitado de productos o de minerales exportados. El desequilibrio de las balanzas comerciales se ha vuelto crónico después de un deterioro particularmente claro de las condiciones de cambio en el decenio de 1980. *En ese contexto de crisis*, la República Dominicana, Jamaica y Haití han recurrido a la dolorosa terapia del FMI, mientras que Cuba aún se beneficiaba de intercambios privilegiados con la URSS y el conjunto de los países del CAEM, hasta los recientes cambios ocurridos en la Europa del este.

Los acontecimientos de los últimos años —en particular los motines de 1984 en la República Dominicana y de 1985 en Jamaica— y el deterioro de la situación económica de esos países han demostrado que el abastecimiento de alimentos era revelador de una crisis profunda. Alimentar metrópolis de más de un millón de habitantes se ha vuelto un imperativo ineludible. Por tanto, desde el puesto de observación de las metrópolis-capitales vamos a examinar las mutaciones de los sistemas de abastecimiento.

La crisis del abastecimiento

El aumento de la demanda urbana

La dinámica de la urbanización metropolitana es bien conocida. La conjunción de un fuerte aumento demográfico y de migraciones campesinas incide en un aumento de la población urbana, sobre todo de los complejos metropolitanos. Las capitales, construidas según el modelo de la ciudad-puerto colonial, han concentrado la dinámica del desarrollo moderno. La falta de profundidad territorial no ha permitido en el siglo XX el establecimiento de polos secundarios que rivalicen con el polo principal o lo complementen. Vemos así que en la República Dominicana el Distrito Nacional, que incluye a Santo Domingo (dos millones de habitantes), representa 35% de la población total, y Santiago, la segunda ciudad, sólo tiene 480 000 habitantes. El fenómeno es más acentuado en Jamaica (área metropolitana de Kingston —700 000 habitantes y 35% de la población total—, en comparación con Montego Bay —70 000 habitantes—) y en Haití (aglomeración de Puerto Príncipe: un millón de habitantes, 18% de la población total, y Cabo Haitiano: 130 000 habitantes). En Cuba, la supremacía de La Habana (dos millones de habitantes y 20% de la población urbana) fue contrarrestada intencionalmente con la creación de una nueva red urbana cuyas ciudades, en particular las nuevas capitales de provincia, aumentan con más rapidez que la capital o la segunda ciudad tradicional, Santiago; de 400 000 habitantes. Así, la tasa de urbanización de Cuba (70%) es la más elevada de la región (58% en la República Dominicana, 51% en Jamaica y sólo 30% en Haití).

A este aumento cuantitativo se añade un aumento de la masa de los pobres urbanos al lado de los grupos de las capas medias y de altos ingresos. La diversidad de la demanda y de las costumbres alimentarias, como los gastos dedicados a la alimentación, están en estrecha relación con el lugar social y el nivel de los recursos. En el censo de 1981 se contaba en Santo Domingo una tercera parte de los habitantes entre los ingresos altos y medios. En la misma época, sólo 7% de los habitantes de Puerto Príncipe podían entrar en la misma categoría. En Kingston, 60% de las familias se encontraban bajo el umbral de la pobreza. Con excepción de Cuba, la brutal alza de los precios durante los años ochenta redujo en forma drástica —incluso para las capas intermedias, habituadas a beneficiarse hasta entonces de las ventajas del crecimiento— el poder adquisitivo, en tanto que se conjugó con una débil compensación salarial y, sobre todo, un nivel de subempleo y de desempleo enorme. Todos los datos disponibles muestran que la calidad de la alimentación de la gran mayoría de los habitantes de los tres países citados se ha degradado (menos proteínas y vitaminas), y que también se ha reducido el consumo por cabeza.

La modificación de los hábitos alimentarios

El modelo urbano predominante ha modificado muy sensiblemente la alimentación criolla. La dieta campesina antillana se basaba en gran parte en los víveres (tubérculos, raíces y plantaína de plátano) y en los cereales tradicionales (maíz, sorgo). *El arroz se ha vuelto el cereal básico*, acompañado en el plato típico por chícharos, *víveres*, legumbres y, desde luego, carne. Hoy, los productos lácteos son considerados indispensables. Sobre todo el consumo del pan y de las pastas alimentarias, los bizcochos y las bebidas gaseosas se ha generalizado bajo la influencia de los países del norte (en particular, mediante la ayuda alimentaria), ya que estas islas no producen trigo. Conviene señalar la originalidad de Jamaica y de Cuba en esta evolución. En Jamaica, desde la época de la esclavitud, la harina de trigo y los pescados y carnes secas (saladas, en conserva y hoy congeladas), importadas primero de Inglaterra y hoy de América del Norte, son la base de la alimentación. En Cuba, el régimen ha desarrollado, para todos, el consumo del pescado y de los productos lácteos, en particular, en forma de yogures y de helados.

La crisis ha acelerado ciertas evoluciones. En la República Dominicana, las clases populares y hasta las capas intermedias han sustituido la carne de res y de cerdo con la carne de pollo y los huevos, menos caros comparativamente. Los pobres en Jamaica ya no consumen productos frescos: se alimentan de productos subsidiados: harina, azúcar, leche descremada, aceite de soya y ciertas piezas de pollo *(necks and backs)*. En Haití, las proteínas animales y los productos frescos siguen siendo un lujo para algunos. A partir de 1986, el contrabando masivo de arroz ha sustituido en parte al maíz, molido artesanalmente para el consumo urbano.

En Cuba, la composición de las comidas sigue regida, no por los ingresos (salvo en el mercado negro), sino por los productos subsidiados y garantizados para todos, que se encuentran en el racionamiento, a pesar de que desde finales de los años setenta, el número de alimentos no racionados ha aumentado considerablemente (el mercado paralelo al del Estado representa 17% del comercio alimentario). Entre los productos "liberados" los más importantes son los alimentos básicos como el pan, los huevos, el pescado y las pastas. En la actualidad, la ración mensual de la *libreta* comprende arroz, azúcar, leche condensada y carne cada nueve días; manteca de cerdo, aceite, una pequeña cantidad de café y de cigarrillos. Pero muchos cubanos se alimentan, a bajo precio, en los comedores de los lugares de estudio y de trabajo.

Producciones insuficientes

Los agricultores locales se han adaptado a esas nuevas exigencias. Tal es el caso de la avicultura y de la cría porcina en instalaciones industriales alrededor de las ciudades. El cultivo del tomate y de otras verduras primarias (pepinos, ajos), de la papa y de ciertas legumbres se ha extendido en esos terrenos especializados. La cría lechera se ha vuelto una verdadera prioridad en Cuba. Aunque también desarrollada en la República Dominicana, la cría criolla sufre ahí por la enorme competencia de la leche en polvo importada a bajo precio. Por el contrario, la producción de los *víveres* y de los cereales tradicionales, cuya demanda sigue siendo fuerte, no ha seguido el ritmo de crecimiento de la población. Se encuentra en competencia directa con las nuevas exportaciones "no tradicionales" de cítricos, frutas, legumbres verdes, etc., para las cuales esos países gozarían de "ventajas comparativas" en los mercados de los países del norte.

En la República Dominicana la agricultura, potencialmente autosuficiente, entró en crisis por razones a la vez estructurales y de coyuntura. El binomio latifundio-minifundio se ha agrandado más. Ahora bien, son los pequeños productores (81% de los agricultores, 12% de la superficie) y los productores intermedios (16%) los que producen para el mercado interior. El alza de los costos de los insumos importados reduce los rendimientos y aparta de la producción a muchos campesinos y capitales. Hasta el cultivo del arroz, gran beneficiario de la revolución verde (la producción se duplicó entre 1974 y 1984) y auspiciado por los poderes públicos, ha sido afectado. Desde 1985, las cifras de las producciones de víveres se estancan o bajan. Pero el potencial productivo sigue siendo muy grande.

Éste no es ya el caso de Haití. Ese país de campesinos no alimenta ya a su población. La evolución de los productos alimentarios que, sin embargo, han sustituido a los cultivos de renta es totalmente negativa. La tierra, sobreexplotada, parcelada y erosionada, ya no es ahí un útil de producción que se deba proteger y mantener, sino un medio de supervivencia, con el cual los campesinos haitianos siguen haciendo milagros. La ayuda extranjera se orientó hacia el apoyo alimentario en detrimento de el prestado al desarrollo. En Jamaica la agricultura ha sido abandonada: desde finales del siglo XIX, los cultivos de exportación y los alimentarios entraron en crisis. También aquí, son los pequeños productores los que trabajan para el mercado interno.

La agricultura cubana presenta características diferentes pero no escapa a las grandes evoluciones señaladas. Las *granjas del pueblo* (antiguos latifundios no fragmentados), que brotaron de las reformas agrarias de 1959 y de 1963, constituyen el sector del Estado y ocupan 90% de la superficie agrícola. Los pequeños productores privados (explotaciones inferiores a 67 hectáreas) han sido agrupados, en parte, en Cooperativas de Producción Agrícola (CPA); desempeñan un papel importante en la producción global (23% en 1985), principalmente en la de *víveres*. Por el contrario, la cría bovina —34% de la superficie agrícola útil—, el cultivo del arroz, el de los cítricos, recién desarrollado, los cultivos industriales —la caña de azúcar sigue ocupando 50% de la SAU— y una gran parte de los cultivos alimentarios se deben a grandes explotaciones que recurren periódicamente a la mano de obra de la juventud escolarizada y a las brigadas de voluntarios de las ciudades. Si globalmente la producción no azucarera ha aumentado 50% en los últimos 15 años (sobre todo para los productos de la cría y los cítricos), los déficit siguen siendo muy sensibles en *viandas* (tubérculos, en particular el *taro*, raíces, plantaína de plátano), en chícharo, arroz y productos primarios.

Importaciones alimentarias estructurales

Después del decenio de 1970 una nueva variante ha sido introducida con la posibilidad de importar grandes cantidades de alimentos. Se trata, desde luego, de una puesta en entredicho del equilibrio antes establecido sobre una población menos numerosa y rural: aparte de las catástrofes naturales, esos pequeños países no habían pasado por graves dificultades para alimentarse. Hoy, las importaciones se convierten en un hecho estructural: aparte de los productos nuevos adoptados en masa (trigo, aceite de soya, leche en polvo, conservas y otros productos elaborados), son los alimentos antes cultivados en el lugar los que hoy llegan del exterior: el maíz para la cría porcina y avícola, los cuerpos grasos, el arroz, etc. Los gobiernos, y no sólo el de Cuba donde el comercio exterior está estatizado, intervienen en ese sector sumamente estratégico (organismo de Estado JCTC en Jamaica; INESPRE en la República Dominicana) para controlar cantidades y precios a menudo más bajos en el mercado mundial que los productos locales. La ayuda alimentaria (ley PL 480 norteamericana, Canadá, CEE) también se ha vuelto estructural en Jamaica, en la República Dominicana y sobre todo en Haití, el país que más asistencia recibe.

La adaptabilidad de las redes de comercialización

Se pueden distinguir tres grandes sectores en la comercialización alimentaria de los países antillanos. El sector llamado tradicional o no moderno reposa sobre pequeños campesinos de medios escasos; aparte de su función comercial, recibe a los nuevos citadinos pobres que multiplican los "empleos informales" en la distribución. El sector capitalista o moderno, administrado por empresas privadas y asociaciones de comerciantes, controla los transportes, la transformación alimentaria y las cadenas de supermercados. Por último, el sector de intervención pública, con instituciones creadas por el Estado. La crisis ha sacudido esas redes, pero estos últimos han mostrado gran capacidad de adaptación.

Del campo a la ciudad: los flujos de productos alimentarios

El sector público tiene el monopolio del comercio en Cuba. La experiencia de los mercados libres campesinos a comienzos de los ochenta, que había tenido el mérito de aumentar sensiblemente la disponibilidad y la calidad de los productos frescos o raros pero a precios muy elevados (enriquecimiento de los campesinos y de los intermediarios, corrupción), rápidamente fue contenida; entonces el Estado cubano creó su propio mercado paralelo al sistema del racionamiento, a menudo con precios altos. Así, la colecta en la granja fue organizada por oficinas públicas especializadas en productos que tenían, cada uno, sus redes de transporte, de almacenamiento y de distribución, como CUBAZÚCAR para el azúcar, CUBA TABACO para el tabaco, etc. En lo tocante a los productos alimentarios, se trata de ACOPIO y en los últimos años de FRUTAS SELECTAS (a menudo hay confusión entre los dos, al nivel de la colecta). En torno de esas dos empresas se encuentran los problemas más graves: burocracia creciente que hace cada vez más lenta la disponibilidad de los productos frescos, grandes pérdidas tras la cosecha por falta de transporte o maltrato en el camino, almacenamiento deficiente que produce mala calidad de los productos, etc. Esas empresas regulan el flujo hacia los diferentes destinatarios: fábricas agroalimentarias, mercados de exportación, "alimentación colectiva" (restaurantes, refectorios) y por último alimentación "privada" (racionada y libre). Ellas también comercializan las importaciones, mediante diversas actividades que se efectúan bajo el control debido.

En la República Dominicana los tres sectores están representados, pero hoy el que predomina claramente es el sector capitalista: 54% según el informe de la CEPAL en 1984, contra 28% del comercio tradicional y 18% del organismo estatal INESPRE, creado en 1969 para distribuir en el país el excedente norteamericano de trigo, maíz y soya, siguiendo la ley PL 480. El sector público desempeña un papel considerable: controla las importaciones, subsidia los precios de ciertos productos y favorece las ventas populares y el programa llamado de la canasta familiar para los más desprovistos. Sin embargo, el monopolio del INESPRE, que se ha convertido en un organismo enorme y corrupto, disminuyó con la política liberal de Balaguer desde 1986. El sector moderno, que comprende a los camioneros, las empresas de importación-exportación, lo agroalimentario y la gran distribución, se ha caracterizado por una concentración rápida: la falta de divisas y el encarecimiento del costo del petróleo han exigido unas inversiones sólidas.

En Haití, por lo contrario, es el sector tradicional el que sigue ocupando el primer lugar. La permanencia de una mayoría rural, el bajo nivel de vida y la parcelación de la oferta han contribuido a modelar un sistema notablemente adaptado a un medio económico difícil. El sistema de comercialización de los *víveres* es sustentado por los *madan sara*, comerciantes itinerantes, que llevan los productos desde la granja o los mercados locales en los transportes colectivos hasta los mercados urbanos. Los mercados son los lugares centrales en que se desarrollan las transacciones (rodeadas de *depósitos*). El Estado nunca ha creado una institución para controlar los *víveres* o sus precios. El sector capitalista moderno sigue limitado a la importación-exportación y a algunos supermercados.

Jamaica ocupa una posición intermedia. Comparte con Haití la fuerza del sector tradicional de colecta y de distribución de los *víveres* y el papel decisivo en los mercados públicos, por las mismas razones estructurales de organización de la producción agrícola (parcelación, escasos volúmenes); las mujeres *higglers,* como los *madan sara* haitianos, operan con poco capital y escasos márgenes de beneficio. Pero el volumen de las importaciones, el de las agroindustrias, la demanda de las capas urbanas más diversificadas y del turismo han desarrollado un sector capitalista dinámico que abarca las mismas actividades que en la República Dominicana. Puede observarse una simbiosis entre los dos sistemas: la multiplicación de los supermercados no ha causado una menor frecuentación de los mercados públicos. Las *higglers* también aprovisionan los supermercados. Como en la República Dominicana, el Estado controla las importaciones, subsidia los productos básicos utilizando los bajos precios de los alimentos importados o donados, pero se ha apartado de la comercialización directa: la dependencia pública AMC, creada desde 1963, fue suprimida en 1981, tras la caída del gobierno de Manley: entre una oferta rígida y parcelada y unos grandes gastos de funcionamiento, nunca había podido captar más de 20% del mercado local.

La diversidad de las formas de distribución urbana

El sector tradicional administra los *mercados públicos*. Cada gran ciudad posee su mercado de mayoreo, punto de llegada y de redistribución de los productos. Desbordando su cuadro inicial, congestionado, ese mercado central es el barómetro del crecimiento urbano. A pesar de las condiciones de higiene y de sobrepoblación deplorables, funciona, como prueba de la formidable capacidad de adaptación del sistema tradicional. El vientre de la capital dominicana, el Mercado Nuevo, donde 30 000 personas y 8 000 camiones transitan cada día, no ha visto realizarse ninguno de los proyectos de renovación. El mercado de la Croix des Bossales en Puerto Príncipe, inmensa colmena hiperactiva, se desarrolla en la marisma costera. Por contraste, las autoridades de Kingston desde hace varios años están llevando a cabo un proyecto de renovación de la zona de los mercados de la capital. En Cuba han desaparecido los mercados tradicionales. Sus instalaciones se han vuelto a abrir en los últimos años para el *mercado paralelo*.

Los mercados públicos, tiendas y otros expendios especializados, los comercios cercanos del sector tradicional, tejen la densa red de distribución de la venta al menudeo fija tradicional. Los puntos de venta se han desarrollado al ritmo de la creación de los nuevos barrios y de la densificación de los viejos. La venta informal de alimentos, incluyendo comidas en la calle, que tradicionalmente prolifera en las aceras urbanas y en las zonas comerciales, se ha intensificado con la crisis (fenómeno de los *mercados espontáneos*) y se ha reforzado con el aumento de vendedores ambulantes, como los *tricicleros* en Santo Domingo, que llevan frutas y legumbres de temporada a las mujeres de las capas intermedias, o bien los revendedores en *pushcart* de leche y bebidas refrigeradas en envase de cartón, por las calles de Kingston. La crisis también ha multiplicado los vendedores ilegales de fritangas. La proliferación de los puntos de venta se explica por la necesidad de abastecer a una clientela cuyo ingreso a menudo es obtenido cada día, aunque es más probable que su aumento se deba más a las oportunidades de empleo que ofrece el comercio callejero.

Los supermercados de todos tamaños y los centros comerciales son la respuesta del sector capitalista moderno a la clientela de los consumidores urbanos que pueden pagar al contado, a menudo están motorizados y disponen de refrigeradores. También empiezan a llegar a las clases populares, pero su expansión sigue fundamentalmente relacionada con la de los ingresos fijos. Su multiplicación es sensible en Kingston y en Santo Domingo. En esta última ciudad, la crisis de energéticos, que se manifestó por frecuentes cortes de la corriente eléctrica, es una de las causas de la desaparición de las *supérettes* que no tenían los medios de adquirir una fuente de energía. En cambio, nacen nuevos espacios de venta de productos perecederos sin refrigeración pero adaptados al poder de adquisición de las clases populares. Por último, los restaurantes del tipo *fast food* también han aparecido, así como variedades locales que concuerdan con los gustos y el poder adquisitivo de los asalariados locales.

El Estado en la República Dominicana interviene en la distribución, por intermediación de las ventas populares del INESPRE, de los mercados de productores en que los propios campesinos venden, de las *ferias* agrícolas, pero sus volúmenes son escasos. Dispone de pocos medios para luchar contra el contrabando que puede crear penurias localizadas (en particular de productos subsidiados, como el azúcar, el arroz, las pastas y la harina) en favor de los haitianos del país vecino. En Haití, los alimentos introducidos de contrabando compiten con los productos locales; los gobiernos no intervienen, pues los pobres se alimentan así a menor costo. Pero los campesinos se ven aún más castigados. En los tres países antes citados, los efectos de la crisis sobre el abastecimiento urbano son, como hemos visto, importantes, y los más pobres, por falta de dinero, tienen grandes dificultades para alimentarse.

El caso de Cuba* es distinto una vez más. Desde los primeros años de la revolución ya no hay comercios privados. Las galerías comerciales

* Denise Donzant continúa sus trabajos sobre una sociedad que ha sido profundamente transformada desde la redacción de este artículo. La suspensión de los intercambios con el antiguo bloque soviético ha puesto a Cuba, de hecho, ante un "bloqueo doble", de consecuencias tanto mayores cuanto que el sector agrícola y la organización del abastecimiento dependían de una división del trabajo estricta en el seno del COMECON. La suspensión de las importaciones alimentarias (por ejemplo, cereales y papas) ha causado una severa ruptura en el abasto: ramas esenciales (desde luego, el azúcar, pero también los productos cítricos) han sido brutalmente privadas de mercados exteriores; otras, estratégicas para el

están vacías, ocupadas apenas por comercios de proximidad y algunos supermercados. Llaman la atención las "colas", en particular al comienzo de cada mes, cuando cada familia va a buscar los productos a los que les da derecho su *libreta*. En varias ocasiones, toda la alimentación de los cubanos se ha visto reducida a las cantidades inscritas en la libreta de racionamiento y a los alimentos tomados en los refectorios, lo que garantiza a cada familia una comida a bajo precio, pero no siempre lo que quiere, ni permite invitar fácilmente a cenar, ni comer en la calle. En estos últimos años la disponibilidad parece haber aumentado gracias a la apertura de los mercados paralelos y a las compras directas toleradas con los campesinos, pero también al *mercado negro* (desviación de alimentos del Estado, o provenientes de tiendas especializadas) y al *mercado gris* (intercambio entre vecinos de productos racionados, pues la ración es uniforme y no toma en cuenta los gustos individuales). Sin embargo, un examen atento de las estadísticas oficiales del comercio interior muestra que el aumento de la oferta, en particular de productos primarios, frutas, yogures y quesos ha aprovechado más a los sistemas de la *alimentación pública* (que también comprenden el sector turístico, que paga en dólares) que a la alimentación privada. Volverán las penurias, por consecuencia de la disminución reciente de las importaciones que llegaban de los antiguos países del CAEM, regidas por la *división socialista del trabajo*. Así, los excedentes de petróleo llevados por la URSS, que permitieron a Cuba procurarse divisas, desaparecieron en 1990 (el consumo de energía interior ya no está asegurado), y numerosos productos deberán ser pagados en divisas.

Conclusión

La *seguridad alimentaria* de esas islas-naciones, en particular en el nivel de los complejos metropolitanos en que se ha vuelto políticamente indispensable cubrir las necesidades esenciales de capas sociales numerosas y

abasto en las ciudades, fueron profundamente desestabilizadas por falta de suministros (abonos y alimentos compuestos para el ganado). Estas recientes limitaciones son tanto más difíciles de superar cuanto que el modelo de desarrollo agrícola seguido desde hace decenios se basaba en la busca sistemática de economías de escala, así como en un fuerte consumo de insumos de origen industrial y de energías concentradas. El proceso de recomposición hoy en curso pasa, de inmediato, por un racionamiento extremamente estricto (sobre todo en lo que toca a los productos animales), un encuadramiento más cerrado del abastecimiento (suspensión del mercado paralelo de productos alimentarios) y el sacrificio de canastas enteras de la agricultura cubana (cría porcina y, en menor medida, bovina), en favor de ramas consideradas prioritarias (tubérculos, legumbres). El "periodo especial" instaurado para responder al desafío planteado por el doble bloqueo, debe conducir a un reacomodo de la agricultura cubana y de sus sistemas de aprovisionamiento. Este reacomodo impone la difusión de modelos mejor adaptados a las limitaciones que pesan sobre la economía cubana, así como la adopción de nuevos cuadros organizacionales (mayor descentralización, unidades de producción de tamaño más reducido y mejor integradas). Hoy, nada parece permitirnos pronosticar el resultado del proceso. [TL.]

diversas, se ha vuelto cuestión estratégica. La posición de los países estudiados es particularmente delicada porque conjuntan los inconvenientes de sus pequeñas dimensiones y el riesgo de intervenciones externas. Los Estados Unidos lo han demostrado de sobra, manteniendo el bloqueo a Cuba, que ha obligado al régimen castrista a depender de la lejana ayuda soviética, o interviniendo en la República Dominicana. La prosecución de la urbanización ya no puede considerarse sin referencia a los países de la región.

DE RECOLECTORES A PORCICULTORES: CIEN AÑOS DE GANADERÍA PORCINA EN GUANAJUATO, JALISCO Y MICHOACÁN

PATRICIA ARIAS
IES/Universidad de Guadalajara
Guadalajara, México

EN LA pequeña franja fronteriza donde se localizan las poblaciones de La Piedad, en Michoacán, y Santa Ana Pacueco, en Guanajuato, crece y prospera desde hace más de 20 años la ganadería porcina en México; allí, en esa pequeña microrregión del occidente del país, se localiza sin lugar a duda el epicentro nacional de la producción de puercos para el enorme mercado de la ciudad de México: en 1985, unas 300 granjas de engorda de puercos enviaron casi un millón de animales en pie a los mercados urbanos extrarregionales.

De hecho, sólo de la pequeña localidad de Santa Ana Pacueco, donde en ese mismo año había 198 granjas porcícolas, salió más de la mitad (481 084) de los puercos en vivo engordados en el estado de Guanajuato hacia los rastros del Distrito Federal, el Estado de México y otros más alejados. Y esto sin contar los miles de animales que salen directamente empacados para los obradores de la ciudad de México y los que en forma de embutidos se distribuyen a toda la república.

Este indudable crecimiento y éxito de la porcicultura en esa pequeña microrregión fronteriza entre las tierras altas de Jalisco y Michoacán y las tierras bajas de Guanajuato suele atribuirse convencionalmente a la dinámica general del desarrollo agropecuario que empezó a configurarse desde los años sesenta en el campo mexicano. Así, la porcicultura piedadense aparece como un típico buen ejemplo de la manera en que durante casi 20 años se volvió tan común para interpretar la sociedad rural: su relación y sometimiento a las tendencias y mecanismos extralocales, por lo regular internacionales, de la economía agropecuaria nacional (Feder, 1980).

Manera que se volvió tan persistente e impermeable, que ha tenido a lo menos dos grandes y prolongadas consecuencias: la dificultad para captar la existencia e incidencia de los factores locales en los desarrollos agropecuarios regionales y la dificultad adicional para detectar los cambios recientes que la propia sociedad rural ha puesto en marcha para sobrevivir, mantenerse y crecer. A la luz de lo que se observa en el mundo rural de ahora, esas nociones de los setenta parecen cada vez más insuficientes para entender las economía y sociedad ganaderas que se han desarrollado en la región occidental del país en estos últimos años.

Desde principios de los años setenta se empezó a difundir y a hacer cada vez más común la idea de que el desarrollo porcícola piedadense era un ejemplo más del resultado de la influencia externa impuesta por los capitales transnacionales en la agricultura mexicana: la producción de pollo, puerco y huevo tenía que ver sobre todo con las tendencias de consumo de los países centrales y se basaba en los modelos tecnológicos más modernos acuñados en esos países: confinamiento de los animales en granjas donde se controlaba su engorda o capacidad de postura con base en dietas altamente especializadas, para lo cual se requería además de una gran transformación en los cultivos (Pérez Espejo, sf y 1987).

Los cambios agrícolas que se habían constatado dos décadas más tarde era sin duda impresionantes: en esos 20 años se había modificado drásticamente el patrón de los cultivos regionales. Entre 1961 y 1980, el crecimiento medio anual del sorgo fue de 16.6% en el estado de Michoacán, lo que acarreó el rotundo desplazamiento del trigo, el segundo cultivo comercial tradicional de esa entidad. En Guanajuato, donde están las mejores tierras de la región, la expansión del sorgo fue también espectacular: de las 197 566 hectáreas que se sembraron en 1963, se pasó, en 20 años, a 1 517 763 hectáreas bajo ese cultivo. La porcicultura era cada vez más dependiente y fomentadora de ese grano, que volvió ocre el enorme paisaje abajeño entre Celaya y Santa Ana Pacueco.

Por si fuera poco, en la actividad propiamente porcícola se advertían algunas peculiaridades y se constataban sus consecuencias: la proliferación de granjas de engorda y la nula normatividad sobre el giro habían contaminado sin límite al río Lerma, el que un día fuera el más imponente del México central; existía y se mantenía una estructura de comercialización tan caótica y enmarañada, que resultaba tremendamente encarecedora de los puercos en el mercado urbano; la expansión de las empresas porcícolas dependía de las oportunidades que creaban las crisis recurrentes del giro, más que de sistemas planificados de desarrollo (Chapela y Mendoza, 1982).

El importante sector local de porcicultores que había surgido había aprovechado muy bien la expansión del mercado urbano de la ciudad de México para crecer y consolidarse, para comenzar a integrar de manera vertical sus empresas.[1] El proceso era, sin embargo, muy selectivo —eran cada vez menos los que podían efectivamente crecer—, y sobre todo muy peculiar: aunque la integración avanzaba en muchos sentidos —implementación de modernos rastros, fábricas de alimentos balanceados, laboratorios de medicinas, desarrollo de complejos sistemas de almacenamiento de granos y de transporte de animales—, persistía la separación entre la cría y la engorda y se mantenía y reproducía, por toda la

[1] Ciertamente la otra clave para entender las peculiaridades y posibilidades de la porcicultura regional radica en el origen y las modalidades de desarrollo del empresariado local, que ha sido capaz de desplazar y sustituir a las transnacionales en la región, pero esto es algo que no se puede abarcar en este trabajo.

región, la explotación doméstica o de "traspatio" de animales. A diferencia de lo que se encontraba en otras regiones, en La Piedad-Santa Ana no se daba una tendencia consistente hacia la formación de granjas de ciclo completo, como se llama al sistema que reúne la reproducción y la engorda de los animales.

De un modo u otro, estas peculiaridades se han considerado la expresión más palpable del carácter "intermedio", finalmente "dependiente", de la porcicultura en esa región central del país.

Pero mirar el pasado y observar el presente desde la óptica local ofrece otra historia y trayectoria de la porcicultura, que ayuda a entender quizá mejor, tal vez de un modo distinto, esas tercas peculiaridades de la porcicultura piedadense: la vitalidad y organicidad de la separación entre las actividades de cría y de engorda, los vínculos entre las grandes y pequeñas explotaciones de ganado, y finalmente, la fortaleza de su especialización y articulación regionales.

Historia de pollos y puercos (1890-1930)

El ferrocarril porfiriano que a partir de 1888 empezó a comunicar como nunca antes a las ciudades de México y Guanajuato instaló a seis kilómetros de La Piedad, pero del otro lado del río, en tierra guanajuatense, la estación "La Piedad", que le permitió a esa población de casi 20 mil habitantes mantener y en verdad modificar su vieja condición de "puerto", de frontera política y sobre todo ecológica entre dos regiones de posibilidades muy distintas: las tierras magras de los altos de Michoacán y Jalisco y las muy ricas del Bajío guanajuatense, que comienza allí precisamente.

Frontera que hasta ese momento había sido utilizada como lugar de un intenso mercadeo por los arrieros que allí intercambiaban los bienes agrícolas de Colima y el interior de Michoacán y los artículos y productos de las tradiciones manufacturera y agrícola cerealera del Bajío. La Piedad era un centro mercantil importante para los arrieros de múltiples rumbos de tierras tropicales, altas y bajas.

A la vuelta del siglo, la arriería basada en esa producción rural diversificada y de pequeña escala ya había sido minada por el comercio a través del ferrocarril, por los nuevos productos y sistemas de mercadeo que a partir del tren se habían estrenado en la región.

Sin embargo, había comenzado a cobrar fuerza una modalidad comercial mucho más especializada. La posibilidad de llegar con facilidad y rapidez a las ciudades de México y Guadalajara, los mercados más importantes del país en ese momento, dinamizó como nunca antes un pequeño quehacer mercantil que se practicaba desde antaño en las regiones altas y bajas: el embarque de animales y huevo con destino a la ciudad de México, que se convirtió desde entonces en su mercado indiscutible.

Aparte de los que ya existían, muchos de los viejos arrieros se hicieron "rancheadores", otros se iniciaron como tales, es decir, como gente que con algunos caballos, burros o mulas recorría las rancherías en busca del puerco gordo, gallina, pollo o huevo que hubiera "para vender". El rancheador no cubría rutas fijas, aunque cada uno prefería ciertos rumbos de los tres estados que se abarcaba: el noroeste michoacano hasta Purépero; los Altos de Jalisco hasta Degollado; el suroccidente guanajuatense hasta las cercanías de Pénjamo.

Las mujeres de los ranchos estaban siempre muy atentas a la visita de los rancheadores: ellas eran en verdad las propietarias y cuidadoras de huevos, pollos y puercos y su venta era la manera más socorrida, a veces la única, que tenían las mujeres para procurarse un ingreso en efectivo.

Para que un viaje "costeara", un rancheador tenía que regresar con unas 30-40 gallinas o pollos, que entregaba a los "gallineros" o "puerqueros" que había en cada localidad cercana a La Piedad, quienes a su vez los llevaban a esa ciudad a los embarcadores, a las casas especializadas en trasladarlos y colocarlos en los mercados y tiendas de la capital del país.

Los animales de entonces eran "criollos" que andaban sueltos y crecían, engordaban, daban crías y ponían huevos a partir de una alimentación donde abundaba el maíz, el garbanzo y las mezclas variadas de semillas también criollas. Pero aunque el tipo de animal y la alimentación eran similares, los animales se daban mejor, se enfermaban y morían menos en las tierras altas de Jalisco y de Michoacán. Allá, en los Altos, se localizaban sin duda los territorios de la engorda de los animales y la postura de huevo; ése era el epicentro de las ganaderías porcícola y avícola de la época.

Y esta diferencia se conocía y manejaba muy bien en la microrregión. A fines del siglo pasado, los ingresos más elevados del municipio de Arandas, en los Altos de Jalisco, se obtenían por la venta de tres mil cargas de huevo y cinco mil puercos gordos (Olveda y Castillo, 1988). En contraste, hacia las mismas fechas, en todo el distrito rentístico de La Piedad había sólo 3 385 puercos y en el municipio piedadense se contaron apenas 912 puercos (lechones, berrendos y puercas) en 12 ranchos.

Así iban las cosas, durante los muchos años que duró el porfiriato; en torno a la microrregión de La Piedad se acuñó una nueva microhistoria y cultura del trabajo: la cría de pollos y puercos, ese quehacer pecuario de pequeña escala que prosperó en los linderos de los quehaceres agrícolas y ganaderos —sobre todo vacunos— de la región; que dio lugar a nuevos oficios masculinos y dinamizó el trabajo femenino, dándole a la mujer uno de los primeros ingresos en efectivo y una forma segura, aunque fluctuante, de complementar el presupuesto familiar: en sus casas, las mujeres aprendieron a conocer y manejar las razas, variedades, novedades y costumbres de los animales, a integrar esa actividad dentro de la cooperación infantil y los quehaceres domésticos.

Los hombres, por su parte, desarrollaron muy bien los oficios de rancheador y acaparador: descubrir y trazar rutas; saber comerciar, es decir, comprar barato y vender caro; tratar con comerciantes y acaparadores los que, a su vez, conocieron y establecieron relaciones complejas y perecederas con los abarroteros e introductores de ganado de la ciudad de México.

Una multitud de pequeños conocimientos, habilidades, intereses, relaciones, densificó la red pecuaria que se tejió entre la microrregión de La Piedad y la capital del país. Con esta cultura y trayectoria pecuarias se afrontaron y enfrentaron los cambios externos de las décadas siguientes: la expansión del mercado, la llegada de las transnacionales, la consolidación de los grandes consorcios porcícolas.

Hasta la era de las transnacionales (1960)

Hacia 1930-1940, las engordas de puercos y la cría de pollos para carne y para postura empezaron a desplazarse hacia el Bajío. Al parecer, el reparto agrario consumado en esa década en las tierras bajas daba seguridad para aproximar los territorios pecuarios con los agrícolas. Al parecer, influyó también la compra de camiones para trasladar a los animales por carretera, vía que empezaba a resultar más transitable y rápida para colocarlos en esa ciudad de México que crecía cada vez con mayor velocidad.

Pero, curiosamente, en la década siguiente se suscitaron las dos mayores mortandades de animales que se conocen: en 1947 la fiebre aftosa que acompañada del "rifle sanitario" acabó con las vacas y puercos, y poco después, en 1953, el *newcastle* que arrasó con los pollos. Ciertamente hay muy plausibles explicaciones técnico-económicas de ambas mortandades. Pero quizá se puede pensar que algo tuvo que ver el desplazamiento de los animales a las tierras más cálidas e insalubres del Bajío, la ruptura de esa vieja norma nunca explícita pero plenamente vigente de la vida económica regional: que los animales nacen, se crían y engordan mejor en las tierras altas de la franja fronteriza de Guanajuato, Jalisco y Michoacán.

Lo cierto es que a partir de los años cincuenta y sobre todo los sesenta se advierte de nuevo la tendencia a regresar y reforzar los territorios tradicionales de la crianza de los animales: la engorda de pollos y la postura de huevo se subió de nueva cuenta a los Altos de Jalisco, de donde no ha vuelto a bajar. Como es sabido, allí, en diferentes ciudades alteñas, se localizan las más grandes granjas avícolas del occidente del país. Pero hubo un cambio notable: las granjas de pollo empezaron a organizar sus propios sistemas de abasto y cría de animales y desapareció la modalidad de los rancheadores que los proveían, se puso punto final al abasto de pollo y huevo de pequeña escala. En el caso de la avicultura el proceso de desarrollo e integración parece haberse dado de la manera más convencionalmente "moderna".

En la porcicultura fue algo distinto. Con la penetración de las compañías transnacionales hubo sin duda muchos cambios: en el patrón de cultivos, en la calidad genética, en el cuidado y alimentación de los animales, en el nivel y envergadura de las empresas. Pero al mismo tiempo se mantuvieron, aunque renovadas, algunas tercas continuidades.

Hasta los años cincuenta no existía la distinción entre la cría y la engorda: los puercos eran "gordos" o "flacos" y de acuerdo a esa clasificación eran movidos dentro de la región: se compraban flacos en un lado para engordarlos en otro.

La organización pecuaria que promovían las transnacionales se basaba, en cambio, en la diferencia de etapas en la vida del animal, lo que en la región dio lugar a una nueva modalidad de especialización del espacio regional: la cría de los animales, es decir, la etapa más riesgosa y costosa de la vida del puerco, se trasladó a las tierras más elevadas: los Altos de Jalisco, el nororiente de Michoacán. La engorda, es decir, el periodo en que el animal es más fuerte y requiere sobre todo de cantidades impresionantes de comida, se ubicó en el Bajío, allí donde es más fácil y menos costoso proveer el alimento que llega desde múltiples rincones de la geografía nacional... e internacional.

Esta renovada articulación epecial y especialización pecuaria permitió el mantenimiento de un quehacer y un ingreso femeninos que resultó cada vez más crucial en la economía familiar de las familias rurales de la microrregión. La cría y venta de lechones forma parte de la historia secreta del trabajo con que las mujeres han podido enfrentar la crisis agraria y agrícola, que tantó afectó las actividades, sobre todo masculinas, y las exigencias crecientes de dinero en la sociedad rural desde los años sesenta (Arias, 1990).

También mantuvo y dinamizó el oficio de "rancheador", ahora de "lechón", del pequeño puerco que a los 10 kilogramos empieza a ser apto para iniciar la fase de engorda. Dos tianguis de puerco —uno en las cercanías de Puruándiro, en el nororiente michoacano, y el otro en San Julián, en un extremo de los Altos de Jalisco— son las instituciones comerciales —ciertamente "informales" pero ampliamente conocidas y utilizadas— donde se reúnen cada día los miles de lechones, que han nacido en casi todas las casas rurales de la amplia región de abasto y que a través de los rancheadores son incorporados a los granjas de La Piedad-Santa Ana Pacueco para su etapa final de engorda. Es el momento y la ocasión cuando cotidianamente se reúnen y articulan la porcicultura doméstica y la porcicultura de granja, las engordas de gran escala.

Esto no es extraño porque a diferencia de lo que se suele afirmar sobre la calidad de los puercos domésticos o de traspatio, hay que decir que los lechones que nacen y se crían en condiciones domésticas corresponden perfectamente a las razas y tipos que actualmente se utilizan en las granjas de engorda. En este sentido, las familias rurales —rancheras y campesinas— han participado y se han adaptado a cada fase y modalidad del desarrollo pecuario regional desde hace más de un siglo, por lo menos.

Diversificación y especialización: los años recientes

Así las cosas, parecería que la especialización de La Piedad-Santa Ana en la engorda de puercos y la persistencia de las explotaciones domésticas de cría pueden entenderse, no tanto como una fase "intermedia", de algún modo unilineal, en el desarrollo de la porcicultura, sino sobre todo como la expresión de una modalidad de organización porcícola basada en la capacidad de hacer persistir de manera siempre renovada una vieja articulación microrregional, originada en la diversidad ecológica entre las tierras altas de Jalisco y Michoacán y las del Bajío guanajuatense.

Capacidad que se relaciona, sin duda, también a la existencia y fortaleza de esa microhistoria del trabajo rural de la avicultura y porcicultura de pequeña escala, que desde el porfiriato, por lo menos, se convirtió en una de las vías más diversificadoras del empleo y dinamizadoras del trabajo y los ingresos femenino y masculino en la región y que, poco a poco, dio lugar además a una auténtica cultura del trabajo pecuario. Esta cultura del trabajo es la que ha estado detrás de la enorme habilidad de la población para hacer suyas las técnicas y los sistemas de trabajo, y para afrontar los muchos cambios de la ganadería porcícola en este siglo.

Ciertamente, esta microhistoria de complementariedades complejas y cambiantes ha sido siempre desventajosa para los de las tierras altas, pero también seguramente imprescindible, por lo menos en ciertas etapas, para el conjunto de la vida microrregional. Como la actual sin duda.

Porque la especialización de La Piedad-Santa Ana es también un producto plenamente moderno, como se dice tanto ahora en México: es el resultado y en verdad uno de los más notables ejemplos de ese doble proceso bastante generalizado que se advierte en las ciudades pequeñas de la región central del occidente mexicano: la diversificación de la economía rural y, al mismo tiempo, la especialización regional de la economía, en este caso, la ganadería porcícola (Arias, 1990).

Diversificación y especialización de las economías rurales que hacen posible que, hoy por hoy, las familias rurales de la región obtengan los recursos de su supervivencia a partir de una multitud de ingresos, donde la cría de lechones juega un papel cuya relevancia fluctúa de acuerdo a las posibilidades familiares y a los ciclos de la porcicultura, pero nunca desaparece como alternativa.

Parecería que la diversificación y especialización de las economías rurales como la de La Piedad-Santa Ana han hecho posible una gran pero silenciosa transformación: que la gente del campo haya podido seguir viviendo en su tierra, aunque cada vez menos del campo y los quehaceres agrícolas.

Bibliografía

Arias, P., *Diversification et Spécialisation dans la société rurale. San Francisco del rincón, un exemple de l'ouest mexican,* tesis, Toulouse Le Mirail, 1990.

Chapela y Mendoza, G., "La producción porcina en la región de La Piedad", en *Revista de Geografía Agrícola,* Universidad Autónoma de Chapingo, núm. 3, Chapingo, julio de 1982.

Feder, E., "La irracional competencia entre el hombre y el animal por los recursos agrícolas de los países subdesarrollados", en *El Trimestre Económico,* vol. XLVII, núm. 185, FCE, México, 1980.

Olveda, J. y M. G. Castillo (comps.), *Estadística de los Altos de Jalisco,* Gobierno de Jalisco, Unidad Editorial, Guadalajara, 1988.

Pérez Espejo, R., *Aspectos económicos de la porcicultura en México: 1960-1985,* Asociación Americana de Soya, México, s. f.

———, *Agricultura y ganadería,* Ediciones de Cultura Popular, Instituto de Investigaciones Económicas, UNAM, México, 1987.

BRASIL: ELECTRIFICACIÓN RURAL, LIMITACIONES ECONÓMICAS Y LÍMITE DE LOS EFECTOS MODERNIZADORES EN LA AGRICULTURA

CHRISTOPHE DE GOUVELLO
CIRED EHESS
París, Francia

LA ELECTRIFICACIÓN, CATALIZADOR SELECTIVO DEL DESARROLLO

Los programas de electrificación rural brasileños dependen de dos instituciones:

- según el *Plano Estratégico de Desenvolvimento* (1968-1970), la electrificación es un programa prioritario asociado a la modernización de la agricultura. Esta posición es defendida por el Ministerio de la Agricultura, a través del *Grupo Executivo de Eletrificaçao Rural* (GEER), y favorece la iniciativa privada, alentando también las cooperativas;
- la segunda es, en parte, consecuencia del primer "choque" petrolero y tiende a sustituir los equipos consumidores de derivados del petróleo por electricidad de origen hidráulico. La iniciativa proviene del Ministerio de Minas y de Energía (MME) y condujo en 1976 a la creación del *Departamento de Electrificaçao Rural* (DEER), en el seno de la compañía federal Electrobras. Los programas de electrificación del DEER se apoyan en las compañías públicas regionales de electricidad.

SE LIMITAN LOS EFECTOS DE ARRASTRE

A pesar de un fuerte aumento del consumo rural de electricidad (92 Mtep en 1970, 591 en 1980 y 1690 en 1987), el efecto catalizador de la electrificación sobre las actividades rurales sigue siendo muy incierto. La evaluación del segundo *Plano Nacional de Eletrificaçao Rural* (PNER), llevado a cabo de 1980 a 1982, hace aparecer, así, una sustitución relativamente eficaz del diesel por la electricidad; pero sólo 12% de las explotaciones conectadas durante el segundo PNER no utilizan los equipos antes empleados (Geer, 1989).

Tasa de conexión

	Explotaciones que utilizan abono %	*Explotaciones electrificadas %*
Norte	1.3	0.6
Noreste	19.3	8.3
São Paulo	19.7	21.7
Sureste	13.0	16.0
Sur	42.1	49.9
Centro-oeste	4.6	3.6

IBGE, Censos Agropecuarios 1970, 1975 y 1980 y Enid Rocha A. da Silva.

La difusión de los usos de la electricidad sigue a la modernización agrícola

Las explotaciones que utilizan abonos químicos y electricidad pasaron de 14.4 a 27.7% entre 1970 y 1980 (R. A. da Silva), o sea, +12% por año. La proporción de las explotaciones electrificadas pasó de 7.6% en 1967 a 10.4% en 1970 (+4.4%). Esto explica las diferencias regionales observadas en Brasil: la proporción de las explotaciones que utilizan la electricidad es casi idéntica a la de los consumidores de abonos. Brasil presenta el interés de unir regiones en que el cuadro de la electrificación rural se relaciona con el de las zonas rurales europeas, y otras en que ésta tropieza con las dificultades que tiene que tolerar la mayor parte de los PED. Este análisis es conforme al examen de la evolución de los consumos de diesel y de electricidad en la agricultura, donde se ve claramente que el "despegue" del consumo de diesel supera al del consumo de electricidad. También confirma que el consumo de electricidad se concentra principalmente en las regiones en que la modernización de la agricultura ya ha empezado desde hace algunos años con el diesel.

LÍMITES DE LOS PROGRAMAS CLÁSICOS DE ELECTRIFICACIÓN RURAL

Un peso económico creciente

En la mayoría de los PED, la electrificación rural se enfrenta a dificultades estructurales (J. Ch. Hourcade):

- problemas técnico-económicos relacionados con los costos de construcción, de funcionamiento y de mantenimiento de la red;
- características de la demanda que se opone a la explotación de la red a las tasas y en los plazos previstos;
- contexto demográfico poco favorable.

Se observa una "deseconomía de aglomeración" debida a la dispersión de los consumidores. Cuanto más programas de ER realiza una compañía de electricidad, más reduce la densidad de los consumidores y más aumenta el costo marginal de las nuevas conexiones.[1]

Variación de los costos de conexión (unidades y dólares)

	Núm. de explotaciones	*Inversiones (1000 $)*	*Costo medio de conexión ($)*
Sur	183 000	300 840	1 640
Sureste	225 560	497 550	2 210
Centro-oeste	25 795	89 070	3 450
Noreste	113 895	297 680	2 610
Norte	6 670	17 920	2 690

Electrobras.

Una "deseconomía de escala" aparece al nivel de la distribución. En Brasil, el consumo medio por explotación es de 4 035 kw/an. Se estima el consumo doméstico en 400 kw/an por persona. El hecho de que una aldea esté atendida no significa, sin embargo, que todo el mundo está en realidad conectado. El impuesto de conexión a menudo es excesivo. Es grande la diferencia entre las regiones rurales modernizadas (90% de tasas de conexión efectiva en la zona rural de la CPFL, estado de São Paulo) y las regiones más tradicionales como la microrregión MS 131 (estado de Bahía: cerca de 30% de las comunas electrificadas). A ello se añade que la dinámica de los consumos rurales generalmente es mucho más débil de lo previsto; de ahí resultan unas sobrecargas duraderas. Las curvas de carga de las redes rurales por lo general presentan unas cúspides muy acentuadas, y por tanto, unas tasas de carga muy bajas (cerca de 20%), debido al sincronismo horario (iluminación) y de temporada (riego) de las necesidades en el seno de una misma región.

Los ingresos y la participación de los usuarios rara vez bastan. Por tanto, es necesario operar en el nivel de cada compañía la transferencia de los ingresos de la red urbana. Ahora bien, la situación demográfica de los PED es muy distinta de la de los países industrializados. La relación entre población rural y población urbana ya era inferior a 1 (del orden de 0.7 en 1925), mientras que se establece, con frecuencia, alrededor de 3 en la mayor parte de los PED. El caso brasileño presenta toda una gama de situaciones interesantes. La zona de la CPFL se caracteriza por una ta-

[1] El caso de Argelia resulta ejemplar desde ese punto de vista: la densidad media era de 26 consumidores por kilómetro de línea en 1975. Bajó a 17 en 1983 y luego a 10 en 1987. En el mismo periodo, el costo promedio de una nueva conexión pasó de 750 a 2 500 dólares.

sa muy favorable (0.20), que se asemeja a la de cualquier país industrializado; las tasas de las microrregiones MR 131 y MR 134 del oeste del estado de Bahía variaron de 2 a 3 en 1980.

Este enfoque subraya el impacto limitado de las cooperativas de electrificación rural: deben reportar la integralidad de los costos a los cooperativistas. Y dado que la red de la cooperativa ya no constituye un sistema aislado y, por lo contrario, se inserta en las mallas de una compañía regional o nacional, pierde su razón de ser a ojos de sus miembros.

Deterioro de la situación económica

A partir de 1979, la situación financiera de los PED se agravó en el caso del sector eléctrico:

- desfase creciente entre los costos y las tarifas, por causa de las políticas antinflacionarias;
- programas de electrificación rural deficitarios, sobre todo por razón de los subsidios en favor de los campesinos;
- tendencia al aumento de las pérdidas de transmisión y de distribución y de los fraudes;
- peso creciente de los intereses sobre los sueldos negativos y deudas a los abastecedores.

Los altos costos del servicio de comunicación rural se deben, pues, a razones técnicas y a las bajas tasas de los cargos. En el momento en que los problemas financieros se encuentran en el meollo de la crisis del desarrollo, esos costos pueden constituir factores de bloqueo. Entonces, la innovación técnica debe proponer alternativas al racionamiento de hecho, y en ciertos casos a la ausencia total de la oferta energética en zonas excéntricas. El surgimiento de soluciones técnicas innovadoras puede requerir el cambio de una legislación que, frecuentemente ansiosa por conservar el servicio público, desalienta a los sectores privados y limita su contribución al servicio público, sobre todo por la venta de los excedentes de la autoproducción.

Experiencia de innovaciones técnicas y legislativas en curso

Las redes Monofásicas con Retorno por Tierra (MRT)

En varios estados, unas redes inspiradas en las experiencias canadienses y australianas, que incluían soluciones *a priori*, alejadas del óptimo técnico, han permitido alcanzar unos costos inferiores en 75% a los de las redes trifásicas:

- MRT monofilario: 27 000 km de líneas instaladas para 72 800 consumidores hasta 1988;
- MRT versión neutra parcial:[2] 13 211 km de línea y 51 420 consumidores.

Los conductores utilizados permiten espaciar los postes cada 400 metros en lugar de cada 60: los postes de cemento fueron remplazados por postes de madera; empleo de transformadores simplificados de escasa potencia (2.5 o 10 kva). También se realizan economías en la puesta en acción con participación activa de la población local.[3]

CAMBIOS LEGISLATIVOS

La primera ley (enero de 1988) considera recurrir a los PCH construidos y administrados por empresarios privados para alimentar sistemas aislados. Es evidente el interés de las compañías públicas responsables de esas zonas: poder llevar electricidad a un costo inferior al costo actual sin inversión extra. Los costos variables de una PCH eran insignificantes; el costo de la electricidad producida depende directamente de la tasa de empleo de la potencia instalada; por ello, una PCH conectada a una red que le permita revender su excedente a un concesionario es mucho más rentable que una central aislada. En ese sentido, la legislación de diciembre de 1988 que define las condiciones en que un autoproductor tiene la posibilidad de vender sus excedentes aumenta la rentabilidad de las inversiones en PCH.

CONCLUSIÓN

Las experiencias brasileñas de MRT y de cambios en la legislación constituyen alternativas prometedoras. Contribuyen a la difusión más rápida de empleos domésticos limitados, pero ardientemente deseados por la población. En lo que respecta a los usos productivos en la agricultura, no rehabilitan en ningún caso el mito de la electricidad como catalizador de un rápido desarrollo de las zonas rurales.

[2] Ello consiste, para los suelos de gran resistencia, en unir las "tierras" de los transformadores montados en el mismo conductor, con la ayuda de un conductor complementario.

[3] Estas experiencias revelan un potencial de reducción de los costos de electrificación muy consecuente por simple adaptación de las normas técnicas a las normas rurales. El costo medio del kilómetro de línea bajó, por ejemplo, de 3810 dólares para el trifásico convencional, a 1 050 dólares por MRT monofilario (Guia Abril, CELPE, 1988).

BIBLIOGRAFÍA

Barnes D., Jechoutek, "Rural électrification issues: growth, options, impacts", en *Draft Report to the World Bank*, inédito, 1985.

Enid Rocha, A., "A Electrificaçao Rural e o Processo de modernizaçao na Agricultura, 1970/1985", CEDEPLAR-UFMG, 1990.

Furtado, A. T. y Ch. de Gouvello, "A concepçao do Espaço no Planejamento Energético. Primeira Parte: Analise e critica da concepçao vigente", en Primeiro Congresso Brasileiro de Planejamento Energético, Campinas, 1989.

Guia Abril, "Manual técnico de Electrificaçao Rural", enero, 1988.

Menanteau, Ph., *L'électrification rurale dans les pays du Tiers Monde: les conditions économiques d'un projet politique technique approprié,* tesis, marzo de 1988, Universidad de París IX, Dauphine, INSTN.

Poppe, M. K., *Analise das alternativas energéticas para a regiao Oeste do Bahia,* Secrétariat d'Etat à l'Energie de Bahia, Brasil, 1987.

PLANVASF, 1987, *Plano Director para o Desenvolvimento do Val Sao Francisco - Fornecimento de Energia Elétrica a AP VIII - Oeste Baiano,* Brasilia.

Smith, D. V., D. B. Metha y P. J. Hayes, "Report of the Regional rural électrification survey to the Asian Development Bank", en *Draft Report,* Manila, 1983.

BOLIVIA: COMUNIDADES CAMPESINAS DIVIDIDAS ENTRE ECONOMÍA DE SUBSISTENCIA Y ECONOMÍA MONETARIA

JOSEPH LAURE
ORSTOM-INCAP
Guatemala

UNA investigación *directa* (1985 y 1987) y una investigación *retrospectiva* del ciclo 1980-1981 se han emprendido en cuatro comunidades de las diferentes regiones ecológicas del país:

- la comunidad aymara de Bamburua (altiplano, a más de 4000 metros de altitud);
- la comunidad quechua de Tipajara (en los valles andinos, a 2200 metros de altitud media);
- la zona de cría de Capirenda Norte (en el Chaco, a 400-500 metros de altitud);
- la comunidad de Santa Rita (en Amazonia Beni, a menos de 200 metros).

La salud, la nutrición y la alimentación, las tierras y el ganado, los medios de producción, los intercambios (autoconsumo, trueque, donativos, ventas), los periodos de penuria, el encuadramiento, el impacto de la crisis y lo que de ella piensan los campesinos, y las estrategias de supervivencia fueron estudiados en particular. Todo ello ha producido un libro (versiones francesa y española) y diversos artículos.

PERIODO DE DISPONIBILIDAD ALIMENTARIA Y ORIENTACIÓN DE LOS INTERCAMBIOS

Si los periodos de penuria, en los altiplanos y valles, corresponden a la temporada de lluvias, lo contrario se observa en las zonas bajas (llanos). Las comunidades estudiadas se dedican esencialmente al autoconsumo y están poco abiertas a los intercambios (venta, trueque, donativo). El índice de autoconsumo varía de 65% en Santa Rita, en Amazonia, a 84% en Bamburuta, en los altiplanos. Las ventas monetarias sólo alcanzan 11% en Bamburuta y 23% en Tiparara, en los valles. El trueque, prácticamente inexistente en Capirenda, en el Chaco, alcanza 9% en Santa Rita (y valores intermedios en las otras comunidades). Los donativos son más elevados en Santa Rita, donde alcanzan el 6 por ciento.

Abandono de las comunidades campesinas

Los servicios del Estado u otros tienen poca presencia en las comunidades. Si todas tenían una escuela primaria, la del Chaco ha cerrado sus puertas, lo que causó el éxodo de una parte de la población —muy dispersa— hacia la cabeza de distrito. Las tasas de vacunación de los hombres (y de los animales) son muy bajas: 31% de la población de Capirenda, en el Chaco, no está vacunada. Esas proporciones son de 57% en Santa Rita, 60% en Bamburuta y 91% en Tipajara. La tasa calculada de mortalidad infantil (antes de los cinco años), calculada a partir de las respuestas de las mujeres, varía en el mismo sentido que la tasa de no vacunación. Van de 127% en Capirenda, donde 50% de los niños de 0 a 4 años no reciben ninguna vacuna, a 415% en Tipajara, donde 84% de los niños de 0 a 4 años no están vacunados.

La malnutrición afecta a más de una tercera parte de los niños de menos de 12 años en Tipajara, cerca de una tercera parte en Bamburuta, una octava parte en Santa Rita y ninguno en Capirenda. La estatura de los adultos aymara y quechua ha permanecido estable al menos desde 1829 (primeros datos disponibles): 1.59-1.60m para los hombres y 1.48-1.49m para las mujeres. Este fenómeno testimonia la estabilidad de las condiciones de vida —alimentación y salud en particular— desde hace más de un siglo y medio.

El bocio es endémico: 30 a 53% de la población se ve afectada por él, sobre todo las mujeres. Los campesinos no reciben prácticamente ninguna ayuda técnica. También se ha notado un deterioro de la dentición, que varía en función inversa de la altitud, así como una considerable diferencia entre los sexos (las muchachas tienen mejores dientes que los muchachos, situación inversa en los adultos).

La crisis vivida por los campesinos

Dado el aislamiento de las comunidades y el nivel del autoconsumo, la crisis y la inflación (que alcanzó en 1985 la tasa de 8171%) afectan a los campesinos, pero menos que las variables climáticas (sequías o inundaciones). Respondiendo a preguntas sobre el presente (1985-1987) y el pasado (1980-1981), los campesinos explicaron lo que para ellos fueron la crisis y los cambios de sus condiciones de vida y de trabajo. El crédito agrícola es sumamente limitado, salvo en Santa Rita, en la Amazonia, donde los préstamos sirven para la compra de alimentos y casi nunca para invertir en la producción. La mayor parte de los habitantes se queja de falta de ayuda técnica y sanitaria. En dos comunidades ha mejorado la situación alimentaria (Santa Rita y, en menor medida, Capirenda), y dos disponen de menos alimentos que antes (Tipajara y sobre todo Bamburuta). Por causa de la inflación, muchos campesinos se han retirado del mercado: ahora se valen del trueque y del trabajo comunitario. No compran ni venden nada y consumen su producción. El ahorro en moneda nacional ha desaparecido. Los raros ganaderos del Chaco que aún ahorran lo hacen en dólares. Los excedentes, si los hay, son o vendidos o trocados, según lo que parezca más productivo. Por último, el ganado a menudo desempeña el papel de un ahorro en pie. Las familias explican las estrategias ante la crisis:

- intensificación del trabajo para otros (a veces, emigración);
- prioridad del autoconsumo;
- adopción del trueque y rechazo de la moneda nacional;
- promoción de la ayuda mutua (para la alimentación, el trabajo y el agrupamiento de las compras).

Bibliografía

Laure, J. *et al.*, *Les paysans et la crise. Etude de communautés rurales de Bolivie,* INAN-ORSTOM, La Paz, octubre de 1987. En microfichas, *TDM 36,* ORSTOM, París, 1988.

———, *Los campesinos y la crisis. Estudio de algunas comunidades rurales de Bolivia,* INAN-ORSTOM, La Paz, 1988.

BRASIL: CONSECUENCIAS DE LOS PLANES DE ESTABILIZACIÓN SOBRE LOS PROBLEMAS ALIMENTARIOS

Raymonde Ladefroux
STRATES/CNRS
París, Francia

Han transcurrido más de 30 años desde que apareciera el célebre libro de Josué de Castro, *Geografía del hambre: el dilema brasileño: pan o acero.* Aunque en el curso de este periodo Brasil ha logrado ascender al octavo lugar de las potencias industriales, el problema de la subalimentación y hasta del hambre sigue vigente, sobre todo en el noreste, incluso con mayor agudeza debido a las enormes concentraciones urbanas actuales.

A pesar de la gravedad de esta situación, los análisis de los problemas alimentarios de Brasil siguen evocando las dificultades de "abastecimiento" debidas a la escasez de una producción alimentaria sacrificada en aras de los cultivos de "exportación" y a la estructura de las redes de distribución, donde la presencia de numerosos intermediarios origina un encarecimiento de los alimentos. Ahora bien, la rápida modernización de esos dos componentes del abastecimiento, pese a la persistencia de arcaísmos evidentes (sobre todo presentes en la región del noreste), ha reducido el impacto que habrían podido tener en el periodo que precedió a la dictadura militar; el gobierno que surgió del golpe de Estado de 1964 desempeñó, en efecto, un papel determinante en la transformación de las estructuras económicas y sociales del país, durante el periodo del "milagro".

El aspecto social del problema alimentario —el carácter generalizado de la pobreza, casi de la miseria, que ha afectado a la población brasileña a lo largo de toda su historia— sigue siendo de actualidad; no ha dejado de agravarse desde los comienzos de la industrialización y urbanización del país. Esta miseria es resultado de la gran debilidad de los salarios, de la abundancia de los empleos no calificados, del desempleo o del subempleo inherentes al modo de desarrollo elegido desde los años treinta y cuyas líneas directrices continúan produciendo estos efectos, pese a las enmiendas posteriores.

Los gobiernos brasileños y la evolución de los salarios y de los precios de los alimentos

Desde su creación durante los años treinta, el salario mínimo siempre ha servido de base de cálculo para el conjunto de los ingresos salariales.

Sus ajustes sucesivos nunca han tomado en cuenta totalmente las nuevas necesidades debidas a una urbanización explosiva y el aumento de productividad resultante del crecimiento económico. Además, ha sufrido una erosión por la inflación desatada casi permanente que ha acompañado a la industrialización. Por último, desde comienzos de los años ochenta, fue objeto de una discriminación regional: en las zonas más prósperas, donde la agricultura moderna y dinámica ofrece las mejores condiciones de abastecimiento de víveres a los centros urbanos próximos, el valor del salario mínimo era superior al del trabajador de las zonas tradicionales.

Los gobiernos que se sucedieron durante todo el periodo inicial del desarrollo urbano-industrial hasta el golpe de Estado de 1964 tuvieron que enfrentarse en varias ocasiones a brotes inflacionarios y a una progresión demasiado rápida de los precios de los alimentos. Quisieron poner remedio congelando los precios de venta al menudeo de los productos de gran consumo, y lanzando al mercado los abastos alimentarios que ellos controlaban. Pero sólo se trataba de acciones esporádicas, aisladas, destinadas a impedir revueltas urbanas provocadas por la miseria.

Ante una fuerte devaluación de la moneda, el gobierno militar se contentó en 1967 con una reforma monetaria, instituyendo el "nuevo cruzeiro" con un valor mil veces menor que el cruzeiro de 1943, sin medidas adicionales que pudieran atacar las causas mismas de la inflación. Su política favoreció una concentración acentuada de los ingresos y una extensión de las capas sociales prósperas en detrimento de los salarios de las capas populares, totalmente alejadas de los beneficios del "milagro": según los datos del Departamento Intersindical de Estadísticas y de Estudios Socioeconómicos (DIEESE), en diciembre de 1971, una ración alimentaria básica representaba 113 horas de trabajo con salario mínimo, contra 87 horas en 1965 (el tiempo legal de trabajo era de 240 horas por mes).

En 1974, la toma de conciencia de los problemas planteados por la miseria generalizada, el agotamiento de la economía y el nuevo impulso de los movimientos sociales sofocados durante la Dictadura favorecieron una cierta redistribución de los ingresos, gracias a la indización diferenciada que benefició a los salarios más bajos, que recuperaron poder adquisitivo pese a la inflación omnipresente. Pero a partir de 1979 esta última tomó un ritmo galopante. En 1981, el ministro de Economía, Delfim Neto, recurrió a una política de fuerte reducción de la demanda para poner remedio al deterioro de la balanza de pagos. La recesión produjo un desempleo importante y una baja general de los salarios, mientras que un periodo de malas cosechas llevaba el aumento de los precios de los alimentos a un nivel superior a la inflación, particularmente en el noreste, afectando profundamente a los ciudadanos de ingresos más bajos.

Ese ritmo de inflación prosiguió hasta la puesta en vigor del Plan Cruzado, incitado por el aumento de la deuda exterior resultante del fuerte aumento de los intereses internacionales junto a un importante endeudamiento interior. La indización sobre el valor del dólar de las obligaciones que cubrían los préstamos del Estado provocó la indización general de la economía brasileña: todos los contratos se harían sobre el valor de esas obligaciones.

Los años de 1984-1985 se caracterizaron, sin embargo, por una renovación del crecimiento y una mejora del empleo y de los salarios, ajustados en adelante cada tres meses, e indizados según la inflación. El consumo aumentó, pero a finales de 1985 la espiral inflacionaria se volvió vertiginosa. Al principio de 1986, al ritmo tomado en adelante, se esperaba una inflación que superara el 500% anual. Las medidas extremadamente limitadas de las sucesivas minidevaluaciones fueron abandonadas para entrar en la época de los planes de estabilización sobre el conjunto de la economía. Cuatro se escalonaron entre 1986 y 1990, con el nombre de Plan Cruzado, Plan Bresser, Plan Verao y por último, hasta la fecha, el del 17 de marzo de 1990, llamado Plan Brasil Novo, más conocido con el nombre de Plan Collor.

Los planes de estabilización económica y los problemas alimentarios

Nuestro análisis se hará, ante todo, sobre el Plan Cruzado y el Plan Collor, porque difieren sensiblemente y porque su duración fue más prolongada que la de los otros dos.

El Plan Cruzado (28 de febrero de 1986-diciembre de 1986)

La lógica de este primer plan de estabilización llamado "heterodoxo" consiste en la hipótesis de una espiral inflacionaria autoalimentada por el comportamiento general de los agentes económicos, previendo las alzas con el objeto de conservar en todo momento sus ingresos reales. Los promotores del Plan, para romper ese círculo infernal, deseaban eliminar totalmente el recuerdo de la inflación. Tal fue el primer objetivo del conjunto de las medidas de choque, anunciadas, sorpresivamente, por el presidente Sarney, el 28 de febrero de 1986:

- para empezar, la reforma monetaria que sustituía el cruzeiro en curso por el "cruzado", que valía mil cruzeiros, tenía un valor simbólico, para señalar una nueva época;
- con el objetivo inmediato de una "inflación cero", el gobierno congeló los precios durante un tiempo indeterminado, al nivel alcanzado en vísperas del anuncio del Plan. Un organismo de Estado, la Superintendencia de Abastecimiento (SUNAB), quedó encargada de controlar los precios, pero cada ciudadano fue invitado a denunciar las bár-

baras alzas de los mismos, y los comerciantes que delinquieran se arriesgarían a ir a prisión y al cierre de sus establecimientos;

- la indización automática de los salarios, una vez por año, limitaba los ajustes a 60% de la inflación acumulada en el curso del año, el reparto de las ganancias de productividad debería ser negociado con los patrones. Sin embargo, se autorizó un reajuste anticipado, el "gatilho", para un nivel de inflación que alcanzaba el 20%. Para prevenir los riesgos de recesión, se ajustaron los salarios a su valor real promedio de los seis meses anteriores, con una mejora de 8%, llevada incluso a 15% en favor del salario mínimo, al entrar en vigor el Plan;
- se realizó la vieja aspiración de los sindicatos obreros, de instauración de una indemnización por desempleo; otorgada durante cuatro meses a los trabajadores licenciados de su empleo que pudieran mostrar 36 meses de pago del Seguro Social, la cual fue proporcional al salario del beneficiario, sin ser inferior nunca al 70% del salario mínimo;
- los contratos con pagos en cruzeiros deberían calcularse en cruzados, y las tasas de interés calculadas en valor real y fijo, sin indización. Tan sólo el ahorro popular se beneficiaría de una indización monetaria sobre la inflación;
- por último, para combatir la especulación con dólares, el Plan congelaba los tipos de cambio del dólar.

El desenvolvimiento práctico del Plan

Desde el primer día, muchos comerciantes trataron de cambiar subrepticiamente las etiquetas, con precios superiores. Pero al menos en el primer mes de aplicación del Plan, las sanciones previstas castigaron a numerosos delincuentes. La mejora de los ingresos salariales produjo un consumo acelerado en el que participaron las capas populares. En el mes de abril, la inflación era próxima a cero y en ciertas regiones hasta pudo notarse una deflación. Por ejemplo en Recife, productos básicos como el arroz y el chícharo negro disminuyeron, respectivamente, en 3.5 y 3.6%. Sin embargo, en junio el costo de la vida sufrió un alza más acentuada de 1.27%, y sobre todo, la parte de la alimentación volvía a subir, con una tasa oficial de +0.45%, acentuada más aún en julio (+1.2%); para el alimento popular, que es la harina de mandioca, el alza alcanzó 23.2%... Pero, por doquier, desde finales de abril, muchos productos desaparecían de los escaparates, sobre todo la leche y la carne, pero también productos como el tomate y hasta (en Recife, en plena zona azucarera) ...¡el azúcar! Sin embargo, el que podía y aceptaba pagar en el mercado negro sufría poco de esta penuria y encontraba en las trastiendas carne y leche en polvo. En octubre de 1986, el Plan había perdido todo vuelo, los escaparates estaban mal provistos y cerradas las carnicerías; las capas sociales prósperas recurrían al mercado negro. Hasta noviembre, el gobierno, paralizado por elecciones importantes, no pudo adoptar medidas correctivas enérgicas. Tuvo que esperar al 21 de noviembre de 1986 para promulgar el "Cruzado II", decretando un sensible aumento de los impuestos a los automóviles, los cigarrillos, las bebidas y las tarifas públicas, lo que le valió una gran impopularidad, tanto entre las clases prósperas como entre las populares.

Los comerciantes adoptaron entonces la estrategia de eludir las medidas de congelación de los precios del Plan Cruzado mediante una baja de la calidad, cambios de las condiciones, sisa en los pesos, etc... Las alzas de precios, al principio disimuladas, en enero de 1987 fueron acompañadas de amenazas de desobediencia civil. En esta fecha, el Plan se había desplomado y la inflación se había reanudado. En junio de 1987, el Plan Bresser que decretaba una nueva congelación de los precios pero sobre todo de los salarios, no llegó a corregir la tendencia inflacionaria, y a finales del año de 1987 la inflación llegaba a 366%. El precio de la alimentación había aumentado en forma vertiginosa. Según el estado de São Paulo, el 13 de enero de 1988, la leche de menor calidad había aumentado 677%, la harina de mandioca 8 745%, el pan 654% y la sal 616%. El valor de los salarios sufría una nueva caída, pese a ajustes de más de 337.6%. En octubre de 1987, según los datos del DIEESE, un trabajador de São Paulo (capital económica del país) con salario mínimo debía trabajar más de 204 horas para adquirir una ración de alimentos básicos, contra 176 horas 50 minutos en octubre de 1986 y 156 horas en noviembre de 1985. A finales de 1987, el deterioro del poder adquisitivo en alimentación dejó sin clientela a los comercios alimentarios al menudeo, sobre todo a las carnicerías. El marasmo de la demanda repercutió sobre la producción, en un reflejo de ajuste de la oferta a la demanda.

El fracaso del Plan Cruzado en el ámbito de la alimentación

El Plan Cruzado comenzó durante un periodo de nuevo arranque de la economía brasileña, acompañado de un fuerte aumento del empleo y de los salarios (+15.2% en términos reales entre enero y septiembre de 1985), y por tanto de la demanda, en el momento en que la oferta de productos alimentarios sufría una disminución de las cosechas en las regiones agrícolas más dinámicas y productivas, el sur y el centro-oeste, después de una prolongada sequía. Pero al momento de entrar en vigor el Plan los ajustes a los precios reales de los productos agrícolas aún no repercutían sobre el conjunto de los productos, de modo que la congelación de los precios condujo a la venta con pérdida de algunos de ellos. Los comerciantes de la carne alegaron esta pérdida para explicar la desaparición de la carne en los escaparates y justificar los precios de las ventas clandestinas. En cambio, mientras la mejora de los ingresos de las capas populares aumentaba la demanda alimentaria, la ausencia de enmarque del crédito favoreció el acaparamiento con fines especulativos. La multiplicación de los medios de pago, junto con los agios causados sobre las ventas por la práctica del mercado negro, de hecho impulsaron una inflación de grandes dimensiones, no reflejada en las estadísticas oficiales. Paralizado por la perspectiva electoral, el gobierno no pudo retroceder a tiempo para un reajuste de los precios al valor real de las mercancías y de los servicios, contentándose con paliativos como la reducción del impuesto sobre la circulación de mercancías, en el caso de los productos bovinos, en detrimento de los ingresos fiscales de los cuatro estados más productivos. Sus enormes importaciones de productos alimentarios pesaron sobre la balanza comercial..., a menudo sin que esos productos llegaran a los comercios al menudeo.

El Plan Bresser de 1987 y el Plan Verao de enero de 1989 no lograron contener la inflación por debajo de 10% mensual sino durante cuatro meses, el primero, y tres meses el segundo. En vísperas de entrar en vigor el Plan Collor, la inflación brasileña superaba 1 000% anual.

El Plan Collor

Su primera ambición, además del control de la inflación dentro de límites más razonables, fue la neutralización del déficit público. Como el Plan Cruzado, fue acompañado por una reforma monetaria con la sustitución del cruzeiro por el cruzado del Plan de 1986. Y también como él, congeló los precios, pero sólo con una breve duración de un mes: su reajuste debía ser prefijado en función de la inflación prevista. Pero, en contraste con el Plan Cruzado, atacó los salarios, congelados desde el 17 de marzo de 1990, y este ajuste dependió de negociaciones con los patrones, para alinearlos con las ganancias de productividad. Procedió, sobre todo, a una retención inmediata del ahorro, que superó los 50 000 cruzados (700 dólares) durante 18 meses; los fondos así retenidos debían servir para financiar los sectores considerados prioritarios. El saneamiento de las finanzas públicas pasó por el ajuste de las tarifas públicas a su costo real, por la supresión de un cierto número de organismos públicos, la reducción del número de funcionarios en el conjunto de la administración y la venta al sector privado de bienes y empresas pertenecientes al Estado. Por último, el Plan previó un aumento de los impuestos y la instauración de un impuesto sobre el patrimonio. Este Plan, considerado por el gobierno como un plan de reconstrucción nacional, agrupó la mayor serie de medidas jamás adoptadas en la historia económica de Brasil.

Los efectos del Plan Collor

Después de seis meses en vigor, el Plan causó una muy fuerte recesión: la congelación de la liquidez, pese a la flexibilidad en el bloqueo de los fondos de reserva de las empresas desde el mes de abril, paralizó totalmente la actividad económica durante las primeras semanas, causando la quiebra de las empresas más débiles (con una oleada de despidos de asalariados), mientras que las más grandes procedían a adoptar medidas provisorias, en espera de los ajustes que redujeran el rigor del plan. Además del aumento del desempleo que cayó sobre los asalariados del sector privado, pero también sobre un gran número de funcionarios, muchos de los salarios permanecían congelados al nivel de marzo de 1990: los de la función pública, pero también los de los asalariados menos bien pagados del sector privado, cuyo poder de negociación es nulo ante las amenazas de recesión, a pesar de que la actividad se había vigorizado un poco. La inflación, tras un lapso de freno, debido a la total congelación de los precios decretada hasta el 15 de abril, tomo fuerza después de su desbloqueo progresivo, especialmente en los precios de los alimentos. En septiembre, estos prácticamente recuperaron la libertad, y la tasa de inflación general ya era de 300%. Sin embargo, y pese a una presión al alza, debido a las bajas de la oferta de ciertos productos agrícolas durante el periodo de adaptación, la variación de los precios alimentarios, que subieron 183%, fue inferior a la de la inflación. Y, en contraste con lo ocurrido durante el desarrollo del Plan Cruzado, la demanda se redujo considerablemente y las tiendas siempre estuvieron bien provistas. Para prevenir los efectos de esta reducción de la demanda sobre la producción agrícola del año 1991, el gobierno de Collor elaboró, en agosto de 1990, una serie de medidas destinadas a evitar una retracción de la producción de los artículos básicos consumidos particularmente por las capas populares, en especial el arroz y el maíz, pero también el chícharo negro y la mandioca. Hubo que autorizar el otorgamiento de créditos con escasos intereses a los pequeños productores para financiar esos cultivos. La medida original de ese proyecto fue la regionalización de los precios mínimos garantizados a la producción, quedando reservados los más ventajosos para los agricultores de las regiones más urbanizadas. Se trató de un estímulo a la producción en las zonas cercanas a los grandes centros para que, como consecuencia, la venta de los productos de los mercados urbanos quedara liberada, en lo posible, de los costos de transporte.

Conclusión

Los vastos planes de regulación de la economía, como las aisladas acciones emprendidas por los diversos gobiernos del país, no han llegado a resolver los problemas alimentarios planteados a las masas urbanas pobres. Los últimos planes de estabilización, por su debilidad ante las liquideces monetarias como el Plan Cruzado o, por el contrario, por su extremo rigor como el Plan Collor, no han podido controlar la inflación dentro de unos límites soportables. La mejora del poder adquisitivo de los salarios por la congelación de los precios no fue más que una breve ilusión, rápidamente disipada por el alza de los precios reales de las mercancías en el proceso de penuria de la oferta que intervino durante el

Plan Cruzado, o por las brutales restricciones impuestas a la demanda por el Plan Collor, por razón de la afectación de los salarios que resultó directamente de las pérdidas de empleos o indirectamente de la recesión causada por la contracción de la liquidez monetaria. A mayor o menor plazo, todos esos planes parecen haber causado una seria reducción del poder adquisitivo de los ciudadanos de más escasos ingresos, para los cuales la alimentación constituye el capítulo mayoritario e irreductible del presupuesto familiar.

Bibliografía

Ayerbe, L. F. y C. A. Pacheco, *O choque economico e a transiçao democratica - Brasil e Argentina*, Ed. Vertice, São Paulo, 1986.

Carvalho, M. A. de y C. Leite da Silva, "Politicas de ajustamento e as relaçoes Agricultura - Industria no Brasil", en *Revista de Economia Politica*, vol. 10, núm. 3, Ed. Brasiliense, julio-septiembre de 1990.

Homem de Melo, F., *O problema alimentar no Brasil. A importancia dos equilibros tecnologicos*, Ed. Paz e Terra, Río de Janeiro, 1983.

Leite Linhares, M. Y. y F. Teixeira da Silva, *Historia politica do abastecimento 1918-1974*, Ed. Binagri, Brasilia, 1985.

Luque, C. A. y J. P. Zeetano Chahad, "Salario real e oferta de alimentos basicos no Brasil", en *Revista de Economia Politica*, vol. 10, núm. 3, Ed. Brasiliense, julio-septiembre de 1990.

Folha de São Paulo del 15 de septiembre de 1990, carnet especial, "Seis meses", 8 pp.

Folha de São Paulo del 16 de agosto de 1990, hojas B 9, Economía.

EVOLUCIÓN DEL CONSUMO Y CONSTITUCIÓN DE UN CINTURÓN VERDE. EL CASO DE LA METRÓPOLI DE RECIFE (ESTADO DE PERNAMBUCO, BRASIL)

PERNETTE GRANDJEAN
Laboratorio STRATES/CNRS
Universidad de Reims, Francia

SITUADO en la zona litoral húmeda (Zona da Mata) de Pernambuco, uno de los primeros centros de la colonización portuguesa y región tradicional de la caña de azúcar, la gran metrópoli del noreste, Recife, está rodeada por un paisaje de plantaciones que puede parecer un tanto insólito si se piensa en las necesidades de abastecimiento de productos frescos de una aglomeración de estas dimensiones: en el censo de 1980, el área metropolitana abrigaba 2 347 000 habitantes, de los cuales 1 203 900 residían en el corazón mismo de la ciudad. Ahora bien, si exceptuamos las pequeñas granjas dedicadas a la cría de aves, la metrópoli del noreste está desprovista de un verdadero "cinturón verde". Éste comienza en los límites de la Zona da Mata, unos 60 kilómetros al oeste de Recife, y se presenta como una serie de manchas localizadas principalmente en el Agreste, zona tradicional de producción alimentaria para la metrópoli. Esos cultivos de huertas, por su aspecto racionalizado y ordenado, forman un notable contraste con las grandes granjas de cría y los pequeños predios de cultivos de subsistencia.

Su desarrollo es un fenómeno reciente que comenzó durante los años setenta; corresponde al periodo del "Milagro", cuando coincidieron un intenso crecimiento urbano y un desarrollo relativamente importante de las capas sociales prósperas, cuyos modos de consumo evolucionaron con rapidez. En efecto, la ración monótona, formada esencialmente de arroz, de habichuela negra y de *chaque* (carne de res seca) que constituían el menú de la mayoría de los ciudadanos de Recife hasta el comienzo de los años sesenta, fue sustituida, en las familias de vastos recursos, por una alimentación mucho más diversificada que incluye un consumo cada vez más importante de legumbres frescas y de fruta. Para responder a esas nuevas necesidades, se implantó en Recife, al comienzo de los sesenta, una CEASA, mercado al mayoreo institucionalizado, que ejerce un casi monopolio de la distribución de los productos de las huertas en la zona urbana, como experiencia piloto, remplazando a la zona de los mayoristas que funcionaba en el corazón del mercado central de la ciudad, en condiciones de higiene y de comercialización extremadamente precarias:

frutas y legumbres estaban expuestas al sol y no había ninguna estabilidad en los precios de parte de los comerciantes, que constituían una verdadera mafia.

Aparte de las transformaciones de la vida urbana que le ofrecen un mercado cada vez más abierto, la producción de las huertas también ha sido favorecida por la política gubernamental de los años setenta, tendiente a la modernización de la agricultura y a la integración de los pequeños productores al mercado interno, gracias a mayores facilidades de acceso a un crédito rural con bajos intereses.

Esos cultivos de huerto los practican, en efecto, pequeños campesinos que trabajan en un ámbito familiar. Sin embargo, la necesidad de técnicas culturales específicas, especialmente el riego, y la fragilidad de las producciones que exigen un sistema de comercialización rápida y muy arraigada en el mercado urbano, alejan a esos productores de los esquemas observados en el noreste entre los cultivos de subsistencia tradicionales. En los espacios brasileños más desarrollados, el sur y el sureste en particular, se practican los cultivos de huerta en el marco de pequeñas explotaciones modernas "tecnificadas". En el noreste no ha habido en realidad una modernización de la explotación familiar, sino una adaptación de los hortelanos a las necesidades del mercado. En efecto, aparte de la existencia de una demanda estable y hasta creciente, los cultivos de huerta presentan grandes ventajas a los pequeños campesinos que por tradición se dedican a cultivos de subsistencia no rentables. Cultivados intensivamente, requieren una superficie agrícola reducida y su ciclo vegetativo, sumamente corto (tres semanas, en promedio, entre la siembra y la cosecha), permite —si se les practica en el marco de un sistema rotativo— percibir un ingreso semanal que asegure los fondos necesarios para continuar en actividad y, a la vez, para la subsistencia de la familia. Por último, el transporte de los productos de huerta se beneficia de una tasa de recuperación del Impuesto sobre la Circulación de las Mercancías, reducido en relación con el de otros productos alimentarios.

Nuestro trabajo de investigación se ha dedicado a esta categoría de pequeños productores del noreste con el objeto de analizar el sistema de producción de las huertas practicado en el estado de Pernambuco y las formas de adaptación de las explotaciones familiares a ese tipo de cultivos. El estudio enfocó la producción de las legumbres frescas en rama (lechuga, cilantro, cebollino, etc.) que delimita las zonas específicas de desarrollo reciente. La investigación se efectuó en las dos comunas productoras más importantes del estado de Pernambuco, Vitoria de Santo Antao, situada a 60 kilómetros de Recife, y Caruaru, a 150 kilómetros. Se trata de zonas de fuerte densidad rural, en las cuales los cultivos de subsistencia se inscriben en una tradición antigua.

El acceso a la tierra, al agua y los modos de comercialización diferencian a los aparceros

Aunque dedicados al mismo tipo de actividad, practicada en un ámbito que en general se ha mantenido tradicional, los hortelanos del estado de Pernambuco están lejos de beneficiarse de unas condiciones homogéneas. Diferentes factores se conjugan para constituir, en el interior de esta categoría de productores, una gran variedad de situaciones.

El acceso a la tierra y a las vías de comunicación

En esa región se encuentran unas situaciones muy diversas.

La propiedad de la tierra no necesariamente representa una ventaja. A menudo, los productores sólo deben esa condición al aislamiento de tierras de acceso difícil. Tal es el caso de los hortelanos de la región de Mocoto, en la comuna de Vitoria de Santo Antao, y de los de las regiones de Serra dos Cavalos y de Peladas, en la comuna de Caruaru. Las explotaciones son pequeñas (de una a cuatro hectáreas), dispersas sobre las pendientes bastante empinadas de vastos valles, unidas a la ciudad por malos caminos de tierra, y por tanto disponen de condiciones poco favorables para la comercialización de productos delicados.

En las mismas condiciones de aislamiento, los productores de Murici (comuna de Caruaru) son "ocupantes ilegales" de las tierras de una antigua fábrica de aguardiente, expropiada por el Estado. En comparación con las de los hortelanos propietarios, esas tierras presentan la ventaja de estar situadas en el fondo de un valle que se inunda durante el invierno. Se les cultiva durante la temporada de sequías, y sus usufructuarios disponen de otras tierras donde practican cultivos de subsistencia.

Las otras dos comunidades estudiadas, pese a una relación con la tierra menos estable que la propiedad, se benefician de mejores condiciones unidas a la vez a la situación geográfica de las tierras y a una estructura de organización colectiva. Los *posseiros* (ocupantes legales, con título gratuito pero no propietarios de la tierra) del perímetro de Natuba, a cuatro kilómetros de Vitoria de Santo Antao, están organizados en una asociación de productores, en las 25 hectáreas de una antigua fábrica procesadora de caña de azúcar, expropiada por el Instituto de Colonizaçao e de Reforma Agraria (INCRA) en 1982. Disponen de unos lotes minúsculos (entre 2500 y 3000 metros cuadrados), pero situados sobre una gran superficie de fondo en el valle, unida al camino, posición favorable para transportar los productos a sus lugares de consumo.

Por último, en Conceiçao (comuna de Vitoria de Santo Antao), los cultivos de huerta se practican desde hace seis años por aparceros instalados en las 20 hectáreas pertenecientes a un propietario de Recife, que limitan con la ruta nacional PE 50, entre Gloria do Goita y Vitoria de Santo Antao.

El acceso al agua es esencial

En efecto, es un bien raro, muy desigualmente repartido entre las zonas, y que por tanto desempeña un papel muy discriminante:

- los mejor provistos son los fondos de los valles *(várzeas)* y las primeras pendientes. En Natuba esta situación favorable no excluye, sin embargo, ciertos inconvenientes: pese al drenaje efectuado en el llano de inundación del río Natuba, ciertos terrenos se inundan demasiado y presentan problemas de salinidad. En las zonas no inundables, se bombea agua de río con la ayuda de pequeños motores y luego se distribuye por una red de canales y de acequias. El riego de las plantas se hace a mano, dos veces al día, por medio de tubos. Las tierras de Conceiçao, situadas en las primeras pendientes, se benefician de un sistema de riego más moderno, por aspersión, instalado gracias a los cuidados del propietario del terreno;
- en cambio, las zonas de fuertes pendientes son menos favorecidas; tal es el caso de Mocoto y de Peladas. Se capta el agua en sus fuentes por un sistema de canales de plástico al que se unen pequeños tubos de caucho. Esta agua, cedida por grandes propietarios de la región, a veces llega desde más de 10 kilómetros, y durante los periodos de estiaje los productores se ven obligados a reducir el área de cultivo. El riego se efectúa con ayuda de tubos, o a veces, por medio de simples regaderas.

Las formas de comercialización

Si bien algunos pocos productores que disponen de un camión pueden permitirse asegurarse por sí mismos la comercialización directa de su producción en los grandes mercados urbanos, y hasta comprar la cosecha de otros campesinos para revenderla, la mayor parte debe recurrir a intermediarios. Éstos pueden, o bien comprar la producción en pie encargándose ellos mismos de la cosecha, o bien negociar los productos llevados por los productores a los mercados de mayoreo de los centros urbanos, Feira do Mangalho, conocido con el nombre de *"A Pedra"*, en Vitoria de Santo Antao, o el Mercado Central de Caruaru.

La venta de la producción en pie es la que más a menudo deja a los productores a merced de los intermediarios. Como han sido apartados del contacto directo con el mercado, esos agricultores no tienen ningún poder de negociación. Por ello entre las posesiones más preciadas están los camiones. Los productores de la aislada zona de Mocoto se unen para alquilar un camión dos veces por semana con objeto de llevar su producción hasta Vitoria de Santo Antao, aun cuando esta solución no es muy satisfactoria por razón del precio excesivo del flete, fijado por el número de sacos de mercancía transportados, y no por usuario. En Natuba, agrupados en Asociación de Productores, los campesinos pueden pensar en adquirir un camión y formular una demanda al PRORURAL para la atribución de dos puestos de venta, uno de ellos en la CEASA de Recife, el otro en el mercado de Vitoria de Santo Antao. La obtención de esos dos elementos daría a los hortelanos posibilidades de venta directa y les permitiría librarse de los intermediarios. Algunos productores practican un sistema mixto, comercializando una parte de su producción en los mercados locales y vendiendo la otra a intermediarios. En Conceiçao, es el propietario de tierras el que comercializa el conjunto de la producción de sus aparceros vendiéndola directamente en muchas partes de Recife.

LOS APARCEROS DEL NORESTE SIGUEN SIENDO PEQUEÑOS CAMPESINOS TRADICIONALES

Esas producciones de ciclo breve son resultado de un trabajo considerable, que incluye horas agotadoras y que requiere la participación de la familia entera del productor, incluyendo a los niños desde los siete años. En efecto, las técnicas utilizadas, poco modernas, exigen una mano de obra considerable: trabajo con la hoz y formación de eras delimitadas por los canales de riego (renovados en Natuba cada seis semanas), semilleros y trasplante de plantas, a menudo cultivadas en asociación (por ejemplo, lechuga/cebollino, cilantro-cebollino), aplicación de abonos orgánicos (excremento de gallina o de vaca, a los que se añaden abonos químicos), desyerbe, riego a mano al menos dos veces al día. Estas últimas tareas a menudo las realizan las mujeres y los niños. Es muy poco habitual recurrir a la mano de obra asalariada, sobre todo en las zonas aisladas. Su empleo sólo es sistemático en dos casos. En Natuba, permite temporalmente dedicarse a los trabajos más absorbentes (por ejemplo, reparación de las eras). En Conceiçao, el empleo de asalariados por los aparceros es permanente: esta zona cuenta con unos 60 obreros agrícolas. La gran escolarización de los niños de esas dos áreas explica el escaso empleo de la mano de obra familiar. Los propios padres tienen un nivel de escolaridad superior al de los productores de las otras zonas de huertas. Los trabajadores agrícolas de Natuba también tienen una buena formación, pues se trata de jóvenes, muchos de los cuales participaron en el movimiento campesino de 1983 del que brotó la comunidad agrícola. Miembros de la asociación pero que no pudieron recibir lotes de tierra durante el proceso de distribución por el INCRA, esperan obtener uno en caso de que cristalicen las perspectivas de adquisición de nuevas tierras cercanas a la zona comunitaria actual. Los *posseiros* emplean dos asalariados, y de tres a cinco en los lotes más grandes.

Las estrategias de producción también caracterizan a las diferentes zonas y muestran los distintos grados de especialización. En Natuba, los cultivos dominantes son la lechuga, el cebollino y el cilantro. Esta última planta tiene un gran valor mercantil, pero algunos agricultores han intentado una diversificación produciendo perejil, remolacha, berenjena y pimiento morrón, aunque en cantidades bastante modestas. En Conceiçao, la diversificación es mucho más grande. En las zonas más aisladas, en que la comercialización de los productos sigue dependiendo de los intermediarios, los productores han probado, en un intento bastante desordenado, la explotación de cultivos más rentables, como el de plantas florales, que tienen gran demanda en el mercado. Por ello, son zonas de menor estabilidad.

Dada la diversidad de las condiciones, el éxito de las explotaciones es muy variable. En lo tocante a la zona de Natuba, donde ya existía una tradición de cultivos de huertos, es seguro que la estructura asociativa ofrece a los productores una verdadera oportunidad de "despegue" de su explotación gracias a las infraestructuras básicas que les ofrecen los organismos locales de desarrollo rural (EMATER), infraestructuras de riego y ayudas técnicas, así como facilidades de obtener préstamos bancarios. La mayor parte de los *posseiros* de Natuba residen en Vitoria de Santo Antao. Su nivel de vida es, en general, muy superior al promedio de los pequeños productores rurales; dos terceras partes de ellos son propietarios de casas en construcción, a menudo equipadas con televisiones y aparatos domésticos. Esta zona contribuye en gran parte a que la comuna de Vitoria de Santo Antao sea la primera productora de las huertas de todo el Estado, destinadas no sólo al mercado urbano de Recife sino también a los mercados de otros estados del noreste, como Joao Pessoa (Paraiba) y Macéio (Alagoas). Pero esta relativa prosperidad no libera a los asociados de tener que seguir en lucha permanente, tratando de resolver aún numerosas dificultades. Para empezar, lucha por adquirir las tierras vecinas con objeto de proveer a los 132 asociados sin tierras. Lucha por obtener la electrificación, que ahorraría trabajo en las tareas de riego, y sobre todo, lucha contra los intermediarios. Aunque fortificado, al haberse organizado en asociación, el poder de negociación de esos aparceros sigue siendo frágil ante los grandes comerciantes: así, las tiendas de la CEASA de Recife, que habían distribuido sus productos fueron invadidas por otras mercancías, como plátanos o papas. Hasta en el mercado de Vitoria de Santo Antao, el espacio reservado a exponer sus productos es demasiado reducido.

En cambio, las otras zonas son menos favorables para un "despegue" de las explotaciones. En el área de Conceiçao, los aparceros disponen de condiciones técnicas de producción moderna, pero se encuentran bajo el control total del propietario para la comercialización de sus productos.

Los campesinos de las otras áreas, tienen también, otras desventajas, además de la sujeción a los intermediarios: las de aislamiento, las dificultades de acceso al agua, y su extrema pobreza, que puede impedirles adquirir los medios técnicos necesarios para la buena marcha de su explotación.

Aunque el sector de los productos de los huertos sea reciente y en pleno crecimiento, destinado ante todo al consumo de las capas sociales prósperas y que ofrece al mercado interior productos de valor comercial más alto que los cultivos tradicionales, no por ello deja de ser cierto que el noreste está en manos de productores, si no marginados, al menos situados en los bajos peldaños de la jerarquía campesina.

TALLER III

PRESIONES EXTERIORES E INTERNACIONALIZACIÓN DE LAS AGRICULTURAS

SÍNTESIS Y COMENTARIOS

JEAN PIERRE BERTRAND
INRA, Economía y Sociología Rurales
París

Nos ha correspondido tratar de las relaciones exteriores, las influencias externas, los movimientos de internacionalización a los que están sometidos las agriculturas y los campesinados. También hemos discutido —tal es el punto que mejor alimentó los debates y que mejor inspiró a sus actores— el problema de la política macroeconómica que aporta el cuadro —hoy, las más de las veces limitador— de las políticas agrícolas. Lo más interesante fue que las políticas llamadas de ajuste estructural (las políticas macroeconómicas seguidas en la mayor parte de los países de América Latina durante los años ochenta) a menudo se presentan como políticas homogéneas con características similares.* Pero en cuanto nos interrogamos sobre sus modalidades de aplicación en los diferentes países latinoamericanos, comprobamos una diversidad bastante grande de situaciones, una heterogeneidad bastante grande de trayectorias.

Así, Brasil desde comienzos de los ochenta adoptó un cierto número de políticas llamadas de ajuste. Ortodoxas al principio —aquí, las más de las veces se hace referencia a los planes desarrollados por el Banco Mundial—, fueron seguidas por unos planes llamados "heterodoxos", es decir, centrados en la lucha contra la inflación y finalmente relacionados con una acción sobre la repartición de los ingresos. Con el fracaso de estas políticas, Brasil volvió a otras de inspiración más ortodoxa. En el caso brasileño, las políticas de ajuste tuvieron efectos totalmente paradójicos sobre la agricultura. Lejos de penalizar globalmente la agricultura, los gobiernos siempre buscaron conservar lo que se ha llamado una cierta ventaja comparativa. Los mecanismos aplicados se derivan las más de las veces de la indización, y permitieron hacer frente durante los años ochenta a la disminución del crédito subsidiado y, en un periodo por lo demás muy turbulento, mantener la oferta agrícola a un nivel que, a fin de cuentas, es asombroso.

En el caso de Chile, las políticas de ajuste afectaron principalmente la definición de un tipo de cambio estable. Los efectos fueron positivos para una cierta parte de la agricultura, especialmente la fruticultura, que

* Se le presenta a menudo como de inspiración liberal o neoliberal, que provoca en todas partes los mismos efectos, y que desarrolla siempre las mismas estrategias políticas. Igualmente, se caracterizan por recurrir a los sistemas del mercado, por la idea de que hay que liberar absolutamente la mayor parte de los mercados, en particular de los mercados agrícolas.

pudo desarrollarse y aprovechar las oportunidades que le ofrecía el mercado internacional: de ello es testimonio el espectacular desarrollo de la agroexportación.

En Costa Rica encontramos a un país sometido desde hace años a políticas de ajuste ortodoxas de inspiración neoliberal, con todo el conjunto de medidas habituales (privatizaciones, empleo de los mecanismos del mercado, apoyo al sector exportador, sobre todo en lo referente a los nuevos productos, frutas en particular). Esta política ha estado muy lejos, sobre todo en lo tocante a la importación de los productos básicos; tuvo efectos sumamente brutales en términos de restructuración y de abandono o promoción de ciertos sectores.

Cuando intentamos medir el impacto de esas políticas sobre los actores, principalmente sobre los campesinos, vemos que los efectos pueden ser muy diferentes de un caso a otro. Esto puede verificarse en el caso de los estudios sobre una rama particular (como la que se presentó sobre la fruticultura chilena). Puede verse que en el caso de Chile esas políticas beneficiaron al sector exportador, a las grandes empresas, a las multinacionales en particular. Pero también beneficiaron a una parte de los productores intermedios que pudieron aprovecharlas. Por lo contrario, los pequeños productores y el sector de los asalariados no pudieron aprovechar las oportunidades sino al precio de salarios bajos, en el caso de los asalariados, o, para los campesinos, de una selectividad reforzada. En conclusión, parece que el debate y los trabajos presentados han permitido poner en entredicho la idea (demasiado precipitadamente admitida) de que las políticas de ajuste tenían por doquier los mismos efectos. Los estudios de casos, los análisis detallados que se presentaron muestran que no hay nada de eso y que hay que observar más minuciosamente lo que ocurre.

En seguida, nuestras discusiones se centraron en las reacciones de ciertas comunidades campesinas y en las estrategias que han podido desarrollar ante la modificación de su ambiente. Sobre todo, se habló del caso de los productores del altiplano boliviano y ecuatoriano. Ahí, algunos productores lograron adoptar estrategias de supervivencia, consistentes en utilizar no sólo todos los recursos disponibles locales (a menudo insuficientes), sino también los que pueden encontrar en la ciudad, gracias a la migración. La pluriactividad les permite conservar un mínimo de sus estructuras campesinas iniciales. Uno de los autores habló así de urbanización del medio rural: la separación entre actividades agrícolas y actividades específicamente urbanas se vuelve cada vez menos pertinente. Puede verse, así, que en las estrategias seguidas hay asociación, mezcla, imbricación de los diferentes espacios en favor, a menudo, de las comunidades de partida.

Se trataron otros dos temas. El primero concierne a las experiencias de rehabilitación de ciertos proyectos de desarrollo lanzados por agencias internacionales. Muy frecuentemente, puede comprobarse que las inversiones realizadas en estos proyectos se hacen de una vez por todas, sin una preocupación particular por el seguimiento o la evaluación de los resultados. Los trabajos presentados se hicieron sobre proyectos de drenaje o de riego y trataron de determinar si no se justificaba una inversión suplementaria en el mantenimiento o la rehabilitación de esos proyectos, más que una inversión en sectores absolutamente nuevos. La idea consiste en crear una asociación de comunidades campesinas que pudieron beneficiarse de esos proyectos, pero que carecen de medios para asegurar su mantenimiento a largo plazo, y la constitución de un fondo.

Un último punto: la intervención de personas pertenecientes al medio cooperativo francés, que hicieron una valoración de la experiencia en la relación de las cooperativas francesas y las brasileñas. Esas relaciones tienden a desarrollar los intercambios entre cooperativas. La experiencia muestra que es difícil, particularmente en cuestión de precios, en la medida en que los precios internacionales de los productos agrícolas son notoriamente inestables. Esta colaboración también se dificulta por el dominio de las firmas multinacionales sobre el comercio internacional de los productos agrícolas y alimentarios. Por tanto, se impone la aplicación de estrategias originales; previamente, se exige la instauración de un clima de confianza entre las cooperativas.

BRASIL Y ARGENTINA: POLÍTICAS AGRÍCOLAS, POLÍTICAS DE AJUSTE Y COMPETITIVIDAD EN LOS MERCADOS AGRÍCOLAS Y AGROALIMENTARIOS INTERNACIONALES

JEAN PIERRE BERTRAND
INRA-ESR

GUILLERMO HILLCOAT
IEDES, Universidad de París I, Francia

BRASIL y Argentina han ingresado en el grupo de Cairns de los exportadores llamados "leales". En efecto, se sitúan entre los países que apoyan poco la agricultura y que, en el caso de Argentina, hasta la gravan. Se enfrentan a dificultades de la misma naturaleza: endeudamiento, inflación y desaceleración del crecimiento (sobre todo en Argentina), situación a la que, en parte, se debe su reciente y mutua aproximación en el marco de una política de integración y de cooperación.

Sin embargo, esos dos países tienen comportamientos y desempeños muy disímbolos en los mercados internacionales de productos agrícolas y agroalimentarios. ¿Cuáles son los factores de la competitividad de Brasil y de Argentina? ¿Cuáles pueden ser los efectos de su política común de integración en la posición que ocupan en los intercambios mundiales? Por último, ¿cuáles son los efectos de las políticas de ajuste emprendidas por ambos países durante los años ochenta?

FACTORES COSTO Y "FUERA DE COSTO" DE LA COMPETITIVIDAD

La competitividad —capacidad de conquistar, conservar y ensanchar espacios del mercado— es en realidad un fenómeno complejo. Medir la evolución de los productos de exportación en volumen o en valor sólo nos informará muy imperfectamente sobre las dinámicas en curso. Las diferencias de competitividad entre Brasil y Argentina no sólo se explican por ventajas relativas de costos (en el nivel agrícola y en el conjunto de la producción-transformación-exportación y/o importación de productos agroalimentarios), sino también por incontables elementos "fuera de costo", en especial de naturaleza organizativa: búsqueda de la calidad y creación de redes de comercialización estables, capacidad de conservar la clientela, adaptación de las políticas agrícolas y macroeconómicas a las condiciones de los mercados internacionales, la acción unilateral del Estado para mantener o mejorar las condiciones generales de la competitividad. Por último, hay que subrayar el papel decisivo de las políticas macroeconómicas que, en el marco de la crisis que atraviesa esta región del mundo, son de particular importancia para comprender las fluctuaciones de la mayoría de los indicadores que se pueden construir para representar el nivel y la dinámica de la competitividad. La internacionalización de las economías modifica las condiciones de elaboración de las políticas agrícolas y macroeconómicas y la manera en que sus efectos se transmiten a la economía. El tipo de cambio, el equilibrio de la balanza comercial y el nivel de las tasas de interés se vuelven variables de mando esenciales.

Metodologías

Si se define la competitividad como la capacidad de un país para vender lo que produce, deberán tomarse en cuenta múltiples factores.

Hemos empleado una serie de indicadores: los productos del mercado de exportación y los sueldos bilaterales,[1] el indicador de la ventaja comparativa revelado, propuesto por Balassa y modificado por G. Lafay,[2] y los indicadores del tipo de cambio reales que permiten captar la evolución de la competitividad-precio.[3]

Globalmente, Brasil parece más voluntarista: desarrolla una estrategia activa de inserción en los nuevos canales abiertos en estos últimos años en los mercados internacionales, y para ello no vacila en apoyar su agricultura y su agroindustria.

El Estado argentino, hasta un periodo reciente, mantuvo un comportamiento más "depredador", pues considera a la agricultura como un medio de financiar sus actividades y el resto de la economía. Aquí, el Estado deja actuar a las fuerzas del mercado y aplica una deducción a las exportaciones, en forma de impuestos (y, a la postre, de un tipo de cambio "verde" inferior al cambio oficial). A pesar de todo, la agricultura argentina casi siempre logra seguir siendo competitiva. Desde comienzo de los años ochenta, tanto Brasil como Argentina han desarrollado políticas de ajuste estructural cuyo impacto fue diferente sobre su competitividad agrícola y agroalimentaria.

[1] Empleo, en cuanto a las ramas agrícolas y agroalimentarias, de la base *Chelem* del CEPII.

[2] CEPII, 1989. Lafay sugiere un indicador de contribución al sueldo comercial, que tiene la misma estructura lógica de los indicadores de especialización internacional pero que toma en cuenta una doble ponderación, por el comercio exterior total y el PIB (CEPII, 1989, p. 196).

[3] Relación del tipo de cambio nominal con una norma llamada de "paridad del poder adquisitivo" (PPA). El tipo de cambio real de un producto, de una rama o de un agregado permite comparar el poder adquisitivo de las diferentes divisas. Asimismo, presenta el interés, en el nivel de las ramas, de expresar la competitividad-precios de los países, en relación de unos con otros.

La competitividad-costo de Brasil y de Argentina

Será útil distinguir la competitividad-costo (y la competitividad-precio, derivada de ella) de la que nos remite a elementos más duraderos: la competitividad estructural, que se manifiesta en relaciones salariales y formas de puesta en acción o de regímenes particulares.

Brasil y Argentina encontraron dificultades durante los ochenta: sus exportaciones de productos brutos y de productos IAA se volvieron más inestables. Se notará que Brasil sustituyó una parte importante de sus importaciones de productos agrícolas gracias al desarrollo de su producción: tal es el caso del trigo y de ciertas frutas de clima templado. Sólo Argentina logró conservar un lugar en el mercado brasileño, gracias a los acuerdos de integración entre los dos países. Los éxitos, cuando los hubo, estuvieron muy localizados en algunos canales. Ambos países optaron por el desarrollo de la soya y por una estrategia de ramificación de actividades. Una primera apreciación de la competitividad-precio muestra que esta variable parece adquirir importancia para Brasil sobre todo a partir de los ochenta, mientras que para Argentina constituyó desde el principio un elemento clave del proceso de desarrollo de la producción. Argentina tiene una ventaja de costo absoluto sobre Brasil y los Estados Unidos en el caso del trigo, la soya y el maíz. Un razonamiento en simples costos relativos mostrará una ventaja argentina más grande aún en el caso del trigo y del maíz que para la soya frente al Brasil. En el caso de la comparación entre Argentina y los Estados Unidos, la ventaja relativa de Argentina es más clara en el caso del trigo y de la soya. Por último, entre Brasil y los Estados Unidos la relativa ventaja norteamericana se manifiesta sobre todo en el trigo y, en menor medida, en el maíz, mientras que la ventaja relativa es claramente para Brasil en el caso de la soya. En Brasil, el costo de producción de la soya se aproxima al costo norteamericano en su estructura, pero con un peso mucho más elevado de los consumos intermedios, compensado en gran parte por un muy escaso costo de la mano de obra y de la tierra. Como en el nivel de la transformación de la soya, las diferencias de costo entre Brasil o Argentina y los Estados Unidos son mucho menores (el tamaño de las fábricas, especialmente las más recientes, es prácticamente el mismo, y las ventajas de costo de la mano de obra quedan parcialmente reducidas por los costos de transporte y de mantenimiento en los puertos, más elevados que en los Estados Unidos), y entonces comprendemos por qué los Estados Unidos tuvieron que empezar a introducir los productos de la soya en los programas de apoyo a la exportación (a partir de 1988).

Los factores "fuera de costo" de la competitividad y la evolución de la ventaja comparativa

La pasta de soya brasileña pudo beneficiarse de menores precios a la exportación —lo que explica su penetración en el mercado internacional—

y de la calidad ofrecida a una tasa de proteínas más elevada. Brasil supo penetrar muy inteligentemente en los mercados internacionales utilizando la técnica de las empresas multinacionales del negocio (y de sus propias firmas, privadas y públicas), y sustituyendo a los aportadores que desfallecían, en diversas situaciones. También participó en la desviación del embargo norteamericano a las exportaciones de granos hacia la URSS y se instaló duraderamente en el mercado soviético de pastas de soya. Practicó una política de trueque con países petroleros del Medio Oriente, de América Latina o de África: aceites vegetales o pastas de soya y tecnología agrícola por petróleo, por ejemplo.

En el caso de Argentina, la política hacia los países del este de Europa, y sobre todo hacia la URSS, fue espectacular: permitió a Argentina encontrar muy pronto unos mercados considerables (entre 1980 y 1983) para el trigo, el maíz y la soya, pero sin que ello se tradujera en flujos permanentes, consolidados por una acción comercial o tecnológica particular.

Brasil y Argentina tienen ventajas comparativas en la producción agrícola y agroalimentaria, aún poco estabilizada (sobre todo en Argentina): su parte en el mercado internacional tiene en adelante, para la Argentina, un máximo de 2%, y ha caído a 3.5% para Brasil en cada mercado agrícola y agroalimentario, tomados en conjunto. Ambos países han optado claramente por el desarrollo de un complejo de actividades en torno de la soya, con cierta ventaja de Brasil. En ambos casos, la industria fue muy alentada. El desarrollo de la producción de trigo en Brasil y la pérdida de competitividad del trigo argentino no son claramente explicables tan sólo por los factores de costo, sino que ciertamente dependen de los efectos del voluntarismo político, de los progresos técnicos realizados en Brasil y del contragolpe de las políticas de apoyo aplicadas en los países desarrollados en el caso de Argentina.

Ambos países tienen, sin duda, ventajas estructurales. Existen superficies disponibles y reservas de productividad en Brasil. El acuerdo de cooperación de Brasil con Japón para la explotación agrícola de la región de Cerrados tiende a explotar este "yacimiento" de productividad. Argentina dispone de una estructura fundamental cuyo funcionamiento se ha vuelto particularmente flexible gracias al desarrollo de la empresa de trabajos agrícolas (en sus diversas formas).

Competitividad y política del Estado

De hecho, los factores de costo han seguido en gran parte el modelo de la política del Estado, y la respuesta que le dan los diferentes actores por sus comportamientos y las estructuras que crean. La diferencia entre la competitividad potencial (que expresan las ventajas-costos) y la competitividad efectiva (medida especialmente por las partes de mercado o las ventajas reveladas) puede explicarse en gran parte por las características fundamentales de las políticas agrícolas y macroeconómicas: más voluntaristas en Brasil, más flexibles en Argentina.

La política agrícola en Brasil: la construcción de las ventajas comparativas

Desde comienzos de los años sesenta presenciamos una vasta restructuración de la agricultura y del sistema alimentario brasileño: las producciones se desplazan, aparecen nuevos productores —y, durante los ochenta, productores pequeños y medianos— y regiones enteras son modificadas por el desarrollo de los transportes y de la agroindustria. Esta gran transformación es resultado consciente y deliberado de políticas agrícolas y macroeconómicas. Asimismo, es resultado de una inserción cada vez mayor de Brasil en los mercados internacionales de capitales, de tecnologías y de productos agrícolas y agroalimentarios. El Estado brasileño ha obtenido progresivamente ventajas comparativas gracias a una política voluntarista de créditos y de precios. Tendía a un desarrollo conjunto de la industria y de la agricultura en ciertas regiones y para ciertos productos cuidadosamente seleccionados. El desarrollo a marchas forzadas del complejo de la soya es representativo de esta orientación. Tres pilares definen el modo de intervención del Estado en la agricultura: la política de crédito y la fijación de precios mínimos, la acción sobre el comercio exterior y el tipo de cambio, y la regulación de los mercados de trabajo. El verdadero motor de la política agrícola fueron los créditos subsidiados. Llegó a su apogeo en 1980 para los créditos que financiaban los costos de producción y de comercialización, y en 1976 para los créditos de avío. Desde comienzos de los ochenta, el crédito escasea y se vuelve más caro. A partir de 1984, su costo queda totalmente indizado sobre la inflación. Así, la tasa de subsidio del crédito a la agricultura en relación con la inflación disminuirá sensiblemente a partir de esta fecha.

Ante el racionamiento del crédito y las dificultades que se acumulan en los mercados internacionales, los precios de apoyo adquieren un papel más importante así como los mecanismos correctores clásicos (almacenamiento de importaciones estabilizadoras). Desde entonces, la competitividad queda condicionada al nivel real de los precios de apoyo y al costo creciente del transporte y del funcionamiento de la infraestructura de comercialización. En ese contexto, el tipo de cambio se vuelve el factor clave.

El lanzamiento de la agricultura pampera

Tras un largo periodo de estancamiento, la agricultura pampera tiene un verdadero auge durante los años setenta y ochenta. Varios factores estructurales de modernización intervinieron con éxito, esencialmente en las actividades situadas río arriba de la agricultura. La motorización de la agricultura con la ayuda de instrumentos y de aperos modernos permitió aumentar la producción por hectárea y efectuar el trabajo y la preparación de suelos en menor tiempo y de manera precisa. Las innovaciones en las semillas, sobre todo el empleo de híbridos del maíz, sorgo y girasol, la incorporación de un nuevo germoplasma para el trigo y la difusión de todo un conjunto de medios y procedimientos técnicos para la soya determinaron una especialización en el cultivo de cereales. Una gran difusión de productos fitosanitarios, de pesticidas y sobre todo de una gama completa de herbicidas y de nuevos procedimientos de aplicación (en particular en el cultivo de la soya), que se extienden poco sobre los otros cultivos. Una mejora de las instalaciones de almacenamiento y de secado de los granos, que permite hacer más flexible el momento de la cosecha y controlar mejor las condiciones de humedad de los granos. Una mejora de la administración de las explotaciones: nuevos comportamientos y nuevas formas de organización se desarrollan en función de los cambios de estructura de la propiedad y de la aparición de la empresa de trabajo y de servicios agrícolas. El subcontratista de trabajos agrícolas, el *contratista*, propone un "contrato de servicio". Se trata de una empresa capitalista, muy a menudo de carácter familiar, que dispone de equipos adaptados. La empresa de trabajos permite una rotación más importante de las máquinas y de los instrumentos, lo que aumenta la rentabilidad de las inversiones. Además, se vuelve, cada vez más, un "contratante de servicios-granjero", que alquila tierras en formas y condiciones diversas. En ese papel, desempeña una función importante en la extensión de las superficies cultivadas de la difusión de la práctica del doble cultivo (trigo/soya o trigo/girasol).

La política macroeconómica en Argentina: una tendencia antiagrícola

En Argentina, la política macroeconómica favorece desde los años treinta el desarrollo de la industria, con una fuerte tendencia "antiagrícola". La gravación de las exportaciones agrícolas y la existencia de un tipo de cambio que castiga a la agricultura han sido los instrumentos utilizados para financiar los gastos públicos y el financiamiento del parque industrial. El retorno a la agricultura en forma de crédito o de apoyo a la industria fuera de ella ha sido muy limitado. Después de 1976, se suprimieron los impuestos por un breve momento, pero el retardo del tipo de cambio continúa castigando a la agricultura, tanto más cuanto que se instauró un dólar "verde" (de paridad más débil). Durante los ochenta se restablecen los impuestos para enfrentarse al creciente déficit público. Pero la coyuntura desfavorable en los mercados internacionales obligará al gobierno a disminuirlos. El diferencial del gravamen en favor de la industria se vuelve la regla, y Argentina adopta un comportamiento adaptativo en relación con unos mercados internacionales cada vez más fluctuantes. Para el trigo, el maíz o la soya, Argentina casi no tiene medios para imponer sus precios, pero en varias ocasiones tratará de insertarse en canales que sus competidores han dejado vacíos. Los impuestos sobre los cereales variaron de 3.6 a 47%, mientras que la diferencia entre el tipo de cambio real y el tipo de la paridad teórica, o el del mercado paralelo, tuvieron mayores variaciones: 2% en 1962 y 118% en 1980. El impuesto a los cereales desde 1960 fue, por ello, resultado de descuentos aplicados a las exportaciones y a la sobrevaluación de la moneda nacional. Esos dos factores, unidos o separados, siguen castigando al sector.

Políticas de ajuste y proceso de integración

La indización de los precios agrícolas en Brasil

Sucesivos gobiernos brasileños han intentado limitar los efectos del racionamiento del crédito y de las tendencias inflacionarias, aplicando un sistema de indización de los precios pagados a los agricultores. Desde luego, toda la dificultad consistía en indizar los elementos de costos, en evitar un alza excesiva de los precios alimentarios y en mantener la competitividad externa del sector.

Desde comienzo de los ochenta, el alza de los precios mínimos de cierto número de productos básicos —que supuestamente compensaría la disminución del volumen real del crédito subvencionado— provocó un aumento importante de la oferta de estos productos (arroz, maíz y frijol), que llevó al gobierno a intervenir más activamente para regular los mercados, ya mediante el almacenamiento, ya recurriendo al intercambio internacional. El gobierno intentó también, desde 1987, definir los precios mínimos de manera plurianual. Adoptó un sistema de indización paralelo a los precios y de reembolsos fundado sobre la evolución de las obligaciones del tesoro público. Esos mecanismos fueron particularmente difíciles de aplicar al acelerarse la inflación. ¿Qué indicador escoger para indizar los precios de los productos y de los insumos, y especialmente los pagos de los préstamos? Múltiples conflictos han enfrentado a los productores contra el Estado sobre esta cuestión en el curso de los últimos años. La adopción de una indización generalizada desde hace dos años de los precios de los productos agrícolas básicos, especialmente de los cereales, explica ciertamente el mantenimiento de la oferta agrícola, pero plantea temibles preguntas sobre los precios alimentarios, y también sobre los precios de productos agrícolas-insumos.

El episodio del Plan Cruzado muestra claramente toda la dificultad, y lo que está en juego en estas medidas políticas. Un escasísimo aumento del poder adquisitivo de los bajos ingresos —en marzo de 1986, el salario mínimo aumentó en valor real cerca de 5%— bastó para ensanchar en proporciones importantes los mercados internos de los productos agrícolas y agroalimentarios, y al mismo tiempo causó una caída importante de los excedentes exportables. En 1986, la exportación de carne de aves de corral disminuyó también en 18%, y su consumo aumentó en 118%. Una evolución idéntica se produjo para el aceite de soya y muchos otros productos. En total, cerca de 2000 millones de dólares fueron "sustraídos" ese año a la exportación. Sin duda, hay una relación estrecha en Brasil entre la competitividad externa de la agricultura y del complejo agroalimentario y la dinámica de un mercado interno que un reparto más equitativo del ingreso permitiría aumentar en proporciones considerables.

¿Hacia una disminución de la presión fiscal en Argentina?

En Argentina, la dinámica es muy diferente. Desde los años cuarenta, el crónico déficit fiscal, el contexto de "represión financiera" (control de las tasas de interés y de los movimientos de capital) y la gravación de la agricultura forman una "estructura" de intervención pública difícil de suprimir. Las políticas de ajuste intentan atacar el problema, sobre todo proponiendo la liberalización financiera, la desregulación de los mercados de capitales y una reforma fiscal de gran amplitud. La apertura hacia el exterior, en ese marco, debiera ir acompañada de una desaparición de los impuestos a la exportación de productos agrícolas. Este programa ha tropezado con enormes dificultades. Diversos factores explican este fracaso: algunos de ellos se relacionan con la situación de la deuda y con el cargo que esto entraña; otros son más directamente explicables por la oposición de las organizaciones profesionales, especialmente las agrícolas. Por tanto, la competitividad del sector agrícola dependerá estrechamente de la evolución de la coyuntura internacional y de la variación del tipo de cambio, que se vuelve el principal vehículo para mantener la competitividad-precio. Los impuestos a la exportación se ajustan, entonces, más de cerca para mantener un nivel "razonable" (desde el punto de vista del Estado) de recursos fiscales. Cuando el gobierno emprende tímidamente una reforma de la fiscalidad (aplicación del TVA), la transición resulta particularmente delicada.

Es seguro que las autoridades argentinas no podrán contar indefinidamente con los ingresos fiscales obtenidos de la agricultura. El riesgo estaría en contrarrestar los efectos de la política cambiaría. Tanto más cuanto que a partir del mes de abril de 1990 puede verse una calma en el mercado de cambios, mientras que la inflación, aunque más lenta, no ha cedido, lo que tiene que afectar la rentabilidad del sector exportador.

Comprobando la evolución divergente del dólar y de los precios y, por tanto, de los costos de producción, el gobierno decidió renovar su promesa de disminuir los impuestos a la exportación. El 19 de mayo de 1990 anunció la baja de las tasas sobre el trigo, de 15 a 9%, y prometió una reducción de un punto suplementario para cada aumento de 250 mil hectáreas por encima de los esperados 6.5 millones de hectáreas de siembra de trigo. Se trata de una novedad que consiste en relacionar el nivel de los impuestos con la oferta de los productores. El 4 de agosto, el ministro de Economía volvió a disminuir las tasas en 50% sobre los cultivos de verano (maíz, soya, sorgo y girasol), lo que quiere decir que abandona el equivalente de 160 a 170 millones de ingresos fiscales. La tasa para la soya se estabiliza en 13%, y para el maíz se reduce de 17 a 8% (lo que equivale en realidad a un aumento de los márgenes brutos, de 20% para el maíz, de 33.3% para la soya y de 41.6% para el sorgo).

La política de integración

El programa de integración emprendido entre los dos países (y que podría incluir a otros países del cono sur, especialmente Uruguay y Chile), ¿les permitirá superar algunas de sus dificultades?

Sus recíprocos intercambios fueron indiscutiblemente estimulados por los numerosos protocolos firmados desde 1986, sobre todo en el ámbito agroalimentario. Los intercambios de trigo entre Argentina y Brasil debieran aumentar ligeramente. Un contrato a largo plazo fija el nivel de importación de trigo argentino del Brasil. El protocolo "trigo" deberá regir el potencial conflicto entre los productores brasileños, que tratarán de seguir produciendo, y los productores argentinos, en principio más "eficaces" en esta rama, pero cuya competitividad depende, a fin de cuentas, de la reducción efectuada por el Estado argentino.

Brasil no abandonará su producción de trigo y sus productores. El gobierno de Collor, mientras proponía una privatización progresiva de la comercialización interna del trigo, aplicó un sistema de protección en las fronteras y reforzó la garantía de los precios de los apoyos agrícolas.

Brasil y Argentina se han inscrito al GATT en el grupo de Cairns, que defiende una posición radical en materia de apoyo del Estado a la agricultura y desea la desaparición de todos los subsidios. A primera vista, esta posición ultraliberal parece lógica, teniendo en cuenta el escaso apoyo, en conjunto, a la producción agrícola brasileña (sobre todo desde comienzos de los años ochenta) y el gravamen permanente aplicado por el gobierno argentino. Sin embargo, las consecuencias de una liberalización del comercio internacional están lejos de ser uniformemente positivas para ambos países. La mayor parte de los estudios muestra, por ejemplo, que la reequilibración de la protección en la CEE podría favorecer a las producciones europeas de oleo-protaginosas. Brasil y Argentina, principales beneficiarios de la política de apertura de Europa, podrían quedar así perjudicados.

Por otra parte, es claro que la inestabilidad del tipo de cambio, de los precios del petróleo y de las materias primas agrícolas y agroalimentarias hace muy difícil una negociación razonable en el GATT. Lo que está en juego, a través de sutiles discusiones técnicas sobre el acceso al mercado o la disminución de los subsidios a la agricultura, es, sin duda, el reparto del ingreso al nivel mundial para los productores.

Bibliografía

Baulant, C., *Taux de change réels, niveaux d'industrialisation et normes de change*, Universidad de París X, Nanterre, 1988.

Bertrand, J. P., "Les trois grand axes de la politique agricole grésilienne: modernisation de l'agriculture, dévelopement du comerce extérieur et de l'agro-industrie", en *Problèmes d'Amérique Latine*, núms. 4567-4568, La Documentation Française, abril de 1980, París.

———, "Modernisation agricole et reestructuration alimentaire dans la crise internationale", en *Tiers-Monde*, núm. 104, octubre-diciembre de 1985, pp. 80-99.

——— *et al.*, (x), *Le monde des oléo-protéagineux: politiques des Etats et stratégies des acteurs*, Economica, París, 1988.

Cavallo, D. y A. Daddone, *El impacto de las políticas macroeconómicas sobre el sector agropecuario con ejemplos de la experiencia Argentina*, HERAL, Buenos Aires, 1989.

CEPII, *Commerce international: la fin des avantages acquis*, Economica, París, 1989.

CFP, "Os Efeitos das Politicas Macroeconomicas sobre a Agricultura", en Coleao Analise et Pesquisa, vol. 37, julio de 1989.

Charvet, J. P., *La guerre du blé*, Economica, París, 1989.

Graziano da Silva, J., *A modernizaçao dolorosa*, Zahar, Río de Janeiro, 1982.

IICA, *Os Desafios da Agricultura Brasileira nos Anos 90. Da Crise macroeconomica ao crescimento auto-sustentado*, Brasilia, 1989.

IICA, *Ajuste macroeconómico y sector agropecuario en América Latina*, Buenos Aires, 1988.

Kageyama, A. A. *et al.*, *O Novo Padrao Agricola: do Complexo Rural ao Complexos Agro-industriais*, UNICAMP, Campinas, 1987.

Lafay, G., "La mesure des avantages comparatifs révélés", en *Economie Prospective internationale*, núm. 41, primer trimestre, 1990, pp. 27-43.

Lopes, M. R., "As Organizaoes Politicas dos Produtores e o novo Equilibrio de Foras na Formulaao de politica Agricola no Brazil", en *Rev. Econ. Sociol. Rural*, núm. 26 (2), pp. 147-155, Brasilia, abril-junio de 1988.

Obschatko, E. S. de, *La transformación económica y tecnológica de la agricultura pampeana (1950-1984)*, Ed. Culturales Argentinas, Buenos Aires, 1988.

Ortmann, G. F., *Comparative costs in Agricultural Commodoties amond major Exporting Countries*, ESO, 1325, Dep. of Ag. Economics, The Ohio State University, Columbus, 1986.

Regunaga, M., "The competitiveness of Argentina grain production in the world market", en XXe International Conference of Agricultural Economists, AEEA, Buenos Aires, 1988.

Resende, G., *Ajuste Externo e Agricultura no Brazil 1981/1986,* noviembre de 1987, IPEA/INPES.

Sturzenegger, A. C. *et al.*, "A comparative Study of the Political economy of agricultural pricing Policies", en *Argentine Report*, Banco Mundial, Washington, 1988.

Banco Mundial, *A Review of Agricultural Policies in Brazil,* septiembre de 1981, informe núm. 3305-BR.

LA POLÍTICA DE AJUSTE Y LA AGRICULTURA EN AMÉRICA LATINA

ALEXANDRE MINDA
Universidad de Nantes,
LEREP, Universidad de Toulouse I, Francia

REGULARMENTE, México o Brasil, principales protagonistas involuntarios de la deuda exterior del Tercer Mundo, nos recuerdan la fragilidad del sistema financiero internacional. Ocho años después de desencadenarse la crisis de la deuda, la suma de la deuda exterior de América Latina continúa aumentando. Actualmente, llega a más de 430 mil millones de dólares, o sea más de la tercera parte de la deuda de los países en desarrollo. Para poner remedio, la mayoría de los países de la región aplicaron políticas de ajuste que han dado lugar a numerosos estudios. En esos trabajos, la agricultura no ocupa, tal vez, el lugar que merecería. El objeto de este artículo es precisamente analizar el impacto de las políticas de ajuste sobre la agricultura en América Latina.

LA EVOLUCIÓN RECIENTE DE LAS POLÍTICAS DE AJUSTE

Las políticas de ajuste aplicadas en América Latina se han modificado sensiblemente en estos últimos años. Para comprender mejor esas modificaciones, comenzaremos por interrogarnos sobre la significación del concepto de ajuste, y luego examinaremos el debate que ese término ha despertado entre ortodoxos y heterodoxos.

El concepto de ajuste

Ajuste, estabilización, austeridad, ¿cómo orientarse en el vocabulario empleado y en los conceptos que cubre? Como lo subraya P. Hugon (1989), el ajuste es un término que tiene varios sentidos. En ciertos casos, designa una política de estabilización que tiene por objeto reducir la demanda global; en otras circunstancias, se trata antes bien de una serie de medidas destinadas a modificar las estructuras económicas. En sentido lato, P. Hugon define el ajuste como "el proceso por el cual la balanza de pagos se equilibra después de una perturbación". Ese mismo autor muestra que, en un sentido más limitado, el ajuste debe distinguirse de la estabilización, "ya que corresponde a un crecimiento de la producción, a una promoción de las exportaciones o a un proceso de sustitución de importaciones". El ajuste estructural, por su parte, designa la ordenación del sistema económico de un país. Es definido por Guillaumont (1986) como "un ajuste duradero de la balanza de pagos, obtenido por medio de una adaptación de las estructuras económicas (principalmente de las estructuras de producción), es decir, no por medio de una reducción del crecimiento económico ni por la recurrencia acelerada o excesiva de los capitales exteriores".

La puesta en vigor de medidas políticas de ajuste queda asegurada por préstamos de ajuste estructural o sectorial otorgados por organismos internacionales como el FMI, el Banco Mundial o, asimismo, el Banco Interamericano de Desarrollo.[1] Estos préstamos están destinados a apoyar reformas profundas de las políticas y de las instituciones con objeto de consolidar la estabilidad macroeconómica, especialmente por medio de una reducción del déficit de la balanza de pagos.

El debate entre ortodoxos y heterodoxos

La lucha contra la inflación y el déficit de la balanza de pagos ha sido una constante de las políticas practicadas en América Latina desde finales de los años cincuenta. En el curso de este periodo, se ha modificado la naturaleza de los déficit exteriores. Como lo ha mostrado M. Ikonicoff (1987), hasta finales de los setenta, la balanza comercial estaba, casi siempre, en el origen de los déficit, a causa de la diversificación de la estructura económica. Hoy, es esencialmente el déficit de la balanza de los servicios y de las transferencias. En efecto, durante los setenta los países desarrollados hicieron préstamos abundantes a los países latinoamericanos. Las tasas de interés eran bajas, la inflación mundial era importante y el dólar iba en descenso. Al endeudarse, América Latina tenía la impresión de que podría pagar su deuda con facilidad. La inversión de la política monetaria norteamericana a comienzos de los ochenta provocaría un aumento de las tasas de interés, un alza del dólar y una lentificación del alza de los precios. Estos hechos, a los que hay que añadir el deterioro de las condiciones de cambio, harán más pesada la deuda de América Latina, haciendo insoportable el peso del servicio.

Entre las medidas adoptadas por las economías latinoamericanas durante los años ochenta para remediar esos desequilibrios externos se pueden distinguir, por una parte, los planes llamados "ortodoxos", directamente relacionados con la crisis financiera desencadenada por la moratoria de México en agosto de 1982, y por otra parte, los planes llamados "heterodoxos", aplicados como reacción a los primeros.

Las políticas ortodoxas, inspiradas directamente en recomendaciones del FMI, también son llamadas así por razón de su filiación al modelo

[1] En 1989, más de la mitad de los compromisos del Banco Mundial para con América Latina consistieron en préstamos para el ajuste.

liberal. Su objetivo principal es que se pueda seguir pagando el servicio de la deuda, restableciendo el equilibrio de los intercambios exteriores y reduciendo el déficit presupuestario. Los ortodoxos parten del principio de que todo desequilibrio exterior tiene su origen en un excedente de la demanda sobre la oferta. Por tanto, toda corrección necesita una disminución de la demanda y una reasignación de los factores de producción, de tal forma que estimulen la oferta global (G. Grellet, 1987). En esta perspectiva, se preconizan sistemáticamente dos series de medidas: una acción a breve plazo sobre la demanda global y cambios más estructurales, como la contracción del Estado y la apertura de la economía al exterior. Ya en la realidad, esto se traduce en un bloqueo de los salarios acompañado por un encuadramiento del crédito y una política de altas tasas de interés, para fomentar el ahorro y para atraer a los inversionistas extranjeros. Simultáneamente, se comprime el gasto público y se aumentan las tarifas públicas. Por último, se devalúa la moneda nacional para limitar las importaciones, favorecer las exportaciones y obtener así un excedente comercial.

El fracaso de estas medidas hará surgir una nueva generación de planes de ajuste, llamados heterodoxos debido a que provienen, principalmente, de una interpretación keynesiana de los mecanismos económicos. Su principal objetivo no consiste en sanear las cuentas exteriores y pagar la deuda, sino en combatir la inflación sin comprimir la demanda interior, es decir, evitando una recesión. Los economistas heterodoxos lo consideran posible en la medida en que la inflación latinoamericana les parece en parte "inercial". Creen, en efecto, que una parte de la inflación se reproduce por sí sola en razón de la capacidad de los agentes económicos para indizar la economía con el fin de defender su parte de la distribución del ingreso nacional. En esas condiciones, los heterodoxos creen que sólo una congelación de los salarios y de los precios podrá quebrantar la inercia inflacionaria (B. Jetin, 1987). Algunos autores añaden a esas medidas una desindización general de la economía y una reforma monetaria.

Las políticas de ajuste en la práctica

El debate entre ortodoxos y heterodoxos marcará profundamente la evolución de las políticas económicas. Hasta mediados de los años ochenta, va a predominar el modelo ortodoxo. Durante este periodo, las políticas de estabilización y los programas de ajuste estructural son muy influidos por las recomendaciones del FMI. El objetivo prioritario del Fondo consiste, por entonces, en equilibrar las balanzas de pagos; sus medios preferidos son la devaluación, una política monetaria restrictiva, medidas tendientes a reducir el nivel de la actividad económica y una política de integración creciente de la economía al mercado mundial (Lichtensztejn, 1984).

Como ejemplo, en 1980 Brasil aplica una política económica muy restrictiva (liberación de las tasas de interés y reducción del gasto público) para obtener un acuerdo de escalonamiento con el FMI. Asimismo, en 1985 Chile lanza un programa de ajuste que comprenderá un proceso de privatización y una liberalización financiera y comercial.

Ante el crecimiento de la deuda exterior y la aceleración de la inflación, varios gobiernos latinoamericanos modificarán su política y escogerán modelos más o menos heterodoxos. El Plan Cruzado, adoptado en Brasil en marzo de 1986 y en menor medida —porque incluirá medidas ortodoxas—,[2] el Plan Austral, puesto en práctica en Argentina en 1985, son los ejemplos más conocidos. A diferencia de las políticas ortodoxas, esos planes se caracterizaron por una inversión de las prioridades en favor de la lucha contra la inflación. Por ejemplo, el Plan Cruzado trató de suprimir los mecanismos de indización con una reforma monetaria,[3] un bloqueo de los precios y una desindización de los salarios. Como la inflación se hace más lenta en una primera etapa, el "cultivo del fracaso" alienta a las familias a utilizar sus ahorros para compensar su retardo en el consumo. Como la capacidad productiva no puede mantenerse, tanto más cuanto que el pago del servicio de la deuda refuerza la desinversión ya causada por la pérdida de confianza en la economía, reaparece la hiperinflación.

Ante esos fracasos, al parecer va a surgir una tercera generación de planes. En efecto, los tratamientos de choque aplicados recientemente por Fernando Collor en Brasil, Alberto Fujimori en Perú y Carlos Menem en Argentina se basan en un análisis idéntico. Según ellos, en adelante será imposible librarse de la austeridad. El plan de Collor, sin duda el más draconiano jamás adoptado en América Latina, incluye una parte estructural de inspiración liberal en extremo.[4] El presidente brasileño no pensó, para vencer la inflación, en imponer una congelación general del ahorro financiero. El Estado, para reducir su déficit presupuestario, anuncia medidas particularmente severas: reducción del número de funcionarios, venta de habitaciones de interés público, supresión de todas los subsidios a la economía. Por lo demás, también emprende un programa masivo de privatizaciones. En el plano externo, la liberalización concierne a la supresión del proteccionismo y trata de hacer más flexible la legislación sobre las inversiones extranjeras. Pero el carácter innovador de ese plan consiste en que trata de involucrar a toda la población en el esfuerzo nacional, ya que, por primera vez, se gravan las grandes fortunas y los ingresos del capital.

[2] Entre los aspectos ortodoxos del Plan Austral, E. Amadéo (1987) observa principalmente la negativa de recurrir al Banco Central para financiar el déficit fiscal y el objetivo de reducir considerablemente el déficit presupuestario.

[3] La reforma monetaria se concretó con la creación de una nueva moneda, el cruzado, equivalente a 1000 cruzeiros, y la adopción de una política monetaria expansiva con objeto de acompañar la remonetarización de la economía.

[4] Para una exposición detallada de ese plan, véase J. Adda (1990).

EFECTOS PREVISIBLES DE LAS POLÍTICAS DE AJUSTE SOBRE LA AGRICULTURA

Las políticas de ajuste aplicadas desde comienzos de los años ochenta tienden a modificar las estructuras económicas para luchar contra la hiperinflación y restablecer los otros grandes equilibrios. Si los objetivos de esas políticas no siempre se alcanzan, sin embargo modifican profundamente el tejido económico, especialmente la agricultura. En efecto, el escaso número de objetivos estructurales concernientes al sector agrícola[5] no significa, empero, que la restructuración económica no afecte —de manera directa e indirecta— ese sector de actividad. Los efectos previsibles de las políticas de ajuste sobre la agricultura son, por lo demás, relativamente numerosos, aunque difíciles de apreciar.

Una evaluación difícil

El estudio del impacto de las políticas de ajuste sobre la agricultura tropieza con numerosas dificultades.[6] En primer lugar hay un problema de información. Es cierto que se han hecho esfuerzos recientes por cuantificar el impacto de los procesos de ajuste sobre el sector agrícola. También se ha intentado en ciertos estudios mostrar el impacto de las políticas comerciales (tipo de cambio, tarifas y contingentes) de las políticas financieras (reservas de cambio y préstamos del exterior) o también de las políticas presupuestarias (fiscalidad, gastos públicos y préstamos locales) sobre la agricultura. Si esos trabajos tienen el mérito de mostrar que los mecanismos de ajuste ejercen efectos directos e indirectos —tanto positivos como negativos— sobre el desarrollo de la agricultura, o que la oferta agrícola a veces reacciona vigorosamente a los cambios macroeconómicos, sin embargo aún siguen incompletos. Para no dar más que algunos ejemplos, no se conocen debidamente las incidencias de las políticas de ajuste sobre los movimientos intersectoriales de la mano de obra y sobre el reparto de los ingresos agrícolas.

Los mecanismos de ajuste tienen efectos que se prolongan en el tiempo y en el espacio. Si las políticas monetarias y fiscales comprimen la demanda a corto plazo, en cambio otras medidas, como las reformas organizativas e institucionales, a veces modifican las estructuras agrícolas.

Una última dificultad reside en el hecho de imputar a las políticas de ajuste ciertos efectos tocantes a la agricultura. Así, la actual dificultad de ciertas ramas agrícolas, ¿se debe sobre todo al deterioro de los términos del intercambio de productos de base, a condiciones climáticas des-

[5] Se puede citar la lentificación del éxodo rural y la transferencia de ingresos de la ciudad hacia el campo.

[6] El estudio de las incidencias sociales de las políticas de ajuste tropieza con las mismas dificultades, véase P. Hugon (1989).

favorables, o a los efectos deflacionarios de las políticas de ajuste? En el mismo orden de ideas, los alentadores resultados de varias producciones agrícolas, ¿deben atribuirse a los efectos positivos de las medidas de ajuste, a una mejor adaptación de los agricultores a la evolución nacional e internacional de los mercados, o a las políticas agrícolas?

Los efectos posibles sobre la agricultura

A pesar de esas dificultades, se pueden tratar de precisar algunos efectos previsibles de los procesos de ajuste sobre la agricultura. Así, las medidas a corto plazo tendientes a reducir la demanda global corren el riesgo de limitar los mercados interiores. Asimismo, las maxidevaluaciones deben estimular, en principio, la exportación agrícola en la medida en que disminuyen su valor en moneda extranjera.

Programa de tipo ortodoxo

Principales medidas	*Efectos macroeconómicos*	*Efectos sobre la agricultura*
Política monetaria restrictiva	Contracción de la demanda global	Reducción de la demanda final interna
Devaluación	Baja del precio de las exportaciones	Ventaja para los exportadores
	Encarecimiento de las importaciones	Aumento del precio de las importaciones agrícolas y alimentarias
Compresión de los gastos públicos	Estimulación de la oferta global	Disminución de subvenciones
Disminución de los salarios reales		Reasignación de recursos para la agricultura

Programa de tipo heterodoxo (por ejemplo, Plan Cruzado)

Congelación de salarios y de precios	Contracción de la demanda sin recesión	Pérdida de mercados
Desindización		
Reforma monetaria		

Programa mixto (por ejemplo, Plan Collor)

Congelación masiva del ahorro	Contracción de la demanda global	Pérdida de mercados
Aumento de la presión fiscal		
Compresión de los gastos públicos	Estimulación de la oferta	Disminución de las subvenciones
Reformas estructurales (Privatización, desreglamentación		Reasignación de recursos a la agricultura

Paralelamente, las maxidevaluaciones encarecen los precios de las importaciones. Aumentan el precio de los insumos agrícolas y de los productos alimentarios importados; hacen más competitivas las empresas agroalimentarias que destinan su producción al mercado interno. El afán de reducir los déficit presupuestarios mueve al Estado a comprimir sus gastos, especialmente a disminuir los subsidios a la agricultura. Si el mundo agrícola es afectado por la baja de los subsidios y el aumento de los precios alimentarios, puede suponerse que las reformas estructurales estimulan la oferta global y entrañan una reasignación hacia sectores como la agricultura. Tal como lo precisa P. Hugon (1989), la reevaluación de los precios agrícolas y el racionamiento de la importación de alimentos deben conducir a una reasignación de recursos hacia la agricultura y del mundo urbano hacia el mundo rural (transferencias de ingresos ciudades/campo).

Impacto real de los procesos de ajuste sobre la agricultura

¿Están cerca o lejos de los efectos esperados? Si los resultados parecen contrastantes en el nivel macroeconómico, las políticas de ajuste provocan efectos nocivos importantes.

Resultados contrastantes

En uno de sus informes anuales, el Banco Interamericano de Desarrollo (BID) muestra que los ajustes macroeconómicos debidos a la crisis de la deuda parecen haber afectado menos a la agricultura, y hasta podrían haberla favorecido.[7] En realidad, la situación es más compleja, como lo

[7] Véase la relación de 1986, p. 141.

muestran los resultados contrastados de la agricultura latinoamericana en el curso del último decenio.

El sector agrícola no se ha replegado tanto como otros sectores claves, como la industria y la construcción. Más recientemente, la agricultura hasta se desarrolló con más rapidez que el conjunto de la economía latinoamericana.[8] Su parte del PIB, que era de 10.7% en 1986, pasó a ser de más de 11% en 1988 (BID, 1989). Ese año, pasó de un mínimo de 3.8% en Trinidad y Tobago a un máximo de 36.6% y de 28.4% respectivamente en Haití y en Honduras. La fuerza creciente de la agricultura en 1987 (+7%) se hizo más lenta en 1988: sólo alcanzó 1.4%, mientras que el crecimiento demográfico fue superior. En esas condiciones, el PIB agrícola por habitante de 1988 fue inferior al de 1981.

Si esos resultados no sólo son imputables a las políticas de ajuste, debe notarse que estas últimas desempeñaron un papel nada desdeñable. R. Ffrench-Davis (1989) explica el menor repliegue de la agricultura por la asociación de dos fenómenos. Por una parte, el sector agrícola fue menos afectado que el resto de la economía nacional por la contracción de la demanda interna. Por otra parte, las empresas agroalimentarias vueltas hacia el exterior se beneficiaron directamente de una política que favorecía una mayor inserción internacional de las economías. La contracción de la demanda global afectó menos a la agricultura por dos razones esenciales: una menor elasticidad del ingreso de la demanda de productos agroalimentarios y una mayor flexibilidad en la baja de los precios de productos agrícolas destinados al mercado interno. Por otra parte, la agricultura desempeña un papel importante en el comercio exterior de la América Latina. En muchos países, asegura más de la mitad del total de las ventas al exterior. Para la región en conjunto, las exportaciones de otros productos agrícolas representan cerca de 30% del total de las exportaciones. Por tanto, ese sector se benefició de algunos aspectos positivos del ajuste: devaluación, precio de apoyo, estimulos a los exportadores. El impacto de las devaluaciones sobre la competitividad externa fue reforzado por la baja de los salarios reales. Esta baja (siendo iguales otras cosas) frenó la importación de alimentos y favoreció a los exportadores en la medida en que vieron una disminución de su costo de mano de obra. La evolución del comercio exterior de los productos agrícolas hace surgir un excedente comercial a lo largo de todos los años ochenta, pese a la baja de los precios internacionales. Al mismo tiempo, la composición de la producción agrícola regional se modificó: los cultivos de exportación tuvieron una tasa de crecimiento muy superior a la de los cultivos de subsistencia.[9]

[8] A largo plazo, la parte relativa a la agricultura tiene, de todas maneras, la tendencia a disminuir, ya que representaba 16.6% del PIB en 1960.

[9] *Cf.* BID (1986), cuadro VI-1.

Los efectos nocivos del ajuste sobre la agricultura

En la casi totalidad de los países latinoamericanos, las medidas de ajuste resultaron incompatibles entre sí y causaron efectos nocivos que incidieron en la agricultura.

La mayoría de los estudios disponibles muestran que las políticas de ajuste castigaron a los grupos sociales más pobres. Los campesinos sin tierra o los pequeños productores fueron las primeras víctimas de la disminución de los subsidios a los alimentos, de la baja de los gastos de salubridad y de educación o del alza de los precios de los productos alimentarios importados. Esta alza de los productos alimentarios a veces tuvo efectos de sustitución: de ahí la agravación del déficit nutricional. La baja de los subsidios y el alza de los precios alimentarios obligan a los más desprovistos a abandonar los campos. Todos conocemos los problemas que entraña esta urbanización masiva y desordenada: infraestructuras y habitaciones insuficientes, desempleo disimulado, aumento de la delincuencia, penuria alimentaria...

La devaluación no siempre causa los efectos previstos. En efecto, el acceso a los mercados mundiales fue limitado por las políticas agrícolas de los países desarrollados. Los Estados Unidos, Japón y la CEE siguieron dando importantes subsidios a sus agricultores y vendiendo sus excedentes a precios que hicieron bajar los ingresos de exportación de los principales productores latinoamericanos. La agricultura latinoamericana es fuertemente tributaria de la importación de semillas, abonos, máquinas o tecnología. El aumento de los precios de las importaciones se tradujo en una agudizada malnutrición (los productos alimentarios importados incluyen igualmente bienes de subsistencia) y en un alza de los costos para los productores que no pueden tener acceso al mercado internacional.

Por último, el esfuerzo que la deuda obliga a hacer para intensificar las exportaciones con objeto de adquirir divisas hizo favorecer a los cultivos de exportación, en detrimento de los cultivos destinados al mercado interno. Brasil, tercer lugar mundial en ganado bovino, también tuvo que importar leche y a veces carne para satisfacer las necesidades vitales de su población. Ese país hasta tuvo que importar en ciertos años, frijoles rojos, base de la alimentación brasileña (H. Théry, 1990). Esos nocivos efectos movieron a los gobiernos a tomar medidas compensatorias, como el otorgamiento de créditos agrícolas bonificados, la reducción del costo del material agrícola importado o la aplicación de desgravaciones fiscales. De hecho, esas medidas no hicieron más que acentuar el dualismo agrícola pues fueron los medianos y grandes productores comerciales —las más de las veces, exportadores— quienes se beneficiaron.

Los mediocres resultados de las políticas de ajuste nos invitan a hacer una reflexión sobre las condiciones del desarrollo del sector en vísperas de un nuevo milenio. Ese desarrollo exige que se satisfagan varios imperativos. Para quedarnos en el marco de nuestro estudio, nos centraremos en dos ejes esenciales.

El primero consiste en dar una mayor prioridad a la agricultura. Es evidente que este sector no ha tenido recursos suficientes para su modernización. Las presiones ejercidas por la demografía han hecho adoptar medidas destinadas a mantener el precio de los productos alimentarios a un nivel bajo, en detrimento de los agricultores, en una época en que los centros urbanos y la industria recibían la mayor parte de los recursos públicos.

Por otra parte, las políticas de ajuste no pueden ejercer un efecto favorable sobre la agricultura sino en el marco de una restructuración de la economía mundial y de una reforma del sistema financiero internacional. Por ejemplo, es difícil imaginar una adaptación estructural de las economías latinoamericanas sin una transferencia de capitales globalmente positiva, y esa transferencia de recursos sigue siendo negativa desde 1982. Asimismo, sin un nuevo sistema monetario internacional, sin una regulación de la circulación de los productos básicos y sin la abolición de las medidas proteccionistas, será imposible para la agricultura de la región tener un desarrollo armonioso y equitativo.

Bibliografía

Adda, J., "Inflation et hyperinflation", en *Alternatives Economiques*, núm. 77, mayo de 1990.

Amadéo, E., "Le Plan Austral, ajustement ou changement structurel?", en *Tiers Monde*, núm. 109, enero-marzo de 1987.

Banco Interamericano de Desarrollo, *Progrès économique et social*, Washington, 1986 y 1989.

Cartier-Bresson, J., "Le Plan Cruzado et l'hérépodoxie économique", en *Tiers Monde*, núm. 109, enero-marzo de 1987.

Guillaumont *et al.*, *Les prêts d'ajustement structurel*, informe provisional, CERDI, 1986.

Ffrench-Davis, "Reajuste y agricultura en la America Latina: un examen de algunos temas", en *El Trimestre Económico*, núm. 222, México, abril-junio de 1989.

Grellet, G., "Les politiques d'ajustement orthodoxes, un point de vue critique", en *Tiers Monde*, núm. 109, enero-marzo de 1987.

Hugon, P., "Incidences sociales des politiques d'ajustement", en *Tiers Monde*, núm. 117, enero-marzo de 1989.

Ikonicoff, M., "Une politique économique alternative pour le Tiers Monde? Les leçons du Plan Austral et du Plan Cruzado", en *Tiers Monde*, núm. 109, enero-marzo de 1987.

Jetin, B., "La culture inflationniste: une présentation du débat sur l'inflation intertielle en Amérique Latine", en *Tiers Monde*, núm. 109, marzo de 1987.

Lichtensztejn, S., "De las políticas de estabilización a las políticas de ajuste", en *Economía de América Latina*, núm. 11, Buenos Aires, primer semestre de 1984.

Salama, P., "Les effets pervers des politiques d'ajustement dans les economies semi-industrialisées", en *Tiers Monde,* núm. 117, enero-marzo de 1989.

———, "Endettement et appauvrissement en Amérique Latine", en *Amérique Latine*, núm. 18, abril-junio de 1984.

Théry, H., "Brésil: les promesses de l'agroalimentaire", en *Economie et Finances Agricoles*, núm. 246, noviembre de 1989.

AGRICULTURA CHILENA Y ECONOMÍA INTERNACIONAL

Continuidad y cambio en la década de los noventa

DAVID E. HOJMAN
Departament of Economics and Institute of Latin American Studies
Universidad de Liverpool

LA AGRICULTURA chilena presenta en los años noventa características muy diferentes de aquellas observadas 20 años atrás. Los procesos de reforma y contrarreforma agraria eliminaron los "cuellos de botella" descritos por los estructuralistas. El predio agrícola predominante es ahora de tamaño mediano, usa métodos modernos, los agricultores responden a los estímulos del mercado. Las exportaciones agropecuarias y forestales aumentaron de 299 millones de dólares en 1981 a 753 millones en 1988, las importaciones de alimentos cayeron de 823 a 258 millones. Algunos problemas del pasado persisten, otros nuevos han surgido. Se ha polemizado respecto a si lo dominante en el campo chileno actual es la homogeneidad o la heterogeneidad. Pero ésta es una discusión algo artificial: hay homogeneidad, en el sentido de que se avanza aceleradamente hacia el desarrollo capitalista de la agricultura; pero también heterogeneidad, puesto que la velocidad del cambio es muy diferente según los sectores, regiones y productos.

CONDICIONES DOMÉSTICAS

Quizá lo más notable de las políticas del gobierno de Aylwin es cuán semejantes son a las de Pinochet después de 1985. El ministro es un agricultor, militante del Partido Radical. El subsecretario, Maximiliano Cox, tuvo un papel destacado en el pasado en estudios académicos a partir de los cuales las nuevas políticas fueron diseñadas. Cox y otros funcionarios hicieron su aprendizaje, por lo menos en parte, o en el extranjero, o en organizaciones no gubernamentales. Las riendas han sido tomadas por una nueva generación, respecto al gobierno de Allende. El énfasis está, por un lado, en la continuidad, no sólo en la tenencia de la tierra, sino también en los precios, tasa de cambio, tasa de interés, normas legales en el mercado laboral, etc., y por el otro, en la legitimidad, de manera que campesinos, trabajadores asalariados, temporeros, pequeños agricultores, y los pobres del campo en general, acepten las políticas del nuevo gobierno como propias (Cox, 1988; Cox y Chateauneuf, 1988). Se están implantando nuevos programas sociales, por ejemplo, en vivienda rural. La estabilidad de precios agrícolas ha sido hasta ahora garantizada por bandas de precios para algunos productos, pero existe la posibilidad de que se cree una Bolsa de Productos Agrícolas, y mercados de futuros. No hay escasez de crédito. El programa CORFOBID-III cuenta con 600 millones de dólares. Por otra parte, muchos agricultores están seriamente endeudados.

Campañas de asistencia técnica a campesinos

Las políticas macroeconómicas son tan importantes como las agrícolas. El control de la inflación es fundamental junto con el mantenimiento de una tasa de cambio estable y realista. El costo de la mano de obra, a pesar de que ha subido, no constituye un problema para los exportadores. Una tarea necesaria, donde le caben responsabilidades tanto al sector público como al privado, es mejorar la infraestructura de transporte. Se ha construido una nueva carretera desde el Valle Central al puerto de San Antonio, que evita Santiago (la "carretera de la fruta"), están en estudio nuevas facilidades en los puertos de Coronel y San vicente, la división de carga de LAN-Chile aumentó su flota, está construyendo una terminal en el aeropuerto de Pudahuel y arrendando bodegas en Miami, etc. Ciertos cuellos de botella son inevitables. El servicio de correos ha llegado al extremo de enviar encomiendas por vía aérea que habían sido aceptadas para transporte marítimo, con el objeto de descongestionar este último.

Incluso, el hecho de que el gobierno de Aylwin no esté dispuesto a seguir adelante con las privatizaciones típicas de los últimos años del régimen de Pinochet, tendrá un efecto positivo sobre las exportaciones. Eliminada la posibilidad de nuevas privatizaciones, las energías empresariales y los capitales locales y extranjeros se volcarán hacia la producción para las exportaciones. El objetivo del gobierno es incrementarlas de 30% del producto en 1989, a 35% en 1993-1994. Se espera que la economía crezca en promedio a una tasa de 5% anual, lo que significa un crecimiento de las exportaciones de más del 40% en cuatro años. Aun así, el volumen de exportaciones será todavía modesto en comparación con Singapur o Taiwán.

Condiciones internacionales y relaciones con Estados Unidos

La fama de Chile como exportador de productos agrícolas es tan grande como su fama como receptor de inversión extranjera directa. Utilizando dos tipos de mecanismos, el DFL 600, que básicamente otorga el mismo tratamiento al inversionista nacional y al extranjero, y la conversión de deuda externa: en 1989 la inversión extranjera directa alcanzó 6% del producto. Ésta es, por mucho, la proporción más alta en América Latina.

Dirigida esencialmente hacia los sectores con mayores ventajas comparativas, la participación de los rubros agropecuario y forestal es muy alta, la segunda en tamaño después de la minería. Está claro que el conjunto de condiciones de suelo, clima, localización, económicas y políticas representa una fuente de ventajas comparativas inmensas para la producción. Pero las condiciones específicas de cada mercado requieren estudios cuidadosos. Por la importancia de los Estados Unidos como socio comercial (importó 20% del total de las exportaciones chilenas en 1989, pero mucho más en cierto rubros claves), las relaciones con este país son críticas en la estrategia exportadora. Problemas como el Sistema Generalizado de Preferencias (GSP), del que se excluyó a Chile en 1988, al igual que de la posibilidad de estímulo a inversiones a través de OPIC, y la Enmienda Kennedy, que prohíbe la venta de armas a Chile, deberán solucionarse en el futuro próximo.

Otros problemas más serios son los *marketing orders* y el asesinato de Letelier en Washington durante los años setenta. Los *marketing orders* son controles de calidad que se aplican en Estados Unidos tanto al producto doméstico como al importado, por periodos determinados. Actualmente afectan a la uva de mesa, y se han propuesto también para papayas, pistaches, kiwis, duraznos, ciruelas y manzanas. Por el desfase estacional no han afectado seriamente a la fruta chilena (ya que se aplican por la duración de la temporada en el hemisferio norte), pero constituyen un precedente peligroso. Estados Unidos quiere indemnizaciones para la familia de Letelier y extradición de los sospechosos. Ambas cosas son difíciles. Si paga, el gobierno chileno será acusado por la derecha de aceptar responsabilidad por el asesinato, y puede abrir el camino para muchas otras demandas de compensación monetaria. Extraditar a los sospechosos es imposible dada la difícil relación entre el gobierno civil y el general Pinochet. En lo positivo, el "acuerdo marco" propuesto por el presidente Bush y aceptado por el ministro Foxley podría llevar a un tratado de libre comercio, y a la libertad de comercio absoluta entre los dos países, pero pueden oponerse quienes prefieren ver primero algún progreso en términos de integración latinoamericana.

Control de calidad

La cuestión de la calidad y del control de calidad es particularmente importante. El proteccionismo usualmente aparece disfrazado como defensa de los intereses del consumidor, en cuanto a calidad. Los *marketing orders*, el caso de las uvas envenenadas, y así sucesivamente, están estrechamente vinculados al tema. En fruta, los productores aceptan que elevar la calidad es la mejor manera de combatir las tendencias proteccionistas, al mismo tiempo que se disminuye la oferta y sube el precio. Los productores serios necesitan más o menos desesperadamente eliminar a los *rastrojeros*, o exportadores de fruta de calidad inferior. Sin embargo, hasta el momento la creación de una comisión de control de calidad ha sido imposible, básicamente porque el gobierno parece desear un poder interventor mayor que aquel que el sector privado está dispuesto a concederle. Por otra parte, no está claro que la mejor manera de vigilar el interés del consumidor sea restringiendo la oferta. Podría argumentarse que el consumidor estaría mejor servido si puede elegir entre calidades diferentes, a precios diferentes.

En otras esferas la introducción de controles de calidad ha sido más fácil. Después del caso del sorbitol, que significó la retirada de grandes cantidades de vino chileno en Europa por tener este aditivo (que es por lo demás completamente inofensivo), el gobierno chileno ha declarado que agregar sorbitol no estaba permitido, tanto porque no se encuentra en la lista de sustancias permitidas, como porque se trata de un alcohol, y como tal estaría específicamente prohibido. El problema surge porque algunos vinos chilenos contienen sorbitol naturalmente, pero, en todo caso, en cantidades menores que las establecidas por las regulaciones de la Comunidad. Temporalmente, el gobierno ha adoptado los límites del sorbitol aceptados por la Comunidad como propios.

Fruta

La superficie de huertos frutales creció de 53 mil hectáreas en 1965 a 66 mil en 1973, y 173 mil en 1989. La producción se cuadruplicó entre 1965 y 1989. Las frutas más significativas son manzana, uva de mesa, peras, ciruelas, duraznos, naranjas, limones, aguacates y damascos. En volumen, entre las temporadas 1988-1989 y 1980-1990 la producción creció 10% y las exportaciones 20%. El fenómeno más característico de la exportación de fruta es la concentración, en el número de empresas exportadoras (las cuatro mayores controlan 43% de la exportación en fresco, y 30% de congelado, en contraste con los productores, que son más de 10 mil), el mercado (Estados Unidos representa más del 50%), el producto (uva de mesa es tres cuartos del total) e incluso el puerto (Filadelfia recibe el 70% de la fruta chilena). Parte de esto está mejorando —Filadelfia está expandiendo sus instalaciones, y otros puertos están siendo considerados—, pero el resto puede ser inevitable, por lo menos a corto o mediano plazos.

Al principio del *boom* (de mediados a fines de los años ochenta) las ganancias eran tal altas, que algunas firmas esperaban recuperar su inversión en dos o tres años. Tanto firmas productoras como bancos se comportaron irresponsablemente. Más del 40% de la deuda interna agrícola es de corto plazo. Entre 1984 y 1990 el precio de la caja de uva bajó de 10 a 5 dólares, y el retorno real de los productores cayó 26% en uva, 12% en manzanas, 22% en nectarines y 36% en ciruelas. Entre mediados de febrero y fines de marzo de 1990, los exportadores de uva sufrieron pérdidas. Hay también problemas puntuales: el episodio de las uvas envenenadas en marzo de 1989 provocó pérdidas de 350 millones de dólares; la aparición de la mosca de la fruta en enero de 1990 significó pérdidas de 80 a 100 millones. En los próximos años se espera que miles de hectáreas de nuevas plantaciones entren en producción. Hay que mejorar la calidad, lo que implica automáticamente reducir la oferta, y así subir el precio, pero hasta ahora no hay acuerdo al respecto.

Productos forestales, hortalizas y otros

A pesar de que varios estudios han sugerido que los subsidios forestales son demasiado altos, y que han favorecido excesivamente a grandes empresas, el gobierno de Aylwin no los ha disminuido. Es posible que se haya concluido que éste es un costo necesario que hay que pagar para mantener el dinamismo de este rubro de exportación, que creció de 42 millones de dólares en 1970 a 468 en 1980, para caer a 326 en 1983, y recuperarse a 784 en 1989. En 1990 se aumentó el subsidio a la plantación de especies nativas, que ahora alcanza 70% del costo, y hay preocupación por estimular la solicitud de créditos por parte de pequeños y medianos empresarios. Algunos organismos han protestado por el peligro a que está expuesto el bosque nativo, y ciertas inversiones extranjeras han sido canceladas o en espera de definiciones más precisas.

Las exportaciones de hortalizas crecieron de 12 millones de dólares en 1983, a 41 en 1987 y 88 en 1989. Las principales en orden de importancia son cebolla, espárrago, ajo, tomate, melón, rábano, orégano, alcachofa y pimiento. También hay interés en brócoli, choclo dulce, endibia, camote, coliflor, nabo, espinaca, puerro, berenjena, zapallito, choclo en miniatura y otros. Una sola pequeña empresa exportó 700 mil dólares en callampas. Aparte del espárrago, se trata de cultivos anuales que requieren inversiones bajas y permiten al agricultor cambiar de rubro en años malos. En ganadería, se exporta desde conejos a subproductos de matadero. La exportación de ovinos ha sufrido como resultado del conflicto del Medio Oriente.

Vino y otros productos elaborados

Es ya un lugar común que la industria vinícola chilena, que produce en volumen para el mercado interno, está en crisis. Sin embargo, esta crisis no es determinante de la situación del vino chileno en el mercado mundial. Entre 1987 y 1989, las exportaciones de vino aumentaron de 34 a 53 millones de dólares. En principio, Chile está en condiciones de producir algunos de los mejores vinos del mundo. Lo han confirmado inversionistas como Miguel Torres, Rothschild (el mismo del Chateau Laffite), la firma californiana Franciscan Vineyards, y muchos otros. Dados los bajos costos de la producción, lo fundamental es mejorar la calidad. En particular, el costo de la tierra en comparación con, por ejemplo,

Burdeos, es insignificante. Con la calidad adecuada, el potencial es enorme. A principios de 1990, dos vinos chilenos fueron escogidos por la prestigiosa publicación estadunidense *Wine Spectator* como la mejor compra del trimestre. Como resultado, esta viña aumentará sus ventas en el mercado norteamericano en 1990, de 7500 a 50000 cajas. En promedio los norteamericanos consumen cuatro litros de vino al año, mientras que los chilenos consumen 30, y los franceses 70, lo que da una idea del potencial de crecimiento del mercado estadunidense.

Muchos inversionistas producirán sólo para la exportación, porque el mercado chileno no pagará sus precios, que son ridículamente bajos. Por ejemplo, en Inglaterra el vino chileno se vende al consumidor a precios entre 5 y 10 dólares. Pero el mercado inglés sufrió del episodio del sorbitol. Sólo las vinaterías especializadas (tipo boutique) han conservado o renovado sus *stocks*, pero no así los supermercados. Una ventaja de la concentración del mercado es que este episodio ha sido manejado muy discretamente. Pocas viñas chilenas exportan a Europa y pocos consumidores europeos saben que algunas partidas de vino chileno fueron retiradas. Esto contrasta con el caso de las uvas envenenadas.

Las exportaciones de otros productos elaborados están empezando entre 1987 y 1989 las exportaciones de conservas y jugos de frutas y hortalizas crecieron de 32 a 75 millones de dólares, y las de manufacturas de madera, de 20 a 52 millones. Se ven con buena perspectiva productos tan disímiles como cebollas y ajos deshidratados, pasta de tomate, levaduras secas para vinificación y panificación, palitos de helado, muebles o arreglos florales. En algunos casos con ayuda de organismos estatales de fomento, o de inversionistas extranjeros asociados, empresas pequeñas y medianas han sido muy efectivas en incorporar nuevas técnicas y explorar nuevos mercados (Pietrobelli, 1990). En la exposición permanente Promoexpo, en Santiago, algunos de los primeros *stands* fueron tomados por, además de viñas y elaboradores de madera, empresas industriales productoras de cerveza, mermeladas, conservas, chocolates, tallarines, caramelos y otros derivados del azúcar.

Algunas conclusiones

En general, se puede decir que las condiciones domésticas e internacionales para la exportación de productos agropecuarios y forestales chilenos son extraordinariamente favorables. Peligros tales como el proteccionismo deberán ser abordados mediante diversificación en productos y mercados, y controles de calidad rigurosos. Los problemas con Estados Unidos pueden ser resueltos. También habrá que tener en cuenta el nuevo interés en temas ecológicos y estar alerta del peligro de abuso de pesticidas, fertilizantes y hormonas. Y se requiere cierto esfuerzo, flexibilidad y el abandono de posturas ideológicas, para delimitar las responsabilidades de los sectores público y privado de la manera más conveniente.

Bibliografía

Cox, M., "Bases de un programa para el desarrollo sostenido y equitativo del agro chileno", en Seminario Internacional GIA CLACSO: La Agricultura Latinoamericana: Crisis, Transformaciones y Perspectivas, Punta de Tralca, 1-4 de septiembre de 1988.

Cox, M. y R. Chateauneuf (comps.), *Potencial y políticas para el desarrollo agrícola de Chile,* CED, Santiago, 1988.

Hojman, D. E., *Neo-liberal agriculture in rural Chile,* Macmillan, Londres, 1990a.

———, "Chile after Pinochet: Aylwin's Christian Democrat economic policies for the 1990s", en *Bulletin of Latin American Research,* núm. 9, 1990b.

Pietrobelli, C., "Technological change, local capabilities and international trade: the case of selected nontraditional manufatured exports from Chile", en *Conferencia Anual de la Sociedad de Estudios Latinoamericanos,* Oxford, 30-31 de marzo de 1990.

Periódicos y revistas

Análisis
Apsi
Decanter
The Economist
Economist Intelligence Unit, Chile, Quarterly
La Época
Estrategia
Fortín Mapocho
Latin American Newsletters Weekly Report
El Mercurio
¿Qué Pasa?
Revista del Campo

LA FRUTICULTURA CHILENA: BALANCE Y PERSPECTIVAS

JEAN MARIE CODRON
INRA-ESR
Montpellier, Francia

CHILE exporta en la actualidad un millón de toneladas de frutas de clima templado: 15 veces más que en 1973. De todos los países del hemisferio sur, es el que mejor ha aprovechado los fuertes aumentos del consumo de "frutas de invierno", que se manifiestan desde hace más de un decenio en los diversos mercados del hemisferio norte. Este aumento excepcional lo coloca en las primeras filas de los exportadores mundiales de frutas de clima templado y, con gran ventaja, a la cabeza del hemisferio sur (Chile representa cerca de 15% del total mundial, y 50% del total del hemisferio sur). Esto se debe fundamentalmente a cierto número de ventajas naturales, geográficas e históricas, y se explica asimismo por la dinámica tan particular de que Chile ha sabido dar prueba en el curso de estos últimos 10 o 15 años.

La fruticultura chilena, que hoy representa una de las principales fuentes de divisas del país (11% en 1987), después del cobre (54%) y en igualdad con los productos del mar y de los bosques, a menudo se cita como uno de los mejores ejemplos del "milagro económico chileno". Pero, ¿cuáles son, en efecto, las ganancias económicas y sociales para el país, en materia de empleo, de consumo, de desarrollo agroindustrial...? ¿Al precio de qué trastornos de las estructuras de producción y de exportación, y al precio de qué dependencia ante el extranjero se ha logrado esto? ¿Cuál es la capacidad del gobierno para controlar y orientar el desarrollo de semejante sector económico? ¿Cuánto puede durar este proceso de exportación teniendo en cuenta, en especial, las perspectivas de evolución de la demanda sobre los diferentes mercados internacionales, de los márgenes de los progresos técnicos realizables a plazo medio, de las presiones sociales que en adelante podían ejercerse en favor de un reparto más equitativo de los frutos de este crecimiento...?[1]

Hace 20 años, casi no se consumían productos de invierno fuera de Europa. Hoy, la mayor parte de los países ricos forman la clientela del hemisferio sur, comenzando por América del Norte, que en adelante

[1] La exposición se apoya sobre las conclusiones de los estudios siguientes: J. M. Codron, *Les fruits et légumes frais du Chili: quelles stratégies d'expansion?*, CFCE, París, 1989; y "L'hemisphère Sud et la mondialisation des échanges de fruits tempérés", en *Economie des fruits et légumes*, seminario, Ghania, Grecia, 1990.

constituye un mercado casi tan importante como Europa. Hace 20 años, la demanda europea era, esencialmente, de dos productos: las manzanas y las naranjas. Hoy, una gama muy extensa de productos ocupa los escaparates fuera de temporada. Algunos de esos frutos son totalmente nuevos (kiwis, melocotones y nectarinas), otros, aún ayer eran considerados como menores (uvas de mesa y peras). En total, cerca de dos millones de toneladas de frutos de clima templado —la expansión de los cítricos data de mucho antes, de los años sesenta y setenta— hoy son importados por el hemisferio norte, o sea el doble de hace 10 años. El transporte y las técnicas de conservación han desempeñado un papel muy importante en el crecimiento de esas exportaciones. Gracias a ellos, ciertos productos medianamente perecederos, como los frutos con hueso, pueden viajar ahora por barco. Productos poco perecederos como la manzana, el kiwi, la uva y la pera, en adelante están en competencia directa con los productos del hemisferio norte, al menos en ciertos periodos. La contribución de las multinacionales también ha sido decisiva. Esas multinacionales, en su mayor parte, antiguas compañías plataneras o agrumícolas, las más conocidas de las cuales son Castle and Cook, United Brand, Polly Peck (que compró Del Monte) y Albert Fisher, desde hace algunos años manifiestan un creciente interés por las frutas y las legumbres frescas, y más especialmente por todas las que son objeto de una difusión en masa, que no presentan problemas particulares de calidad (los poco perecederos) y que es posible procurarse durante todo el año. Por ello, no es de sorprender que los productos del hemisferio sur sean, para ellos, de importancia extrema.

Exportaciones de frutas templadas de cinco países del hemisferio sur — miles de toneladas y %*

	1974-1976		*1979-1981*		*1984-1986*		*1987-1988*	
	vol.	*%*	*vol.*	*%*	*vol.*	*%*	*vol.*	*%*
Chile	74	9	253	25	529	37	750	42
Argentina	305	37	324	32	292	21	305	17
África del Sur	255	31	253	25	309	22	325	18
Australia	115	14	81	8	60	4	67	4
Nueva Zelanda	74	9	101	10	233	16	340	19
Hemisferio sur	824	100	1 012	100	1 423	100	1 787	100

* Manzana + pera + uva + kiwi + melocotón nectarina.
FUENTE: FAO y USDA, para 1987-1988.

LA SUPREMACÍA DE CHILE

A mediados de los años setenta, cuando la manzana aún constituía lo esencial de las exportaciones (600 mil toneladas de manzanas, 120 mil de peras, 60 mil de uvas de mesa y casi nada de melocotones, nectarinas y kiwis), Argentina y África del Sur realizaban, en conjunto, más de las dos terceras partes de las exportaciones del hemisferio sur y dominaban, de lejos, a sus competidores directos, a saber, Australia, Nueva Zelanda y Chile.

Dos países fueron los principales actores del fuerte crecimiento de los años ochenta: Chile y Nueva Zelanda. Respectivamente, decuplicaron y quintuplicaron sus exportaciones y hoy ocupan el primer y segundo lugares de la clasificación, adelante de Argentina y de África del Sur. En decadencia desde comienzos de los setenta, es decir, desde la entrada de la Gran Bretaña en el Mercado Común, Australia se ha quedado hoy muy lejos, detrás de todos los otros. De los dos países que crearon el acontecimiento de esos 10 últimos años, Chile es sin duda el que más éxito ha tenido. Es el único que ha basado su dominio en una auténtica diversificación. En contraste con Nueva Zelanda, cuyo éxito sigue basado sobre dos productos (180 mil toneladas de manzanas y 155 mil de kiwis), Chile puede jactarse de estar presente, ahora, en todos los productos y de reinar casi como amo absoluto sobre la uva de mesa y las frutas de hueso duro. En promedio, en los años 1987 y 1988, exportó 340 mil toneladas de manzana (36% del total), 53 mil toneladas de pera (20%), 30 mil toneladas de uva de mesa (86%) y 46 mil toneladas de melocotones-nectarinas (93%). En kiwis, su participación aún es muy limitada en comparación con la de Nueva Zelanda, pero sus exportaciones van en crecimiento exponencial (800 toneladas en 1986, 13 mil toneladas en 1989), y se deberán franquear el umbral de las 100 mil toneladas en pocos años, cuando todas sus superficies ya plantadas estén en plena producción.

Varias razones explican el dinamismo excepcional de Chile y su decisiva contribución a la expansión en estos últimos 10 años.

La primera es, sin duda, su *proximidad a los Estados Unidos,* y más particularmente a California, principal abastecedor de frutas y legumbres de ese país. Granero de trigo de la costa oeste cuando los barcos aún pasaban por el Estrecho de Magallanes, Chile es, desde hace mucho tiempo, un socio privilegiado de los Estados Unidos. Hermano menor austral de California —sus rasgos naturales, geográficos y climáticos tienen semejanzas asombrosas—, Chile pensaba ya a comienzos del siglo en las ventajas que podía obtener de semejante situación. Concebida en gran parte siguiendo un modelo californiano, la fruticultura chilena se integró en estrecha concertación con los profesionales y científicos de ese estado. Por tanto, estaba infinitamente mejor preparada que todas las demás fruticulturas del mundo para responder a la demanda norteamericana de frutas de fuera de temporada (en especial, uvas de mesa y frutas de hueso duro).

Las fruticulturas neozelandesa, australiana, sudafricana y argentina siempre han estado dirigidas directamente a Europa, y por eso casi únicamente se han centrado en las manzanas y las peras. Apenas incitadas a diversificarse —Europa comenzó recientemente a consumir uvas y fru-

Distancias entre países exportadores e importadores (millas náuticas)

	San Francisco	Nueva York	Rotterdam	Jeddah	Yokohama
Valparaíso	5 140	4 630	7 490	10 380	9 330
Buenos Aires	8 740	5 870	6 380		12 090
El Cabo	9 690	6 790	6 190		8 350
Melbourne	6 960	9 680	11 120		4 870
Wellington	5 910	8 520	11 530		4 980

Rand McNally Cosmopolitan World Atlas.

tas de hueso duro de fuera de temporada— o aun, algunas, técnicamente frenadas por los problemas de la lejanía, han quedado en gran retardo ante su competidora chilena y la han dejado desarrollarse libremente sobre los nuevos canales europeos. África del Sur, única que tenía cierta presencia, habría podido aprovechar la ocasión para aumentar sus partes del mercado. Hasta hoy, casi no lo ha hecho: su retraso en materia de variedades apirenas y de melocotones nectarinos y su imagen política probablemente sean los responsables.

Argentina constituye, un tanto, la excepción. Tuvo la ventaja y al mismo tiempo el inconveniente de tener a su lado uno de los más grandes mercados mundiales de importación de frutas y legumbres frescas (especialmente de manzanas): Brasil. Ventaja, en la medida en que éste fue durante largo tiempo un mercado importante, que competía con Europa. Inconveniente, en la medida en que considerablemente redujo sus exportaciones y hasta compite con Argentina.

Chile debe, asimismo, su éxito a la riqueza de su *medio natural*. Para empezar, goza de una gran variedad climática, lo que no ocurre, por ejemplo, en Nueva Zelanda. Esto le permite cultivar numerosas especies, desde las de clima tropical árido hasta las de clima templado húmedo, comenzar sus cosechas precozmente —el kiwi se cosecha un mes antes que en Nueva Zelanda— y escalonarlas durante un muy largo periodo: la uva se recoge a mediados de noviembre en el valle de Copiapo (desierto del pequeño norte), y a mediados de abril en la provincia de Talca, 1 100 km más al sur. Goza igualmente de muy buenas condiciones climáticas, sobre todo en lo tocante a la uva de mesa y las frutas de hueso duro, y de protección natural contra las enfermedades y los parásitos ocasionales: recordemos que limita al este con la cordillera de los Andes, al norte con el desierto de Atacama, al oeste con el océano Pacífico y al sur con la Antártida. Por último, prácticamente no encuentra ninguna dificultad en cuanto al agua y los territorios, y hoy dispone en abundancia de esos dos factores.

Chile obtiene igualmente su fuerza de la *estructura* y de la *duración de su estrategia de exportación*. Líder indiscutible en materia de uvas de mesa —en los Estados Unidos, que siguen siendo, con mucho, sus primeros consumidores—, es el único en haber basado su estrategia de exportación en la pareja uva de mesa-manzana y en comenzar a exportar desde el mes de diciembre. Gana así tres meses de ventaja sobre sus competidores, economiza en costos de transporte, menos elevados que en la temporada pico, y por lo demás tiene la posibilidad logística —aprovisionamiento frecuente y regular— de desarrollar todos los productos sincrónicos de las primeras uvas: exportación de diciembre a febrero. Su única flaqueza tal vez sea no encontrarse presente en el mercado de cítricos. La posibilidad de utilizar los *charters* (vuelos fletados) de naranjas para otros productos, sin embargo, es de un interés limitado, pues los principales productos susceptibles de aprovecharlo (kiwi, manzanas tardías) no plantean ningún problema de transporte o de conservación.

Chile es, por último, el único país del hemisferio cuyos procesos de exportación están hoy bajo el *control de capitales extranjeros*. De orígenes variados, las más grandes de esas sociedades son multinacionales del importante negocio de las frutas y legumbres frescas. Ahí se encuentran, en especial, la Standard Fruit, filial de Castle and Cook; la United Trading Company, de capitales árabes, y Unifrutti, de capitales árabes e italianos. Otras grandes multinacionales, como la United Brand, la Turbana, Albert Fisher o Polly Peck, se han instalado recientemente o están a punto de hacerlo.

Entre los elementos que han pesado decisivamente en la instalación de las multinacionales, conviene citar la prosperidad frutícola del país (el auge de la fruticultura chilena es anterior a la llegada de las multinacionales), la variedad de los productos exportados, la libertad de empresa y de exportación (ausencia de *board*, en contraste con África del Sur y Nueva Zelanda), las ventajas concedidas al capital extranjero (subsidios a la inversión por medio de pagarés) y las condiciones generales de la rentabilidad (mano de obra barata, estabilidad política a largo plazo).

Las primeras multinacionales, instaladas después de la gran crisis económica de 1982, dieron un segundo aliento a la fruticultura chilena. Disponiendo casi siempre de una vasta red comercial, le han procurado numerosos mercados, en lugares a veces totalmente nuevos, y la han introducido en los circuitos de distribución más modernos. De grandes dimensiones y a veces equipadas con su propia flota, ellos han resuelto satisfactoriamente el crucial problema del transporte, que aún hoy constituye uno de los principales impulsos de la exportación. El transporte es elemento importante del precio: a veces duplica el precio de la mercancía, sobre la cual se pueden realizar economías verdaderamente decisivas. Por lo demás, es una actividad de la que dependen grandemente la calidad del producto y la eficacia comercial (rapidez de transporte, compatibilidad con la gran distribución).

Recaídas económicas y sociales

La crisis económica y financiera que sacudió a Chile en 1982 no perdonó al sector de la exportación frutícola. Provocó la quiebra de dos de las tres mayores exportadoras del país y puso fin a un periodo de fuerte concentración. Los seis años que siguen a esta crisis son relativamente prósperos. La producción se encuentra en expansión debido a las numerosas plantaciones efectuadas con anterioridad. Es fuerte la demanda en los mercados exteriores (Estados Unidos, Medio Oriente, Europa...). Los ingresos en la rama son numerosos. Los productores se agrupan para exportar. El hecho sobresaliente de este nuevo periodo es, indiscutiblemente, la llegada de *capitales extranjeros*. En poco tiempo, grandes sociedades extranjeras se constituyen y adquieren una posición predominante. Su estrategia de inversión es, en la primera etapa, bastante prudente. Compran a buen precio las empresas quebradas, alquilan sus instalaciones o aprovechan el equipo de sus productores. Las inversiones se efectúan en masa desde 1987 o 1988. Son alentadas por el gobierno, que les concede, en el marco del pago de la deuda externa, importantes subsidios. Ellas simbolizan también, la gran confianza en las perspectivas a largo plazo que ofrece este sector.

Los *exportadores nacionales* que sobrevivieron a la gran crisis económica de 1982 y a las minicrisis frutícolas de 1988 y 1989 (quiebras de Coexport y de Frutandes, descubrimiento de cianuro y embargo norteamericano) han tenido un desempeño más discreto. Aún muy numerosos, sin embargo sólo suman una tercera parte de las exportaciones —para ciertos productos, especialmente los que se exportan mayoritariamente hacia Europa (kiwis, manzanas y peras), y su participación es todavía más reducida. De menores dimensiones e implantados en su mayor parte en una sola región, a menudo se especializan en un pequeño número de productos (la uva de mesa, que ha hecho la prosperidad de la fruticultura chilena, a menudo es su común denominador), intervienen de manera irregular en el mercado, y generalmente se vuelven hacia los Estados Unidos o Europa —los grandes exportadores acaparan la mayor parte de los mercados secundarios—, y sólo tienen un pequeño número de socios comerciales. Están expuestos, pues, de lleno, a los altibajos del mercado. Tanto más cuanto que, a menudo, están muy endeudados y no tienen, como las multinacionales, la posibilidad de organizarse de manera autónoma para el transporte. Ante las nuevas dificultades que ya se perfilan sobre los mercados internacionales, aspiran a una mayor concertación y a un mayor esfuerzo en materia de investigación, de transferencia tecnológica, de formación, de normas técnicas, de control de calidad, de transporte, de conocimiento de los mercados, de estrategias comerciales, de promoción de los productos...

Los *productores* comparten las preocupaciones de los exportadores nacionales. Sin embargo, sus reivindicaciones van mucho más allá, pues en su mayor parte están en una relación de estrecha dependencia con el exportador. Corriendo una gran parte de los riesgos del mercado sin tener, las más de las veces, información sobre las cuentas de los exportadores ni sobre los precios, hoy aspiran a una mayor transparencia. Para los productores de tamaño intermedio que no exportan por sí mismos, la elección del exportador es de suma importancia. A menudo muy endeudados pese a los seis años de prosperidad que siguieron a la crisis de 1982, desde hace dos o tres años afrontan dificultades que, si no tienen cuidado, podrían serles fatales.

En cuanto a los *pequeños productores*, esta posibilidad de elección no constituye un elemento tan decisivo. En primer lugar, porque sus explotaciones no están centradas enteramente sobre la arboricultura de exportación; para compensar estructuras demasiado pequeñas y una dependencia demasiado estrecha ante el exportador, han tendido a diversificar sus actividades. En seguida, porque esas exportaciones son demasiado pequeñas y las más de las veces están demasiado endeudadas para poder elegir a su exportador. En realidad su problema es de supervivencia, desde hace muchos años. Esto puede decirse en particular de las pequeñas explotaciones que brotaron de la contrarreforma agraria de 1973,[2] llamada de "regularización de la propiedad", que benefició sobre todo a los grandes propietarios. En las estadísticas, pese a una subestimación de la gran propiedad, el movimiento de concentración aparece con bastante claridad. De 1981 a 1986, el porcentaje de superficie en huertos en manos de las grandes explotaciones (de más de 50 hectáreas de huertos) pasa de 27 a 36. Por tanto, debe hacerse un balance muy contrastado, partiendo del análisis de las consecuencias de la expansión frutícola sobre las diferentes categorías de productores y de exportadores del país. Lo mismo puede decirse del *empleo*.

La fruticultura chilena, que en el momento de la cosecha y del condicionamiento ocupa a más de 300 mil trabajadores —en su mayoría, jóvenes y mujeres—, parece haber contribuido fuertemente a la mejora del empleo rural. Cualitativamente esta contribución sigue siendo muy modesta: lograda mediante la eliminación de muchos pequeños productores, se resume las más de las veces en la creación de empleos no calificados de corta duración —de tres a cuatro meses— y sólo se obtiene al precio de un vasto movimiento de revisión de los derechos sindicales. En gran expansión desde hace más de un decenio, la fruticultura tropieza desde hace dos o tres años con relativas penurias de mano de obra que obligan a los patronos a elevar el nivel de los salarios —+50% aproximadamente en dólares constantes, de 1987 a 1989—, y a conceder algunas ventajas sociales —comedor, servicio de transporte, mejor protección social... Esas escaseces alimentan, por lo demás (lo que es nuevo) im-

[2] En la zona frutícola, 26% de las tierras expropiadas se han devuelto a sus antiguos propietarios, y 65% han sido asignadas a trabajadores del sector reformado. Se crearon así 21 mil pequeñas explotaciones de una superficie media de 12 hectáreas con riego.

portantes corrientes migratorias interregionales. No obstante, el costo de trabajo sigue siendo relativamente bajo. En plena temporada y por jornadas de 10 o 12 horas, el costo por hora sólo es de 0.4 a 0.5 dólares: 15 veces menos que en Francia.

Más positiva parece haber sido la contribución de la fruticultura de exportación al desarrollo de la *agroindustria*. Organizada a principios del siglo XX con la instalación de unidades de conservas y de deshidratación, la agroindustria frutera se orienta hacia el mercado nacional y luego, a partir de los años sesenta, también hacia el mercado latinoamericano gracias a los acuerdos regionales (ALALC, Pacto Andino). Limitada por la estrechez de esos mercados (reducidos en 1983 por la salida de Chile de los acuerdos regionales), sólo cobra verdadera importancia desde hace algunos años. La gama de los productos se ensancha, los jugos y la congelación se desarrollan, se introducen nuevas técnicas y las exportaciones, que se hacen cada vez más hacia los grandes mercados del hemisferio norte, progresan rápidamente (20 millones de dólares a comienzos de los años ochenta, 50 millones en 1986, 70 en 1988, o sea, actualmente más de 10% del valor exportado en productos frescos). A la exportación de productos frescos se debe, en muchos aspectos, esta reciente evolución. Como la producción continuaba progresando a ritmo vivo y los mercados internacionales se mostraban cada vez más exigentes sobre la calidad de los productos importados, se pone a disposición de la agroindustria una materia prima (desecho del producto de exportación) creciente que casi no puede ser utilizada de otra manera, ya que el mercado nacional de frutas frescas está en gran parte saturado. En cambio, le hace aprovechar (aun si las empresas no siempre son las mismas) su experiencia y conocimiento de los mercados extranjeros. Otros sectores del ramo de frutas y legumbres aprovechan igualmente el dinamismo de la fruticultura de exportación. Así ocurre con la producción de legumbres para la exportación (y especialmente de espárragos y melones), con la agroindustria de las legumbres y con la producción de semillas de las huertas. Esos tres sectores producen hoy más de 50 millones de dólares.

No podríamos terminar esta ojeada general sin hablar de las consecuencias que semejante desarrollo pudo tener sobre el *consumo nacional*.

La mayor parte de las especies de frutas fueron desarrolladas con objeto de exportarlas, frescas o en conserva. Son excepción a esta regla los cítricos, dedicados casi exclusivamente al mercado nacional. Los melocotones y las nectarinas aparecen en una situación intermedia. Como son muy gustados por los chilenos, sus porcentajes para el mercado nacional son cada vez mayores. Pero ahí, como en otras partes, los mejores frutos se reservan a la exportación. Por tanto, la fruticultura nacional es, en su casi totalidad, una fruticultura de exportación que imprime su mentalidad a todo el proceso de producción: concepción de las plantaciones, elección de las técnicas de cultivo, métodos de acondicionamiento. Ahí está el mercado nacional para absorber las rezagas de la selección, los frutos de menor calidad o demasiado maduros para ser exportados. Sin embargo, su capacidad es relativamente limitada. El consumo por habitante casi no ha aumentado desde hace 10 años, pese a la formidable expansión del sector. Es cierto que el chileno consume relativamente muchas frutas (63 kg/año contra 40 en Estados Unidos, 93 en la Europa de los 12, 73 en Francia). También es cierto que su consumo se ve fuertemente limitado por el nivel de ingresos. Según una encuesta realizada por el INE en 1978, 20% de las familias de más altos ingresos consumían entonces ocho veces más frutas que el 20% de los más pobres.

Perspectivas

Los años noventa se anuncian cada vez más bajo el signo de la competencia y no serán tan favorables como los ochenta. Sobre todo los grandes productos poco perecederos plantean hoy dificultades. Sus mercados dan señales de saturación evidente desde hace dos o tres años: la manzana en Europa o la uva de mesa en los Estados Unidos. Por lo demás, su comercialización tropieza cada vez más con los intereses de los productores del hemisferio norte, causando así toda clase de medidas proteccionistas. Empero la expansión del hemisferio sur no ha terminado. Sin embargo, deberá reorientarse, encontrar nuevos mercados (Japón, el Asia del sudeste, la Europa continental...), diversificando la gama de los productos exportados o mejorando las técnicas de conservación y de transporte, de tal forma que abra un mayor número de mercados a los productos perecederos y especialmente a las frutas de hueso duro.

Para conservar su primer lugar en el hemisferio sur y afrontar los nuevos desafíos de la competencia internacional, Chile se encuentra hoy ante un dilema. ¿Debe seguir confiando su destino a las multinacionales o, por el contrario, debe esforzarse por organizar una respuesta colectiva, con o sin el apoyo de esas multinacionales?

La primera solución se lograría siguiendo la política de "libre competencia" adoptada por el gobierno anterior. Conduciría a reforzar la posición predominante del capital extranjero y a acelerar el movimiento de concentración-eliminación actual en las estructuras de exportación y, sobre todo, de producción. En efecto, en los próximos años, al hacerse mayor la competencia, las exigencias de calidad y fuertes aumentos de la producción (la lentificación de las plantaciones desde hace dos o tres años sólo se hará sentir a mediano plazo si se toman en cuenta los retrasos de la producción), pueden esperarse fuertes reducciones de las márgenes. Si no se modifica el mecanismo actual, esas reducciones afectarán en primer lugar a los productores y luego a los exportadores nacionales. El desarrollo bajo la égida de las multinacionales presenta, como hemos visto, cierto número de ventajas en el plano comercial (acceso a los circuitos más modernos y a los mercados más diversos, pertenencia a redes que hoy están en plena expansión...). Sin embargo, tiene un cierto número de limitantes. Al dejar el control del proceso de exportación a grupos extranjeros cuyos intereses superan con mucho a los del país —porque intervienen en países muy variados y en campos de utilidad frecuentemente diversos—, es grande el riesgo. Los inversionistas extranjeros han confiado en estos últimos años en una "estabilidad política y social" a largo plazo. ¿Qué sucedería si la presión sobre los salarios se volviera excesiva o si, empujado por los cabildeos de productores o de exportadores nacionales, el gobierno llegara a suprimir ciertas ventajas hoy concedidas al capital extranjero, o a reglamentar el proceso de exportación?

El nuevo gobierno podría verse tentado a intervenir mucho más en el proceso de exportación. Podría tratar de mejorar los salarios y las condiciones de trabajo o reactivar la producción campesina ayudando a reagruparse a los pequeños productores. También podría favorecer la organización profesional de los productores para ayudarles, sobre todo a circular la información sobre precios. También podría tratar de lanzar la investigación pública. Cubriría así cierto número de campos hoy abandonados por la iniciativa privada por falta de rentabilidad a corto plazo. Igualmente, resolvería problemas específicos del hemisferio sur y, por ello, poco abordados por los investigadores del hemisferio norte (transporte a larga distancia). Por último, podría responder mejor a lo que esperan los exportadores nacionales.

El margen de maniobra del nuevo gobierno es, evidentemente, muy estrecho. Las sociedades extranjeras y multinacionales están demasiado implicadas en el proceso de exportación para que sea posible una ruptura. Suponiendo que tal sea su proyecto —Chile podría, por ejemplo, tratar de funcionar a largo plazo según un sistema de *board,* como se hace en Nueva Zelanda—, entonces necesitaría darse suficiente tiempo para que la recuperación de las funciones técnicas, financieras y comerciales, actualmente en gran parte desempeñadas por el capital extranjero, se lograra en buenas condiciones.

ARGENTINA: INTRODUCCIÓN DE NUEVOS CULTIVOS Y DIVERSIFICACIÓN DE LOS RIESGOS DE PRODUCCIÓN

CHARLES M. BALDY
LECSA-INRA
Montpellier

EL DESARROLLO agrícola de Argentina comenzó realmente en el siglo XVII con producciones *coloniales* en la zona subtropical periandina, y una *cría extensiva* en la zona pampera. A comienzos del siglo XIX aparece una producción agrícola diversificada, en su primera época centrada en la exportación de cueros y luego de carne de bovino, cuando lo permitió la invención de los frigoríficos.

A finales del siglo, la introducción progresiva en la Pampa del cultivo del trigo y de la alfalfa, seguidos pronto por el maíz, el lino, etc., hizo del país uno de los principales abastecedores de Europa, y desarrolló una economía esencialmente agrícola.

La producción exportable de los años treinta aún estaba formada por un número muy pequeño de productos agrícolas y forestales: trigo, cebada, maíz, sorgo, lino, carne de bovino, lana, azúcar de caña y tanino extraído del quebracho colorado. Otros productos, como el vino de Mendoza o el aceite de olivo de los Pre-Andes, eran de consumo esencialmente local.

Después de la guerra de 1939-1945, productos como el girasol, el algodón y el cacahuate cobraron importancia en la exportación. Pero se trataba casi únicamente de productos vendidos "en el país", elaborados poco o nada. El único cultivo anual de verdadera importancia introducido después de 1960 fue la soya. Las exportaciones de cítricos de Entre Ríos y de manzanas y peras de Río Negro comenzaron también hace más de 40 años.

Esas producciones están sometidas a los propios "precios mundiales", aunque reducidos por la *retención* (impuesto a las exportaciones) del Estado, que a menudo constituye la principal fuente de financiamiento del presupuesto estatal. Tras la guerra de 1939-1945, durante años las retenciones permitieron a Argentina participar en el ritmo del desarrollo mundial, y financiaron un comienzo de industrialización (anárquico y a menudo extravagante) a finales de los años cuarenta y comienzos de los cincuenta...

Aún hoy, el comercio exterior de Argentina sigue basado en un número muy pequeño de grandes producciones agrícolas, sin ninguna protección contra los altibajos del mercado mundial. Puede decirse, exagerando un poco, que en materia de producción agrícola cada cultivo se decide en función del curso de la bolsa de cereales de Chicago.

Los cereales (trigo, maíz, sorgo, cebada, arroz...) y la carne de bovino siguen siendo producidos esencialmente en las tres provincias de Buenos Aires, Santa Fe y Córdoba, y se venden en el país, así como cerca de la mitad de la lana. Las semillas oleaginosas (sobre todo de girasol y de soya) son transformadas en aceites; pero las "pellas" proteicas sobre todo se exportan *en el estado*. Menos de la mitad de la fibra de algodón que se produce es hilada en el lugar y una gran parte del aceite no se extrae de los granos del algodón (son consumidos por el ganado), o a veces se pierde, por falta de mercado.

Situación actual de los cultivos y de la ganadería

Un importante esfuerzo de diversificación de las exportaciones se intentó recientemente: se trata de producciones a menudo llamadas *marginales* o *no tradicionales*, que se ofrecen en el mercado mundial *fuera de temporada*: ajos y cebollas, patatas, pomelos, uvas de mesa, tomate de industria... y, más recientemente, espárragos, kiwis, flores cortadas y plantas en maceta. Incontables productos van destinados exclusivamente (o casi) al mercado nacional: por ejemplo fresas, tomates o pimiento producidos en invierno bajo abrigos de plástico. En 1988-1989, el conjunto de esas producciones fruteras y hortícolas (incluyendo manzanas, uvas y cítricos) superó *en valor de exportación* a la carne de bovino. Este histórico acontecimiento apenas fue mencionado por los periódicos.

En la actualidad existen en Argentina "frentes de colonización", particularmente en las provincias del norte (Santiago del Estero, Chaco, Formosa, Salta), pero también (donde lo permiten los programas de apoyo provincial) en las altas llanuras desérticas de San Juan, La Rioja y Catamarca, y en los Andes de la Patagonia (por ejemplo, El Bolsón). Pero aún quedan vastas zonas por integrar a una economía de mercado: por ejemplo, Esteros de Corrientes, el litoral mesopotámico y Misiones.

En todo el país es indispensable ya una mejor administración del espacio: por falta de medios financieros suficientes y sometida a una política a la vez estatista y de *laisser faire*, la mayor parte de los productores del conjunto pampero utilizan su capital en tierras muy descuidadas. A menudo, la erosión es impresionante (en la región del Río Cuarto, en el sur de la provincia de Córdoba, por ejemplo, o en las "cuchillas" de Entre Ríos, en los llanos semiáridos de La Rioja, o al oeste de la provincia de La Pampa), los desmontes y el pastoreo son desordenados (a menudo acompañados de enormes incendios, "lamentables" aunque involuntarios), y provocan espectaculares comienzos de dicha erosión y una creciente decadencia de las riquezas acuáticas.

¿QUÉ MEDIOS POSEE LA AGRICULTURA ARGENTINA?

Desde su creación en 1958, el Instituto Nacional de Tecnología AgroPastoral (INTA) se ha preocupado por el desarrollo y el mantenimiento de la fertilidad de los suelos. Pero su acción sólo muy recientemente ha podido desarrollarse en los sectores considerados "marginados" o "sin interés económico", que en la realidad representan las tres cuartas partes de la superficie nacional... La concentración de medios financieros y de personal en media docena de provincias ha reflejado inmejorablemente durante largos años, las "prioridades nacionales" por entonces conservadas. Por tanto, se deben subrayar sus implantaciones fuertes y antiguas en Mendoza (viña, y más recientemente arboricultura frutera y de las huertas), en Entre Ríos y Corrientes (arroz y cítricos) y en el valle del Río Negro (arboricultura de frutas de zona templada).

Las numerosas universidades agronómicas (más de 40 para 34 millones de habitantes, de los que sólo 10% están directamente relacionados con la producción agrícola *latu sensu* y 500 mil agricultores *stricto sensu*) desempeñan papeles muy variables en el encuadre (las más de las veces, por falta de medios). Las provincias se han dado a sí mismas unos consejeros agrícolas, a veces aún considerados por los productores como "agentes del fisco". A menudo son activos y eficientes, pese a medios aún más reducidos que los del *servicio de vulgarización* del INTA. Están los "consejeros" de las empresas de semillas y de pesticidas, muy activos... pero con intereses.

¿QUÉ NUEVOS CULTIVOS PROPONER?

Muchos cultivos de uso corriente en Europa y en los Estados Unidos en la actualidad son casi desconocidos en Argentina.

- se puede citar el trigo duro (*Triticum durum, trigo fideo*), aún muy poco cultivado (precio poco satisfactorio, rendimiento y calidad frecuentemente mediocres): poco competitivo en los mercados nacionales cuando, en cambio, existe una demanda de trigo de alta calidad;
- también los colzas oleaginosos: los colzas de tipo *doble cero* permiten utilizar sin dificultades las pastas para la alimentación del ganado. Permitirían reducir la incertidumbre debida al monocultivo del trigo, única producción invernal de importancia en la actualidad. Las industrias del aceite se interesan por sustituir el vacío de producción dejado por la soya y el girasol en el curso del año;
- numerosos cultivos forrajeros serían de gran interés para diversificar las producciones invernales y alimentar mejor a los animales (en la perspectiva de una intensificación calculada de la cría de ganado). Se pueden citar las papas forrajeras, las remolachas forrajeras y semiazucaradas, o crucíferas forrajeras (ya utilizadas en pequeña

escala, pero mal explotadas, pues el ensilaje está poco desarrollado). Los rendimientos obtenidos en estaciones experimentales muestran todo su interés, dado que los ganaderos tomarán conciencia de la necesidad absoluta en que pronto se encontrarán de intensificar su producción (evitando perder decenas de kilos de peso vivo cada invierno durante el "empalme" entre dos temporadas: innumerables vacas argentinas se encuentran en un estado lamentable a finales de agosto);

- otros cultivos, como los *cacahuates de boca de grano grueso*, existen de manera marginal: la "zona de producción" actual está lejos de ser, climáticamente, la mejor; un desplazamiento hacia tierras más adecuadas del Chaco (tal vez de Corrientes y de Misiones) y el empleo de variedades resistentes a las enfermedades podrían modificar las perspectivas y reabrir mercados a la exportación...;
- muy numerosas *especies de frutas* podrían encontrar lugar en Argentina: citaré simplemente la palmera datilera (en la Rioja, Catamarca, San Juan, por ejemplo); el pistache (en Mendoza, San Juan, la Rioja); el manglar (de Catamarca y Tucumán a Salta y Misiones), el litchi (y el longano) en las provincias subtropicales, sin hablar del aguacatero (palta) y la uva de mesa, ya conocidos, que podrían cultivarse en decenas de miles de hectáreas;
- numerosos cultivos hortícolas (productos de fuera de temporada en Europa y los Estados Unidos) podrían cultivarse mucho más: simplemente se pueden citar los espárragos, la cebolla y los ajos, por los cuales, en la actualidad, grupos de productores están haciendo grandes esfuerzos de producción y de comercialización en el extranjero.

Durante largo tiempo, Argentina pasó por ser (y creyó ser) un país de grandes propiedades; por fin se ha tomado conciencia de que, de 500 mil agricultores, más de 200 mil son pequeños o pequeñísimos productores (a veces sin mucha tierra).

El INTA se preocupa seriamente desde hace cinco años por las *producciones marginales*, como los patos y los gansos (incluso para el paté de *foie gras*) pero también por los conejos (de carne y angora) y otras "pequeñas crías". Serían muy convenientes entre pequeños y medianos productores situados a distancias razonables de los mercados de consumo y de los puertos (digamos, 500 kilómetros). Algunos programas realmente coordinados para las cabras lecheras, de carne (cabrito) y de angora están surgiendo en varias provincias del noroeste; se trata de otra posibilidad interesante para los pequeños productores.

Conclusión

Mi objetivo no fue hacer un estudio exhaustivo de los cultivos y de las nuevas crías posibles, sino simplemente hacer notar que el desarrollo de un gran país agrícola como Argentina no puede depender de un "puñado" de grandes cultivos indiferenciados: los trigos argentinos, por falta de esfuerzo en el nivel de los exportadores, generalmente son muy mal "clasificados" en Chicago. Demasiados productores de maíz creen, asimismo, "que el mundo entero" reclama sus maíces *flint-blanco*, mientras que la norma es, cada vez más, el *semidentado amarillo*, etc... Las agroindustrias argentinas empiezan a cobrar conciencia de ese potencial, y a valorarlo mejor. En fecha próxima, grandes empresas multinacionales se verán más interesadas en instalarse en el país, ahora que se abre a todo el mundo. Por tanto, podemos pensar que los "pioneros" que decidirán orientarse hacia las "novedades" (que en realidad no lo son, pero que tienen la ventaja de llegar fuera de temporada de los productos del hemisferio norte) sacarán partido de su "audacia".

Bibliografía

Baldy, C. M., *Agrometeorología y desarrollo en Argentina de cultivos o rubros nuevos,* INTA Castelar, Agua y Clima, núm. 31, 1989.

Baldy, C.M. y Rebella, C. M., *Diversité bioclimatique et potentiel de diversification des cultures: un atout pour le développement de l'Argentine,* Agronomía, 1990.

Coscia, A. A., *Segunda revolución agrícola en la región pampeana,* CADIA Ed., Buenos Aires, 1983.

Daus, F. A., *Geografía de la Argentina,* Editorial Estrada, Buenos Aires, 1987, 1988.

FECIC-PROSA, *El deterioro del ambiente en la Argentina: centro para la promoción de la conservación del suelo y del agua (PROSA),* FECIC Ed., Buenos Aires, 1988.

Flichman, G., *La renta del suelo y el desarrollo agrario argentino,* Siglo XXI Editores, Buenos Aires, 1986.

Magrin, G. O., *Etude des causes climatiques et physiologiques influant sur le rendement du blé,* tesis, ENSA-USTL, Montpellier, 1990.

Roccatagliata, J. A. (coordinador), *La Argentina. Geografía general y los marcos generales,* Editorial Planeta, Buenos Aires, 1988.

Sáenz Quesada, M., *Los estancieros*, Edit. Belgrano, Buenos Aires, 1980.

Travasso, M. I., *Etude des facteurs agroclimatiques limitant les rendements du blé dans la Province de Buenos Aires,* tesis, Universidad de París-Orsay, 1990.

LAS IMPLICACIONES SOCIALES, ECOLÓGICAS Y POLÍTICAS DE LA "NUEVA AGRICULTURA DE EXPORTACIÓN"

ALBERTO ARCE y DAVID BOOTH
Centre of Developing Area Studies
Universidad de Hull, Inglaterra

DÉCADAS de olvido y estancamiento de la agricultura en América Latina parecen haber terminado durante los años ochenta. La agricultura en general (de exportación en particular) aparece hoy como el sector más dinámico de la economía latinoamericana (De Janvry y Sadoulet, 1989). Países como Chile y México han implantado drásticos programas de estabilización y ajuste estructural, siguiendo una política de liberalización que ha buscado la inversión internacional y el aprovechamiento de sus ventajas comparativas. Esta nueva orientación ha generado un aumento sustancial de las exportaciones agrícolas (De Janvry y Sadoulet, 1989). Gracias al desarrollo en la presentación y *marketing,* en las técnicas de preservación y transporte, especialmente en las frutas y verduras tropicales y mediterráneas de fuera de temporada, comienza a organizarse un perfil agrícola local que sigue las tendencias de los consumidores en los mercados internacionales. En México, por ejemplo, la agricultura de exportación, que incluye café, fresa, tomate, verduras, carne y azúcar, aumentó de 1.89 billones de dólares a 2.16 entre 1987 y 1988 *(Financial Times Survey,* 12 de octubre de 1989).

El nuevo estilo de agricultura de exportación parece estar jugando un papel importante en la recuperación económica de México y Chile, así como de otros numerosos países de América Latina. Siendo esta evidencia clara en términos estadísticos, es lamentable que aún se conozca relativamente poco acerca de las implicaciones sociales, políticas y ecológicas de este tipo de agricultura. Es así, sobre todo, cuando parece existir poca base empírica para aceptar una visión positiva de las consecuencias ecológicas y de distribución del estilo predominante de "modernización agrícola" en la región (Redclift, 1989). La "nueva" agricultura de exportación ha tenido mala reputación entre los científicos sociales. Uno de los estudios más importantes en este respecto fue el que se concentró en el fenómeno del *Imperialismo de la fresa* en México (Feder, 1977), el cual describió la agricultura de exportación como explotación desenfrenada de la mano de obra barata y de los recursos naturales por intereses ajenos que dejaban beneficios mínimos a las comunidades locales que cayeron bajo su dominio. Sin embargo, una investigación más reciente sugiere la necesidad de ser más cuidadoso y quizá menos negativo en relación a las potencialidades que ofrece este tipo de agricultura, incluso en términos de beneficios para la localidad.

La necesaria aproximación "desde abajo"

Los estudios más influyentes acerca de la internacionalización de la producción de verduras y vegetales en México desde los sesenta han tendido a enfocarse a problemas de economía política. El trabajo de Sanderson (1986) acerca del papel de la agricultura mexicana en la nueva división internacional de trabajo entrega un esquema que permite reflexionar acerca de los posibles impactos de la agricultura de exportación en los diferentes sistemas de producción y en las comunidades de México. Pero el nivel de análisis es bastante general. Han habido relativamente pocos estudios, que abarquen desde la perspectiva de la "localidad hacia arriba", que hayan analizado los parámetros sociales de los nuevos cultivos y su impacto en las estrategias de supervivencia y en el modo de vida de los pequeños y medianos productores rurales y en el sostenimiento de los patrones que han resultado para la utilización de los recursos locales. Por consiguiente, no se conoce mucho acerca de la variabilidad de los resultados que ha producido la agricultura de exportación de una localidad a otra y, por lo tanto, de las posibilidades que existen para integrar la agricultura de exportación dentro de un proceso de desarrollo que sea social y ecológicamente sostenible.

Hay excepciones. Una de éstas serían las investigaciones de Hewitt de Alcántara (1976) y Winder (1979) en el norte de México. Otra sería el proyecto dirigido por Norman Long en Jalisco, en el occidente de México, 1987-1988, en el cual participó uno de los autores de este artículo. Este proyecto, aunque no haya sido específicamente diseñado para analizar los efectos de la agricultura de exportación, entregó evidencia empírica importante que es posible usar en este sentido. La información de campo de los investigadores del proyecto no entrega un cuadro general muy satisfactorio de los efectos de la agricultura de exportación en el nivel del área de estudio: sin embargo, plantea interrogantes importantes en cuanto al proceso de incorporación de la economía y la sociedad locales en los nuevos circuitos internacionales, proceso que no aparece como algo homogéneo sin conflictos o totalmente lineal.

Nuevos esquemas político-económicos

Uno de los elementos que más llaman la atención en este nuevo estilo de agricultura de exportación en México, es la evolución que ha sufrido en el tiempo y parcialmente, por consecuencia, las distintas formas que ha asumido en diferentes regiones del país.

En México los extensos sistemas de irrigación que concentraron los recursos públicos durante tres sexenios (1959-1976) hicieron del norte de México el área de exportación por excelencia. El trabajo de Hewitt de Alcántara señala que el Estado mexicano en ese entonces impulsó un sector social agrícola empresarial a través de la inversión pública, de la investigación científico-técnica (la Revolución Verde) y de las políticas de créditos, precios y comercialización; un escudo que hacía a estos pequeños empresarios agrícolas menos vulnerables a la competencia del mercado y más susceptibles a las influencias político-corporativistas del Estado mexicano. "La falta de competencia que significa el control oligopólico de la agricultura en zonas de riego permite sustituir criterios de eficiencia en la utilización de los recursos materiales disponibles por criterios de presión política, que pueda rendir los mismos beneficios monetarios" (1984, p. 150).

El estilo reciente de agricultura de exportación difiere con el programa de modernización implementado en el norte de México. La diferencia fundamental entre los dos periodos reside en la naturaleza que adopta la intervención del Estado en la agricultura desde 1970 en adelante. Hasta mediados de los años sesenta, el Estado mexicano promueve una política de modernización agrícola basada en la sustitución de importaciones. Esta política protegió de la competencia a los empresarios agrícolas del norte. De 1970 en adelante, los efectos del estancamiento del crecimiento industrial, la necesidad del Estado de mantener el precio del trigo y el maíz bajo, para el beneficio de los consumidores urbanos, finalmente determinan una reacción de los productores agrícolas. Muchos productores dejaron el campo para migrar a las ciudades o irse a trabajar a la agricultira en los Estados Unidos. Otros productores comenzaron a sustituir los cultivos tradicionales por cultivos más rentables. Casos importantes de reemplazo de cultivo fueron reportados por Barkin y Suárez (1982) en las áreas del Bajío y del noroeste de México, y por Feder en el estado de Michoacán (1977).

En 1979 México presenta una crisis de granos de tal magnitud que el gobierno de López Portillo no puede ignorarla, y se ve obligado a organizar un programa de revitalización del sector rural. El Sistema Alimentario Mexicano (SAM), a través de incentivos y la introducción de innovaciones técnicas, intentó aumentar la producción de alimentos básicos para el mercado doméstico.

A pesar de los logros de este programa (Austin y Esteva, 1987, p. 362), el crítico contexto macroeconómico mexicano, en el cual sobresale la sobrevaluación del peso, la necesidad de pagar la deuda externa, la baja de precio del petróleo, el déficit fiscal, la acelerada inflación y la fuga de capitales, finalmente determinan un cambio en la política macroeconómica en donde el Estado termina por retirar su tradicional papel intervencionista, que auspiciaba y facilitaba la participación de los productores en el mercado. La política agraria desde los años ochenta vira hacia la organización e implementación de programas que tienden a aumentar la competitividad y no la protección política o social del ejidatario o del pequeño productor. Los tradicionales grados de protección política, que habían impulsado a través de la historia económica mexicana a diferentes grupos económicos, hoy aparecen como cada vez más difíciles de organizar, financiar y justificar. Estas diferencias son cruciales para entender algunos de los problemas de representación política que hoy día enfrenta la agenda de los programas de desarrollo en México.

IMPLICACIONES ECOLÓGICAS

El impacto ecológico que genera en las localidades este nuevo estilo agroexportador es uno de los problemas que está bajo discusión. Varios analistas han enfatizado los efectos negativos de este tipo de agricultura para la localidad. El agotamiento del suelo, los problemas fitosanitarios del monocultivo, el desplazamiento de ejidatarios de sus parcelas y la concentración de tierras, son mencionados como una ilustración del tipo de problemas que esta agricultura introduce en la localidad (ver Redclift, 1987).

A partir de nuestra experiencia en el Valle de Autlán de Navarro y El Grullo, es posible decir que, después de 15 años de agricultura de exportación, sí existen algunos problemas con el suelo. Sin embargo, éste está lejos de un proceso de desertificación. Además, no se podría decir que los problemas están fuera de control.

Un hecho bien sabido es que las compañías permanecerán en la localidad, porque las condiciones tropicales del valle permiten una producción de tomates y verduras más temprana que en los estados del norte. Esta situación hace que los productos del valle siempre tengan un bono económico extra en el mercado. En este sentido el clima, más que el suelo, constituye el factor clave del por qué las compañías agroesportadoras continúan operando en Autlán de Navarro-El Grullo, a pesar del incremento de los costos en el control del virus y de la irrigación.

Para solucionar problemas fitosanitarios, las compañías no sólo contratan técnicos de Estados Unidos o Japón, sino también adaptan técnicas locales, como el uso de papel aluminio alrededor de las plantas de tomates para reflejar luz y así evitar que la mosca, que se supone transporta el virus, entre en las plantaciones. Haciendo uso de las creencias locales, se impide que las mujeres durante el periodo menstrual toquen las plantas, ya que se cree que tienen la capacidad de quemarlas. Al interior de los invernaderos los trabajadores no fuman, y en muchos casos son obligados a usar guantes y ropa especial para evitar la contaminación de las plantas. El suelo frecuentemente es desinfectado por vapor y en muchos casos una constante supervisión de cada sector de las plantaciones permite detectar problemas antes de que éstos se generalicen.

En relación con el riego, la utilización desmesurada de las aguas subterráneas, debido a la perforación masiva de pozos, ha producido problemas con el hundimiento del agua, y por lo tanto, ha aumentado el costo del riego. Para resolver estos problemas y hacer un uso más eficiente del agua, las compañías han traído expertos israelitas y a la vez han financiado el establecimiento del sistema de riego por goteo.

Los ejidatarios y pequeños productores han desarrollado diversas estrategias cuando han identificado problemas con el suelo o con el riego. Algunos productores buscan participar en programas del ministerio de Agricultura de cultivos alternativos, para así permitir la recuperación del suelo, mientras que otros dejan áreas de sus terrenos sin cultivar, a manera de "ahorro" para el futuro. A pesar de estos 15 años de agricultura de exportación, el área en general ha mantenido la diversidad de cultivos (maíz, caña de azúcar, frutales y horticultura).

Quizás uno de los problemas más graves en el área es el aumento de envenenamientos por el uso indiscriminado de químicos (fumigación con aviones y tractores) y las muertes por cáncer.

Implicaciones sociales y económicas

La agroexportación ha tenido un impacto significativo en la organización de un mercado local de fuerza de trabajo. Nuestra investigación abarcó áreas como Tuxcacuesco (ver Arce, 1990), donde el uso del dinero era generalizado como forma de intercambio, pero donde no habían fuentes de trabajo cercanas. Antes de la llegada de las compañías, para tener acceso al dinero los productores migraban por temporadas largas a Estados Unidos y por temporadas cortas a regiones cercanas, o vendían animales y la producción de granos (maíz y frijoles), de lo cual generalmente dependía la unidad familiar. En los periodos más críticos pedían préstamos a la familia o amigos o entraban en deuda con los prestamistas o caciques locales, mientras que en casos extremos los productores eran forzados a rentar o vender la tierra de cultivo. Con la llegada de la agroindustria se establecen circuitos de fuerza de trabajo local que provienen desde las comunidades agrarias más pobres. La organización de esta fuerza de trabajo está bajo la responsabilidad de una de las personas de la comunidad, generalmente un transportista, el cual se encarga de la movilización de los trabajadores desde el ejido al empaque o al terreno de cultivo, y desde éste a la comunidad.

Una percepción generalizada entre los productores de estas comunidades pobres fue que el trabajar como jornalero en una de estas compañías era mejor que migrar por largas temporadas al "Norte". Muchos de los productores entrevistados no se manifestaron satisfechos de trabajar en este tipo de agricultura; lo encontraban "duro y peligroso", especialmente por los pesticidas que se usaban en el control de las plagas. Muchos de los trabajadores se consideraban a sí mismos como jornaleros ocasionales, los cuales preferían trabajar en sus propias parcelas, o encontrar su comida pescando en el río. Sin embargo, reconocieron que, cuando en la familia sucedían crisis, como una enfermedad repentina, era posible pedir dinero prestado para ir al doctor o comprar medicina: con el trabajo que otorga la compañía, ahora existe la seguridad de que se puede cancelar la deuda.

En áreas como Tuxcacuesco, los productores asociaban la llegada de las compañías agroexportadoras con la modernización agrícola. Especialmente, destacaron las formas más eficientes de utilizar el riego y la aplicación de fertilizantes químicos y pesticidas. Sin embargo, los productores estaban conscientes de que este "progreso" había determinado una pérdida de las formas tradicionales de conocimientos y control de la agricultura.

Se reconocía que los conflcitos sociales, como la disputa por la tierra entre la compañía agroexportadora y los hijos de los ejidatarios sin tierra en Tuxcacuesco, se habían polarizado a niveles de violencia nunca vistos antes. De acuerdo con los productores, en el pasado los conflictos por la tierra habían envuelto solamente a los actores locales, es decir, el cacique local y productores individuales. Sin embargo, uno de los últimos conflictos en 1986 había envuelto a la policía del estado de Jalisco, a las autoridades del ministerio de Agricultura (SARH) de El Grullo, y al secretario del gobernador del estado de Jalisco, con sede en Guadalajara. A pesar de todo esto, los productores y comerciantes del área, muchos de ellos en desacuerdo con las estrategias políticas de la compañía, finalmente aceptaban la realidad de que, si la compañía se iba de la localidad Tuxcacuesco y su región, volverían al pasado (ver Arce, 1990).

En Tuxcacuesco y Autlán-El Grullo, como probablemente en el resto de México, la práctica de la renta de la tierra siempre ha existido. Sin embargo, como señala muy bien Verhulst (1988), la agricultura de exportación introdujo un nuevo sistema de renta. Esta nueva forma, autorizada por la Ley de Fomento Agropecuario que se promulgó en 1981, permitió la asociación de ejidatarios y pequeños propietarios bajo la supervisión de la SARH y del ministerio de la Reforma Agraria. La renta de la tierra propiciada por las compañías agroexportadoras se dirigió hacia grupos de productores que poseían terrenos contiguos, y no hacia individuos. Las rentas que se pagaban eran 20 veces mayor que las que había pagado tradicionalmente un arrendatario local. Los contratos se extendían por un promedio de cinco años, y la compañía prometía generalmente realizar inversiones de infraestructura que, eventualmente, a la expiración del contrato pasarían a los productores. La inversión más costosa que una compañía realizaba era la exploración y perforación de pozos para dotar de irrigación a los terrenos. En muchos casos, la necesidad de los ejidatarios de acceder a un sistema agrícola de irrigación los hacía rentar sus tierras a las compañías. En este tipo de asociaciones las compañías se comprometían a contratar prioritariamente mano de obra local. Con el tiempo las compañías se convirtieron en instituciones que realizaban cuantiosos adelantos de dinero a los productores locales. Este dinero era generalmente cargado a futuras rentas de la tierra. Uno de los grupos que se beneficiaron de esta forma de arrendamiento fueron las mujeres que tenían acceso a tierras ejidales.

Con base en esta información es posible sugerir que los efectos de la agroexportación en el nivel local son considerados por los pequeños propietarios, ejidatarios y trabajadores como portadores de elementos positivos y negativos al mismo tiempo. El sistema agrícola de exportación posee un carácter contradictorio. Sin duda, se aumenta la vulnerabilidad de los ejidatarios o medianos propietarios a las inestabilidades y fluctuaciones de la demanda del mercado internacional. Sin embargo, la implementación de la política económica neoliberal, sí ha permitido un aprovechamiento mejor de las ventajas comparativas de la localidad, y con esto un mayor número de productores pequeños se ha integrado a los mercados supralocales. Esto dio a los productores acceso a servicios médicos y productos famacéuticos y bienes de consumo urbanos.

Relaciones de trabajo y de género

Cuando se analizan las ventajas comparativas de las localidades, generalmente se menciona el bajo costo de la mano de obra mexicana y, como ejemplo específico, la incorporación de la mujer a la producción agrícola y a la actividad de empaque. Para los analistas como Winder y Eade (1987), cualquier beneficio que se saque de este tipo de desarrollo será de corta duración, ya que los Estados Unidos finalmente se verán obligados a restringir la entrada de vegetales y frutas mexicanas para proteger a sus propios productores. Esta posición, que también es compartida por Sanderson (1986), no sólo tiende asignar a los sistemas agroexportadores contradicciones político-ecológicas en el nivel local, sino al mismo tiempo le niega a la agricultura de exportación la posibilidad de ser un medio que pueda contribuir de alguna manera al desarrollo rural.

Fue posible corroborar la tendencia hacia la feminización de la fuerza de trabajo empleada en la agroexportación. En áreas como Tuxcacuesco las mujeres eran pagadas por las compañías un quinto menos de los que normalmente de le paga al hombre (el salario oficial). Sin embargo, no era así en Autlán-El Grullo, ni en los periodos en donde la demanda de la fuerza de trabajo era crítica para la producción. Un dato importante es que no toda la fuerza de trabajo femenina es considerada igual por las compañías.

En el informe de Verhulst (1988) es posible apreciar que existen trabajadoras que poseen la categoría de "especial" dentro de las compañías. El conocimiento adquirido por estas trabajadoras es altamente considerado. Una trabajadora con más de tres años de experiencia en la agroexportación es vista como en condiciones de asumir responsabilidades de organización y confianza en la compañía (cabo, por ejemplo). Estas trabajadoras generalmente poseen contratos permanentes y su sueldo es normalmente seguro y sobre el promedio de un trabajador ocasional.

Según Verhulst (1988), la actividad agroexportador ha constituido durante los últimos 15 años una fuente importante para la reproducción de algunas unidades familiares, especialmente de aquellas que no poseen un esposo. Verhulst reporta que el trabajo en la agroexportación ha permitido a las mujeres darse cuenta de que no necesitan casarse para poder sobrevivir en la localidad. La gricultura de exportación también implica un nuevo "modo de vida" y la posibilidad de desarrollar relaciones sociales más allá del ámbito restringido de la familia cercana o de la comunidad. Esta obtención de autonomía relativa por la mujer, debido a la actividad de exportación, también se plantea en el trabajo de Long y Villarreal (1989). Hasta qué grado la influencia de la agroexportación ha generado las bases para una renegociación del contrato de matrimonio dentro de las unidades familiares, y en qué manera ha facilitado la creación de redes sociales diferentes a las existentes, es un problema que requiere de más estudios empíricos.

Analizando algunas historias de vida de trabajadores de las compañías agroexportadoras, fue posible detectar una evolución en las estrategias de las compañías en cuanto al empleo de la mano de obra. Al inicio de sus operaciones, la mano de obra era contratada por periodos cortos, de tres a seis meses. Con la consolidación de la actividad, las compañías comenzaron a contratar trabajadores de planta para así no tener que depender de las fluctuaciones del mercado. También se emprendió una diversificación de cultivos, además del tomate y de los cítricos, con la finalidad de usar mano de obra durante todo el año. Cabe mencionar que existe aún otra categoría minoritaria de trabajadores que poseen contratos permanentes.

De acuerdo con el estudio de Verhulst (1988), una de las compañías de Autlán reportó que 60% de los trabajadores provenían de las localidades cercanas y 40% eran trabajadores migrantes de otras regiones. Fue en el grupo de trabajadores locales donde se encontró más difundido el sistema de contrato anual. La evolución de las estrategias de las compañías en relación con la contratación de la fuerza de trabajo parece ser en este momento una tendencia generalizada de la agricultura de exportación, ya que también se ha observado en el caso de Chile (ver León y Rivera, 1990).

Implicaciones políticas

En términos políticos, la agricultura de exportación ha generado una reorganización importante de redes sociales locales y alianzas políticas. Por ejemplo, en el ministerio de Agricultura, el grupo de profesionales tecnócratas vio en la agroexportación el futuro económico de la región y la posibilidad de erosionar la base social del grupo político del cacique del sur de Jalisco (García Barragán) (información de trabajo de campo).

El cacique encontraba apoyo en los productores de caña y en su poderosa organización. La introducción de nuevos cultivos significaba la posibilidad de crear nuevas organizaciones: abría la posibilidad de distribuir más equitativamenteel poder político. Un gran vacío al interior del PRI local se expresaba en una lucha desenfrenada de diversos grupos por conquistar espacios locales, como las presidencias municipales. La crisis de representación política se volvió tán aguda y la movilización de intereses tan compleja, que las autoridades estatales tenían dificultades para implementar medidas de organización, regulación y control institucional.

Problemas de representación política también han sido reportados en Chile. De acuerdo con el trabajo de Cruz (1988, pp. 119-159), la implementación de la política agraria neoliberal destruyó en Chile los nexos entre los campesinos y las instituciones del Estado. La desaparición del "político" y de "los partidos políticos" finalmente ha permitido sugerir que los actores no están interesados en la revitalización de los antiguos mecanismos políticos-sindicales. Sin embargo, están dispuestos a generar presión social para que sus intereses locales se mantengan como parte de la agenda política nacional. En este sentido, se habla de que la mejor institución para realizar este tipo de conexión es la municipalidad; todo esto dentro de un contexto general de descentralización de recursos y decisiones políticas.

CONCLUSIÓN

En este corto artículo no logramos ni quisimos terminar con la "mala reputación" de la nueva agricultura de exportación. Lo que rechazamos, siguiendo a Chambres (1983), es la tendencia, aún común entre los investigadores de las nuevas experiencias en desarrollo rural, a emitir juicios negativos en forma demasiado rápida. Nos limitamos a sugerir que los efectos político-sociales, así como el impacto que ha propiciado la agricultura de exportación en el medio ambiente, no son simples ni siempre negativos. Estos efectos no son los mismos en cualquier parte y en todos los tiempos. Más que un nuevo "modelo" de desarrollo dotado de un patrón único de elementos institucionales y un patrón generalizado de efectos cuya evaluación no plantea mayores dificultades, la agricultura de exportación debiera ser considerada como un campo de posibilidades, cuyos límites deben ser investigados empíricamente con estudios cuidadosos que vayan desde la "localidad hacia arriba" en una gran variedad de contextos locales y nacionales.

BIBLIOGRAFÍA

Arce, A., *The Local Effects of Exports Agriculture: A Case Study from Western Mexico,* Hull Papers in Developing Area Studies, núm. 3, Universidad de Hull, Centro de Estudios de Áreas en Desarrollo, 1990.

Austin, J. y G. Esteva, *Final Reflections, in Food Policy in Mexico: The Search for Self-Sufficiency* (comps.), Cornell University Press, Itaca y Londres, 1987.

Barkin, D. y B. Suárez, *El fin de la autosuficiencia alimentaria,* Centro de Ecodesarrollo, Nueva Imagen, México, 1982.

Chambers, R., *Rural Development: Putting the last First,* Longman, Londres, 1983.

Cruz, M. E., *El proceso de municipalización en el sector rural chileno,* en Gobierno Local y Participación Social, GIA, Santiago de Chile, 1988.

De Janvry, A. y E. Sadoulet, "Investment Strategies to Combat Rural Poverty: A Proposal for Latin America", *World Development,* vol. 17, núm. 8, agosto de 1989.

Feder, E., *Strawberry Imperialism,* The Hague, Instituto de Estudios Sociales, 1977.

Financial Times Survey, México, 12 de octubre de 1989.

Hewitt de Alcántara, C., *Modernizing Mexican Agriculture: Socioeconomic Implications of Technological Change 1940-1970,* UNRISD, Génova, 1976.

———, *La Revolución Verde como historia,* Universidad y Campo, Cuadernos Huella, núms. 6 y 7, ITESO, México, 1984.

León, F. y R. Rivera, *Informe de Investigación: Migraciones Temporales, Salud y Medio ambiente (El Caso de Chile),* CEPAL-CELADEGIA, 1990.

Long, N., *Farmer Strategies and Planned Intervention in Irrigated Agriculture: The Case of Western Jalisco,* Propuesta de Investigación, México, 1986.

Long y Villarreal, *The Changing Life-Worlds of Women in a Mexican Ejido: The Case of the Bee-Keepers of Ayuqila and the Issue of Intervention,* en Encounters at the Interface (Ed.), N. Long, Wup, 1989.

Redclift, M., *Sustainable Development: Exploring the Contradictions,* Methuen, Londres, 1987.

———, "The Environmental Consequences of Latin America's Agricultural Development, Some Thoughts on the Brundtland Commission Report", en *World Development,* vol. 17, núm. 3, marzo de 1989.

Sanderson, *The Transformation of Mexican Agriculture,* University Press, Princeton, 1986.

Winder, D., *An Analysis of the Consequences of Government Attempts to Promote Community Development trhough the Creation of Cooperative Institutions,* tesis de doctorado, Universidad de Manchester, 1979.

——— y D. Eade, *Agricultural Issues in the United States and Mexico: Views from a Third Country, in U.S.-Mexico Relations: Agriculture and Rural Development,* B. Johnson, C. Luiselli, C. Contreras y R. Norton (comps.), Stanford University Press, California, 1987.

Verhulst, J., *Agrarian Change and Households Strategies,* tesis de maestría, Universidad de Wageningen, 1988.

Taller IV

SOCIEDADES RURALES
Y TRANSFORMACIONES AGRARIAS

SÍNTESIS Y COMENTARIOS

ALAIN RUELLAN
CNEARC
Montpellier, Francia

PIERRE GONDARD
ORSTOM Departamento SUR
Montpellier, Francia

RESULTADOS, PERSPECTIVAS DE INVESTIGACIÓN Y DE ACCIÓN

(Alain Ruellan)

El Taller IV, en el marco de la temática general del coloquio, se intitula "Sociedades rurales y transformaciones agrarias". De hecho, la perspectiva que hemos adoptado consistió en favorecer —y luego en superar— un análisis de los cambios y de las recomposiciones de las agriculturas ante la crisis. El taller se estructuró alrededor de cuatro ejes principales:

- la mitad de las comunicaciones se centraron en torno del tema de la evolución de los sistemas de producción, en función de los nuevos datos sociales, políticos y económicos;
- progresivamente nos hemos enfocado hacia los frentes de colonización, ya sea de tierras completamente nuevas, ya de recolonización o de transformación profunda de los sistemas agrarios;
- un tercer tema concierne al lugar del territorio y de las luchas por la tierra en las evoluciones que hoy están en curso;
- un último tema, relativamente poco tratado (lo que puede ser lamentable), se refiere a las relaciones entre los cambios agrícolas y agrarios y el medio natural.

Hay que precisar que también estuvo a nuestro cargo la presentación de un gran número de estudios detallados. Creo que ésta es una característica de las actuales tendencias de la investigación: hay muchos estudios micro y relativamente pocos estudios macro, pocas reflexiones sobre la significación de los estudios micro en función de la evolución del contexto del conjunto. Para acabar de presentar el taller, aclaremos que casi hemos recorrido el conjunto del continente, con especial énfasis en los Andes y en la Amazonia. También se habló mucho de México y de Argentina, aunque fue poco o casi nada el tratamiento de una zona importante en el ámbito agrario: el centro y el sur de Brasil.

Resultados

El primer punto sobresaliente es que las comunidades campesinas, cuya probable desaparición se había anunciado, no están todas (ni con mucho) en plena extinción. Por lo contrario, cierto número se encuentra en plena extensión, y casi diríamos en pleno desarrollo y acumulación. En muchas zonas puede verse la creación de comunidades campesinas, por ejemplo en la Amazonia.

El segundo punto importante es que las sociedades rurales aparecen cada vez menos aisladas, cada vez más relacionadas entre sí. Parecen tener una importancia progresivamente mayor en la política nacional y en las políticas regionales. Inmediatamente, preguntamos si ello correspondería a la realidad o si se trataba de una tendencia sólo entrevista por la investigación. Las sociedades rurales de América Latina, ¿están desarrollando realmente una dinámica nueva? ¿Adopta la investigación nuevos sistemas al mismo tiempo que se interesa en otras categorías de comunidades campesinas? Dejemos la pregunta en suspenso para observar, como lo han hecho muchos participantes, que la crisis no es la misma en todo el mundo.

También puede verse que las sociedades rurales en América Latina son extremadamente diversas. La caracterización de los campesinos es fundamentalmente distinta según nos encontremos en las regiones que tienen una vieja historia agrícola y agraria, o si, por el contrario, analizamos zonas de colonización reciente. Desde luego, no puede olvidarse que el territorio desempeña, asimismo, un papel importante.

El porvenir de la reflexión científica

Mencionaré el porvenir de nuestro trabajo, de lo que podemos y debemos tratar de hacer. Los investigadores latinoamericanos y los que trabajan con ellos han acumulado una cantidad impresionante de datos. Pero esos datos aún están dispersos. No han dado lugar, todavía, a numerosos estudios comparativos, tanto sobre los sistemas seguidos como en lo tocante a los resultados. Es esencial hacer un esfuerzo de síntesis, de comparación, para descubrir mejor los factores de evolución de las sociedades rurales: los factores racionales, pero también los otros (las cuestiones de poder, etcétera).

Uno de los frutos de este coloquio fue haber subrayado que el estudio de las sociedades agrarias de América Latina depende de disciplinas científicas muy diversas. Se ha hecho un esfuerzo de comparación de los enfoques disciplinarios. Aquí, el trabajo interdisciplinario no se reduce al dominio de las ciencias sociales, sino que se abre al mundo de los ecologistas, los biólogos, los geólogos, etc. Ése es un punto esencial para el futuro pero que también debe encontrar una prolongación en dos direcciones. Por una parte, debe hacerse un esfuerzo para mejor analizar y mejor comprender las relaciones que existen entre las sociedades rurales y las riquezas renovables de que disponen. En muchos lugares, esas riquezas están en peligro. Algunos estudios provocan escalofrío. Al mismo tiempo, otros dicen: "Sí, de acuerdo, ello ocurre como en tal y tal lugar, pero en tal otro, en condiciones absolutamente idénticas, las cosas ocurren de otro modo." No hay duda de que en condiciones naturales idénticas, el resultado puede ser diferente según la naturaleza de las sociedades rurales. Lo indudable es que hay un problema: el porvenir de los recursos renovables de América Latina está amenazado.

Reflexión y acción

De manera breve y al final, se discutió un último punto que merece subrayarse. Los científicos deben hacer un esfuerzo por aproximarse más a los usuarios, con el fin de transmitir, no recetas, sino lo que llamaré sistemas de observación y sistemas de comprensión. Esta transferencia de conocimientos sólo podrá hacerse en el marco de una relación estrecha entre el mundo científico, por una parte, el mundo de los agricultores por otra parte y, por último, el mundo de los que llamaré los intermediarios: los ingenieros, los técnicos, que tratan de ponerse al servicio de los agricultores sin lograrlo siempre. A menudo disponen de recetas, de modelos, pero no forzosamente de los útiles necesarios para analizar la situación. Y es en la relación entre el mundo científico y el mundo de los usuarios donde se pueden perfeccionar y transferir los útiles de observación que permitirán analizar y encontrar las soluciones del porvenir.

LAS DINÁMICAS SOCIALES
(Pierre Gondard)

Me limitaré a subrayar algunos temas de convergencia entre este taller y los otros, tratando de delimitar lo que podría constituir los lineamientos de investigación actual sobre las sociedades rurales y las agriculturas de América Latina.

La innovación

Las sociedades rurales de América Latina son sociedades innovadoras. La investigación, lejos de considerar esas sociedades campesinas como cerradas y en declive, se ha dedicado esencialmente a precisar la orientación y los móviles del cambio y de la transformación. Desde luego, ese cambio no depende exclusivamente de las propias sociedades campesinas. Para emplear una expresión utilizada en este taller, esas innovaciones no se inscriben en un "indigenismo beato". Es claro que fueron suscitadas en gran parte por el exterior, y relacionadas con el medio ambiente.

A menudo son resultado de presiones debidas a la sociedad global. Aquí, entra muy bien el tema de la crisis.

La propia innovación es percibida en un sentido lato. Puede hacerse en el lugar, pero también en un lugar distinto. Desde luego, muchos se complacieron en analizar unas sociedades arraigadas en su terruño y en su territorio. Si evolucionan "en el lugar", las más de las veces no es sin relación con el exterior. Las sociedades completamente replegadas sobre sí mismas, evocadas en otro taller, constituirían, más bien, una excepción. Si también se ha hablado de comunidades que se cerraban, se ha insistido, en cambio, en algunas que, en relación con el mercado, aprovechaban la proximidad de una ciudad pequeña, y se abrían a la innovación, así como otras, por el contrario, se lanzaban a un proceso migratorio sobre largas distancias. Entonces la innovación se efectúa en otro lugar, las gentes se van, y con ello yo suscribo todo lo que se ha dicho sobre los fenómenos de frente pionero.

Las redes

La importancia atribuida a la innovación y al cambio produce una concepción que no es nueva, pero que resulta transparente en numerosas ponencias y permite unir diversas investigaciones: se trata del concepto de red. En lugar de tratar de relacionar las comunidades campesinas como aisladas, como islas, independientes y encerradas en su territorio, más vale sin duda concebirlas como archipiélagos. Lejos de estar aisladas, esas comunidades están unidas entre sí y con los centros de poder, de mercado y de comunicación, por múltiples redes que entretejen los nexos efectivos de esos nuevos archipiélagos. Este concepto fue abundantemente estudiado y presentado para explicar las sociedades andinas precolombinas. Esta concepción del espacio, que también se encuentra en las sociedades melanesias, me parece interesante aquí para interpretar varios de los trabajos presentados.

El mercado de tierras

Por último, subrayaré un último punto, bastante marcado en el taller y al mismo tiempo relativamente nuevo: el enfoque de la dinámica de las sociedades campesinas a través del mercado de tierras. Los estudios se han polarizado en gran medida alrededor de las reformas agrarias, pero todavía es poco estudiado el mercado de tierras como factor dinámico de las comunidades campesinas. No diré más, ya que a ese respecto Alain Ruellan ha dicho lo esencial.

ANÁLISIS AGROECONÓMICO DE LOS SISTEMAS DE PRODUCCIÓN EN LA ZONA ÁRIDA CHILENA

J. M. D'HERBES
ORSTOM
Niamey, Niger

LAS COMUNIDADES AGRÍCOLAS DE LA REGIÓN DE COQUIMBO

LA ZONA mediterránea árida chilena corresponde geográficamente al sector conocido con el nombre de "Norte Chico" y coincide aproximadamente con la 4ª Región administrativa, llamada de Coquimbo (29 y 32° de latitud sur). Se caracteriza por una gradiente pluviométrica creciente del norte al sur (70 a 250 mm de precipitaciones en promedio) y una gradiente altitudinal este-oeste, de los Andes al océano Pacífico. El territorio se divide en tres cuencas principales: los ríos Elqui, Limari y Choapa, a lo largo de las cuales se concentran poco menos de 100 mil hectáreas de tierras de riego.

La 4ª Región tiene una superficie total de cerca de 40 000 km². La zona árida representa cerca de tres millones de hectáreas, de las que un millón son consideradas "no productivas" (INE, 1978). La población activa agrícola, relativamente estable, representa 22 400 personas: una quinta parte de los activos de la región, y contribuye sólo con 9% (en 1978) al Producto Regional Bruto, sin tener en cuenta el importante autoconsumo.

Las comunidades agrícolas

La característica más sobresaliente de la agricultura chilena actual es, sin duda, el contraste entre los sectores productivos que utilizan técnicas y métodos de administración modernos, y un sector marginado desde hace tiempo que practica una agricultura de autoconsumo que ha evolucionado poco desde la época colonial. El abismo es cada vez mayor entre sectores cuya producción está destinada a la exportación (favorecida por las autoridades, y continuamente mejorada por una investigación universitaria que se le dedica casi exclusivamente) y zonas cada vez más degradadas cuya producción no basta para satisfacer las necesidades de una población creciente. Este abismo se explica en parte por la historia de la tenencia de las tierras en el país.

El caso de las comunidades agrícolas de la 4ª Región es particularmente significativo: antes del proceso de legalización de la tenencia de la tierra, en los dos últimos decenios, sus definiciones oficiales correspondían a "un sistema integrado simultáneamente por los suelos y la población que los habita, en el cual el terreno no está dividido, los límites generalmente son imprecisos y la explotación es realizada sin preocuparse por la proporcionalidad" (Jorquera, 1960, en Valdés, 1983)..., o "terrenos en los cuales el número de *comuneros* es manifiestamente (*sic*) superior a la capacidad productiva de la propiedad" (Iren, 1977). Ciento sesenta y dos comunidades agrícolas ocupan más de un millón de hectáreas, para una población de 80 000 habitantes, o sea, 50% de la población rural de la region. Los estudios fitoecológicos (ARCHILI, 1984) concluyen que los niveles más severos de desertificación afectan esencialmente a ese sector, que coincide con una situación de extrema pobreza (Iren, 1977; Sugg, 1984): ingreso inferior a 180 dólares por habitante y por año, proveniente en su mitad sólo de la explotación de las tierras agrícolas, y en una quinta parte de los productos de la cría de ganado.

Las características climáticas de la zona árida son la causa de una precariedad económica e inclusive de riesgos de catástrofe estructural cuando aumenta la densidad de la población. Los estudios efectuados sobre los flujos migratorios muestran los mecanismos de supervivencia desarrollados por los *comuneros* ante este medio inestable: la migración hacia los centros de trabajo es un fenómeno cíclico que exporta la fuerza de trabajo a los centros urbanos y, sobre todo, a los centros de actividad minera (Zúñiga, 1972; Bustamante *et al.*, 1979). En los años buenos los jefes de familia vuelven a su tierra, a la que estaban ligados por la posesión —inalienable hasta una legislación reciente (1986)— de su derecho de *comunero*. Un informe del CIDA concluyó en 1966 que "la organización de la comunidad agrícola no sólo constituye una forma de explotación de la tierra sino, más bien, un recurso, desesperado, en la lucha por sobrevivir (...) que hasta hoy ha demostrado ser el menos inadecuado, tomando en cuenta la situación existente de la tenencia de la tierra". Desde entonces, la sucesión de reformas y de contrarreformas no ha producido ningún cambio notable.

El objetivo de los estudios y las acciones emprendidos por el programa de cooperación ARCHILI entre la Facultad de Agronomía de la Universidad de Chile y el Centre d'Etudes Phytosociologiques et Ecologiques (CEPE-CNRS) de Montpellier, entre 1978 y 1987, fue proponer unas "bases ecológicas" para el desarrollo de comunidades y analizar sus condiciones de aplicación con los interesados, los responsables del desarrollo regional y las organizaciones no gubernamentales. Evocaremos aquí algunos aspectos de ese programa de investigación y desarrollo, en particular los que se relacionan con su segunda fase (1983-1987).

DIAGNÓSTICO Y FUNCIONAMIENTO DE LAS COMUNIDADES AGRÍCOLAS

El uso del espacio y de los recursos

Los impactos principales de las actividades antrópicas se deben a las tres formas de intervención fundamentales sobre el medio: el *desmonte y el cultivo* periódico en zona pluvial, la *recolección de combustibles* leñosos y el *pastoreo* de animales domésticos. Los efectos de esas tres actividades fueron analizados y cuantificados, y sus consecuencias a largo plazo fueron evaluadas en dos comunidades agrícolas "piloto": Yerba Loca, situada en la región del sur (precipitación pluvial media al año cercana a los 200 mm), con una treintena de familias (140 habitantes en 1983) repartidas sobre 3742 hectáreas; e Higueritas Unidas, en el norte de la región (precipitación pluvial ligeramente superior a 100 mm), de 4438 hectáreas en las cuales no subsisten más que 24 familias (111 habitantes). De los 41 derechos de *comuneros* originales en su creación, sólo subsisten 11, pues los otros son, o locatarios, o simplemente "allegados".

La *agricultura en seco* responde históricamente a las exigencias del autoabasto. El nivel técnico, inadaptado a las condiciones de explotación con una precipitación pluvial inferior a 200 mm, resulta en un deterioro de los suelos y en una pérdida de la actividad biológica del medio. De ahí que, en la actualidad, las cosechas sean irregulares y a menudo ni siquiera cubran los costos de explotación.

Con la disminución de la actividad de las minas vecinas y una pluviometría muy irregular, inferior a 150 mm, la agricultura del temporal ha desaparecido de Higueritas Unidas, en tanto que sigue siendo una actividad esencial más al sur, donde se manifiesta por el desmonte periódico de terrenos comunitarios.

La agricultura en zona pluvial se practica en las *"lluvias"*, que reparte temporalmente la asamblea de los *comuneros*. El comunero delimita por lo general sus pocas hectáreas (de 5 a 20, según la importancia de su familia) con una cerca de cactos (*Trichocereus chilensis*) y las explota mientras los rendimientos le parecen suficientes: el ciclo de cultivos y barbechos es de menos de 10 años. El ciclo de cultivo comienza con la siembra de los cultivos comerciales (anís, comino), y luego siguen el trigo y la cebada, a medida que la fertilidad decrece con la invasión de las malas yerbas. Cuando se cierra el ciclo, el *comunero* exige otro terreno y entonces debe entregar la primera *lluvia* al *campo común*. La superficie cercada alcanza entre 10 y 30% de la superficie total, según el caso, y corresponde (en Yerba Loca en 1983) en una tercera parte a los *barbechos*, la mitad al trigo, 10% a la cebada y el resto a los cultivos comerciales, muy rara vez hortelanos (leguminosas, papas, maíz). Estas disposiciones permiten un cierto control de la superficie cultivada, en función de las necesidades y no de la fuerza de trabajo de la familia, en la medida en que el funcionamiento de la comunidad es "normal" y no está sometido a la voluntad de una u otra de las familias dominantes. Por desgracia, este caso se ha observado frecuentemente, sobre todo en el último periodo militar...

Ese sistema de cultivo significa que cada 10 años al menos 10% de la superficie de la comunidad se desmonta por completo, le sigue un ciclo de trabajos anuales, en el que no se toma medida alguna de conservación de los suelos, sea cual sea el declive del terreno.[1] El sistema ecológico se destina después en ese estado al pastoreo de cabras y a la explotación de los recursos leñosos. Un estudio de la fitodinámica poscultivo realizado en la región de Yerba Loca por C. Gozo (1986) permitió establecer que el tiempo necesario para una "cicatrización", es decir, para el retorno al estado anterior al último cultivo, es de 15 años, y que se necesitan más de 50 años para llegar a un estado, que se situaría entre las primeras etapas sucesivas de la dinámica general de la zona, determinada a partir del análisis de la vegetación del conjunto regional.

Se evaluaron en 100 quintales anuales las necesidades de una familia de cinco personas. Con los actuales rendimientos (que pueden variar de 0 a 25, o sea 10 q/ha en promedio) una familia debe cultivar de 10 a 15 hectáreas, lo que representa cerca de 200 horas-hombre de trabajo: cifra considerable, pues no asegura más que una parte de la subsistencia familiar. La intensificación de los cultivos sobre los terrenos preparados (riego cuando es posible, captación de aguas de arroyada para riego, disposición de terrazas...) o su sustitución por flujos comerciales exógenos parecen constituir un antecedente indispensable para la resolución de los problemas de las comunidades agrícolas.

La cría de pequeños animales domésticos, ovinos y sobre todo caprinos, sólo interesa al comunero si no le exige prácticamente ninguna inversión de tiempo ni de dinero. Sueltan a los animales en los terrenos por donde pasan los caminos comunitarios, sin controlar casi al rebaño. Se hace poco caso de la ordeña y de la alimentación de las crías, y el producto final (leche para la fabricación de quesos y carne) es de poca calidad. No se controla la reproducción y sobreviene a menudo en épocas desfavorables. No hay ninguna selección. La producción de leche es escasa: de 100 a 150 litros por cabra lactante durante un periodo de menos de 150 días; y muy variable en el espacio y en el tiempo. Se necesitan ocho litros de leche para fabricar un kilogramo de queso, pero las cualidades higiénicas impiden su venta en los circuitos autorizados. La venta de cabritillos ocurre casi exclusivamente durante la fiesta nacional del 18 de septiembre. La trashumancia hacia las *veranadas* (veranos andinos), o hacia las parcelas irrigadas sólo se practica en caso de necesidad absoluta (por su costo excesivo) y, a menudo, demasiado tarde.

El número de animales, limitado en teoría en cada comunidad, padece

[1] El agotamiento de los suelos provoca el cultivo en terrenos cada vez más empinados, ¡hasta ciento por ciento de inclinación!

las clásicas fluctuaciones observadas en todas las zonas áridas: el "capital", o sea el rebaño aumenta sin control durante los años buenos. El impacto ecológico se debe al desfase entre las curvas de producción pastoral y de crecimiento animal que provoca una subutilización o un despilfarro en el periodo de alta producción forrajera, y un sobrepastoreo cuando la carga animal es excesiva. El impacto es aún mayor porque el sobrepastoreo ocurre durante los periodos de sequía prolongada.

La problemática del sistema de producción animal puede reducirse, en definitiva, a cuatro aspectos:

- la mejora y la prolongación del periodo de producción vegetal consumible, condicionado en parte por:
- la utilización de los terrenos comunales para los animales y la complementación forrajera (diversas formas posibles combinadas), que a su vez determinan:
- el nivel de producción animal, dependiente a su vez de la calidad y del manejo del rebaño, así como de la definición del producto final (leche, carne o producción mixta);
- el destino de la producción (autoconsumo o venta) determina, por último, la capacidad de inversión y la calidad del producto.

En las condiciones actuales de las comunidades agrícolas, los dos primeros puntos son fundamentales y dependen del estatus mismo de la comunidad: la inversión comunitaria no es compatible con los beneficios individuales, y a la inversa.

La colecta de combustibles leñosos es la tercera actividad humana que se ejerce a expensas de los recursos naturales; comenzó muy pronto, con el desarrollo de las minas, en el siglo XVII y hasta mediados del XIX, cuando se crearon las aldeas de mineros. La fundición de minerales utilizaba grandes cantidades de leña.[2] Un estudio realizado por S. Benedetti (1986) en la comunidad de Yerba Loca permitió evaluar el consumo energético promedio por familia y por habitante. Los resultados distinguen la recolección "de rutina", efectuada dos a tres veces por semana cerca de la casa habitación,[3] de la colecta "excepcional" para las grandes ocasiones (las fiestas familiares, en la cosecha o cuando se "mata el cochino"): las distancias hasta las zonas de aprovisionamiento llegan a ser de 12 km, para cargas de asno de 100 kg. El consumo cotidiano alcanza 18.3 kg por familia, o sea, 3 kg por persona en invierno, y 13.1 kg por familia (1.6 kg por persona) en verano. El consumo total de la comu-

[2] Por ejemplo, hasta los años cincuenta, la mina de Panulcillo, cercana a la comunidad de Higueritas Unidas, compraba su combustible a los habitantes de las cercanías al tiempo que justificaba la presencia de una población de cerca de 1 200 personas (en 1907), donde hoy no subsisten más que 63 habitantes y unos matorrales (formación leñosa baja) muy ralos y de escasa productividad.

[3] Por cargas humanas de 10 a 30 kg; un miembro de la familia le dedica de dos a tres horas diarias, efectuando trayectos hasta de 3 km.

nidad (144 habitantes en 3742 hectáreas) se eleva a 121 t/año, es decir, 32 kg/ha/año. Si sólo se considera el "espacio leñoso" —las formaciones que tienen vegetales leñosos recogibles—, la presión de la cosecha alcanza 53 kg/ha/año. Sobre esta base, una extrapolación permite prever un agotamiento total de los recursos leñosos al cabo de 50 años...

Balance de los efectos ecológicos

Mediante el análisis del deterioro de la capa vegetal se puede interpretar la estructura actual de los sistemas ecológicos en las comunidades estudiadas. En Yerba Loca, 50.7% de la superficie corresponde a formaciones herbáceas, y 40.7% a formaciones leñosas, con o sin especies suculentas (cactáceas o bromeliáceas). El resto lo ocupan zonas totalmente degradadas, sin vegetación (5.9%) y zonas agrícolas (2.1%) o de hábitat. Cuarenta y siete por ciento de las formaciones tienen una capa global inferior a 25%, y apenas 18% sobrepasa el 50% de recubrimiento. En Higueritas Unidas, donde la agricultura desapareció desde hace tres decenios, las formaciones leñosas ocupan una superficie más importante: 70%, contra 26% de las formaciones herbáceas y el resto de zonas degradadas. El recubrimiento total sobrepasa 50% en 20% de las formaciones y permanece inferior a 25% sobre la mitad de la superficie.

Sin entrar en los detalles de un análisis minucioso, podemos concluir que, paradójicamente, las comunidades agrícolas del sur de la región árida, donde siguen practicándose la agricultura de temporal y la recolección de leña para uso doméstico, están más expuestas a los fenómenos de desertificación que las del norte, a pesar —o en razón— de una precipitación pluvial más abundante. La comparación de los términos ecológicos de ambas comunidades nos remite a las diferencias socioeconómicas. Subraya, ante todo, la urgencia de los problemas planteados por la utilización individualista de terrenos comunitarios.

Problemática del desarrollo de las comunidades

No pudieron abordarse de manera exhaustiva todos los elementos que intervienen en el funcionamiento de las comunidades, ni exponerse las diversas formas de propiedad presentes en el interior de ese sistema complejo: parcelas privadas *(hijuelas)* y lotes destinados a las habitaciones *(posesión de campo* o *piso)* completan las formas ya mencionadas. La estructura de este sistema de tenencia de la tierra, organizado en el curso de los siglos pasados y luego institucionalizado, es uno de los obstáculos para el desarrollo de las comunidades denunciado con mayor frecuencia.

La marginación de los territorios y de los grupos sociales se ha reflejado en una marginación económica, política y técnica. Las más de las veces, las "ventajas comparativas" no pudieron comprobarse y los diagnósticos realizados desde el siglo pasado demuestran la evolución excesivamente débil del sector (C. Gay, 1865). Esto debe relacionarse con la poderosa influencia de las condiciones culturales desarrolladas para responder a un medio ecológico y territorial agresivo y que se han convertido en un obstáculo al desarrollo de las comunidades. Es posible reducir la problemática a tres preguntas clave. Éstas son el punto de partida de un razonamiento que asocia las dinámicas sociales a las ecológicas.

Los comuneros son demasiado numerosos en relación con los rendimientos y los recursos

Esta situación proviene de los procesos mismos que hicieron surgir a las comunidades:

- la ocupación progresiva por una población que practicaba alternativa o conjuntamente las actividades mineras y las agrícolas y que no desarrolló una sociedad agraria o pastoral. Esta población no posee tradiciones de conservación de los recursos renovables, de su manejo y por tanto de su uso compartido que permitiera una regulación autónoma e interna del número de beneficiarios;
- la agravación del fenómeno por los regímenes de la tenencia de la tierra y las respuestas sociales que provocaron la concentración progresiva en zonas ya deterioradas, pero accesibles, a diferencia de las zonas bien conservadas y generalmente más productivas donde se mantuvo una escasa densidad.

La estructura de explotación de los sistemas ecológicos de las comunidades agrícolas es culpable, en parte, de la degradación de los recursos naturales renovables

A menudo se ha denunciado la explotación individual de tierras comunitarias. Se habla entonces de beneficios privados que se obtienen a partir de una inversión (o de un bien) comunitaria: "todo el mundo (re)coge, nadie (re)invierte". A diferencia de las parcelas privadas *(gozos singulares),* en general irrigadas y en las que los comuneros suelen invertir (plantación de árboles, jardines fertilizados...), los terrenos comunitarios sólo sirven para las actividades extensivas, relacionadas con la cosecha *(cosechadores-recolectores*, según la terminología de J. Gasto, 1985).

El desarrollo de las comunidades agrícolas no puede prescindir de una reflexión profunda sobre la o las formas con que convendría sustituir la actual estructura de explotación. De esta respuesta dependen el nivel técnico aplicable y la inversión necesaria (créditos, formación, organización campesina), en definitiva, la productividad. De ahí derivan elementos que matizan las respuestas a la primera pregunta.

La dispersión geográfica de los comuneros limita su desarrollo

El abandono de las zonas marginales se acentuará a medida que el comunero cobre conciencia de las virtudes de un acercamiento a los centros de servicio: salud, educación, agua, electricidad, etc. La organización de la producción debe adaptarse obligatoriamente a la estructura (muy dispersa) del hábitat, y a unos medios de comunicación rudimentarios (o modificarla).

La interfase, sistemas ecológicos-sistemas sociales

Nuestra reflexión muestra la amplitud de los cambios necesarios. No bastaría una "simple" reforma agraria, pues se trata de que una sociedad arcaica de tipo "recolector" se convierta en una sociedad agrícola organizada.

Desde el punto de vista de los *resultados de la investigación*, la elaboración de un *modelo espacial teórico* permitió identificar las técnicas que deben aplicarse para optimizar la utilización del espacio evitando la competencia entre usos y usuarios. Ese "modelo" sigue siendo, sin embargo, académico, y debe ir acompañado de una reflexión sobre la *organización social productiva* que puede adoptar diversas formas, desde la privatización total de las tierras comunitarias hasta un modelo de tipo asociativo, pasando por el mantenimiento de un *statu quo* mejorado por las aplicaciones técnicas. Dos elementos pueden dirigir esta reflexión:

- los diferentes niveles de percepción, tanto en el plano ecológico como en el social;
- las diferentes escalas de tiempo, con énfasis en la compatibilidad entre las dinámicas sociales y las ecológicas.

EN LAS MÁRGENES DEL UNIVERSO ANDINO

Las recientes mutaciones del sistema agrícola de la papa en la cordillera central colombiana

YVES POINSOT
Universidad de Burdeos III
Francia

LA PAPA —término de origen quechua que utilizaremos, de preferencia sobre el de "patata"— es uno de los principales productos de la agricultura colombiana. Con el maíz, la yuca y el frijol, es uno de los alimentos tradicionales de la población rural. Asimismo, es un tubérculo que ocupa extensas superficies en las cordilleras orientales y centrales. Su carácter "nacional" (se exporta menos de 5% de la producción) hace de él un indicador social y económico interesante: como producto alimentario, sufre los efectos de las recomposiciones socio-espaciales que agitan el país; como monocultivo comercial en ciertas altitudes, la evolución de sus cursos determina las transformaciones de los sistemas agrícolas y de las sociedades rurales. Este último aspecto ha llamado la atención de los geógrafos: los espacios de que se trata, entre 2 500 y 3 700 metros, se encuentran situados en las márgenes del universo andino. Las limitaciones bioclimáticas pesan mucho, así, sobre la organización del espacio agrícola que, a cambio, deja una huella duradera sobre esos medios frágiles.

El estudio de una región-testigo en la Cordillera Central nos permitirá poner de manifiesto las recientes mutaciones de este cultivo y de los espacios agrícolas que ocupa. La zona tratada se encuentra incluida en la del proyecto *Ecodinámica* de cartografía global de las zonas, creado por el Instituto Geográfico A. Codazzi entre 1978 y 1983, que ha permitido descubrir los cambios del paisaje y elegir un sector de estudio representativo. Este último cubre la cresta de ambas partes del Nevado del Ruiz, siguiendo un eje norte-sur de una centena de kilómetros, dominando los pueblos cafetaleros de Pereira, Manizales y Salamina al oeste, y de Líbano, Fresno y Manzanares al este. Los municipios de Marulanda y Salamina, situados en la parte septentrional de la región, fueron particularmente estudiados teniendo en cuenta la riqueza de las informaciones disponibles. Sobre esas vertientes se encuentran densamente poblados dos niveles de altitud: el *cinturón cafetero*, de 1 000 a 2 000 metros, y el de la papa, entre 2 700 y 3 700. El *cinturón de la papa*, claramente identificado en el espacio colombiano, debe su identidad al producto que aporta a la sociedad rural que ahí se ha constituido y al clima (temperatura media anual entre 7 y 12°), que lo distingue de las tierras templadas o calientes que domina.

ORIGEN Y FUNCIONAMIENTO DE LA SOCIEDAD DE LA PAPA

Dos etapas

Esas tierras de altitud son consideradas repulsivas en un país ecuatorial por sus temperaturas y por la gran nebulosidad (la estación de El Paso, situada a 3 250 metros, está cubierta por la neblina 29 días de cada mes y recibe el sol, en promedio, dos horas por día). Ahí, la colonización agrícola es mucho más tardía que en los valles. La ciudad de Manizales (2 100 metros, 200 000 habitantes) fue fundada en 1849, mientras que los pueblos situados hacia 3 000 metros sólo aparecieron a comienzos del siglo. Esa población tardía se relaciona con los colonizadores antioqueños (de la región de Medellín) que invadieron la cordillera por el norte, apropiándose, a menudo, de dominios de 500 a 1 000 hectáreas, cerca de la cresta hasta entonces totalmente abandonada. Los desmontes del *bosque de niebla* parecen lentos hasta cerca de 1940. Se aceleran después, con la enorme afluencia de inmigrantes originarios de Boyacá (norte de Bogotá), que huían de la *violencia*. Esos recién llegados aportan nuevos conocimientos en materia de papa. Son "enganchados" por los propietarios ligados con la oleada de colonización precedente. Durante dos decenios (1945-1965) se crea una sociedad y un sistema agrícola centrados en la papa.

La organización del cinturón de la papa

La ocupación del espacio se hace desde varios pueblos, accesibles por caminos para vehículos, hacia los 2 900 metros. Desempeñan el doble papel de centros de servicios de primer nivel (algunos comercios, un correo, a veces una alcaldía), pero sobre todo de centros de recolección de la papa durante el mercado semanal al que acuden los arrieros con las recuas de mulas. Vienen de los *caseríos* situados a veces a tres o cuatro horas de marcha y hasta a 3 200 metros de altitud. Las pendientes, totalmente desmontadas cuando su inclinación no supera los 35°, tienen infinidad de *fincas* unidas por una red de veredas para mulas. Si en su mayor parte son pequeñas —una sola familia—, algunas poseen varios edificios. Este contraste del hábitat rural refleja la estructura social y agraria.

Algunos grandes propietarios, que residen en las ciudades de la parte cafetera (Manizales, Salamina...), se reparten las principales tierras agrícolas. Cada uno posee algunos centenares de hectáreas, rara vez más de mil, frecuentemente repartidas en varios dominios. Un *mayordomo,* que reside en la más vasta de las fincas, dirige la producción. Bajo su dirección, los *agregados* que viven en las pequeñas granjas venden su fuerza de trabajo por un escaso salario y alguna porción de terreno, generalmente plantada de maíz y frijol, para el autoconsumo. Las parcelas de cultivo, de dos a 20 hectáreas según la proximidad del poblado, la inclinación y la altitud, están cubiertas de terrazas regulares (60 cm de largo, y de 20 a 40 cm de alto), dispuestas en curvas por niveles. Su cultivo obedece a un ciclo regular: dan de dos a tres cosechas de papas, con nueve meses de intervalo antes de un barbecho de seis a ocho años, cuando se convierten en tierras de pastoreo destinadas a las vacas criollas, omnipresentes en las inclinaciones herbosas que separan la papa del café (de 2200 a 2700 metros). Ese ciclo de cultivo distribuye lógicamente los campos de papa, que deben cubrir de 25 a 30% de las parcelas, mientras que la superficies restante se deja a los bovinos. Este sistema agrícola se apoya sobre fuertes densidades de población, unidas a las necesidades de la mano de obra de la papa en esas pendientes imposibles de mecanizar (cerca de 120 días de trabajo hectárea/año). A ese modo de explotación corresponde indiscutiblemente un panorama bien estructurado y fuertemente humanizado.

De la papa a la cría del bovino

Los factores de desestabilización del sistema agrícola se multiplican en los años setenta

La modificación del sistema agrícola apareció claramente a comienzo de los años ochenta. Unos trabajos que completaron el proyecto *"Ecodynamique"* (Poinsot, 1985) manifestaron claramente la decadencia de la papa por debajo de los 3200 m y la aparición de un frente pionero entre los 3300 y 3700 m. Esos cambios se deben a tres conjuntos de factores que se conjugan durante los setenta.

El primero, que se dejará sentir a largo plazo, nos remite a una sensible pérdida de peso de la papa. En la escala nacional, el número de explotaciones en cuestión pasa de 108000 en 1960 a 75000 en 1976 (FEDEPAPA, 1977). En la escala de Caldas, las superficies se contraen, pasando de 13250 hectáreas en 1965 a 6500 hectáreas en 1969 (*Caja de crédito agrario*, 1971). Por último, los precios promedio al productor se multiplican por 28.6 entre 1950 y 1981 mientras que los del arroz lo hacen por 40.3. Estos datos corroboran los análisis de J. M. Sierra (1980) y de J. A. Bejarano (1982), que atestiguan una fuerte disminución de la demanda de papa y de yuca, alimentos tradicionales de origen indio. En contraste, el arroz y los productos animales (leche y carne) se popularizan entre una población cada vez más citadina, bajo la influencia norteamericana.

El segundo conjunto nos remite al éxodo rural, en el origen de una fuga continua de los jóvenes, temporalmente acelerada por la *bonanza cafetera* de los años setenta. La tensión sobre el mercado de trabajo causa un alza de los costos de la mano de obra.

El tercer conjunto se basa, sobre todo, en el ámbito agronómico: los suelos se han debilitado por el monocultivo y por la rápida difusión de un gusano blanco (*Andognatha scaroboides burmeister*). Ello provoca cada vez mayor consumo de abonos, de insecticidas y de fungicidas en un periodo en que el costo de esos productos se iba por las nubes. L. Luján (1980) ha evaluado la parte de esos insumos en 50% del costo de producción.

Los bovinos remplazan a la papa; el espacio agrícola se extiende hacia las grandes alturas

La menor rentabilidad de la papa incitó a los productores a reconsiderar los modos de explotación en un momento en que la cría de bovinos se beneficiaba por dos condiciones favorables: difusión en las tierras frías de las razas Holstein y Normanda, más productivas que las criollas, y multiplicación de los caminos. El cultivo de la papa en el *cinturón* tradicional fue remplazado por la cría de ganado normando. Éste se adaptó bien a las pendientes, aprovechando las terrazas de cultivo perfectamente construidas que permiten el desplazamiento de animales, que llegan a pesar una tonelada, sobre pendientes comprendidas entre 15 y 35°. La extensión de los caminos fue posible gracias al desmonte de las pendientes arriba de 3 300 metros. Ahí, las propiedades superan las 1 000 hectáreas y corresponden generalmente a un antiguo valle glaciar, en gran parte boscoso. Su explotación hasta los 3 700 metros comienza por un ciclo de plantación de papa, que justifica menos los beneficios esperados que la construcción de las terrazas.

Los efectos de la colonización de las márgenes del universo andino

La aparición de las heladas nocturnas caracteriza una mayor frontera socio-espacial

El nuevo sistema agrícola tropieza con un gran obstáculo climático. La altitud de 3 200 metros corresponde precisamente al umbral de aparición de la helada nocturna. En los ambientes ecuatoriales, donde las oscilaciones térmicas de temporada son escasas (1° en promedio), resulta terrible la aparición de ese fenómeno. A 2 950 metros es excepcional, mientras que a 3 400 metros sobreviene en uno de cada dos días en la temporada de sequía (Poinsot, 1985). Ese enorme aumento no es bien percibido por las poblaciones "ecuatoriales": caracteriza indiscutiblemente el comienzo de las *tierras heladas*, mundo hostil y repulsivo. La mayoría de los *agregados* de la sociedad tradicional se niegan a trabajar, por tanto, en esas tierras, prefiriendo generalmente emigrar a las ciudades o, a veces, a la región de Pasto, en el sur del país. En consecuencia, los propietarios tienen que recurrir a una mano de obra "extranjera" llegada de la región cafetera, y cuya instalación sigue siendo extremadamente precaria.

En el valle glacial, tres o cuatro *fincas,* barracas sumariamente construidas, se dispersan por altitudes de 3200 a 3500 metros. Las familias que las habitan desmontan el bosque, preparan las terrazas, siembran y cosechan la papa por su cuenta. El trabajo en esas pendientes escarpadas, entre la niebla y con temperaturas a menudo entre 0 y 10°, es sumamente penoso. La renovación de la mano de obra es continua: el periodo promedio de residencia varía de tres meses a un año. Se trata de una población marginada, sin ningún nexo con la sociedad tradicional, con excepción del *mayordomo,* que supervisa el trabajo una vez por semana. A la barrera climática corresponde aquí un umbral socio-espacial importante, que separa a la antigua sociedad de los "extranjeros" aislados en los valles que desmontan.

Ese frente pionero conduce a una "paramización" del alto-andino

A esas altitudes, la formación vegetal climática es un bosque alto-andino poco elevado (4 a 5 m) pero denso; las especies arbóreas que pertenecen a los géneros *Polylepsis, Hesperomeles* o *Gynoxys* dominan un estrato muscinal extremadamente denso. Su remplazo por parcelas de papa es temporal: al cabo de algunos meses, ceden el lugar a unas tierras de pastoreo sembradas. Su composición florística es inicialmente dominada por especies que a menudo son de origen europeo (*Pennisetum clandestinum, Dactylis glomerata, Holcus lanatus, Anthoxantum odoratum...*). Al cabo de algunos años, se introducen algunas especies descendidas del páramo: ericáceas y gramíneas (*Festuca sublimis, Poa annua, Calamagrostis effusa*), carrizo y hierba cana. Esta evolución que sigue al desmonte de las pendientes expuestas a la helada constituye una indiscutible *paramización* del alto-andino (Cuatrecasas, 1958), que modifica duraderamente los paisajes teniendo en cuenta la lentitud de la recolonización de los bosques a esas altitudes cercanas a la *timberline,* situada aquí hacia los 3800 metros.

Las transformaciones de los sistemas agrícolas dependen de la evolución macroeconómica. Revelan los límites bioclimáticos que imponen una recomposición de la organización socio-espacial. Tres fenómenos parecen específicos de esas márgenes de las grandes altitudes:

- los desplazamientos de población impuestos por la transformación de una agricultura que ocupa mano de obra en una cría extensiva. La gama de los productos agrícolas posibles de estas altitudes es, en efecto, muy limitada;
- lo precario de las instalaciones pioneras y la marginación de las familias instaladas en las "tierras de helada";
- la transformación duradera de los paisajes boscosos en praderas paramizadas, la recolonización de los bosques, rápida en la mayor

parte de los medios intertropicales, se vuelve aquí más lenta por obra de las bajas temperaturas.

Bibliografía

Bejarano, J. A., "La economía en el siglo xx", en *Manual de historia de Colombia,* tomo III, Procultura, S. A., Instituto Colombiano de Cultura, Bogotá, 1982.

Cuatrecasas, J., "Aspectos de la vegetación natural de Colombia", en *Revista Académica Colombiana Científica,* núm. 10, Bogotá, 1958.

———, "Cartografía integrada del medio natural, Chinchina, Manizales", en *Análisis Geográficos,* núm. 8, Bogotá, 1958.

Luján, L., "Situación actual del cultivo de papa", en *El cultivo de la papa,* ICA, Medellín, 1980.

Poinsot, Y., *Etagement et discontinuité dans l'organisation altitudinale des milieux équatoriaux andins: l'exemple alto-andin dans la cordillère centrale colombienne,* tesis, Universidad de Pau, 1985.

Sierra, J. M., "Algunas consideraciones de tipo económico para la industria papera", en *Compendio,* núm. 24, ICA, Medellín, 1980.

LA SIERRA PERUANA: ESTRATEGIAS CAMPESINAS FRENTE A LA CRISIS

Algunos casos de evolución del empleo del suelo

EVELYNE MESCLIER
Institut Français d'Etudes Andines
Lima, Perú

PRESENTAREMOS aquí los primeros resultados de un estudio que aún está en curso sobre lo que eligen producir los campesinos de la sierra peruana —minifundistas organizados en "comunidades" rurales dotados de instituciones y de reglas—, que destinan una parte importante de sus productos agrícolas al mercado urbano. Esas elecciones se realizan en la actualidad en un marco de rápida degradación de la situación económica: baja de la producción e hiperinflación acompañada de incoherencia en los precios relativos y de dolarización de la economía. Por otra parte, la sequía que azotó cruelmente la zona durante el último periodo agrícola, de 1969-1990, particularmente en el sur del país. Los últimos años también se caracterizaron por el intervencionismo del gobierno de García (1985-1990) en materia de política agraria. Esos diversos elementos se imbrican para explicar las actuales elecciones de los campesinos, que tienen consecuencias para los consumidores y que tienen su parte en el grado de dependencia alimentaria —tradicionalmente elevado para ciertos productos como el trigo— de un país escaso de divisas. Intentaremos comprender, mostrando la evolución del empleo de los suelos en los últimos años, cómo los campesinos reaccionan a la crisis. Desde luego, habrá que realizar toda una tipología de las explotaciones: Hopkins y Barrantes han demostrado[1] que las dimensiones de la explotación analizada desempeñan un papel en la proporción de la superficie asignada a tal o cual cultivo, según su lugar en el consumo familiar y sus exigencias de mano de obra. A la escala de la zona o de las zonas de producción centradas "sobre todo" en el mercado de tres comunidades rurales, analizaremos los cambios.

TRES COMUNIDADES DE CUZCO

Éstas presentan características relativamente originales. Uno de esos rasgos particulares es la facilidad de su contacto con Cuzco. Otro es el rápido aumento del número de casas provistas de televisor, un tercero es el

[1] *La lenta modernización de la economía campesina*, 1987.

acceso general a la educación secundaria en el lugar o en las cercanías y a la universidad; los "universitarios" que regresan forman, después, un grupo un tanto apartado de esta comunidad. Estos elementos se unen para subrayar la gran importancia de la economía y la política nacionales y regionales en la dinámica de esos pueblos. Por último, sus territorios se encuentran situados en una zona de altura (entre 3300 y 3700 metros) y en condiciones climáticas que permiten escoger entre una gama relativamente vasta de cultivos.

Pucyura (comunidad Juan Velasco Alvarado) se encuentra aproximadamente a media hora en autobús de la ciudad. Los habitantes en su mayoría se encuentran agrupados en la capital del distrito, Pucyura. El territorio de la comunidad comprende, además del valle principal en que se encuentra instalado el pueblo, unos valles secundarios y las alturas que los dominan. Nos interesan aquí los fondos del valle, regados y especializados en los cultivos comerciales. Los cultivos de cebollas y de zanahorias fueron implantados ahí desde hace unos 20 años. El de la papa "primor" es muy antiguo. Pucyura es la única comunidad de nuestra muestra que ocupa superficies importantes (disponibilidad de agua y un benigno clima frío). El maíz, que antes ocupaba la mayor parte de las parcelas de riego, hoy no es más que un elemento de un variado sistema de cultivos. Sin embargo, conserva un lugar que justifica su papel en la alimentación humana y animal y por el hecho de que el alcohol de maíz sirve para "hacer trabajar" a la mano de obra agrícola. Cebollas, zanahorias y papas abastecen los mercados de Cuzco, ciudad de notable crecimiento durante los tres últimos decenios (80000 habitantes en 1961, 275000 en 1990), y, en el caso de la cebolla, las ciudades más pequeñas de Abancay y de Quillabamba.

Las estructuras social y territorial de Pucyura no son igualitarias. Alrededor de la Plaza de Armas viven personas a quienes gusta subrayar su diferencia de los demás habitantes del pueblo, y en especial de los de las alturas, que acuden a trabajar para ellos como *peones* o mano de obra remunerada pero que aún practican "entre ellos", según se nos dice, el intercambio de trabajo o *ayni*. Es costumbre tildar a los primeros de "mestizos": la diferencia es menos racial que cultural (perceptible en el atuendo, el dominio del español, el tipo de fiestas en que participan, etc.) y económica. Los "mestizos" disponen de más tierras regadas, heredadas o compradas que los simples campesinos. Esas tierras son las más codiciadas. Por lo demás, se les considera como propiedad privada. Las tierras altas, en cambio, no despiertan mayor interés: están lejos y son difícilmente mecanizables. Como se trata de cultivos de temporal, hay que correr más riesgos, y no son posibles ahí los cultivos de renta, cebollas o zanahorias. Además, los "mestizos" tienen la ventaja de poder desarrollarse en otras actividades: el comercio de ganado, uno de los más lucrativos pero que exige un importante capital inicial, el de la papa, el comercio al menudeo en el pueblo... Algunos han aprovechado su actividad política o sindical después de la Reforma Agraria para mejorar su posición social en el pueblo.

El crecimiento natural de la población, que no compensan ya las migraciones, crea un déficit de tierras, en particular de tierras de riego, que no encuentra solución en un mercado prácticamente bloqueado. Los "mestizos" se quejan de que no pueden adquirir fácilmente nuevas parcelas: los campesinos reciben préstamos para cultivar —tal era uno de los lineamientos de la política agraria del gobierno de García—, hoy se dan cuenta del valor de la tierra, y ya no están dispuestos a cederla. Los campesinos, sobre todo los más jóvenes, más instruidos y más dinámicos, afirman que les gustaría cultivar mayores superficies en las zonas de producción de riego. Superan en parte esta dificultad alquilando las tierras de personas de edad avanzada (a menudo, parientes suyos) o de propietarios que viven en la ciudad. El propietario del terreno con frecuencia aporta fertilizantes y pesticidas, y a veces hace trabajar la tierra a sus expensas; el aparcero aporta la mano de obra (él mismo y los *peones*) y las semillas. La cosecha se reparte por mitades. Este tipo de aparcería es preferido, lógicamente, al arrendamiento por los campesinos de los Andes, como lo han demostrado diversos autores: permite compartir los riesgos y no es necesario invertir grandes sumas de dinero.

Tambo Real, a cerca de hora y media de Cuzco, pertenece a la pampa de Anta: una hondonada naturalmente pantanosa, donde siempre son posibles las heladas. Ocupado antiguamente por grandes haciendas ganaderas, este espacio plano y cercano a Cuzco sirvió de "laboratorio" de la Reforma Agraria, y a ello se debe la presencia de diversas instituciones de desarrollo. Después del fracaso (1976-1977) de la inmensa cooperativa creada a comienzos del decenio, las comunidades recuperaron las tierras de la pampa. Se formó entonces una empresa comunal que controló las tierras asociativas (hoy, cerca de la mitad de las 466 hectáreas de la comunidad) y se organizó la parcelación de las tierras de la pampa en lotes de una hectárea. La parcelación ha dejado una estructura comunal relativamente igualitaria, que responde a una composición racial y social bastante homogénea: sólo una familia se declara "mestiza" y, por cierto, uno de sus hijos fue expulsado de la comunidad. Ciertos jóvenes campesinos que aún no han recibido ningún lote o que quieren explotar otros más grandes cultivan algunas parcelas como aparceros. Gracias a los trabajos de drenaje, los pastos naturales han dejado el lugar poco a poco a los cultivos de maíz, papas, habas, trigo, en menor proporción quinua, cebollas, y también son importantes las tierras de pastoreo, introducidas hace algunos años. Los campesinos comercializan esencialmente la leche obtenida de algunas vacas, una parte de su cosecha de papas y, eventualmente, un poco de trigo. La empresa comunitaria dispone de un rebaño de cerca de 200 cabezas de ganado "mejorado" (razas locales y Holstein), lechero y de carne, una parte del cual se vende cada año a los campesinos. Asimismo, comercializa la papa; por lo demás, dispone de infraestructura (almacenes de insumos, silos) y de máquinaria agrícola que los campesinos también emplean en sus explotaciones individuales. La institución de desarrollo, que se ha hecho presente en estos últimos años, está poniendo fin a su intervención: *a priori* los jóvenes "universitarios" y otros han tomado el porvenir en sus manos. El trabajo a menudo lo hace aún el *ayni*. Los campesinos que cultivan grandes superficies o que frecuentemente se ausentan de la comunidad, y por tanto no pueden hacer el trabajo, dan empleo a peones.

Maras-Ayllu, a cerca de dos horas de Cuzco en autobús, es una comunidad que hace tres o cuatro años estaba especializada en el cultivo de la cebada: la cervecería de Cuzco, instalada a comienzos de siglo, organizó un sistema de préstamo de semillas, con pagos en cebada y prioridad a la compra de la producción. Veremos por qué el trigo está remplazando a la cebada en las partes más bajas. El territorio es vasto (casi 4000 hectáreas para 700 u 800 familias) pero muy seco (fenómeno de *foehn* en un altiplano situado al oeste de la cordillera del Urubamba, y predominio de tierras calcáreas). En los estrechos valles tradicionalmente se cultivó el maíz; el agua, escasa para otros cultivos, se toma de fuentes y es captada por varios sistemas de canales. El maíz se destina esencialmente al consumo doméstico y, en menor medida, a la venta. En el resto del territorio, no mecanizable en su conjunto, se han cultivado cereales, en rotación con las papas, las habas y las habichuelas. La estructura de la tierra es muy desigual: la superficie declarada va desde una hasta 100 hectáreas. Algunas grandes familias comparten el poder y las mayores superficies del terreno. Los jóvenes practican la aparcería para el trigo o la cebada. Entregan sólo dos décimas partes de la cosecha al propietario (puede suponerse que porque la inversión en fertilizantes es mucho menos costosa que en el caso de los cultivos de huertas). Los que disponen del capital necesario (miembros de las grandes familias, pero también campesinos más modestos) se dedican al comercio de ganado: se desplazan por el vecino departamento de Apurímac. Otro recurso importante es la explotación, que exige bastante trabajo (Maras dispone en las otras comunidades del distrito, más pobres, de una mano de obra relativamente abundante), de las salinas situadas más abajo de la meseta. La explotación de los "pozos" de sal se efectúa individualmente. La mayor parte de las familias de Maras-Ayllu dispone de uno o de varios pozos. La producción se vende obligatoriamente a la municipalidad, dejando aparte la "ración" —un quintal— que conserva cada trabajador por cada día de trabajo. Se trata de un ingreso considerable durante más de la mitad del año (la producción se suspende en la temporada de lluvias), utilizado a veces para financiar los trabajos agrícolas.

La comunidad está dividida por conflictos en torno de tres polos: el presidente y su banda (jóvenes activistas de extrema izquierda), la Parroquia (en que se relevan clérigos extranjeros que han emprendido una acción política y humanitaria) y una organización no gubernamental de desarrollo, acusada por el presidente de haber intentado acaparar tierras y de ser agente del imperialismo extranjero. Estos conflictos desempeñan, sin duda, un papel económico, en particular en la medida en que el presidente administra los bienes, la maquinaria agrícola, el molino eléctrico y actualmente el centro eléctrico de la comunidad.

Evolución de las elecciones de producción

La importancia de los altibajos del clima

Si en 1988-1989 el clima fue favorable, el ciclo 1989-1990 se caracterizó por una sequía general y prolongada en plena temporada de lluvias. En la escala regional hubo, en el mes de junio, grandes aludes de nieve, y localmente, en la pampa de Anta y hasta Pucyura, heladas nocturnas tardías (noviembre) y luego precoces (marzo). La sequía provocó, allí como en otras partes, graves daños en los cereales (talla pequeña de las plantas y granos sin sustancia) y en la papa, que además fue atacada por gusanos. Las nevadas agravaron los daños sufridos por los cereales. Los productores cerealeros de Maras-Ayllu, sin embargo, no piensan abandonar el cultivo del trigo y de la cebada pues, según dicen, no hay otra cosa que hacer en el altiplano mientras no se realicen obras de irrigación. Por lo demás, las cosechas a veces son excelentes. Los efectos de la estrategia sobre la papa son marcados, aunque indirectos: en Maras como en Pucyura se atribuye la mayor incidencia del ataque de gusanos a la sequía. Ahora bien, la presencia de gusanos, ya grave en años anteriores, es uno de los factores más negativos para este cultivo. Debemos establecer asimismo una distinción entre papa y otros productos en lo que concierne al cambio de estrategia provocado por las heladas. En Tambo Real, la helada de noviembre afectó duramente al maíz hasta el punto de que hubo que resignarse a arrancar las plantas. Ahora bien, se ha comprobado que en cerca de la mitad de las parcelas se ha vuelto a sembrar maíz. Había pocas oportunidades de llegar a la madurez antes de las heladas de la temporada de sequía: los campesinos, al sembrarlo, tuvieron como objetivo principal asegurar la alimentación del ganado gracias a los tallos, quedando en lugar secundario la producción de granos. En Pucyura, el maíz sobrevivió a la helada de noviembre, que fue menos fuerte que en la pampa. Cebollas y zanahorias presentan la ventaja de tener buena resistencia a las heladas. Las heladas eventuales no causaron, por tanto, una supresión de esos cultivos. En cambio, muchos se inquietan por el ritmo de las heladas cuando se trata de decidir si sembrarán o no la papa "primor". La tardía llegada de las heladas de la temporada de sequía hace temer a los campesinos que se prolonguen después de agosto y afecten a las plantas tiernas, normalmente sembradas en julio. Entran en juego, entonces, otras consideraciones: si se siembra después la papa será cosechada demasiado tarde para venderla a un buen precio. Si, a pesar de todo, se siembra en julio, se corre un riesgo considerable, pues la inversión es grande.

Los accidentes climáticos mencionados se producen con cierta frecuencia: los campesinos siempre los toman en cuenta. Los sistemas de producción no se modifican: nadie piensa en separarse del ganado en Tambo Real, pero sí se toman medidas para asegurar su supervivencia; se continúa sembrando cereales en Maras, que ya era zona cerealera en la época colonial. El caso de la papa es distinto: el fenómeno climático no hace más que extremar las dificultades creadas por el marco económico.

Hiperinflación: repliegue o anticipación

La inflación peruana alcanzó, en 1989, 2700%. En el curso de los primeros meses de 1990 era de 30 a 40% por mes. El 8 de agosto de 1990 el gobierno subió el precio de la gasolina a 30 veces su precio anterior. El precio del pan, por su parte, pasó de 5000 a 25000 intis. En esta situación de inestabilidad general, los precios relativos evolucionaron constantemente. Javier Escobar D'Angelo[2] muestra la complejidad de la evolución de los costos reales de los insumos, la mano de obra, el empleo de las máquinas en la agricultura. La política de subsidios a los insumos puesta en vigor al comienzo del gobierno de García había permitido bajar el costo real de los productos. Desde 1988, aumenta el precio real de los pesticidas. Sin entrar en cálculos, mencionaremos los efectos de esas variaciones sobre las decisiones de los campesinos, tomando como ejemplo el cambio de la relación entre precio de fertilizantes y precio de venta de la papa en el curso del invierno de 1990. Desde luego, el caso de la papa es un caso extremo pues se trata de un cultivo que exige muchos insumos. Por desventura para los campesinos, el "choque" de agosto ocurrió precisamente en el momento en que debían invertir, y ya habían vendido su cosecha de papa en Tambo Real, y las de cereales en Maras-Ayllu para poder pagar los préstamos del Banco Agrario y comenzar los preparativos del nuevo ciclo agrícola. En agosto de 1990, el precio de los fertilizantes químicos se multiplicó brutalmente: por seis el nitrato, por más de 10 los sulfatos y potasios (cerca de 10 millones por un saco de 50 kilos). El precio de la propia papa sufrió un aumento relativo similar en los días siguientes, en forma anárquica: alcanzó 200000 o 300000 intis por kilo. Pero los campesinos de Tambo Real habían vendido sus papas en el mes de junio o de julio, a un precio de 13000 a 20000 intis por kilo, y no pudieron adquirir fertilizantes, pues ENCI (la empresa de comercialización controlada por el Estado) no los ponía a la venta. Se encontraron así, en agosto de 1990, obligados a comprar el saco de nitrato a un

[2] *Políticas de precios y subsidios agrícolas, impactos macroeconómico y sectorial. Perú 1985-1989*, 1989.

precio correspondiente al valor de 500 kilos de papas. Los campesinos de Tambo Real, interrogados después sobre sus decisiones de producción, estimaron que sólo sembrarían papa en la cantidad necesaria para su propio consumo. Pero su pesimismo contrasta con el optimismo de los dirigentes de la empresa comunal: este año cultivará más papa que el año anterior. No se dejaron engañar por la campaña "contra el choque" del nuevo presidente. Como el dólar seguía subiendo después de las elecciones, ellos consideraron preferible adquirir dólares en julio con los productos de la venta del ganado y de la papa (pero en septiembre el dólar aún no había alcanzado el nivel que todos esperaban); trabajaron con tractor antes del cambio de gobierno para no sufrir el alza del precio del combustible; almacenaron los pesticidas, fertilizantes y productos veterinarios ya adquiridos (en cantidades suficientes para cultivar, asimismo, sus tierras individuales). Lo único que no pudieron obtener fue nitrato.

La evolución de los precios relativos: sacar partido de la crisis

Los jóvenes de Maras-Ayllu dan pruebas, como los dirigentes de Tambo Real, de auténtico dinamismo. Desde 1987 decidieron cultivar trigo en las tierras comunitarias. En efecto, el trigo se vende a un buen precio, pues el Estado compra una parte de la producción a un precio garantizado. Los jóvenes de Maras subrayan, asimismo, el deseo de escapar del "capitalismo internacional" personificado por la cervecería. Con ayuda del Banco Agrario y mediante operaciones financieras que mantienen en secreto, han adquirido, poco a poco y en nombre de la comunidad, tractores y una segadora-trilladora, un molino eléctrico y, a fines de 1989, un horno eléctrico que abastece de pan a toda una parte del valle sagrado del Urubamba. También los productores individuales han comenzado a cultivar más trigo, mientras que la cervecería, afectada por la reducción del consumo de cerveza tras el primer choque antiinflacionario de 1988, ya no tenía ningún interés en animarlos a producir cebada. Los críticos (la empresa comunal no rinde —aún no, dicen los responsables— los productores que le venden trigo, y que no redistribuye los beneficios) y los procesos intentados contra el presidente y sus partidarios no han impedido el buen funcionamiento de la empresa. Por razón de las inversiones realizadas pudo pensarse que sería difícil para la empresa comunitaria de Maras volver a cambiar la producción dominante. Sin embargo, aquí sólo el horno de pan quedaría fuera de lugar. En efecto, tanto el molino como las máquinas agrícolas encontrarían buen uso en caso de un retorno a la cebada.

NO TODAS LAS REACCIONES SON DE RETIRADA

La audacia de que dan prueba los jóvenes campesinos de Maras-Ayllu o de Tambo Real es sorprendente. No menos audaz puede parecer la persistencia de los campesinos de Pucyura en cultivar cebollas y zanahorias, mientras que los riesgos de comercialización son mayores según se dice, aun en periodos de estabilidad económica. Habrían podido esperarse, en la crisis que hoy afecta a Perú, reacciones de retirada en relación con el mercado. Ahora bien, si existen esas reacciones, particularmente para la papa, los campesinos de los alrededores de Cuzco buscan, asimismo, nuevos mercados y el apoyo de instituciones financieras. A menudo actúan en asociación o colectivamente, eludiendo así el problema de la falta de tierras y compartiendo riesgos que, por cierto, no se sabe si podrán evitarlos. Se trata, ciertamente, de campesinos que gozan de condiciones favorables, por la proximidad de la ciudad y por las características de los territorios que cultivan. Esos espacios pueden considerarse como enclaves de relativa prosperidad, mientras que una parte del Perú está hoy más aislada que nunca por la presencia del grupo terrorista Sendero Luminoso. Los campesinos alrededor de Cuzco son afectados, desde luego, por la inestabilidad de los precios, por la desorganización del país, que hace difícil conseguir capitales e insumos, y por una falta de tierras más estructural, que refleja la ausencia de posibilidades de empleo en los otros sectores de la economía. Sin embargo, el acceso de los campesinos, y no sólo de "mestizos", a los conocimientos necesarios para dominar las condiciones del contexto económico y político nacional es, en esos lugares, un nuevo elemento, que viene a añadirse a su hábito de correr riesgos, para hacer de algunos de ellos asombrosos gestores en la crisis.

PERÚ: EDUCACIÓN Y ORGANIZACIÓN DE LAS COMUNIDADES CAMPESINAS

MARGUERITE BEY
CECOD
París, Francia

DESDE los movimientos que condujeron a la reforma agraria de 1969, las relaciones de los campesinados andinos con la sociedad nacional han pasado por un cambio acelerado. Aquí nos limitaremos a analizar los efectos de la educación sobre las transformaciones de la organización comunitaria.*

El valle del Canete se encuentra 150 kilómetros al sur de Lima. Las comunidades de Casinta y de Tomas se encuentran, respectivamente, en las partes bajas (de 1700 a 2400 metros de altitud) y alta (de 3300 a 4800 metros) de la provincia de Yauyos. Esta situación explica el hecho de que tengan historias muy distintas, tanto en lo tocante al origen de las comunidades como a sus formas de apropiación y de aprovechamiento del espacio y sus tipos de organización.

Casinta es una pequeña comunidad (595 hectáreas, 35 familias) de agricultores y de criadores de ganado bovino, situada en una zona semiárida; carece de agua suficiente, mientras que los terrenos (una tercera parte de la zona) sólo pueden cultivarse con riego. Las parcelas, de propiedad privada, se encuentran cada vez más reducidas a consecuencia de la parcelación impuesta por el sistema de herencia (la propiedad privada está muy extendida en las comunidades de las tierras bajas). La migración (hacia Lima y hacia la costa) es continua y en las explotaciones más grandes (de cinco a ocho hectáreas) escasea la mano de obra.

Tomas es una vasta comunidad de ganaderos (28000 hectáreas de pastoreo por 80 hectáreas de tierra agrícola). La tierra pertenece a la comunidad, que controla el reparto: las parcelas, que apenas bastan para aprovisionar de tubérculos, legumbres secas y cereales a las familias, están en posesión privada. Las tierras naturales de pastoreo fueron repartidas en usufructo a los ganaderos (de camélidos andinos, de ovinos y, en menor proporción, de bovinos) según sus necesidades. Tomas cuenta con 140 familias permanentes y con una cincuentena de trabajadores de las minas vecinas. Las minas y las haciendas ganaderas ofrecen desde hace tiempo ingresos complementarios a las familias *tomasinas,* que reconocen ser particularmente móviles. Las actividades comerciales, comple-

* Esta colaboración se apoya en los resultados de encuestas (1986 a 1989) efectuadas en comunidades campesinas de los Andes centrales de Perú.

mentarias del trueque, siguen la misma dirección que este último: los viajeros de la zona de *puna* viajan tradicionalmente hacia el valle de Mantaro y la ciudad de Huancayo. La proximidad de Lima y el habla generalizada del español hacen que las comunidades del Canete sean más sensibles que otras a las influencias de la "cultura moderna", lo que da una dimensión particular a este estudio.

La problemática de la educación en el medio rural plantea muy diversas preguntas. Intentaremos responder aquí a las que conciernen directamente a la organización de las actividades en las familias campesinas. Con este fin, consideraremos la comunidad en dos aspectos: su función esencial es garantizar a sus miembros el acceso a los recursos de producción (tierra y agua) y a ciertos servicios sociales (educación, salubridad...). Las familias *comuneras* mantienen una relación dialéctica con su comunidad: la comunidad se funda y se mantiene en la lucha por la tierra, principal factor de producción. Por tanto, las cuestiones sociales son inseparables del territorio. Las familias campesinas mantienen relaciones sociales y de trabajo con el espacio exterior a la comunidad, tanto para reforzar su posición social y económica como para abrir perspectivas al "mundo moderno". Para los campesinos más pobres la comunidad constituye una necesidad, mientras que para los "comuneros" más prósperos sólo es fuente de ingresos entre otras más.

En ese contexto, la educación desempeña un papel preponderante:

- los campesinos consideran la instrucción escolar como sinónimo de "progreso". Por ello la escuela constituye una reivindicación permanente en las comunidades, sobre todo desde los años sesenta. Y sin embargo, al crear perspectivas de ascenso individual, el fenómeno escolar entra en contradicción con una estrategia colectiva de desarrollo. Esta observación plantea otra pregunta: ¿pueden modernizarse las comunidades rurales sin perder su carácter comunitario? (M. Haubert, 1981);
- la emigración parece una consecuencia de la oposición entre el proceso de socialización en el medio familiar y el que es administrado por el sistema educativo. La dispersión geográfica de los miembros de la familia y la apertura al espacio urbano entrañan una redefinición del marco de vida de los campesinos. Este punto subraya la importancia del nexo entre el espacio de vida y los cambios de valores;
- la escolarización —y en particular la prolongación de los estudios— provoca cambios en los objetivos y la organización de la familia: la fuerza de trabajo disminuye mientras aumentan las necesidades monetarias; las decisiones de producción y la organización del trabajo y de las actividades deben evolucionar en consecuencia.

Este último aspecto, aunque más estudiado, rara vez ha sido analizado desde el punto de vista de sus consecuencias sobre la organización de la comunidad. Trataremos sucesivamente esos tres puntos, comenzando por el último.

Hasta los años sesenta, la instrucción estaba reservada a los hijos de las familias acomodadas. Ningún desequilibrio venía a afectar la organización de las tareas campesinas. Cuando la educación se vuelve accesible a todos —en las comunidades, como en el resto del país, la instrucción primaria es obligatoria—, las actividades campesinas son afectadas en su conjunto. Huelga repetir que se basan en la fuerza de trabajo familiar y que el dinero no ha sustituido por completo el trueque ni la ayuda recíproca (*ayni* en quechua).

Los desequilibrios de recursos humanos, añadiéndose a los costos de la educación, pondrán en entredicho la naturaleza no monetaria de la economía comunal. Durante sus estudios, los niños se apartan de las actividades de la unidad de producción. Cuando prosiguen su escolaridad fuera de la comunidad, los costos son más elevados: no sólo aumentan sus necesidades monetarias, sino que con frecuencia se llevan consigo a uno de sus padres. Este periodo de escuela corresponde generalmente a una descapitalización de la unidad productiva, que queda afectada en sus principales factores de producción: fuerza de trabajo y capital. Las familias de mayores recursos pueden invertir la parte de capital de su explotación (las más de las veces, animales) en actividades nuevas, principalmente el comercio. Los pequeños almacenes proliferan en las zonas rurales; la vida del pueblo se intensifica y los campos parecen abandonados. No es raro observar un abandono total de las parcelas más alejadas, ni ver rebaños cuidados por pastores, aunque el dicho diga que "al ojo del amo engorda el ganado". Por último, donde es posible intensificar la explotación de la tierra, la producción se vuelve cada vez más mercantil.

Dos factores son determinantes: la fuerza de trabajo y la ganancia monetaria. Dado que la mano de obra familiar disminuye de manera desigual según que las familias tengan o no los medios para financiar los estudios de sus hijos, la ayuda recíproca tiende a desaparecer. Las familias más ricas son, al mismo tiempo, las que más sufren una penuria de la fuerza de trabajo familiar y las que requieren más brazos.

El empleo de asalariados en los cultivos alimentarios aumentaría considerablemente los costos de producción. Las actividades agrícolas y ganaderas acusan, pues, una tendencia a la especialización en producciones mercantiles poco exigentes de mano de obra. Así, los casintanos abandonan progresivamente los cultivos alimentarios, consagrando cada vez mayores superficies a los campos de alfalfa para la cría de vacas lecheras y a las plantaciones de manzanos.

Esas modificaciones del marco agrario tienen graves repercusiones sobre la administración colectiva de los recursos hídricos y estimulan las migraciones. Como esos cultivos permanentes exigen más agua que los cultivos tradicionales, el aumento de la producción agrava la desigualdad entre los grandes propietarios, interesados en ese tipo de producción, y los campesinos pobres que dependen de los cultivos alimentarios. La influencia de los grandes propietarios en las decisiones comunitarias permite prácticamente anular la función de control de la comunidad sobre sus recursos.

Paralelamente, al disminuir la demanda de trabajadores, los campesinos pobres encuentran cada vez más difícil un complemento monetario para su magra producción. En Tomas, la cría de ganado, actividad más remuneradora, se impone sobre los cultivos alimentarios, que muchos campesinos ya han abandonado. Así, como en Casinta, donde el control comunal sobre la distribución del agua es evitado por los campesinos más prósperos, en Tomas son las tierras de pastoreo naturales, consideradas como bienes colectivos, las que son objeto de acaparamiento por los grandes ganaderos que, en consecuencia, abandonan los terrenos agrícolas a los campesinos más pobres.

Esas tendencias a la especialización sólo son observables en una escala regional: las partes bajas, como Casinta, desarrollan cultivos permanentes (pero, con excepción de herederos emigrados que dejan sus tierras en aparcería, nadie se especializa en una sola producción). En las comunidades de altitud, como Tomas, se observa más a menudo una concentración de las actividades campesinas en la cría de ganado (estando alejada esta zona del pueblo y de los sectores agrícolas), mientras que la diversificación de las actividades se verifica en ámbitos extraagrícolas.

Estas observaciones exigen una reflexión sobre la importancia de la noción de *ciclo vital* para comprender la evolución de la familia campesina. El contraste entre las familias de Casinta y las de Tomas refleja las condiciones locales antes mencionadas. En Casinta, un joven *comunero* no puede trabajar más que en la explotación familiar o emplearse como asalariado mientras espera heredar. La estructura social da pruebas de una gran rigidez: los hijos de campesinos prósperos estudiarán y luego se instalarán en Lima, mientras que los hijos de campesinos pobres no tendrán más recurso que emplearse como asalariados entre sus homólogos más ricos o emigrar en busca de empleo. Más adelante, serán los estudios de sus propios hijos los que frenarán más aún el desarrollo de su propiedad.

En Tomas, en cambio, el sistema comunal de reparto de los recursos garantiza a cada quien, si no un acceso igualitario, al menos la posibilidad de establecer una explotación familiar. Estando relativamente desarrollado el mercado del trabajo en la región, lo más frecuente entre los jóvenes es emplearse en el exterior, el tiempo necesario para reunir un capital que, añadido a algunos animales habitualmente cedidos por sus padres, les permitirá "retribuir" a la comunidad como organizadores de la fiesta patronal e iniciar una actividad como pequeños criadores. Por esta razón, los *tomasinos* rara vez se casan antes de los 25 o 30 años. Tras un periodo de inversiones intensivas en ganado, la escolarización de los hijos vendrá a absorber una parte de sus fondos. Según sus condiciones materiales, cada familia tendrá ocasión, entonces, de diversificar sus actividades y, en muchos casos, de invertir fuera de la comunidad. Las familias pobres no tienen otra alternativa que complementar sus ingresos mediante el salario en la comunidad, o emplearse en una mina. Las familias mejor provistas generalmente prefieren establecer un comercio en el pueblo, lo que además les permite acompañar a sus hijos que ahí van a la escuela. En cuanto a las familias de mayores recursos, sus actividades rápidamente se abren al espacio urbano, donde prepararán la instalación de sus hijos, estudiantes y después graduados, que no se quedarán en la comunidad. Por último, ricos y pobres se encuentran, al llegar a viejos, con recursos apenas suficientes para asegurar su subsistencia. Rara vez ven a sus hijos emigrados, a menos que ellos mismos hayan abandonado la comunidad para instalarse con ellos.

Esta descripción rápida de los comportamientos campesinos a través de las etapas del ciclo vital de la familia nos sugiere una observación: según sus estrategias de reproducción, las familias manifiestan un cambio de actitud hacia la herencia. Entre los campesinos, designar y preparar un sucesor para la propiedad familiar es una de las preocupaciones principales. Ahora bien, esto no se considera ni en Tomas ni siquiera en Casinta, donde la propiedad de la tierra justificaría más, por tanto, el interés en la sucesión. En esas dos comunidades varias veces acude a los labios de los padres esta expresión: "La educación es la mejor herencia que se les puede dejar". Esta frase, por sí sola, justifica todos los sacrificios hechos por la comunidad en su conjunto.

Pero si la sucesión ya no es una preocupación para los padres, resulta difícil imaginar lo que podría retener a los jóvenes en la comunidad. Como hemos visto, la emigración no es un fenómeno nuevo. La imagen de campesinados unidos autárquicos y replegados en sí mismos es ya caduca desde hace tiempo. El campesino de los Andes es viajero, de lo cual dan prueba sus largas peregrinaciones en las épocas de trueque. Sin embargo, como lo subrayaba un anciano de Tomas, "antes, también, las gentes iban a la ciudad pero regresaban pronto porque no estaban habituadas. Ahora, los jóvenes ya no quieren quedarse aquí, se les ha acostumbrado demasiado jóvenes a la ciudad".

Con su reducido número de habitantes, Casinta sólo dispone de una escuela primaria, mientras que Tomas posee también un colegio secundario. Las causas de emigración por los estudios son diferentes en esas dos comunidades. Los jóvenes casintanos tienden a emigrar más pronto que sus homólogos de Tomas. En esta última comunidad, sólo los hijos de las familias con recursos abundantes abandonan el pueblo antes de terminar la secundaria, y esto pese a la obligación impuesta por la institución comunal de escolarizar a los niños en la comunidad. Esta disposición es crucial para comprender el papel de la comunidad como mediadora de los intereses, a menudo divergentes, de sus miembros.

En lo tocante al fenómeno educativo, la tendencia migratoria de los jóvenes que tienen medios para hacerlo pone en peligro la continuidad de la educación en el pueblo, único medio de instrucción para las categorías más desprovistas. Así, en contradicción con sus propios comportamientos, las autoridades intentan imponer la escuela comunal a todos.

Si la emigración es consecuencia del fenómeno educativo (impuesto en el caso de la ausencia del nivel de secundaria en la comunidad, necesario para quienes buscan un empleo apropiado a su nivel de instrucción), también es consecuencia del sistema educativo. En efecto, la socialización en la familia y en el medio rural se encuentra en peligro, por los contenidos pedagógicos: la enseñanza favorece un sistema de valores diferente del de los campesinos. Al aprender a relacionarse con la sociedad nacional, el niño también aprende a despreciar a sus padres y a sus valores sociales y de trabajo. A los jóvenes se les dificulta identificarse con un mundo que la educación aleja de ellos al imponer un ascenso social que tiene que ser individual. Muchos son los que irán a probar su suerte a la ciudad donde, las más de las veces, ya los han precedido parientes o amigos. En Casinta más que en Tomas, pocas veces ocurre el retorno de los emigrados por motivos educativos.

El desmembramiento de la familia campesina va a imponer una redefinición del marco de vida de los campesinos. Por tanto, la problemática de la emigración está ligada al atractivo de las "luces de la ciudad", y más allá, a un cambio en el sistema de valores. Una pastora de Tomas nos confiaba que más valía no tener ninguna instrucción, para soportar la austera vida en la *puna*. La tierra nutricia y el trabajo dejan el lugar a un nuevo marco de referencia. La instrucción se concibe como el instrumento más seguro de promoción social. La educación no sólo es un medio para afirmar el *status* en el seno de la comunidad, sino que también es el paso obligado para asimilar las normas sociales de la sociedad moderna. La comunidad es una sociedad de interconocimiento en el cual cada quien desempeña una multitud de roles, correspondiente a diferentes *status* de pariente, de aliado, de católico o de evangelista, de *comunero*, de agricultor, de ganadero, de comerciante, etcétera.

Las relaciones con la sociedad englobante son mediatizadas por los notables (H. Mendras, 1976). Su función ha evolucionado con la interpenetración de las esferas urbana y rural, favorecida por la elevación del nivel de instrucción. Al comienzo del siglo, cada comunidad tenía su pequeño grupo de notables cuyo poder se basaba en una próspera situación económica y en las alianzas establecidas. El prestigio social de esas familias dependía de una función tradicional de redistribución: a la manera de los jefes prehispánicos, los *comuneros* más poderosos debían proteger a su comunidad. La colectividad esperaba de ellos que financiaran las fiestas y retribuyeran generosamente (tanto en productos como apadrinando un bautismo o una boda, principal medio para entablar alianzas interfamiliares) la "ayuda" recibida por los trabajos hechos en sus tierras. Aún hace poco tiempo, uno de los más ricos casintanos calificaba de "ayuda a los pobres" el hecho de dejar a estos últimos una parte de sus tierras agrícolas en aparcería. Pero la función principal de esos notables era defender a la comunidad contra el abuso de sus vecinos. Su nivel de instrucción les aseguraba el monopolio de los trámites hechos ante los poderes públicos.

Con la democratización de la educación ha aumentado el número de esos privilegiados, y los contactos con la ciudad se han vuelto más frecuentes. Van a aparecer nuevas exigencias en el seno de la colectividad. Las comunidades dan prueba de una gran capacidad de adaptación a las condiciones de la economía de mercado y también adoptan los símbolos modernos, importados de la ciudad. Los indicadores más evidentes de esta asimilación se encuentran en las costumbres alimentarias y en el atuendo. El alza de los niveles de instrucción y el uso generalizado de radios, entre otras cosas, muestran asimismo una ideología del progreso que no sólo es económica y que actúa como motor del comportamiento de los campesinos.

Los factores externos del cambio son reinterpretados para configurar una nueva escena local. ¿Cómo se adapta la comunidad a esa renovación social? Una nueva categoría de intermediarios viene a suplantar a los antiguos notables de la comunidad. Esos mediadores son los jóvenes graduados que las más de las veces residen en la ciudad. Provistos de conocimientos "modernos" vienen a inyectar una nueva dinámica a su comunidad. Después de estar atenidos durante siglos sólo a sus propios recursos, ahora los campesinos aprenden a utilizar créditos y donativos para modernizar su aldea. Pero los objetivos y resultados no necesariamente coinciden. Si en los hechos se trata de estimular la modernización de la comunidad, no hay que esperar, empero, que la aldea pueda retener en adelante a sus generaciones jóvenes. El dispensario de Tomas recuerda el problema planteado por la escuela comunal: proclamado con la misma insistencia, pocas personas han logrado, sin embargo, franquear el umbral desde su inauguración. Ese contradictorio resultado muestra la confusión que existe entre desarrollo y modernidad.

En lo que corresponde a la producción, las comunidades de Casinta y de Tomas han puesto en acción un proyecto de desarrollo. La primera construyó un canal de riego; Tomas escogió una lechería comunal. Ambos proyectos pueden inscribirse en un afán explícito de reparto colectivo de los beneficios. Más implícitamente, esos proyectos elaborados por jóvenes graduados que residen en la ciudad sirven a los intereses de las categorías campesinas dominantes. En el primer caso, aumenta la capacidad de riego con el cultivo de la alfalfa —por tanto, en beneficio de los grandes propietarios— sobre una sexta parte de los terrenos ganados al desierto. En Tomas, la lechería servirá en primer lugar a los intereses de los criadores, que podrán mejorar la calidad de sus hatos y utilizar la lechería para aumentar su producción.

Esos proyectos ilustran la política de promoción del cooperativismo puesta en vigor desde la reforma agraria de 1969. En 30 años, las comunidades han visto crecer su espacio de comunicación, gracias al desarrollo de la red de caminos y a la elevación de los niveles educativos. Pero siguen subordinadas al sistema político y económico dominante. La falta de participación favorece una actitud pasiva que impone la necesidad de un encuadramiento exterior.

El fracaso, al menos parcial, de ese tipo de iniciativas en las comunidades andinas ha dejado secuelas, pero indica que sólo las formas de organización resultantes de un desarrollo interno pueden devolver a las comunidades la capacidad de conquistar el espacio político y económico que les corresponde. Desde luego, las comunidades estudiadas se distinguen por su proximidad a Lima, de donde reciben una influencia más fuerte que de las regiones remotas. No obstante, las conclusiones resultantes son representativas de una tendencia general.

SISTEMAS ESPONTÁNEOS DE INTERCAMBIO DE TRABAJO ENTRE PEQUEÑAS EXPLOTACIONES DE UN FRENTE PIONERO ARGENTINO

CHRISTOPHE ALBALADEJO
Systèmes Agraires et Développement
INRA Toulouse

LA PROVINCIA de Misiones, zona subtropical húmeda, aún se encuentra en plena fase de colonización. Se trata de un movimiento espontáneo, que no recibe ninguna ayuda de organismos públicos ni privados, y en lo principal depende de pequeños campesinos quebrados por la "modernización" agrícola de los estados vecinos del sur brasileño. La investigación se hizo sobre 100 y 500 familias rurales en dos colectividades, y tiende a mostrar la importancia de las redes informales de ayuda mutua y de intercambio no monetario de trabajo y de bienes. El marco de referencia adoptado pone de relieve una organización social y económica fuerte en el nivel colectivo local (sistema agrario) que hace un poco artificial la referencia exclusiva al sistema de producción. Sin embargo, los organismos de desarrollo han tenido dificultades para librarse de un enfoque que considera a la explotación como el único interlocutor y beneficiario de las ayudas, de los consejos técnicos y del diálogo.

Cuando se pregunta a un pequeño agricultor si a veces recurre a sus vecinos, la respuesta es invariablemente que "aquí cada quien trabaja por su cuenta, que las gentes son muy individualistas y que él no pide nada a nadie". Ese juicio frecuente no contiene nada que justifique un cambio de actitud hacia la explotación en tanto que unidad técnica y económica que goza de una autonomía propia para facilitar el establecimiento de planes individuales de desarrollo. Unas encuestas más profundas muestran una realidad muy diferente. Las más de las veces, el funcionamiento de las explotaciones no puede comprenderse sin referencia a los nexos de interdependencia que hay entre ellas. Así, Pedro posee dos vacas lecheras pero ningún toro. Cultiva tres hectáreas de soya, pero la mano de obra familiar no basta. Celso produce *rapadura* (azúcar no refinada) y posee media hectárea de caña de azúcar, pero no tiene *trapiche.* Antonio posee tres pares de bueyes, pero ya es viejo, un solo hijo lo ayuda y sólo cultivan cinco hectáreas. ¿Por qué semejante fuerza de tracción? Esos desequilibrios revelan la existencia de redes informales de densos intercambios técnicos. Esas redes pueden condicionar la viabilidad misma de las explotaciones, dándoles acceso local, en el marco de una economía informal en gran parte no monetaria, a unos recursos que de otra manera no podrían tener (útiles, fuerza de trabajo, información).

Los diferentes tipos de relaciones técnicas

El ayutorio

Tal es la forma de ayuda mutua de que gustan hablar más los agricultores. El *ayutorio* es una forma de trabajo colectivo que no produce ninguna remuneración en dinero. Siempre relaciona a más de dos UD, generalmente cinco o seis, lo que puede significar ocho o nueve trabajadores. Puede tratarse de un trabajo determinado en casa de un particular (construcción de un almacén de tabaco, cosecha, etc.), o de una obra colectiva (construcción de una escuela, de un camino...). Sólo los hombres son afectados por el *ayutorio*. Las mujeres a veces los acompañan: entonces ayudan al ama de casa a preparar los alimentos (el beneficiario del *ayutorio* ofrece alimentos y *mate*). Un *ayutorio* no dura más de dos o tres días; los participantes a veces aportan su material (máquina de tronzar, tronco de caballos, etcétera).

Las modalidades de retribución o de reciprocidad son complejas y variables. En su discurso, las personas relacionan el *ayutorio* con un grupo social o con una localidad: "entre nosotros se hace el *ayutorio* en la *picada*[1] del kilómetro 311": resulta, pues, de una identificación colectiva, o contribuye a ésta. Por regla general, nunca se establece claramente la reciprocidad: no se precisan la cantidad de trabajo ni su forma, ni la tardanza en el intercambio. Los plazos sobrepasan frecuentemente el año; para un agricultor, el hecho de no haber solicitado ayuda ni participado en un *ayutorio* en el curso del año no significa que esté marginado. El *ayutorio* es un elemento de la vida social local y símbolo de su cohesión: las personas hablan de él fácilmente (aunque se muestran menos elocuentes que cuando se trata de hacer una descripción precisa o nombrar a los participantes): la totalidad de los investigados por Luján y (según modalidades de investigación diferentes) 88% de los de Caá Guazú declararon haber participado en un *ayutorio* en los últimos años. Pero no hay que creer que el *ayutorio* sea "dado": el beneficiario debe estar seguro de poder mantener a sus huéspedes y estar dispuesto a darles una "mano" o a prestarles útiles y equipo. D. Baranger (1990) ha mostrado que en Caá Guazú la participación en el *ayutorio* es tanto más frecuente cuanto más alto es el nivel de vida.

El pucherâo

No lo hemos observado directamente (esta práctica parece haber desaparecido), pero numerosos agricultores hablaron de él. Se asemeja mucho

[1] Camino vecinal utilizado aquí para definir las unidades territoriales de referencia.

al *ayutorio,* pero está ligado a una actividad festiva intensa; también es más abierto: todos pueden participar en él.

El cambio de día

Éste une los UD por parejas. El intercambio se contabiliza más: así, una jornada de trabajo con un tronco de caballos cuenta como doble, y por lo general se considera que los días prestados deben pagarse en el año.[2] Esta estricta contabilización produce cierta prudencia cuando se trata de "solidaridad" entre diversas explotaciones.

Préstamos de material e intercambio de trabajo

Han podido observarse intercambios de material y de animales (arado, carreta, máquina trozadora, pulverizador, trapiche, bueyes, sementales, etc.) tanto en Luján como en Caá Guazú. En Luján, esos intercambios parecen relacionados con intercambios de trabajo menos formales que el *cambio de día*. Las más de las veces, los préstamos son objeto de acuerdos informales específicos (y por tanto, difíciles de apreciar por cuestionario). La flexibilidad y la densidad de los intercambios los convierten, sin embargo, en elemento muy importante (aunque subterráneo) del funcionamiento de los sistemas de producción.

La función de los intercambios técnicos

Los intercambios técnicos pueden permitir hacer frente a grandes necesidades de trabajo ocasionales (por ejemplo, construcción de edificios) o periódicas (cosecha de algodón, soya, tabaco, etc.) o a la falta de equipo.

Pueden paliar una insuficiencia de mano de obra en la explotación, para el conjunto de los trabajos. En ese caso, el préstamo de trabajo se paga con tierra. Se trata, en última instancia, de un seguro vitalicio para enfrentar la vejez próxima: en Luján, un agricultor viejo recibe una ayuda permanente con la promesa de que cederá su propiedad. El *chacrero* se asemeja a esta categoría de intercambio técnico: es alguien que carece de los medios necesarios para adquirir un derecho sobre una parcela, pero puede encargarse de un predio en nombre de su ocupante oficial (el "propietario"). Con ello, el *chacrero* tiene la posibilidad de cultivar, y el propietario (que legalmente no puede ocupar dos lotes al mismo tiempo) se beneficiará, al cabo de los años, con la adjudicación definiti-

[2] Para todos los intercambios no monetarios la medida es el tiempo, mientras que para los intercambios monetarios la medida del trabajo es la superficie: la relación de confianza parece debilitarse cuando la prestación en trabajo es remunerada.

va al costo de la ocupación. Esta práctica puede darle acceso, a buen precio, a una plantación de *mate* ya establecida que rebasa, a veces, el máximo legal (cinco hectáreas).

Los intercambios técnicos tienden, asimismo, a constituir un seguro contra el riesgo (de salud, climático o comercial). Por tanto, no necesariamente responden a una estrategia definida a plazo corto o intermedio. La función de "seguro" explica que algunas UD bien dotadas desarrollen estrategias de intercambios múltiples, destinadas a constituir lo que Bourdieu definió como "capital social". Así, Armando y Ramona tienen dos niños de corta edad y declaran que el *ayutorio* y el *cambio de día* se hicieron para los ricos. Han colocado cinco bovinos entre cuatro distintos vecinos sin "pedir nada a cambio". En este caso, el seguro es doble: los bovinos constituyen un capital en pie y contribuyen a asegurar un capital social. De manera complementaria, los intercambios técnicos aseguran unas funciones sociales y culturales múltiples. Es imposible relacionarlos tan sólo con estrategias productivas o familiares. Tienen una función simbólica y ceremonial muy importante y, de esa manera, forman parte de la sociabilidad local.

La densidad de los intercambios técnicos

Nos hemos esforzado por apreciarla relacionando los nexos sociales (interconocimiento) y familiares, relaciones técnicas y nexos geográficos. El cuadro de abajo nos ofrece un atisbo de la densidad de los intercambios técnicos y de sus nexos con las relaciones de interconocimiento y familiares. Debe notarse que los intercambios técnicos son mencionados más a menudo por los beneficiarios que por los prestatarios, y por tanto los datos presentados muy probablemente fueron subvaluados, sobre todo si se relacionan con nexos entre los agricultores interrogados y los no interrogados. Asimismo, es posible poner de relieve una fuerte intersección entre las relaciones técnicas y relaciones familiares y de interconocimiento (72 a 58% de los binomios que tenían relaciones técnicas tienen, asimismo, relaciones familiares o de interconocimiento). La intersección entre relaciones técnicas e interconocimiento es no menos importante que entre relaciones técnicas y las relaciones familiares. Ese resultado, que no era evidente *a priori,* confirma el juicio de P. Darré (1985) sobre la importancia del interconocimiento en el funcionamiento técnico de una localidad.

Balance de los diferentes tipos de relaciones sencillas

Parentesco	*Interconocimiento*	*Material o animales beneficiario*	*Material o animales prestatario*	*Cambio de día*	*Ayutorio beneficiario*	*Ayutorio prestatario*	*Total*
229	189	100	95	68	98	40	819
28%	23%	12%	12%	8%	12%	5%	100%

La organización técnica local

La cartografía de los intercambios de trabajo y de su evolución entre 1984 y 1988 permite identificar varios niveles locales de organización. El *paraje*,[3] para empezar, ya que son pocas las relaciones con el exterior. Luego la *picada*, ya que se encuentran claramente sobre los mapas los contornos de las tres *picadas* del norte, este y sur. Ya en 1984, la *picada* sur se separaba sensiblemente de las otras dos; su diferencia se acentuó en 1984. Mientras tanto, sus habitantes construyeron una escuela y dieron un nombre (Belo Horizonte) a su *picada*; hoy, están proyectando construir una iglesia. Por tanto, la *picada* tiende a formar un *paraje* por sí sola. Mientras tanto, aún existen numerosos nexos de sociabilidad con las otras dos *picadas*, especialmente para la organización de fiestas, bailes y kermeses. Contrariamente a lo que creíamos, el carácter de localidad tiende a reforzarse después de cuatro años de integración nacional. No puede tratarse sólo de una etapa, pero se siente claramente que los intercambios técnicos constituyen más que un simple intercambio de días o un simple "préstamo" de equipos.

Los diferentes intercambios pueden clasificarse según esta escala:

- intercambios no contabilizados: dependen de la economía "doméstica" y, sin duda, pertenecen al dominio de la UD pero también del "grupo doméstico", conjunto de UD ligados por relaciones familiares estrechas. Estos grupos son fácilmente identificables en Luján. En su seno, los intercambios técnicos son muy densos (Albaladejo, 1987), hasta tal punto que permiten reconocer límites de sistemas de producción mucho más pertinentes que los derivados de las UD;
- intercambios de contabilidad "social": proceden de una economía de donativo, complementaria, a menudo, de la economía doméstica y que implica más a los grupos domésticos más intensos. El *ayutorio* así como una gran parte de los préstamos pertenecería, pues, a esta categoría. Una encuesta realizada en 1989 entre tres grandes grupos domésticos muestra que no todos siguen la misma estrategia de "animación" de los intercambios, en la medida en que su situación geográfica no siempre es favorable. Sin embargo, a eso tienden todos, y se apoyan en el papel de las mujeres (recepción de los participantes, etc.). Tal es la estrategia de la familia Opichanyj, por quien pasa toda realización colectiva en la *picada* sur: ese grupo doméstico incluso llega a orientar las inversiones personales de los otros UD en una lógica colectiva. Lógicamente, la escala de referencia de ese tipo de intercambio es la *picada;*
- intercambio de contabilidad en bienes materiales o tiempo de traba-

[3] Conjunto de *picadas*, tres en el caso de Luján.

jo: proceden de una economía de trueque, cuya escala de referencia es el *paraje*. El *cambio de día* así como una parte de los préstamos pertenecen a esta categoría. Evidentemente, incide sobre todo en las UD más prósperas;

- intercambios de contabilidad estricta en dinero. Esos intercambios relacionan a los "bien provistos" con los UD pobres en sociabilidad o en medios de producción. Aquí, la escala de referencia puede rebasar el marco de la localidad.

Indicadores de intercambios técnicos y participación en el PAF

	Partícipe en PAF *Sí*	*No*	*Diferencia significativa en el umbral de*
Ayutorio	93%	62%	0.002
Cambio de día	62%	36%	0.029
nb. elementos prestados	4.48	3.19	0.044
nb. UD prestatario	2.26	1.50	0.070
nb. UD receptor de los préstamos	2.37	1.54	0.045
nb. total de UD	29	26	

¿Qué intervención puede tener un organismo de desarrollo?

Tomando la expresión "morfología social" de Marcel Mauss (1973), J. M. Gastellu ha intentado definir las unidades económicas en el medio rural, identificando la "morfología económica" de las sociedades rurales. Por analogía, nosotros nos hemos propuesto describir la "morfología técnica" de las colectividades rurales de Misiones. Como Gastellu, hemos subrayado la importancia de la red familiar, sobre todo a través de los Grupos Domésticos formados de diferentes unidades familiares. Pero los intercambios técnicos superan con mucho ese círculo.

Las unidades domésticas participan simultáneamente en diferentes formas de "economía" (doméstica, de donativo, de trueque, monetaria). Esos intercambios ofrecen recursos importantes; su densidad y su diversidad pueden explicar la subsistencia y la flexibilidad de los sistemas de producción ante los altibajos climáticos y comerciales y ante los riesgos de salud. En ese contexto, limitar el análisis de un sistema de producción a una explotación no nos permitirá comprender debidamente el funcionamiento ni captar sus ventajas ni sus límites.

¿Qué unidades de producción deben ser tomadas en cuenta por los organismos de desarrollo? Se deben incluir diferentes niveles imbricados: Grupo Doméstico, *picada, paraje*. El INTA se apoyó espontáneamente en la *picada* para organizar grupos de productores en el marco del Proyecto Agro-Forestal (PAF), y también asoció al *ayutorio* al proyecto, y promovió esta práctica, lo que parece pertinente en la medida en que el *ayutorio* puede relacionarse con el sentimiento de pertenencia a una colectividad local. Esta práctica fue reforzada indirectamente por el INTA, que favoreció un cultivo muy exigente en mano de obra en el momento de la cosecha: el algodón.

Con base en los datos recabados en Caá Guazú, D. Baranger demostró que "la probabilidad de que una UD intervenga en una forma cualquiera de intercambio técnico es mayor cuando se ha vinculado al PAF". Desde luego, el efecto del proyecto, de las reuniones y de los contactos con los técnicos sobre la disposición de los agricultores para recordar espontáneamente los intercambios técnicos no debe subestimarse. Sin embargo, esos resultados subrayan la sinergia existente entre los esfuerzos de un organismo exterior y las formas locales de organización... Aunque no sea posible saber si esta intensificación de los intercambios horizontales sobrevivirá a la acción del INTA.

Bibliografía

Albaladejo, C., "Aménagement de l'espace rural et activités d'élevage dans des régions de petites exploitations agricoles. L'exemple des Cévennes sud en France et de la Province de Misiones en Argentine", tesis de doctorado de Estado, Universidad de Grenoble I, INRA-SAD, Toulouse, 1987, 540 pp.

Baranger, D., "Rapports d'entraide technique chez de petits agriculteurs de Colonia Caá Guazú", X Simposium Anual de la AFSRE, Universidad estatal de Michigan, East Lansing, octubre de 1990.

Darré, J. P., *La parole et la technique,* L'Harmattan, París, 1985.

Eidt, R., *Pioneer settlement in Northeast Argentina,* University of Wisconsin Press Madison; Gastelu, J. M., 1971; "Mais où sont donc ces unités économiques que nos amis cherchent tant en Afrique?", en *Cahiers de l'ORSTOM,* Sc Humaines, AVII (1-2); 3-11, París X, 1971.

Maus, M., *Sociologie et anthropologie,* PUF, París, 1973.

Rogers, E. M. y D. L. Kincaid, *Communication networks. Towards a new paradigm for research,* The Free Press, Nueva York, 1981.

LA AGRICULTURA DE *VÁRZEA* Y EL CAMPESINADO DE LA AMAZONIA CENTRAL

PIERRE GRENAND
ORSTOM, París

SYLVIA BAHRI
USTL-Montpellier, Francia

LA *VÁRZEA*, que representa 3% de la superficie de la cuenca amazónica (600 000 kilómetros cuadrados), corresponde a la llanura de inundación del Amazonas. Por lo general se le considera como una zona de gran potencial agrícola y pesquero. Por lo demás, y en contraste con otras regiones amazónicas, constituye una unidad ecológica innegable, que se extiende del Perú a la isla de Marajó.

Nuestra exposición se apoyará esencialmente en las observaciones que realizó un equipo pluridisciplinario ORSTOM-INPA[1] entre 1985 y 1989 en una región cercana a Manaus, la isla de Careiro, que puede considerarse como una zona representativa de los cambios contemporáneos (aunque minoritarios) en la *várzea* en conjunto.

BREVE HISTORIA DE LA COLONIZACIÓN Y DE LA AGRICULTURA DE LA *VÁRZEA*

Aunque el tema haya sido objeto de controversia durante largo tiempo, hoy se reconoce que la *várzea* amazónica era, a la llegada de los europeos, una región infinitamente más poblada que las regiones de tierra firme con que limitaba. Se han deducido de los textos de los cronistas unas densidades de 5.2 habitantes[2] a 14.6 hab./km^2.[3] Implican una permanencia de población de naciones amerindias que compartían algunas grandes características: aldeas sedentarias, jefatura centralizada, agricultura permanente relacionada con el ciclo anual del agua. En suma, la *várzea* de los siglos XVI y XVII era un universo bien atendido: los amerindios habían sabido sacar partido de sus potencialidades.

Desde finales del siglo XVII, la *várzea* irá quedando progresivamente desierta por la terrible pérdida demográfica (esclavitud y epidemia) entre

[1] INPA: Instituto Nacional de Pesquisas da Amazonia, à Manaus, Amazonas, Brasil.
[2] Porro, A., "Os Omagua do Alto Solimões: demografia e padroes de povoamento no século XVIII", Colleçao Museu Paulista, Série Ensaios 4: 207-231, São Paulo, 1981.
[3] Denevan, W., "The Native Population of the Americas in 1492", The University of Wisconsin Press, 1976.

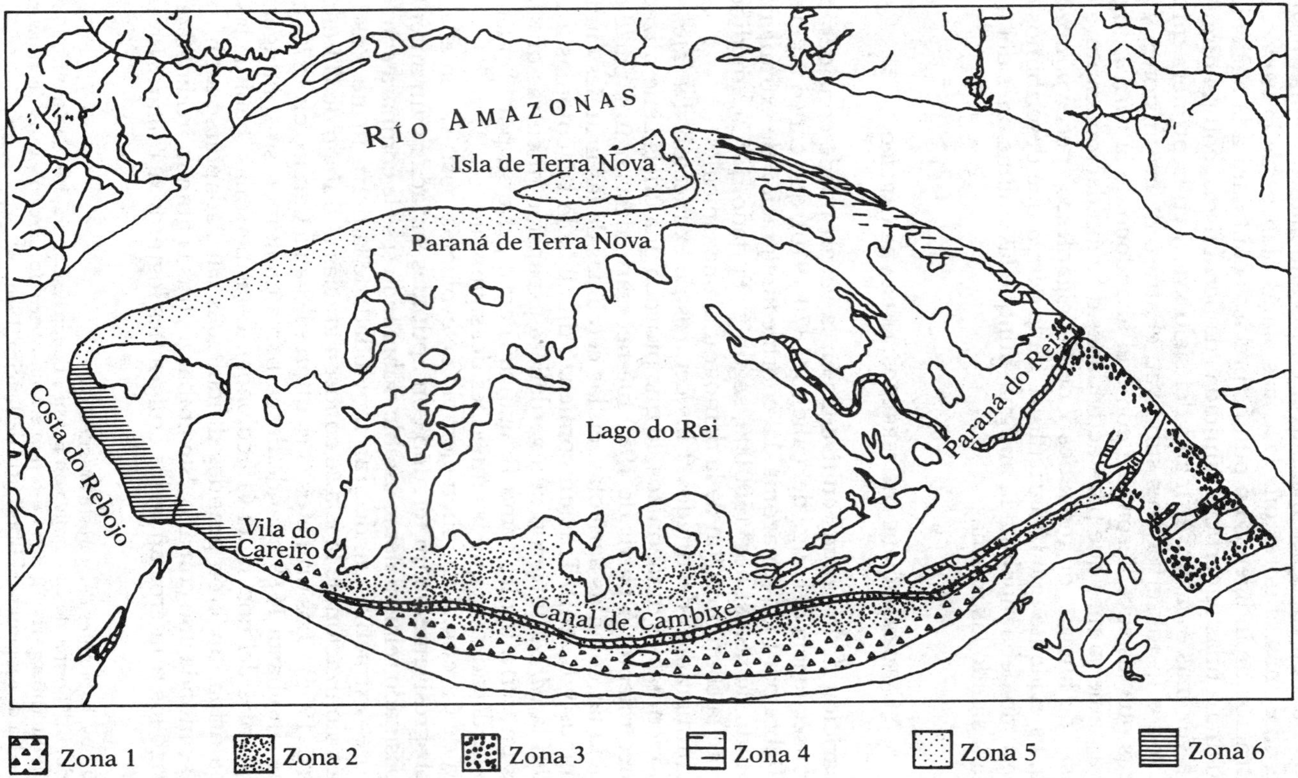

Mapa de los diferentes sistemas agrícolas de la isla de Careiro

los amerindios, y sobre todo, como resultado de su concentración en misiones que los portugueses instalaron en los afluentes de aguas negras consideradas más salubres que las ricas aguas blancas de la *várzea*. La concentración de indígenas en puntos precisos confinará a la agricultura de quema a unas superficies limitadas de tierra firme, con rendimientos cada vez más escasos. A finales del siglo XVIII y en la primera mitad del XIX, todos los observadores subrayan el atraso de las misiones y de las aldeas que las sucedieron, así como el abandono de la *várzea*, lugar al que ya nadie va más que para actividades de depredación: captura de tortugas y de huevos, de manatíes y de los gigantescos peces *pirarucu*. Por ello, es evidente que la agricultura de la *várzea* que describimos en el siglo XX, no debe mucho a la antigua, aunque las limitaciones del medio siguen siendo las mismas.

LA FORMACIÓN DE LOS TERRUÑOS: LA ISLA DE CAREIRO

La reaparición de las zonas cultivadas en la *várzea* puede considerarse como consecuencia del auge del caucho (1870-1910), que causó una verdadera fiebre por toda Amazonia. La enorme inmigración de extranjeros, y sobre todo de norestinos[4] (500 000, según C. Furtado, 1959),[5] modificó totalmente la configuración de la demografía amazónica.

A los inmigrantes destinados a los centros de extracción del látex se unieron incontables amazónicos, lo que provocó una crisis generalizada de abastecimiento. A partir de 1980 fue necesario desviar una parte de éstos hacia las colonias agrícolas, en las cercanías de las grandes ciudades (Manaus y Belem). Tras un comienzo difícil, sólo las colonias localizadas en la *várzea* tuvieron una verdadera expansión mientras que las situadas en tierra firme, como Bragança (Pará), pasaron por el mismo proceso de decadencia que las misiones del siglo XVIII.

La isla de Careiro es un buen ejemplo de evolución positiva: en ella se formó progresivamente un terruño con aptitudes variadas y un auténtico campesinado relativamente estable, sobre todo si se le compara con los agricultores extractivistas, de gran movilidad, de la tierra firme. Las fases de la colonización de la isla se conocen gracias al trabajo de O'Reilly-Sternberg (1956).[6] Los primeros agricultores llegan a Careiro en 1870, pero no fue sino hasta 1889 cuando desembarca un numeroso contingente de inmigrantes del noreste (1 415 colonos). Éstas personas, habituadas a una zona árida, tuvieron grandes dificultades para adaptarse a un medio que se inunda año con año. Sin embargo, tras la gran mortalidad que caracterizó los primeros años, los emigrantes lograron arraigar. Noven-

[4] Norestinos, habitantes del noreste brasileño.

[5] Furtado, C., "Formação económica do Brasil", Fondo de Cultura, Río de Janeiro, 1959.

[6] O'Reilly-Sternberg, H., "A agua e o homem na *várzea* do Careiro", tesis de concurso para la cátedra de geografía del Brasil, Río de Janeiro, 1956.

ta años después, pudimos comprobar que, de una muestra de 81 familias, 37 contaban, en todo o en parte, entre los descendientes de esta primera oleada. A nuestro entender, esa cifra revela el atractivo que siguió ejerciendo Careiro, bien ubicada en las proximidades de Manaus.

Los terruños contemporáneos de la isla de Careiro

Las zonas que hemos aislado corresponden tanto a los datos del medio natural como a su disposición por el hombre.

La zona uno

La parte meridional de la isla está ocupada por pequeñas propiedades cuya superficie oscila entre 15 y 124 hectáreas; la mayoría se sitúa cerca de 20 hectáreas. El catastro de la isla (1981) indica títulos de propiedad para 54 de ellas (las dos terceras partes de la superficie disponible en esta zona, ocupada en su totalidad). En verano (de fines de septiembre a marzo), se practican ahí cultivos de descenso: chícharo, maíz, lechuga y col verde. También se encuentra ahí, aunque en pequeñas unidades, la cría de reses. A menudo las habitaciones están rodeadas por un vergel, pero esos pequeños complejos con árboles no llegan a formar un paisaje continuo como en el norte de la isla. La pesca sólo existe como algo complementario, y solamente el pueblo de Vila do Careiro posee una pequeña colonia de pescadores profesionales. La población muestra un pequeño crecimiento: pasó de 1 178 personas en 1950 a 1 412 en 1980. Sin embargo, es probable que el crecimiento del pueblo, dispensador de empleos, frene la emigración hacia la cercana ciudad de Manaus.

La zona dos

Esta zona corresponde a las dos orillas del canal de Cambixe y a la zona comprendida entre el Lago do Rei y el canal. Sternberg ha mostrado cómo esta región, que en sus orígenes estuviera cubierta de bosques de *várzea alta,*[7] se había vuelto una zona ganadera bajo la influencia de los inmigrantes norestinos. En 1950, 55% de la región aún estaba cubierta de bosques de ese tipo o era improductiva (tan sólo 15% en la actualidad). Paralelamente a ese desmonte, en menos de 40 años el Cambixe, que abastecía de leche fresca a Manaus,[8] pasó a ser un sistema latifundista en plena expansión. Sin embargo, la estructura de las pequeñas propiedades en bandas perpendiculares a las orillas del canal, que data de 1889,

[7] *Várzea alta*: bosque alto en zona de *várzea*, rara vez inundado.

[8] A. Bittencourt, "Corografia do estado do Amazonas", 1925; edición facsimilar de 1985, Manaus.

es aún visible en el catastro, mientras que en realidad, por la interacción sucesiva de las ubicaciones y de las compras, de palabra, por un puñado de grandes propietarios, el terruño está hoy constituido por inmensas tierras de pastoreo dedicadas a unos cuantos rebaños. Sólo las habitaciones, dispersas a lo largo del canal y rodeadas de alambradas de púas que protegen los jardines y los árboles frutales, muestran aún lo que fue el paisaje agrario de los pequeños criadores. La población está disminuyendo notablemente: pasó de 3862 personas en 1950 a 1252 en 1980. Aún en gran parte *cearense*,[9] sin embargo ha pasado por una renovación: las granjas exigen una mano de obra servil, que a menudo aportan los *caboclos* que fracasaron en una primera tentativa de vida urbana. Esta mano de obra, subpagada y polivalente, intenta compensar su endémica pobreza mediante la pequeña pesca estimulada por la cercanía del mercado de Manaus.

La zona tres

Se trata de la parte oriental de la isla y de la zona del Paraná do Rei, de la cual no contamos con datos anteriores a nuestra investigación. La población (en 1980) era de 182 habitantes, repartidos en dos puntos.

El primer grupo es una comunidad compuesta de *caboclos* amazónicos recién llegados pero ya habituados a las zonas inundables de la Amazonia central. Se trata de pescadores extremadamente diversificados que explotan tanto su región como aguas más lejanas. En los pocos puntos que han surgido, después del desmonte del bosque y de la quema, cultivan la mandioca y el maíz para la subsistencia. Algunos huertos constituidos de árboles frutales a veces se asocian a esos cultivos anuales. Puede verse aquí el primer estadio de la colonización de la *várzea*. El segundo grupo, instalado en una de las raras *restingas*[10] altas de esta parte de la isla, evoca sin duda la imagen de lo que era el Cambixe hace 40 años. La ganadería y la agricultura de subsistencia siguen siendo ahí predominantes, pese a que el crecimiento de los mercados urbanos les obliga poco a poco a dedicarse a las labores de huerta. Esta región de *várzea* en formación, medio anfibio complejo que incluye muy pocas tierras emergidas, sigue siendo en gran parte una zona de lagos y de bosques inundados, difícilmente colonizables por el hombre.

La zona cuatro

Extendiéndose entre el Paraná do Rei y la entrada del Paraná de Terra Nova, esta región es heterogénea y pasa, de este a oeste, de una colonización muy reciente a una colonización más estable.

[9] *Cearense*, es decir, originario de Ceara, el estado del noreste de donde llegó el mayor número de inmigrantes.

[10] Restingas: elevaciones de tierras naturales más o menos altas.

La franja cultivable entre la depresión interior (ocupada por el lago) y el gran río es muy estrecha (de 20 a 50 m) y se inunda completamente durante las crecidas. Al oeste, el paisaje, dominado por la pequeña propiedad, se reparte entre tierras de pastoreo nuevas y bananeras, pese a que al este, las *restingas* son bajas, con inundaciones en el mes de abril. Allí unos *caboclos* amazónicos, sin títulos de propiedad, viven miserablemente de unos pobres cultivos alimentarios y de los escasos ingresos del cultivo de la malva y del yute, plantas que soportan una larga inundación pero cuyo tratamiento arcaico en el agua estancada es particularmente penoso. Principalmente concentrada en el oeste, la población actual es ahí de 406 personas. La escasez de títulos de propiedad (solamente cinco) da la idea de una colonización reciente, pero es difícil pronunciarse sobre el porvenir de esta zona de aluvión ahora subordinada, allí más que en otros lugares, a factores ecológicos fluctuantes.

La zona cinco

Esta zona, que incluye la isla de Terra Nova, cubre la ribera septentrional de la isla y constituye un terreno bastante homogéneo. En cambio, su población es heterogénea, constituida por una mezcla de *caboclos* amazónicos con los descendientes de norestinos que volvieron ahí tras la gran crisis del caucho de 1910-1920. En 1980 estaba poblada por 2210 personas, con lo que era la región más poblada de la isla y la más caracterizada por el dinamismo de su pequeño campesinado.

Ahí, las propiedades son medianas y pequeñas, libres de la limitación del régimen de aguas, y corresponden a una toma bastante confusa de posesión de la tierra. En efecto, nuestra investigación hizo notar una realidad territorial más difícil de lo que permitirían suponer los 64 títulos oficiales de propiedad: el número de las propiedades es de 298. Como contrapartida, muchos propietarios o sus herederos han desaparecido o ya no se ocupan de su explotación. Otros la transforman en aparcería, pidiendo una parte de la cosecha como pago. De manera general, y aparte de una granja de cría muy moderna que ha estado afectando poco a poco las explotaciones del centro de la zona, los conflictos de tierras son mínimos.

El paisaje característico de esta región es un sistema arbolado formado enteramente por el hombre en el curso del siglo pasado. La importancia del cacao en el sotobosque puede corresponder tanto a poblaciones salvajes preexistentes como a antiguas plantaciones amerindias reutilizadas. Ahí se entrecruzan diversas herencias, como por ejemplo el cultivo de clonos de mandioca precoces, propio de los amerindios de la *várzea*, o también la práctica del huerto, llegada de Europa con sus arriates, sus rotaciones y su empajado, o bien, por último, el cultivo del hevea, llevado del alto Amazonas, no tanto por su látex como por la sombra que da. Este paisaje arbolado se completa con zonas abiertas, localizadas en general en el límite de las aguas lacustres, y mantienen unos cultivos alimentarios y sobre todo unos cultivos de huertas intensivos, que se encuentran, asimismo, en las orillas lodosas del río en periodos de repliegue de las aguas. La productividad es alta, ya se trate de legumbres o de frutos, aunque, en este último caso, una mala distribución causa una pérdida sistemática, que una ganadería de corral trata de compensar, aunque la cría de bovinos también está presente en pequeños enclaves. Por último, la pesca, practicada sobre todo en el sistema lacustre interior, es obra de campesinos. También se encuentra en cada comunidad un reducido grupo de hombres bastante marginados, especialistas en la pequeña pesca, cuyos altibajos de temporada los obligan a contratarse como jornaleros entre sus vecinos agricultores. Los excedentes de esta pesca se venden a los agricultores o a los comerciantes locales, que después los envían a Manaus.

La zona seis

Corresponde a la Costa do Rebojo, en la extremidad suroeste de la isla. Es en esta zona donde se encuentran las orillas más altas. La inclinación de los terrenos hacia el interior de la isla es muy suave y deja al descubierto una franja considerable (de algunas centenas de metros de largo) propicia para el desarrollo de la cría de ganado. Las tierras de pastoreo ocupan vastas superficies entre el curso del río y el bosque inundado que bordea el lago central de la isla. Algunos heveas y cacaotales, diseminados aquí y allá sobre las orillas, prueban la presencia antigua de una capa arbolada de la misma naturaleza que en la zona anterior. En esta zona, que es una de las que abrigan más descendientes de la primera oleada migratoria, las pequeñas granjas bordean las grandes explotaciones.

Conclusión

Partiendo del ejemplo de la isla de Careiro, microcosmos representativo de la *várzea*, ¿qué porvenir se puede pronosticar a esta región en donde el agua disputa a la tierra, con sus limitadas zonas emergidas, la constante evolución de sus riberas y su calendario agrícola dependiente del movimiento de las aguas?

La *várzea* es ante todo un medio endeble y la extensión de sus tierras de pastoreo favorece una rápida degradación. No obstante, la existencia de un pequeño campesinado relativamente antiguo dedicado a la fruticultura y a las huertas es una buena carta de triunfo.

Desde ese punto de vista, hay que confiar en la salvaguardia de ese pequeño campesinado que los poderes oficiales están estrangulando, entregando la *várzea* a las especulaciones de los *fazendeiros*. Y sin embargo, parece seguro que el desarrollo de la *várzea* no podrá lograrse sin un apoyo del Estado, ya sea en forma de reforma agraria o de apoyo a un sistema cooperativo. Dicho esto, la planificación en esta delicada región tendrá que ser flexible y multivocacional para poder tomar en cuenta la mayor o menor proximidad de los centros urbanos. Por último, en razón de las dificultades de conservación de los productos frescos y de las limitaciones del mercado, es indispensable crear pequeñas unidades de almacenamiento, así como industrias agroalimentarias, así sean ligeras. Por su potencialidad, la *várzea* de la Amazonia central debe considerarse como un medio subexplotado, tanto como una zona siniestrada. No por ello deja de ser cierto que su progreso, aquí como en otras partes, depende esencialmente de la política general del Brasil.

LA GUYANA FRANCESA: UNA MINIFRONTERA AMAZÓNICA
(Movimientos migratorios y transformación de los sistemas de producción agrícola)

JEAN PAUL GACHET
INRA-SAD, Kourou, Guyana

MYRIAM TOULEMONDE y ELIANE GARGANTA
St. Laurent du Maroni, Guyana

LA PRESENTACIÓN de un número de los *Cahiers del ORSTOM* sobre el problema de la frontera precisaba:

> *Raros son en la actualidad los países en que se puede observar un considerable proceso de ocupación demográfica y económica de vastas porciones del territorio nacional, como ocurre en Brasil y en Indonesia. Y sin embargo, en algún grado, se trata de un fenómeno muy difundido en la zona intertropical.*

De 1975 a 1981, el número de explotaciones y la población agrícola disminuyeron sensiblemente y luego se estabilizaron. A continuación, la tendencia se invirtió: el RGA de 1989 registra una casi duplicación de las unas y de la otra. Esta tendencia se manifiesta con intensidad variable según las comunidades. Es particularmente marcada en el oeste, a partir de Iracoubo. De este modo, entre 1981 y 1989, el número de explotaciones aumentó pasando de 246% en San Lorenzo y de 1 875% en Apatou.

La región del oeste, más allá de Iracoumbo y del valle de Maroni, contiene 44.9% de las explotaciones censadas. La superficie agrícola utilizada se duplicó, pues, pasando de 7 349 a 20 642 hectáreas (3 755 hectáreas en 1975). Esas evoluciones fueron acompañadas por otras tres transformaciones significativas:

Evolución de la población agrícola

	1975	*1981*	*1986*	*1989*
Expl.	2 528	2 209	2 249	4 491
SAU	3 755	7 349	12 201	20 642
media	1.48	3.32	5.16	4.59
PAA	10 633	9 726	9 320	18 781

Censo General de la Agricultura.

- un rejuvenecimiento de la población agrícola: en 1981, los productores de menos de 35 años sólo representaban 22.1% del total, y los de más de 50 años, 36.5%; en 1989, esas proporciones son de 46.3% y de 28.2%. La evolución es claramente más marcada en el valle de Maroni, con 51.3% de menos de 35 años y 11% de más de 50 años;
- una sensible evolución de las estructuras de producción: en 1981 las explotaciones de menos de una hectárea representaban 45.6% del total, y las de dos a cinco hectáreas, 16.5%. En 1989 esas proporciones se invirtieron, pasando respectivamente a 16.5 y 42.3%. Las grandes explotaciones de más de 20 hectáreas, que en 1981 eran 57 (0.25% del total) y ocupaban 4059 hectáreas, o sea 55.2% de la SAU,* son 109 en 1989 (0.24%) —30 de las cuales tienen más de 100 hectáreas— y ocupan 10609 hectáreas, o sea, 51.3% de la SAU;
- una marcada transformación de los sistemas de producción.

De 1981 a 1989, las superficies cubiertas de hierba y el cultivo del arroz aumentaron sensiblemente, pasando de 46.4% a 53.6% de la SAU: esta evolución fue resultado del Plan Verde y del programa del cultivo del arroz iniciado en 1984. Mientras que los cultivos alimentarios y, por tanto, la agricultura itinerante habían tendido a retroceder hasta 1986, para estabilizarse en torno de 2100 hectáreas, en estos últimos años han aumentado considerablemente. En el conjunto de la Guyana, 72% de las explotaciones practican la agricultura itinerante sobre 4847 hectáreas (23.5% de la SAU). En la región oeste y en particular en el valle del Maroni esta evolución es aún más marcada: en San Lorenzo y en Apatou 79.9 y 96.3% de las explotaciones la practican y explotan 34.6 y 96.3% de la SAU.

El resultado de las encuestas regionales

En 1988 y 1989, nuestra estación realizó unas encuestas que tenían por objetivo principal la identificación y la caracterización de los sistemas de producción y de las formas en que se articulan (la caza y la pesca aún están muy directamente relacionadas con la agricultura de tala). En la región de Montsinry-Macouria (A. Pindard, 1989) se observa:

- una gran persistencia de la agricultura de tala, practicada esencialmente por criollos guyanesos (mayoría que va envejeciendo de la población agrícola);
- el surgimiento de formas diversas de agricultura fija. Los sistemas de producción estructurados por la ganadería bovina —leche o carne— logran mantenerse difícilmente frente a los sistemas basados en cultivos de huertas y alimentarios, asociados o no a pequeñas unidades de cría de ganado. La agricultura fija es practicada especialmente por emigrantes (sobre todo antillanos, metropolitanos, reunioneses,

* SAU = Superficie Agropecuaria Útil.

refugiados del Vanuatu; o bien por extranjeros, surinamenses esencialmente, pero también haitianos y holandeses).

En la región de Kourou-Macouria (P. Légal e I. Soenen, 1988), claramente marcada por las instalaciones del Plan Verde y donde se concentra la mayoría de las grandes granjas de cebúes:*

- la agricultura fija predomina notablemente, los sistemas de producción dan un gran lugar, o bien a la ganadería para obtener carne de bovino (rebaños importantes y SAU superiores a 100 hectáreas), o bien a los cultivos de hortalizas y alimentarios, asociados o no a las diferentes modalidades de la cría de ganado (bovinos, cerdos, explotación con SAU de 5 a 20 hectáreas). La practican principalmente metropolitanos, antillanos, surinamenses (de origen culí y holandeses);
- la agricultura itinerante es muy marginal y siempre asociada a la anterior. En general es obra de criollos guyaneses relativamente viejos y de algunos antillanos instalados desde hace tiempo en la Guyana;
- la proporción muy importante de pluriactivos, de gran variedad de orígenes. Situación dependiente de las oportunidades de empleo producidas por el desarrollo de Kourou. La pluriactividad aparece a menudo como medio para hacer surgir o establecer definitivamente una actividad agrícola.

En la región de Mana (G. Garganta, 1989) la situación es extremadamente variada y está en rápida transformación desde hace tres años. La orientación de las explotaciones está fuertemente caracterizada por el origen de los agricultores:

- la agricultura de tala, practicada exclusivamente por las comunidades amerindias, bushi nengue, haitiana, en formas técnicas muy diversas, es, con mucho, la predominante. Se encuentra en plena evolución por obra de los intercambios y las transferencias técnicas que se desarrollan entre los diferentes grupos. Esta agricultura ha tenido una gran expansión a lo largo de la RN1, de la CD8 y en la periferia de los campos en que desde hace cuatro años se ha agrupado una parte de las poblaciones bushi y nengue desplazadas de Surinam;
- la agricultura fija presenta dos caras: la de las grandes explotaciones especializadas en la cría de bovinos, arboricultura y cultivo del arroz en *polders* impulsadas por el Estado, y cuyas explotaciones, las más de las veces, son de origen metropolitano, holandés con algunos criollos guyaneses y algunos surinamenses; y el de pequeñas y medianas explotaciones (menos de 20 hectáreas) dedicadas especialmente a los cultivos de hortalizas y alimentarios, asociados o no a pequeñas granjas ganaderas.

* Como indicación, para los primeros nueve meses de 1990, más de 55% de los animales que fueron a los mataderos de Cayena provenían de esta región. J. P. Gachet, 1990.

El surgimiento de un nuevo sistema agrario

Mediante el crecimiento de la población agrícola, la transformación de los sistemas de producción y su nuevo reparto espacial, está formándose un nuevo sistema agrario. En la región del oeste en particular la extensión de la colonización y la extrema diversidad de las formas de actividad van acompañadas por el establecimiento de una compleja red de relaciones entre los diferentes tipos de explotaciones y grupos étnicos:

- las explotaciones de arroz venden sus productos a los ganaderos;
- éstos venden abono a las explotaciones que practican la agricultura en huertos;
- haitianos y bushi nengue, en situación más o menos precaria, venden su fuerza de trabajo;
- se desarrollan intercambios de semillas y de técnicas, entre haitianos, h'mongs, bushi nengue y otros emigrantes surinamenses.

Movimientos migratorios y frentes pioneros

Las dinámicas migratorias

La agricultura guyanesa posee una poderosa dinámica de transformación, a imagen de la que posee toda la Guyana. Entre los dos últimos censos, la población aumentó 57%, llegando a 115000 habitantes. Esta evolución se ha intensificado posteriormente y sigue siendo obra de poderosos movimientos migratorios, controlados o espontáneos.

La guerra civil de Surinam causó un desplazamiento masivo de las poblaciones bushi nengue y amerindias instaladas en la orilla surinamense del Maroni. Esas poblaciones se instalaron en condiciones más o menos precarias, según que pudieran fundarse o no sobre las estructuras tribales y familiares existentes. Un grupo de 6000 personas fue instalado por el Estado en unos campamentos. Diversas actividades se desarrollaron progresivamente en su periferia y en los principales ejes camineros.

La economía guyanesa tuvo un verdadero auge gracias al desarrollo de las actividades espaciales. Necesitó la llegada de numerosísimos trabajadores emigrantes, sobre todo brasileños. El flujo, controlado al principio, suscitó, normalmente, la llegada de emigrantes clandestinos.

Los movimientos migratorios, que se manifiestan con gran fuerza en la región de Kourou y de Cayena son más intensos en la región oeste, por la situación política y económica surinamense, pero también por su situación intermedia entre Haití, la Guyana y el valle del Maroni. Hasta el comienzo del Plan Verde, los emigrantes se insertaban en diferentes sectores económicos. Actualmente, es la agricultura la que los absorbe.

El frente pionero: la frontera

Los fenómenos de ocupación del espacio y de adopción de una agricultura itinerante, ¿pueden asimilarse a los que se observan en la frontera brasileña? ¿Hay una constitución, una formación de una minifrontera guyanesa?

Según P. Lena, "la ocupación agrícola va precedida en general por una fase esencialmente extractiva, seguida a su vez por una agricultura extensiva, con un mínimo de inversión". La ocupación del espacio en el oeste guyanés no conoció esta fase extractiva, y las formas de agricultura aplicadas son relativamente intensivas. P. Lena, hablando de Brasil, también menciona "la dimensión cultural de la frontera. Es expresión de las características y de las contradicciones de la sociedad nacional en su conjunto, y también refleja las corrientes económicas internacionales". En el oeste guyanés, la conquista del espacio es una extensión de las formas más antiguas del dominio del medio y de actividades que aseguran una cierta autonomía económica. Las dinámicas migratorias subyacentes en esta conquista no tienen sus orígenes directamente en el seno de la sociedad guyanesa sino, sobre todo, más allá de ésta, en Surinam o en Haití, en Brasil y en la situación geopolítica específica de la Guyana. Por último, P. Lena insiste en la dimensión ideológica de la frontera: "El espacio, las riquezas naturales supuestas y las posibilidades de ascenso social se perciben en forma irrealista, amplificadas." Este sueño de la frontera como espacio para conquistar, desbordante de riquezas, atrae a numerosos inmigrantes. Pero el sueño cede poco a poco ante el realismo que impone la necesidad de sobrevivir en un país extranjero y en un medio difícil.

Conclusión

Esta dinámica de ocupación del espacio y de valoración de formas (demasiado largo tiempo desconocidas o subestimadas) de actividades agrícolas ya entraña una transformación poderosa de la agricultura. Esta dinámica plantea preguntas delicadas. ¿Cómo organizar, desarrollar las infraestructuras sin tomar en cuenta esas poblaciones dispersas en el espacio y que se instalan en cualquier parte? ¿Cómo organizar, integrar esta agricultura informal? ¿Es posible fijar la agricultura itinerante, aumentar su productividad sin reducir su autonomía? Estas preguntas también se plantean en la Amazonia brasileña.

Bibliografía

Aubertin, C. y P. Lena, "Frontières, mythes et pratiques", en *Cahiers des Sciences Humaines,* 1986.

Recensement Général de l'Agriculture. Niveau général et niveau communal, Servicio Estadístico.

Gachet, J. P., "D'un élevage introduit au système agraire guyanais", en *Modélisation systémique et système agraire, décision et organisation*, seminario INRA-SAD, Saint-Maximin, 2-3 de marzo de 1989.

Garganta, E., *Système agraire et dynamiques agricoles*, INRA-SAD, Universidad Antillas-Guyana, 1989.

Légal, P. e I. Soenen, *L'agriculture entre diversité et conflit. Etude à partir du fonctionnement des systèmes d'élevage bovin et des réseaux entre agriculteurs,* INRA-SAD, ESA Angers, 1988.

Lena, P., "Aspects de la frontière amazonienne", en *Cahiers des Sciences Humaines,* vol. 22, 1986.

Pindard, A., *Systèmes agraires et problématique de Développement. Exemple de Macouria-Montsinry-Tonngrande,* INRA-SAD Guyane, Universidad Antillas-Guyana, 1989.

Toulemonde-Naussat, M., "Histoire d'ethnies: éléments pour une analyse des mouvements de population sur le Maroni", Questions d'identités comparées, equipo *Identités et Développement,* Departamento SUR, ORSTOM, 1989.

PEQUEÑA AGRICULTURA, DIVERSIFICACIÓN Y COMERCIALIZACIÓN. ECONOMÍA, NUTRICIÓN Y POLÍTICA AGRÍCOLA EN GUATEMALA

MAARTEN D. C. IMMINK y JOACHIM VON BRAUN
Instituto Internacional de Investigación para Políticas Alimentarias (IFPRI)
Washington, D. C.

EN GUATEMALA, como en muchos países en vías de desarrollo, se fomenta la diversificación y la comercialización entre los pequeños agricultores para incrementar las exportaciones y generar nuevas fuentes de ingreso y empleo. La orientación neoliberal enfatiza el primer objetivo, mientras la crisis y la marginación de la población pobre recalcan la importancia del segundo. El tema bajo consideración ha sido controvertido, en parte porque ha faltado un examen detenido de los factores más decisivos.[1] Estos factores se relacionan con el marco global del proceso de comercialización y diversificación: condiciones de acceso al mercado, instituciones de desarrollo rural, políticas de precios y crédito, acceso a infraestructuras rurales, etc. También han faltado estudios sistemáticos de las relaciones entre los campesinos, las instituciones y las estructuras sociales: suele asignársele siempre al campesino el papel de participante pasivo y no el de actor que está construyendo su propio destino.[2]

El presente trabajo retoma algunos puntos claves de discusión sobre comercialización agrícola, examina las evidencias empíricas generadas en dos estudios realizados en Guatemala. Procura extraer de estas experiencias lecciones para políticas y programas tendientes a fortalecer los efectos positivos de los procesos de diversificación y comercialización agrícola.

PRESENTACIÓN DE LOS PROYECTOS

El primer proyecto involucra a pequeños agricultores de seis comunidades ubicadas a unos 35 km de la capital. La cooperativa Cuatro Pinos se constituyó en 1979 con fondos y asistencia técnica extranjeros, agrupando 177 agricultores; en 1989 contaba con 1600 socios. En la región se cultivan básicamente maíz y frijoles, y a veces hortalizas (zanahoria, repollo, rába-

[1] P. Pinstrup Andersen, *Export crop production and malnutrition*, International Food Policy Research Institute, Washington, D. C., 1983.

[2] N. Long, "Encounters at the interface. A perspective on social discontinuities in the rural development", en *Wageningen Studies in Sociology*, núm. 27, Universidad Agrícola, Wageningen, 1989.

no). En Cuatro Pinos, la diversificación-comercialización se logró con la producción de arveja china, coliflor, brócoli y perejil, destinándose los primeros tres cultivos principalmente a la exportación. El cultivo de hortalizas supone riesgos financieros muy superiores al maíz y al frijol. Los mayores riesgos se relacionan con los áleas bioclimáticos, los costos de producción, las fluctuaciones del mercado y la ineficacia de la red de acopio. Las políticas de comercio exterior, la sobrevaloración del quetzal y la existencia de varias tasas de cambios constituyen cargas adicionales para el agricultor diversificado. La cooperativa se encuentra, sin embargo, en una región dotada de buena infraestructura y no tiene fincas de grandes dimensiones. Ello ha facilitado la integración al mercado nacional e internacional y limitado los conflictos sobre la tierra o relacionados con el control de la fuerza de trabajo. La cooperativa logró integrar el procesamiento y mercadeo de las hortalizas; creó empleos estacionales para 150 a 200 personas, principalmente mujeres; invierte, según sus estatutos, por lo menos el 10% de sus ganancias anuales en programas y proyectos sociales, educación y alfabetización, salud, vivienda y electrificación, proyectos productivos para mujeres, etcétera.

El segundo estudio se llevó a cabo en el Altiplano noroccidental de Guatemala. En esta región indígena de baja productividad agrícola y minifundismo, faltan infraestructura y nexos con los mercados. Se ha experimentado un notable deterioro socioeconómico en los años ochenta: una parte apreciable de la población ha sido desplazada por la represión militar. Maíz y frijol se cultivan para el autoconsumo, y el trigo, la papa y las hortalizas principalmente para su venta. El gobierno lanzó en 1983 un proyecto de diversificación de cultivos (papa, hortalizas y frutas) y de cría de animales. Todos los programas son administrados y ejecutados por agencias estatales con escasa participación campesina. La comercialización recibe poca atención dentro del proyecto: los extensionistas agrícolas tratan de estimular el autoconsumo de papa y hortalizas. El crédito y la asistencia se canalizan con mayor frecuencia a los agricultores más acomodados que a los minifundistas.

En la cooperativa Cuatro Pinos, aproximadamente la mitad (195) de los 400 campesinos y familiares que conforman la muestra aleatoria eran socios de la cooperativa. Los datos fueron recolectados en dos visitas,[3] por medio de encuestas y de mediciones antropométricas. La investigación cubre condiciones socioeconómicas (educación, vivienda, ocupación), salud y estado nutricional (niños de hasta 10 años de edad), acceso a servicios básicos, fuentes de ingreso no agrícola, producción agrícola (tierra, insumos, productos, mano de obra), gastos alimentarios y no alimentarios y composición familiar.

Se realizaron también dos encuestas en el Altiplano noroccidental. La primera, de tipo agroeconómico, fue levantada por el ministerio de Agricultura, Ganadería y Alimentación en febrero y marzo de 1987 entre un

[3] Periodo de noviembre a enero de 1983-1984 y de 1985-1986.

total de 1 490 pequeños agricultores; procuraba evaluar el impacto de la diversificación sobre el ingreso y el cambio técnico. La información sobre consumo alimentario familiar y entre niños preescolares se obtuvo de una submuestra de 906 familias, mediante una encuesta de recordatorio de 24 horas. La encuesta se llevó a cabo en octubre y noviembre de 1987, junto con la obtención de datos antropométricos en niños y adultos.

El estudio de la cooperativa Cuatro Pinos se centra en una comparación entre socios y no socios, mientras que en el estudio del Altiplano se comparan grupos de agricultores *ex post,* clasificados según diferentes patrones de diversificación agrícola. Los grupos son: agricultores de maíz (AM: maíz, o maíz y frijol), agricultores de papa (AP: maíz y/o frijol y papa), agricultores de trigo (AT: maíz y/o frijol y/o papa y trigo), y agricultores de hortalizas (AH: maíz y/o frijol y/o papa y hortalizas).

Efectos económicos de la diversificación

Los efectos económicos de la diversificación agrícola se relacionan con la reasignación de recursos básicos: tierra y mano de obra. El maíz ocupa generalmente de 40 a 45% del área cultivada entre agricultores diversificados y 65 a 70% entre los no diversificados. En la cooperativa, arveja china, brócoli y coliflor ocupan 40% del terreno. En el Altiplano noroccidental la papa ocupa 26%, el trigo 22% y las hortalizas entre 3 y 12% del espacio cultivado. Los nuevos cultivos requieren más mano de obra que el maíz, necesidad que se satisface a menudo contratando fuerza de trabajo. Por ejemplo, la arbeja china requiere en promedio cinco veces más días-hombre por ha, la papa dos veces; esta relación no varía mucho entre maíz y trigo.

La adopción de nuevos cultivos está ligada a la disponibilidad de recursos y a la posibilidad de aumentarlos. Las variables económicas determinantes fueron identificadas por medio de modelos econométricos (modelos PROBIT). Algunos resultados coinciden en los dos estudios: las familias con más y mejores oportunidades de empleo fuera de la finca son menos propensas a diversificar. La disponibilidad de mano de obra es un factor limitante, como lo es también la localización de la unidad de producción, lo cual indica probables diferencias en el acceso a mercados, clima y calidad de tierra. En el caso de la producción de hortalizas de exportación, los agricultores con más tierra son más propensos a diversificar. En el Altiplano noroccidental el tamaño de la finca sólo juega un papel indirecto: la diversificación está condicionada por el acceso al crédito, más frecuente entre los agricultores con más tierra. En ambos estudios, el capital humano (educación, alfabetismo, edad) del jefe de familia no juega un papel notable.

La evolución del ingreso se relaciona con el incremento de la utilidad bruta por hectárea, los aumentos de los costos de producción y la disminución de los ingresos obtenidos de actividades fuera de la unidad de producción. El aumento neto y relativo del ingreso per cápita es positivo, con excepción de los agricultores de papa con poca tierra. Disminuye a medida que crece el tamaño de la finca (con excepción de la papa), debido principalmente al incremento de los costos de mano de obra y a reducciones en los rendimientos. Las comparaciones que se presentan aquí no evalúan los riesgos dentro de cada grupo, pero muestran que los productores de papa con poca tierra son más vulnerables.

Diferencias de ingreso medio, diversificación y comercialización

Cuatro Pinos		*Altiplano noroccidental*			
Superficie	*Socios**	*Superficie*	AP**	AT**	AH**
<0.25	59.8				
0.25 - 0.5	33.1	hasta 0.5	–9.0	30.3	19.2
0.5 - 1	20.2	+ de 0.5	10.4	15.4	9.8
>1.00	3.4				
TOTAL	32.2		–6.2	18	–17.5

* En comparación con los no socios.
** En relación con los productores de maíz; productores de papa, de trigo y de hortalizas.

SITUACIÓN NUTRICIONAL

Se supone a menudo que la diversificación y la comercialización agrícolas amenaza la seguridad alimentaria de los pequeños agricultores: las fluctuaciones del mercado implicarían inseguridad y reducción del poder adquisitivo real, el desplazamiento de cultivos básicos incidiría en la disponibilidad de alimentos, y el mayor uso de mano de obra familiar en la producción propia aumentaría los requerimientos energéticos diarios, especialmente entre mujeres y niños.[4] Sin embargo, otros estudios han enfatizado la diversidad de los procesos de comercialización y de sus efectos —no siempre negativos—.[5] La disponibilidad de maíz autoproduci-

[4] K. G. Dewey, "Nutricional consequences of the transformation from subsistance to commercial agriculture in Tabasco, México", en *Human Ecology,* núm. 9, 1981, pp. 151-187. J. Laure. "Des vivres oudu thé?" en *Travaux et documents,* núm. 198, ORSTOM, París, 1986.

[5] J. von Braun y E. Kennedy, *Commercialization of subsistence agriculture: Income and nutritional effects in developing countries,* Instituto Internacional de Investigación para Políticas Alimentarias, Washington, D. C., 1986; K. M. de Walt, B. R. de Walt, J. C. Escudero y D. Barkin, "Shifts from maize to sorghum production. Nutrition effects in four mexican communities", en *Food Policy,* núm. 15, 1990, pp. 395-407. Von Braun, J. D. Puetz y P. Webb, *Irrigation technology and commercialization of rice in the Gambia: Effects on income and nutrition,* Instituto Internacional de Investigación para Políticas Alimentarias, Washington, D. C., 1989.

do en general se encontró un tercio más alta entre los socios de la cooperativa que en los demás agricultores, pero menor entre los socios que disponen de poca tierra. El autoconsumo es similar en ambos grupos. Entre los agricultores con más de 0.25 ha. el incremento de los rendimientos (uso de fertilizante, trabajo más intenso) compensa ampliamente la disminución de la superficie del maíz.

Consumo de maíz autoproducido. Diferencias porcentuales entre agricultores diversificados y no diversificados

Cuatro Pinos		*Altiplano noroccidental*			
Superficie	*Socios**	*Superficie*	*AP***	*AT***	*AH***
<0.25	–16.3				
0.25 - 0.5	7.3	hasta 0.5	0.5	27.7	–35.2
0.5 - 1	16.5	+ de 0.5	–23	–4.3	–23.2
>1.00	–0.7				
TOTAL	32.2		–6.2	18	–17.5

* En comparación con los no socios.
** En relación con los productores de maíz; productores de papa, de trigo y hortalizas.

Los resultados son algo diferentes en el Altiplano noroccidental: con excepción de los pequeños productores de trigo, los niveles de autoconsumo de maíz son siempre menores entre los agricultores diversificados. Los rendimientos de maíz son más altos entre los productores de trigo; difieren poco entre los productores de papa y de hortalizas y los de maíz, mientras que los productores de hortalizas con poca tierra tienen rendimientos más bajos. El autoconsumo representa una proporción baja del ingreso total,[6] importa, por lo tanto, conocer la relación entre disponibilidad de alimentos, ingreso familiar y diversificación. El análisis del gasto familiar en la cooperativa muestra que los gastos alimentarios aumentan proporcionalmente menos que el ingreso, que, en niveles de ingreso mayores, se gasta más en alimentos más costosos y que el incremento de la parte del ingreso controlado por el hombre (resultado de la comercialización) no afecta significativamente el peso del presupuesto alimenticio. Se requieren, entonces, aumentos significativos del ingreso per cápita para que se incremente la disponibilidad de alimentos (medida como kilocalorías por día por adulto equivalente). A corto plazo no se esperan mejoras significativas debidas a aumentos de ingresoso derivados de la diversificación. En los cuatro grupos las familias de productores de papa tienen un mayor riesgo de ingesta energético-proteínica in-

[6] 11.3% entre socios de la cooperativa (5% de agricultores de hortalizas y 9% de agricultores de papa en el Altiplano).

adecuada. En general, este riesgo es mayor para los niños de edad preescolar que para su familia.

Ingesta diaria de calorías y proteínas, familias y niños preescolares (Altiplano)

	AM		AP		AT		AH	
Adecuación	*Familia*	*Preesc.*	*Familia*	*Preesc.*	*Familia*	*Preesc.*	*Familia*	*Preesc.*
Ingesta energética								
<80%	16	54	22	74	15	55	16	57
80 a 100%	23	24	33	13	24	24	23	18
>100%	61	23	45	13	62	21	61	24
Ingesta proteínica								
<80%	6	25	7	23	8	26	4	23
80 a 100%	10	15	18	25	12	16	9	11
>100%	84	60	74	52	80	58	87	66

Retraso en crecimiento y deficiencia en peso, niños preescolares (Altiplano)

Indicador	*Tercil bajo***				*Tercil medio***				*Tercil alto***			
antropométrico	AM	AP	AT	AH	AM	AP	AT	AH	AM	AP	AT	AH
Talla por edad												
>–2 DE	17	3	13	24	25	4	23	15	16	19	38	23
de –2 a –3 DE	34	10	38	41	25	37	23	35	26	25	41	26
<–3 DE	49	87	50	35	50	59	55	50	58	56	21	51
Peso por edad												
>–2 DE	42	25	47	47	53	37	32	58	55	47	64	66
de –2 a –3 DE	32	47	41	41	35	41	32	23	36	34	33	30
<–3 DE	26	28	12	12	13	22	36	19	10	18	3	4

* Patrón de referencia de NCHS.
** Tres clases de superficie.

En las áreas rurales de Guatemala el estado nutricional de los niños se ha deteriorado notablemente durante los años ochenta. Se nota tanto en cambios agudos (peso) como de largo tiempo (talla) y en el estado de salud. En la cooperativa se encontró que los hijos de los socios sufren menos deficiencia de peso y talla.[7]

[7] Entre 1983 y 1985 la prevalencia de deficiencia de peso y talla aumentó ligeramente menos entre niños de socios, la membresía a la cooperativa de larga duración está asociada con menor deficiencia de peso y talla, y la incidencia de morbilidad es más baja entre hijos de socios.

Se trata, quizá, de efectos positivos de largo plazo asociados con aumentos del ingreso o con los programas sociales de la cooperativa. En el Altiplano noroccidental los hijos de los pequeños y medianos productores de papa son los más vulnerables. Los hijos de los productores de trigo y de hortalizas sufren menos deficiencia de peso y talla que los niños de agricultores de maíz en fincas más grandes. Se requieren aumentos significativos del ingreso familiar para reducir el riesgo de deficiencia de peso y talla en estos niños.

Diversificación y políticas agrícolas

Los programas de desarrollo tienen que actuar sobre el entorno socioeconómico y los mecanismos de control y de manejo de los recursos. En Guatemala (pensando en la violencia y la represión) no pueden por sí solos mejorar su calidad de vida los campesinos: una precondición crítica es el respeto pleno de los derechos humanos y de la dignidad individual de todos por todos. Por otra parte, los efectos sociales (por ejemplo, en la situación nutricional) requieren inversiones complementarias que mejoren el acceso a servicios de salud (tanto preventiva como curativa), las condiciones ambientales y las prácticas sanitarias.[8]

Caracterización sintética de los dos proyectos

Cooperativa Cuatro Pinos	*Altiplano noroccidental*
Integración vertical de producción, procesamiento y mercadeo	Se contempla únicamente aspectos productivos
concebido como proyecto colectivo	proyecto llevado a nivel individual
mercados e instituciones de mercadeo más formales y eficientes	canales de comercialización informales
los riesgos de mercadeo se asumen colectivamente	área de operación del proyecto muy grande, lo que limita su eficiencia operativa
implementan programas sociales y de infraestructura rural	aplica normas de operación estándares para situaciones muy disímiles
recibió apoyo institucional por largo periodo	apoyo institucional incierto

Los agricultores diversificados enfrentan fallas serias en las instituciones y en el acceso a los mercados que implican riesgos considerables. Ante esta situación, y como expresión de su propia identidad, dedican

[8] En todo caso, los aumentos del ingreso familiar no se asocian con una mejora en la seguridad alimentaria y en el estado nutricional de los niños de agricultores diversificados.

parte de sus tierras a una costosa producción de maíz de autoconsumo. Este cultivo tiene que mantenerse, pero mejorando su productividad mediante un acceso más fácil y autónomo[9] al crédito y a la asisitencia técnica. De manera complementaria, la experiencia de Cuatro Pinos también demuestra lo importante que resulta limitar los riesgos de mercadeo[10] y el papel que desempeña un apoyo externo flexible y de larga duración.

Los productores pequeños deben ser foco de atención prioritario. Definen el grupo caracterizado por mayores incrementos potenciales de ingreso per cápita, su situación alimentaria es precaria y enfrentan mayores dificultades frente a los riesgos que impone la comercialización. Los programas de desarrollo han de tener criterios de selección de participantes y condiciones de crédito que fomenten su participación: más fácil acceso a las redes de crédito en áreas marginales e implementación de programas de legalización de títulos y de asesoría jurídica. Como corolario, el planteamiento inicial del proyecto debería ser suficientemente flexible para permitir la plena incorporación de las ideas, soluciones y acciones priorizadas de los agricultores. Los estudios indican que la diversificación y comercialización tienen que ser considerados como procesos integrales de desarrollo, y no como simples estrategias de producción agrícola. Ello pone en juicio los vínculos entre la investigación científica y el desarrollo.[11] ¿Cuál es la pertinencia de las soluciones basadas en nuestras investigaciones? Como investigadores, ¿somos capaces de comprometernos con paradigmas alternativos en los cuales los campesinos son los sujetos de la investigación y del desarrollo agrícola, y el investigador simple socio en un proceso de generación de conocimientos y de acciones alternativo?

[9] A. Chambers, A. Pacey y A. L. Thrupp, *Farmers first. Farmer innovation and agricultural research*, Intermediate Technology Publications, Londres, 1989.

[10] Entre las medidas prioritarias, se debe contar: infraestructura rural (caminos, centros de acopio), facilidades de transportes, servicios (radiales) que provean información, oportuna y en diferentes idiomas indígenas, sobre precios de mercado, y organizaciones que facilitan la diversificación en mercados y la integración de funciones de mercadeo con la producción (cooperativas).

[11] M. Edwards, "The irrelevance of development studies", en *Third World Quarterly*, núm. 11 (1), 1989, pp. 116-135.

TALLER V

REFORMAS Y ESTRUCTURAS AGRARIAS, MOVIMIENTOS CAMPESINOS

SÍNTESIS Y COMENTARIOS

CHRISTIAN GROS
Institut des Hautes Etudes d'Amérique Latine
París

COMO veremos, lo que se discutió en el Taller V es en realidad muy complementario y confirma otros puntos ya presentados. Se han tratado tres grandes temas. Las comunidades campesinas y sus transformaciones, las reformas agrarias y, por último, los movimientos sociales.

LAS COMUNIDADES CAMPESINAS

¿Cuáles son sus capacidades de adaptación a las transformaciones sociales, a las situaciones de crisis y a las políticas de ajuste? La discusión ha permitido precisar ciertos elementos de respuesta. El primero nos remite a la especificidad de ciertas comunidades caracterizadas por una posesión colectiva de las tierras. Desde luego, no todas las comunidades campesinas de América Latina confirman esta particularidad: aquí se trata, ante todo, de ponencias orientadas hacia los países andinos y en particular hacia Perú y México. ¿Constituye la posesión colectiva un obstáculo para la modernización, o, por lo contrario, constituye un factor favorable? Es evidente que este debate no se ha agotado, pero las monografías presentadas sí nos han permitido aclarar el problema. Nos hemos dado cuenta de que había una disyunción entre la dimensión de las transformaciones económicas y la que depende de lógicas sociales, políticas y culturales que continúan manifestándose en las comunidades, ya sea que la tierra sea colectiva o no. Así, ciertas comunidades fueron presentadas como sitios de una rica sociabilidad, supuestamente capaces de administrar sistemas en vías de transformación, en tanto que incontables campesinos se entroncaban a un mercado de trabajo exterior y eran llevados a trabajar y a situarse fuera del marco espacial y social de su comunidad. Esto muestra que la posesión colectiva no impide la concentración de la tierra. La duda de las relaciones comunitarias no necesariamente es expresión de una dinámica económica ineluctable. Por el contrario, la comunidad también aparece como un espacio que desempeña satisfactoriamente ciertas necesidades colectivas.

Numerosos intercambios se han entroncado en este primer debate. Así, se habló de las ventajas relativas de la pequeña y de la gran producción. Desde luego, este tema no es nuevo. En cambio, la forma en que fue abordado por los que toman las decisiones así como por los investigadores sí lo es en muchos aspectos. En América Latina, tanto en los sectores liberales como en los sectores animados por una visión socialista, lo "grande" durante largo tiempo fue considerado como la garantía más segura de una mayor eficacia. Las monografías presentadas y los comentarios que han provocado muestran que esto no siempre ocurría. Por lo demás, esta cuestión exige que las normas de apreciación permitan rebasar el marco mezquino de una sumaria contabilidad de la explotación. Esas normas deben tomar en cuenta especialmente la aportación real del Estado y de las colectividades nacionales, en uno y otro caso, así como las externalidades que puedan asociárseles en diferentes escalas. Evidentemente, la cuestión no es ajena al tema de la reforma agraria (en la medida en que las reformas agrarias pueden proponer un refuerzo de la cooperación para obtener, especialmente, economías de escala, etcétera).

El debate también se ha centrado en las exigencias campesinas desde el punto de vista de la gestión de las tierras. Ha resultado que en un gran número de países las aspiraciones tendían mucho más a la explotación individual que a la cooperativa. Basta observar lo que ha ocurrido donde el Estado ha intervenido con energía para modificar las reglas del juego. En Perú y en Nicaragua, los campesinos ejercieron presión para que se suprimieran las cooperativas y con ello recuperar una escala de producción más pequeña, vecina a las dimensiones de la familia campesina. Esta vuelta del interés en favor de la explotación familiar no revela en ningún caso una especie de desreglamentación comunitaria. Los nexos de solidaridad y el dominio de la comunidad sobre ciertos recursos colectivos —como el agua, las infraestructuras o el acceso a las redes de comercialización— se han encontrado, con frecuencia, reforzados.

El refuerzo simultáneo del individualismo agrario y de las relaciones comunitarias (modificadas) no es ajeno, sin duda, al hecho de que haya podido lograrse un cierto consenso sobre el dinamismo de los campesinados. Esta conclusión provisional confirma las observaciones de Alain Ruellan: la impresión de una muy grande flexibilidad, de una respuesta de capacidad notable —a menudo, incluso, demasiado rápida— a las incitaciones del mercado, a veces con desilusiones en cuanto al resultado de las orientaciones elegidas, hechas por los campesinados mencionados. En el mismo panorama, el surgimiento de neocampesinados, sea en antiguos sectores de reforma agraria transformados, sea, como se ha señalado, en frentes pioneros, merece nuestra atención. Es evidente que el campesino no está condenado a desaparecer: ha emprendido su transformación y su adaptación a las nuevas condiciones de su medio económico y social. Sin embargo, hay que poner un reparo a nuestra visión un tanto optimista del porvenir de los campesinos de América Latina: esta capacidad de adaptación y de flexibilidad tiene sus límites sobre todo en situaciones de crisis aguda, de hiperinflación, especialmente, en la cual se agotan los recursos que ofrecen la racionalidad económica campesina o el marco comunitario como solución de repliegue.

Las reformas agrarias

Tal es el segundo tema de reflexión importante. Los debates se han centrado, en primer lugar, en el resultado de las reformas agrarias y, en segundo lugar, en las promesas no cumplidas. Esos dos temas deben tratarse por separado.

El balance de las reformas agrarias

A menudo se ha hablado, un poco precipitadamente, del fracaso de las reformas agrarias y de las contrarreformas. Habrían podido ponerse diversos matices. Por ejemplo, en Perú se ha comprobado que no había un retorno a la situación anterior sino, en cambio, una evolución de los sistemas ya establecidos; que el balance era, en suma, positivo y que ese resultado se relacionaba con la primera reforma establecida. México sugiere una pregunta a la inversa: ¿cuál sería la situación si no hubiese habido reforma agraria? Chile ofrece un ejemplo de reforma agraria lograda, aunque ese éxito dio por resultado el establecimiento de empresas capitalistas activas, de tamaño mediano. Esas empresas evidentemente se han beneficiado de las reformas agrarias de Frei y de Allende. Y al respecto, es útil recordar la experiencia de los países del sureste asiático. Es indiscutible que las reformas agrarias contribuyeron al dinamismo económico de los países que las pusieron en acción.

Las promesas no cumplidas

Básicamente, esto ocurrió en Brasil y en Colombia. En ambos países, el retorno a una estrategia de reforma agraria no apareció en sintonía y de acuerdo con un proyecto económico nuevo. De hecho, se trata sobre todo de una elección esencialmente política, de una alianza concluida en un proceso de democratización más o menos real (afán redistributivo, asistencialismo de justicia social) que descuida la definición de nuevas orientaciones de las políticas económicas en favor de la pequeña producción. Las fuerzas económicas que impulsan la eliminación de los pequeños productores continúan actuando del mismo modo. Esta dimensión ha contribuido poderosamente al fracaso de los proyectos de reforma agraria en la medida en que no aportaban respuestas creíbles a las situaciones de crisis (sin embargo, muy fuertes, sobre todo en Brasil).

En esos dos países, donde la población urbana es mayoritaria, la idea de que una reforma agraria es un proyecto que debe lograrse tanto en la ciudad como en los campos ha seguido su curso natural. Hoy, una reforma agraria no podría ser fruto de las esperanzas de un grupo social en particular, por respetable que fuera; debe ir asociada a un proyecto de desarrollo global compatible con las grandes orientaciones ligadas a estrategias de gran apertura, de competencia y de eficacia económica que en adelante predominarán en América Latina. Si no hay acuerdo entre esas dos proposiciones, la reforma agraria tendrá pocas probabilidades de triunfar. Pero dicho esto, el ajuste estructural no coloca a la reforma agraria por encima de todo interés social: su puesta en vigor efectiva sigue siendo dependiente en gran parte, de las presiones que puedan ejercer los campesinados y de sus capacidades de movilización.

Los movimientos campesinos

Esto nos lleva al último punto del debate: los movimientos campesinos. ¿Han reforzado las dificultades económicas a esos movimientos, o han contribuido a debilitarlos y desarticularlos? Las opiniones se dividen. Un cierto consenso se obtuvo, sin embargo, para subrayar el hecho de que se orientan hacia situaciones en que las presiones sociales ejercidas por la gente del campo aumentarán con los riesgos de conflicto y de violencia que ello presupone, así como la ausencia de perspectiva y de proyectos políticos globales de los movimientos campesinos. Sus proyectos parecen más limitados, más pragmáticos, y por ello pueden suscitar unos cambios positivos. Esta orientación es perceptible en la evolución de las organizaciones y de los movimientos que impulsan los conflictos. Al lado del tema tradicional de la tierra, aún muy importante (se ha hablado extensamente del movimiento de los "sin tierra" en Brasil), toman forma otras dimensiones:

- se trata, por una parte, de las reivindicaciones de naturaleza étnica abrazadas por los campesinados indígenas. Esos movimientos tienen hoy más público y a veces logran ejercer un efecto de arrastre sobre campesinados no indígenas;
- por otra parte, se ha hablado de las reivindicaciones de orden económico: las han abrazado organizaciones que se interesan específicamente en los aspectos inherentes a la producción: problemas de mercado, de precios, de política agraria. Son organizaciones que asumen sobre todo la defensa de los intereses de una profesión o que se interesan en problemas específicos de categorías bien precisas de productores; se les encuentra en México y en muchos otros países. Su esfuerzo, no tan sólo es prueba del dinamismo de ciertas agriculturas latinoamericanas, sino que alimenta una inquietud justificada por la suerte de los campesinados pobres.

El Estado, las solidaridades internacionales

El tema del Estado no fue abordado directamente, siendo así que se trata de un actor esencial de las transformaciones sociales. Sin embargo, se le ha mencionado con frecuencia. Sea para poner de relieve sus errores (sobre todo en lo tocante a su actitud normativa frente a los campesinados), o para subrayar sus faltas y sus carencias. El vacío dejado por el Estado puede ser ocupado entonces por otros actores, como la Iglesia, ONG, etc. Las experiencias de cooperación que han asociado a agricultores franceses y brasileños han mostrado que podrían crearse solidaridades entre campesinos del sur y del norte.

PERÚ Y BRASIL: REFORMAS Y CONTRARREFORMAS DE ESTRUCTURA EN LOS SISTEMAS AGRARIOS

CLAUDE AUROI
Institut Universitaire d'Etudes du Développement
Ginebra, Suiza

EL ESTUDIO de las estructuras de la tenencia y de su evolución en América Latina al parecer había perdido el interés en la bibliografía especializada de los años ochenta. Las pesquisas de los investigadores enfocaban las más de las veces los problemas de producción y de seguridad alimentarias, los efectos de las tecnologías intensivas y de las políticas agrícolas en general. Cierto es que ya en el terreno sólo la reforma agraria nicaragüense había sido verdaderamente aplicada. Los otros países parecían plantados en un inmovilismo desalentador.

Sin embargo, el interés en la cuestión renació a mediados de los años ochenta por el debate general que sacudió a todo Brasil y la nueva tentativa de los medios progresistas por hacer aplicar el *Estatuto da Terra* de 1964. Paralelamente, el Perú movilizaba la atención por las violentas sacudidas que le hacía sufrir el movimiento armado de Sendero Luminoso, pero también por la transformación agraria *retrógrada* de las cooperativas creadas por la reforma de 1969-1975. Las situaciones de esos dos países, naturalmente, no son idénticas y toda comparación debe tener en cuenta los ecosistemas, las poblaciones y una evolución histórica diferenciada. Sin embargo, es interesante intentar una comparación en el nivel de la evolución de las estructuras y sobre todo de las aspiraciones campesinas en cuanto a las formas de posesión de la tierra. Desde ese punto de vista, ambos países han tenido movimientos y reivindicaciones que de hecho presentan muchos puntos en común.[1]

En ambos casos, nuestro interrogatorio se ha centrado en unas *estructuras agrarias deseables*. Este adjetivo adquiere un sentido doble: deseable para el propio campesinado, deseable para la sociedad en sentido general, sobre todo en lo tocante al abastecimiento de víveres y al éxito de los cultivos rentables. El punto de equilibrio del modelo se sitúa donde se encuentran las dos curvas de lo *deseable*, es decir, cuando las reivindicaciones terrenales fundamentales parecen satisfechas y la articulación entre la ciudad y el campo parece establecida en forma satisfactoria. Desde luego, ambas curvas están en constante movimiento, sobre todo

[1] Nuestras reflexiones se basan en una permanencia de tres años en Perú y en un trabajo de campo en la agricultura; varias estadías en Brasil y la supervisión de un trabajo de investigación en la zona de caña de azúcar de Pernambuco.

bajo el efecto del progreso técnico y de la variación de la disponibilidad de mano de obra, pero tal es un punto que no podemos desarrollar aquí.

El término campesinado debe interpretarse en el sentido general de trabajadores *presentes sobre las tierras*, que también comprende a los granjeros, los aparceros y los ocupantes sin título, así como los trabajadores asalariados o remunerados en especie, y los pequeños y medianos propietarios que cultivan por su cuenta. Quedan excluidos de ese término los grandes propietarios (sobre todo los ausentistas), las sociedades anónimas y las empresas comerciales que controlan tierras, así como el propio Estado y sus órganos representativos.

La pregunta que se plantea en una situación de desigualdad de las tierras como sucede en Perú y Brasil es doble: ¿cuáles son las formas de control de la tierra que parecen deseables, cuáles son las dimensiones y cuál es el modo de inserción económica de la explotación agrícola que hay que promover? Las dos preguntas están parcialmente relacionadas: así, por ejemplo, la forma cooperativa de control de la tierra a menudo queda asociada a mayores dimensiones.

Parcelación a la peruana

La contrarreforma agraria peruana constituye ciertamente un caso único, pues el movimiento de disolución de las cooperativas y sociedades agrarias de interés social (SAIS) creadas por la reforma agraria, si bien fue una decisión estatal,[2] fue acompañado por acciones muy autónomas y a menudo espontáneas, sin una intervención enérgica de los órganos del Estado, al menos a partir de 1980.

En la costa, las cooperativas se encuentran fraccionadas, parceladas: cada cooperativista recibió una parcela de riego, de entre 3 y 10 hectáreas. En la sierra, las grandes SAIS del sur y algunas del centro fueron invadidas por comunidades de los alrededores que se reapropiaron tierras que a menudo ocupaban desde la llegada de los españoles, y luego las re-

[2] La parcelación de las cooperativas de producción comienza prácticamente al crearse las Cooperativas Agrarias de Producción (CAP) hacia 1973. En algunas CAPS el trabajo únicamente se realiza en parcelas familiares (Portugal Vizcarra, 1984, p. 60). Pero es la Ley de Promoción y de Desarrollo agrarios de 1980 la que anuncia la posibilidad legal de restructurar las empresas agrícolas. El artículo 80 estipula: "Las empresas asociativas podrán decidir libremente el modelo de empresa que mejor convenga a los intereses de los asociados." La nueva Ley General de las Cooperativas del 20 de mayo de 1981 permite el verdadero despegue de la parcelación. Fundamentalmente prevé dos tipos de cooperativas restructuradas: las Cooperativas Agrarias de Trabajadores (CAT), en las que toda o parte de la tierra permanece en propiedad común (Decreto de Ley núm. 2 del 17 de noviembre de 1980) y las Cooperativas Agrarias de Usuarios (CAU), que de hecho son cooperativas de servicios: la tierra pertenece exclusivamente a los miembros individuales. Las CAPS y CATS generalmente fueron parceladas y repartida la tierra entre los trabajadores permanentes: una parte de la tierra variaba entre 2 y 30% según los casos, permaneciendo sin división en la forma jurídica de CAU (Vidal Cobián, 1985, p. 177).

partieron entre sus miembros, según modalidades variables pero generalmente sobre una sencilla base familiar (familia nuclear). En 1988, cerca de dos terceras partes de las cooperativas ya estaban parceladas, con un promedio de 6.6 hectáreas de riego distribuidas sobre la costa y 20.8 hectáreas, tomando en cuenta todas las regiones, lo que representa en total 520 mil hectáreas y 25 270 nuevos propietarios.[3] En la sierra, en Puno, 41 SAIS perdieron un millón de hectáreas en provecho de 600 comunidades indias.[4] Ciertamente, el movimiento de liquidación de las estructuras cooperativas no es total, pero puede preverse que sin una intervención del Estado ese sector prácticamente va a desaparecer. Nos contentaremos con ofrecer, como prueba, el hecho de que pese a la prohibición oficial de continuar las parcelaciones decretadas por el gobierno de García en 1985, el movimiento ha continuado con mayor auge, fuera de la legalidad.

La contrarreforma agraria peruana no es, sin duda, un simple reparto de tierras como en Bolivia (1953), ya que se ha intentado conservar unas formas asociativas para el empleo del material agrícola, a veces ciertas producciones comerciales, y porque la colaboración en lo tocante al riego es inevitable, ya que no hay lluvias considerables sobre la costa peruana. Pero también es innegable que los propios cooperativistas intentaron sobre todo, adquirir parcelas privadas y sólo después se preocuparon por mantener ciertos servicios en común, por lo demás exigidos por la ley. Ese proceso de privatización parece irreversible, tanto en la costa como en la sierra, y hasta el término "cooperativa" deberá ser redefinido en el futuro en Perú (De la Gala, 1985, p. 300), pues en su acepción actual es inaceptable prácticamente para todos los medios que tengan algún nexo con la agricultura.

Lo *deseable* desde el punto de vista del campesinado peruano parece haberse realizado, aun cuando el porvenir esté preñado de incertidumbre sobre las posibilidades de supervivencia de una multitud de pequeños y medianos campesinos. Además, no tomamos en cuenta a los trabajadores temporales de las cooperativas, cuyo número se redujo considerablemente por la parcelación: el parcelario utiliza con frecuencia mano de obra familiar. Esos *eventuales* a menudo tienen tierras de gran altitud en sus comunidades, pero son insuficientes para mantenerlos. La aparente solución del problema de los trabajadores permanentes de las cooperativas de la costa vino a agravar la falta de tierras en la sierra.

Lo *deseable* desde el punto de vista macrosocial es aún más problemático. Si el Estado no apoya al nuevo sector de campesinos parceleros así creado, ello provocará grandes dificultades de abastecimiento en insumos y, por consiguiente, de bajas en la producción. Ahora bien, la costa es la zona agrícola más productiva del país, y sobre todo la más cercana a los grandes centros urbanos. A largo plazo y sin intervención del Estado,

[3] "Reformando la Reforma", en *Caretas,* 20 de junio de 1988.
[4] *Idem.*

la restructuración tomará la forma de ubicaciones y ventas de tierras,[5] y sin llegar al extremo, como lo han sugerido algunos, de que reaparezcan los *latifundios* (SEPIA II, 1988), son claramente perceptibles los peligros de expulsión, a largo plazo, de numerosos parceleros. Tampoco es seguro que esta eventualidad sea *deseable* en lo social. Por tanto, sólo si el Estado se dedica a ayudar a los pequeños campesinos con una política de precios estables y lo bastante remuneradores, con créditos apropiados y una reglamentación del uso de los canales de riego, tendrá oportunidades de desarrollarse ese nuevo sector. Pero la catastrófica situación de las finanzas del Estado peruano hace temer que las mejores intenciones no pasen de ser letra muerta. Por otra parte, la posibilidad dada en 1988 por el decreto supremo 029 a ciertos grupos financieros para explotar grandes extensiones de tierras no cultivadas también podrá favorecer a un sector agrario de gran capitalismo de exportación.

BRASIL: ¿SED DE TIERRAS O SED DE TRABAJO?

Las cuestiones de lo *deseable* se encuentran también en un marco muy diferente del de Perú, en las tentativas, siempre frustradas, de reforma agraria en Brasil. Ese vasto país, donde teóricamente todos los rurales habrían debido disponer con bastante facilidad de superficies suficientes para alimentarse y producir para el mercado (16 habitantes por kilómetro cuadrado), es en realidad una de las regiones del mundo en que mayor es la concentración de tierras. El coeficiente de Gini se acerca a 0.86, mientras que 0.4 constituye ya un reparto muy poco igualitario.[6] Por una parte, las explotaciones de más de 1 000 hectáreas no representan más que 0.9% del total y controlan 45% de las tierras; por otra, las explotaciones de menos de 10 hectáreas, que representan 50% del total, sólo ocupan 2.4% de las tierras.[7] La apertura de nuevas tierras de colo-

[5] El tamaño medio de las explotaciones parcelarias es relativamente bajo (alrededor de seis hectáreas en la costa y cerca de 25 en la tierra). Se puede calcular que, por debajo de cinco hectáreas de tierras de riego en la costa, es improbable la supervivencia financiera de la explotación. Así, gran número de pequeños campesinos se verán obligados a vender e irse a otra parte. De ello resultará una cierta reconcentración de tierra. A partir de 10 hectáreas, una explotación agrícola es perfectamente viable y hasta obtiene importantes excedentes según la coyuntura (para cultivos alternados de algodón, papas, papa dulce, arroz, maíz y leguminosas). En la sierra, en las buenas tierras del fondo de los valles puede decirse lo mismo: el tope se situará, sin embargo, alrededor de 20 hectáreas (papas, maíz, chícharo y habas). Sin embargo, se debe compartir la inquietud de ciertos expertos por el reparto individual de las tierras de pastoreo, pues será difícil difundir el progreso técnico, sobre todo en lo tocante a la mejora genética del ganado y a la introducción de pastos artificiales. Los núcleos subsistentes de SAIS y de CAPS podrían, no obstante, seguir funcionando como centros técnicos para las comunidades (Auroi, 1982).

[6] Rodolfo Hoffman, "A distribuiçao da posse da terra no Brasil em 1980 e 1985", en *Reforma Agraria,* São Paulo, agosto-noviembre de 1987, p. 62. Calculado según los resultados preliminares del censo agrícola de 1985.

[7] Censo de 1980, según Patrick N. Peritore y Ana K. Galve Peritore, "Brazilian Attitudes

nización en el Mato Grosso y la Amazonia no hacen más que reproducir esta estructura en las zonas desmontadas. Una gran parte de las tierras de explotación de más de 1 000 hectáreas se ha dejado en barbecho, constituyendo en realidad una inversión y una garantía contra la inflación que socava cualquier otra forma de ahorro. En 1984, 41% de las tierras de los *latifundios* no estaban explotadas.[8] A esas tierras apuntaba la proposición de reforma agraria hecha por el presidente Sarney en mayo de 1985.

La evaluación de las necesidades de los potenciales beneficiarios de la reforma agraria ha dado una cifra de 166 millones de hectáreas para 6 336 991 minifundistas, aparceros, locatarios, trabajadores permanentes y un número intermedio de trabajadores temporales. Las tierras disponibles según los términos del PNRA representaban 404 millones de hectáreas, o sea, más del doble de la superficie[9] considerada necesaria. Quedaba así asegurada la satisfacción de las necesidades en las seis regiones del país.

El proyecto que finalmente presentó al parlamento el presidente resultó mucho más modesto: sólo se trata, entre 1985 y 1990, de 1.4 millones de trabajadores y pequeños campesinos. Una protesta general de los grandes propietarios agrupados en la Unión Democrática Rural (UDR) y las amenazas de violencia física proferidas contra los agentes del gobierno hicieron que el proyecto no fuera aplicado, en la práctica, más que en 10% de esos objetivos iniciales, reducidos, a su vez, a 20% de las necesidades reales. Pero esto no es, sin duda, más que un aplazamiento, pues sin reforma agraria en Brasil no habrá un auténtico desarrollo real para las dos terceras partes de la población que en la actualidad han quedado marginadas.

Las cuestiones de la distribución de tierras en la futura reforma giran en torno de las formas de propiedad. Es innegable, como en Perú, pero en un marco totalmente distinto, que entre los campesinos existe una sed de tierras. La existencia de un sindicato como el muy activo *Movimiento de los sin tierra* está ahí para recordárnoslo. Sin duda es la tierra la que ocupa el centro de sus aspiraciones. Como lo expresaba un responsable sindical rural de la FETAPE de Pernambuco:

toward Agrarian Reform: a Q-Methodology Opinion Study of a Conflictual Issue", en *The Journal of Developing Areas*, núm. 24, abril de 1990.

[8] MIRAD, "Proposta para a elaboraçao do lo Plano nacional de reforma agraria da nova Republica", Brasilia, 1984. El término "latifundio" designa en Brasil dos realidades: el *latifundio por extensión*, superior a 600 veces el "módulo rural", variable, este mismo, según las regiones, y que va de tres a 120 hectáreas, y el *latifundio por explotación* de mediano tamaño pero explotado insuficientemente o no respetado por la ley. Ambos tipos de latifundios eran expropiables según los términos del Plan Nacional de Reforma Agraria (PNRA) de 1985, con excepción de las explotaciones de menos de tres módulos y de las "empresas rurales", o sea, las granjas de menos de 1 000 hectáreas administradas eficientemente y con respeto a la ley, sobre todo la del trabajo. El *minifundio* comprende las explotaciones de menos de un módulo (Correia de Andrade, 1980, p. 25).

[9] Oswaldo Russo de Azevedo, "Uma anâlise quantitativa da Proposta da CNRA", en *Reforma Agraria*, São Paulo, agosto-noviembre de 1987.

¿Cómo pudieron los cortadores de caña convertirse en granjeros? Los cubanos tuvieron este mismo problema, y sus empresas estatales no son un modelo para Brasil. Nuestra unión considera que la reforma debe crear propiedades familiares. Los brasileños son muy individualistas y desean tener su propio negocio. Si viven en una parcela de buena tierra, podrán ser autosuficientes y acaso aprender a utilizar otras tecnologías, como a base de biogas, y producir su propio queso, su mantequilla y su carne. Gradualmente podrán aprender a trabajar en cooperativas.[10]

Otros autores podrían matizar, sin embargo, la confianza absoluta en una simple reivindicación de parcelas individuales. Las opiniones de los trabajadores pueden variar según las regiones (más o menos ricas) y el tipo de cultivo al que se dedican. Por desdicha, no abundan los ejemplos de encuestas de opinión sobre las aspiraciones, los *deseos* de los principales interesados. Una encuesta reciente efectuada entre los trabajadores de la caña de azúcar en Pernambuco (Rufino de Araujo, 1990), nos permite, no obstante, preguntarnos si la máxima prioridad la tiene la tierra o bien el salario y condiciones de trabajo decentes. De 223 trabajadores (una centena de los cuales dispone de una parcela de tierra, *roçado ou sitio,* generalmente de menos de una hectárea), 48% responden que preferirían un trozo de tierra a un mejor salario, si pudieran escoger, contra 43% que opinan lo contrario (Rufino, 1990, p. 169). Esto no resulta concluyente, en un sentido ni en otro, pero de ahí no se puede deducir que la sed de tierras ocupe un lugar secundario, como lo sostiene la central sindical CONTAG. Sin embargo, puede ser que los trabajadores simplemente deseen abandonar la agricultura y vivir en la ciudad. Según la encuesta, 63% de los interrogados comparten esta opinión, y 90% de sus hijos desean tener empleos urbanos. Hay que recordar que a finales de los años sesenta incontables trabajadores fueron expulsados de sus parcelas (Linhart, 1980), y que muchos de ellos fueron a habitar las barriadas de precaristas urbanos. Se les puede considerar como trabajadores sin tierra, y también habría que tomar en cuenta su opinión.

En definitiva, lo *deseable* desde el punto de vista campesino, ciertamente se inclina en favor del acceso a la propiedad, entre la mayoría de los sin tierra y de los pequeños locatarios. El PNRA de 1985 es, por lo demás, prudente, en cuanto a las formas de propiedad que pretende promover en el marco del programa. Toma los términos del Estatuto da Terra de 1964, que planeaba crear unas explotaciones familiares, por una parte, y asociaciones de productores, por la otra. Pero el proyecto de 1985 es muy discreto en lo tocante a las formas de cooperativización, que provocaron la ira de los grandes productores, quienes lo tildaron de "comunista". Puede ser, así, que en su futura reforma agraria Brasil evite cometer el error de la colectivización, que no aparece como una reivindicación primordial entre el campesinado brasileño. El imperativo ma-

[10] Citado por Peritore y Peritore, *op. cit.,* p. 389. La FETAPE es la Federación de Trabajadores de la Agricultura del Estado de Pernambuco.

crosocial probablemente tampoco necesite experiencias de cooperativas de producción, cuya gestión ha sido deficitaria prácticamente en todos los países del mundo. El caso peruano permite entrever claramente que una colectivización de la tierra en el marco de una economía capitalista, como la del Perú, no se impone ni en lo tocante a la gestión de las explotaciones ni en lo tocante a la planificación nacional, y provoca, a más largo plazo, reacciones epidérmicas de rechazo de toda forma intermedia de asociación, aun en el nivel de las cooperativas de servicios. Hasta en los países que han tenido una economía totalmente planificada desde hace decenios, la sed del control familiar de las tierras vuelve a imponerse cuando se permite escoger a los interesados.

Explotación familiar y cooperativa

En las situaciones de reforma agraria futuras probablemente será prudente tomar en cuenta las aspiraciones del campesinado y darles satisfacción, aunque se tenga que sacrificar en una primera etapa lo *deseable* macrosocial. Las formas colectivas de trabajo de la tierra a menudo se consideran como superiores en la articulación entre la ciudad y el campo, lo que impide el repliegue del campesino al autoconsumo y su explotación por los intermediarios y los grandes agricultores, lo que además permite abastecer debidamente los centros urbanos. La experiencia de los últimos 40 años en América Latina no ha dado, sin embargo, pruebas de que la cooperativa sea superior a la explotación familiar. No se puede sostener que haya habido un retroceso en el caso de los parceleros bolivianos y que se haya interrumpido el aprovisionamiento de La Paz.

Sin embargo, es cierto que el pequeño campesinado, en una visión dinámica de progreso técnico y social, plantea un problema. Pero podemos estar convencidos hoy de que las soluciones no deben buscarse en nuevos experimentos de cooperativización de la tierra y, en general, de estructuras deficientes, sino, al contrario, en la mejora de los sistemas de abastecimiento de insumos, de almacenamiento y de comercialización de los productos, y por consiguiente, en sistemas de precios suficientemente remuneradores. También convendrá, tal vez, considerar que la evolución de las estructuras agrarias no debiera ser excesivamente frenada ni orientada artificialmente, pues el costo social a largo plazo resultaría excesivo.

Bibliografía

Auroi, C., *Contradictions et conflits dans la réforme agraire péruvienne: le cas de la SAIS. Rio Grande,* Puno, IUED, Ginebra, 1982.

Correia de Andrade, M., *Latifundio e Reforma agraria no Brasil*, Duas Cidades, São Paulo, 1980.

Fernández de la Gala, A., "La reforma agraria no fracasa, tampoco los campesinos, lo único que fracasa es la cooperativa (socio de la CAT Cahuide)", en González y Torre, 1985, pp. 271-302.

González, A. y G. Torre, *Las parcelaciones de las cooperativas agrarias en el Perú,* Centro de Estudios Sociales "Solidaridad", Chiclayo.

Linhart, R., *Le sucre et la faim. Enquete dans les régions sucrières du Nord-Est brésilien,* Ed. de Minuit, París, 1981.

Portugal Vizcarra, J. A., *Parcelación de las empresas asociativas, nueva estructura agraria en el Perú,* Consultoría de Proyectos Agroindustriales, Lima, 1985.

Rufino de Araujo, E., *O trator e o "burro sem rabo". Consequencias da modernizaçao agricola sobre a mao-de-obra na regiao canavieira de Pernambuco,* Instituto Universitario de Estudios de Desarrollo, Ginebra, 1990.

SEPIA II, *Perú: el problema agrario en debate,* Seminario Permanente de Investigación Agraria, Lima, 1988.

Vidal Cobián, A. M., "La legalización de la parcelación en las CAPS", en González y Torre, 1985, pp. 177-190.

TRANSFORMACIÓN AGRARIA EN NICARAGUA EN LOS AÑOS OCHENTA Y PERSPECTIVA ACTUAL

JAN P. DE GROOT
Universidad Libre
Amsterdam, Países Bajos

CARACTERÍSTICAS DE LA REFORMA AGRARIA SANDINISTA

LA ESTRUCTURA agraria de Nicaragua antes de 1979 era heterogénea y relativamente bien articulada: combinaba el crecimiento de la agroexportación con un abastecimiento adecuado de alimentos para el mercado interno y una rápida acumulación de capital. La formación del excedente económico se concentraba en el sector agroexportador, considerado por los sandinistas como clave. Esta articulación de diferentes formas de producción se asentaba en la concentración de la tierra en manos de la gran burguesía agraria, el control de las finanzas, del comercio rural y del procesamiento industrial (Kaimowitz, 1989, p. 51). Su control sobre la tierra obligaba a parte de la población campesina a vender estacionalmente su fuerza de trabajo. Los campesinos, que dependían de la red de intermediarios controlada por la burguesía agroexportadora, enfrentaban términos de intercambio desiguales. El modelo somocista de desarrollo articulaba los sectores campesinos con su oferta de mano de obra y producción de bienes de exportación y granos básicos a un sector rentable y dinámico de la agroexportación. Este modelo ha sido caracterizado de "dualismo funcional" (De Janvry, 1981). El Estado fomentaba la formación de un excedente económico y su concentración en el sector agroexportador. Esta acumulación favoreció en primer lugar a los grandes terratenientes asociados con la familia Somoza; los sectores capitalistas antisomocistas se beneficiaron en parte de las políticas estatales.

El régimen sandinista consideraba deseable continuar la agricultura en gran escala e intensiva en capital, pero pretendía hacer cambios estructurales en el modelo de acumulación. Buscaba la concentración del excedente económico en el sector estatal con el fin de acelerar y dirigir los procesos de transformación. En la *primera fase* de la reforma agraria sandinista (1979-1980), la tierra confiscada a los somocistas fue convertida en empresas estatales. Esta nacionalización servía para crear un sector técnicamente avanzado. Se proporcionaban fuertes incentivos económicos a la burguesía agraria antisomocista que se había quedado en el país, para así estimularla a seguir produciendo. Se pensaba controlar el excedente generado a través del comercio y del sector bancario, ambos en manos del Estado, sin tener que nacionalizar sus medios de producción. Este modelo necesitaba a la vez la continuación de la presencia de una clase semiproletaria para suministrar la mano de obra estacional y los alimentos a precios bajos para la población urbana. Por lo tanto, se percibía como contradictoria con este modelo dualista una reforma agraria redistributiva (De Groot y Clemens, 1989). El Estado invertía el excedente agrícola con prioridad en grandes proyectos agroindustriales, sobre todo con el fin de reducir la dependencia del país de la exportación de materias primas.

Límites y ajustes de la reforma agraria sandinista

En principio la estrategia sandinista tuvo cierto éxito: logró incrementar las inversiones y concentrarlas en el sector estatal; la gran burguesía agroexportadora disminuyó su producción pero no la abandonó, y se mantuvo la producción de granos básicos para la población urbana. Pero se notó pronto que la producción de las fincas estatales era ineficiente. La planeación centralizada incentivó a producir sin vigilancia de los costos; la administración era en muchos casos inadecuada y la productividad del trabajo baja. Las pérdidas de estas empresas estatales se cubrieron con nueva financiación. Su baja eficiencia contribuyó a priorizar, en la segunda fase de la reforma agraria sandinista (1981-1984), las cooperativas de producción, las CAS, mientras que en zonas de conflicto se dio énfasis en el aspecto de autodefensa de estas cooperativas. El Estado intentó controlar los planes de producción de estas cooperativas a través del crédito y de los servicios de insumos y asistencia técnica. Pero el traspaso de los fondos de inversión a las empresas cooperativas no conducía a una capitalización de las cooperativas incrementando su eficiencia de producción en forma sostenida.

Los grandes proyectos agroindustriales no marcharon bien; eran más complicados y costosos de lo previsto y su maduración demoró demasiado. La financiación inflacionaria del sector estatal y de los servicios colectivos y la manipulación de los precios relativos crearon distorsiones y fuertes desequilibrios económicos. Para los pequeños y medianos productores, los términos de intercambio se deterioraron y los salarios agrícolas reales bajaron. La producción de granos básicos bajó y creció la escasez de mano de obra para las cosechas de los cultivos de exportación. No se alcanzó la nueva articulación que los sandinistas habían diseñado. No se logró un modelo operante de acumulación de capital, de producción de alimentos, de provisión de divisas y una oferta suficiente de mano de obra para los cultivos de exportación.

La agresión de la contrarrevolución armada hizo necesario incrementar desproporcionalmente el presupuesto militar, y éste modificó el enfoque de la reforma agraria. La base política de la revolución en el campo tenía que ser fortalecida, ya que el campesinado se volvió factor clave en el conflicto político-militar. En la tercera fase de la reforma agraria sandinista (1985-1987), la "alianza estratégica obrero-campesina" abrió las puertas para el reparto de tierras a productores individuales. Mientras que la CAS seguía siendo el modelo normativo por ser compatible con la articulación y tecnificación que los sandinistas implementaron.

La "economía de supervivencia" requirió que se asignaran los recursos en manos del Estado para mantener la capacidad instalada de producción. El modelo de acumulación centralizada y concentrada en el sector estatal perdió su efectividad por la reducción del excedente. Mediante la "organización territorial de la producción y el intercambio" se trató de reactivar la producción en el sector campesino para restablecer una articulación efectiva que permitiera la captación de excedentes. La nueva orientación enfatizaba la articulación a nivel local y regional de las diferentes formas de producción. Las empresas territoriales fueron dotadas de funciones de abasto en insumos y servicios de maquinaria agrícola, asistencia técnica, procesamiento y comercialización a las cooperativas y los productores campesinos. Éstos a su vez tenían que canalizar su producción por vía del Estado y no por los mercados paralelos. Esto significaba que las cooperativas y los productores campesinos no estaban en condiciones de capitalizarse.

En la cuarta fase de la reforma agraria, ya en el marco de las negociaciones de paz, el gobierno sandinista acordó con la Contra la suspensión de las afectaciones de tierra (Sapoá). Este acuerdo limitó las posibilidades de captar tierras para la reforma agraria. Con las reformas monetarias y económicas de 1988, el gobierno sandinista inició una política orientada a ajustar su intervención en el mercado a criterios de eficiencia tanto en el sentido macro como microeconómico. Pero la hiperinflación hizo muy difícil rearticular los diferentes sectores de producción a través de los mecanismos del mercado.

Cambio político y reforma agraria

El nuevo gobierno, que inicia su mandato en el contexto de una crisis económica muy profunda, intenta estabilizar y reactivar la economía. Entre los grupos de presión está la burguesía agraria que quiere volver al modelo prerrevolucionario. El gobierno, por su parte, con su programa de estabilización y de obtención de financiamientos externos, tiene que elevar rápidamente las exportaciones: da prioridad al sector algodonero. Como se trata de un cultivo de ciclo corto, puede incrementarse rápidamente su producción. El Banco Central se ha comprometido a cancelar las cosechas de los productores de exportación en córdobas oro, de libre convertibilidad y con una paridad estable con el dólar. El sector agroexportador insiste en la privatización del comercio exterior para tener acceso directo a las divisas.

Los productores para el mercado interno no reciben un trato igual. El costo de los insumos aumenta más que los precios de sus cosechas, reduciendo aún más los márgenes ya disminuidos por los ajustes económicos anteriores. Aunque utilizan menos insumos importados que la agricultura de gran escala, estos productores sufren más por la contracción de la demanda interna y la restricción del crédito.

En estas prioridades se encuentra la *lógica económica* de las nuevas propuestas para la reforma agraria. El nuevo gobierno ha expresado desde el principio su intención de revisar las confiscaciones llevadas a cabo por los sandinistas. En el Protocolo de Transición firmado en marzo de este año entre el gobierno saliente y el entrante, el tema de la reforma agraria es tocado explícitamente. Por un lado, "se garantizará la propiedad rural a las familias beneficiadas por la revolución", pero por otro, "se armonizarán los problemas de propiedad con los legítimos derechos que pudieran tener ante la ley los nicaragüenses afectados en sus bienes.

El Decreto 10-90 autoriza arrendar tierras estatales a productores privados. Su propósito es crear una comisión nacional donde la burguesía expropiada en los años de la revolución pudiera pedir una revisión de sus expedientes.

Política económica y reforma agraria

Desde 1988 los gobiernos de Nicaragua han implementado políticas de ajuste estructural. El reajuste de los precios relativos ha redundado en un aumento de los costos de los insumos importados mientras la política crediticia restrictiva aumentó el costo del capital. En principio esto debería beneficiar a la producción campesina que utiliza pocos insumos importados y capital. A finales de 1989 se perciben los siguientes resultados:

- una recuperación modesta de la producción agroexportadora. Es, en primer lugar, consecuencia de la política cambiaria y se realiza sobre todo en las medianas y grandes explotaciones privadas, mientras que la participación del sector campesino queda atrás;
- un estancamiento de la producción alimentaria, que resulta del aumento de los costos de producción y de la reducción de la demanda.

La fuerte contracción del sector campesino se debe en especial a las condiciones recesivas que implica un deterioro de las relaciones de intercambio entre campo y ciudad. La aplicación más estricta de la política de ajuste significa que el gobierno ya no está dispuesto a garantizar la producción mediante una política crediticia que comprende subsidios y condonaciones de la deuda. De hecho, la política de precios y de crédito funcionaba como un sistema de producción por contrato *(contract farming),* con un "seguro agrícola contra todo riesgo" financiado con la inflación. Al eliminarse este sistema se introduce de nuevo el factor riesgo, lo que explica una producción campesina baja (Ellis, 1988). Ambos factores, el deterioro de las relaciones de intercambio y la reintroducción del riesgo, explican la reducción de la producción para el mercado y enfatizan la importancia del autoconsumo. Por un lado, las ventajas relativas de la pequeña producción (usa pocos insumos importados y capital) no se materializan. Por el otro, la ausencia de política de desarrollo campesino implica la necesidad de importar alimentos y la pérdida de empleo productivo refuerza la espiral recesiva.

La estrategia de desarrollo actual tiene su eje en la gran producción agroexportadora. Sin embargo, el instrumento de la política cambiaria que favorece a este sector resulta insuficiente para incentivar la producción. Es así que se tuvo que reducir el porcentaje de autofinanciamiento de 30 a 15%. Tampoco se dieron las inversiones privadas esperadas en la producción agroexportadora que el gobierno había pensado incentivar al abrir la posibilidad de arrendar tierras del APP. Por lo tanto, esta estrategia bimodal se presenta con todas las ineficiencias macroeconómicas en el uso de los factores de producción.

La contradicción entre la política macroeconómica y de desarrollo agrícola se resume en la contradicción entre el control de la inflación y la profundización de la recesión. Existe, además, una contradicción entre las políticas macroeconómicas y las estructuras monopólicas y monopsónicas de comercialización. La articulación de la economía entre los productores primarios y las empresas agroindustriales ha tenido consecuencias muy negativas para el campesinado, tanto para la formación de precios de monopolio como por quitarles la posibilidad de acumular, como es factible en los complejos económicos integrados.

Los resultados de la competencia imperfecta son ineficiencias en la asignación de los recursos a nivel macroeconómico. El gobierno piensa aumentar la eficiencia productiva, contribuir a la formación de mercados competitivos y eliminar precios de monopolio mediante la privatización de las empresas estatales. El plan económico, tal como ha sido presentado en la conferencia de donantes celebrada en mayo en Roma, plantea los elementos de la política de ajuste y de privatización sin definir estas medidas como complementarias e interdependientes. El modelo bimodal no garantiza mercados competitivos. Más bien tiende a promover la concentración de los excedentes en el sector "moderno", con una tecnología intensiva en capital y divisas y a expensas de las posibilidades de acumulación en el sector campesino.

PERSPECTIVAS DEL SECTOR REFORMADO

Las empresas estatales han sido establecidas en tierras de la familia Somoza y nadie cuestiona estas confiscaciones. Más importante es la presión para privatizarlas. El argumento de más peso es que el Estado no debe asumir un papel tan directo en la producción y mucho menos en la producción agrícola. El récord de la gestión estatal en estas empresas en los años ochenta parece confirmar esta tesis. Pese a la fuerte capitalización de estas empresas, el sector en su conjunto no ha generado excedentes económicos efectivos. Debe considerarse en esta relación que la falta de eficiencia microeconómica fue resultado no solamente del manejo deficiente de estas empresas, sino también del entorno macroeconómico con precios e incentivos distorsionados. Aun cuando el gobierno actual logre ajustar los precios relativos, será difícil recuperar la rentabilidad de estas fincas estatales, ya que su sistema de producción es intensivo en capital y en insumos importados. En el contexto de las políticas de ajuste y de estabilización, tienen mejores perspectivas las fincas que producen para el mercado externo. Para el gobierno actual existen dos razones adicionales para privatizar las fincas estatales: su venta generaría fondos para subsanar el déficit fiscal o, eventualmente, dólares para incrementar las reservas. En términos políticos, la privatización ampliaría la base social del régimen reforzando a los productores capitalistas.

No hay duda de que los trabajadores agrícolas, la mayoría organizados en la ATC, se opondrían a la privatización. En esta lucha el Estado controla instrumentos importantes: la administración de la empresa, los servicios sociales, el crédito y el comercio externo. Desde el punto de vista de los trabajadores, un modelo de autogestión sería una alternativa aceptable; ahora es tarde para esta opción. La modalidad de asignar tierras en *parcelas individuales* apareció tarde en la reforma agraria sandinista, razón por la que quedó limitado el número de beneficiarios. Es un grupo bastante vulnerable. Se teme que la revisión de las confiscaciones pueda resultar en desalojos. Para prevenir esta situación, la UNAG ha asesorado a estos campesinos para formalizar sus títulos de propiedad. Pero es la posición económica débil del campesino la que más pone en peligro su sobrevivencia. En teoría podría beneficiarse del ajuste de los precios relativos, pero eso sólo bajo ciertas condiciones que no se dan. El campesino sufre más que los demás productores de la restricción del crédito, recayendo en el financiamiento informal del comerciante o terrateniente. Esta dependencia implica su sujeción a monopolios locales en la comercialización de insumos que encarecen más los medios de producción. Enfrenta las consecuencias de la contracción de la demanda interna, de modo que los precios de sus productos se quedan atrás en relación con los de los cultivos de exportación. Reaparecen elementos de la articulación prerrevolucionaria: concentración del excedente en el sector agroexportador y subordinación del campesino como proveedor de alimentos baratos y mano de obra estacional. Ahora de nuevo el Estado promueve esta recomposición: los campesinos y sus organizaciones tienen que tomar iniciativas para defenderse. Deben hacerlo a través de formas de cooperación que refuercen su poder de negociación, que reduzcan sus costos de comercialización y de crédito, y que apoyen una tecnificación ajustada a las nuevas relaciones de precios. Hay perspectivas de diversificación de las exportaciones (hortalizas, frutas), donde los grupos de campesinos tienen ventajas comparativas.

El área de la reforma agraria actualmente comprende unas 3 600 cooperativas, incluyendo cooperativas de producción, de "surco muerto", colectivos de trabajo, cooperativas de crédito y servicios y uniones de cooperativas agrícolas (UCA), es decir, cooperativas de segundo grado. En términos generales, la mitad la forman las cooperativas de producción y el resto las de crédito y servicios; en conjunto abarcan casi una cuarta parte del área agrícola del país. Parte de las cooperativas, específicamente de la CAS, manejan tierras que en el proceso de revisión de las confiscaciones decretado por el Ejecutivo serán objeto de discusión y de conflicto. En último momento, el Estado sandinista ha transferido títulos de propiedad a las CAS y el gobierno se ha comprometido a respetar los derechos de los beneficiarios de la reforma agraria.

En este sector, otro punto clave es la viabilidad empresarial de las cooperativas, específicamente de las CAS. Bajo el régimen sandinista, inicialmente con la concentración de los recursos en el sector estatal y posteriormente con el entorno macroeconómico distorsionado, las cooperativas no han alcanzado niveles de acumulación y tecnificación suficientes. En los años ochenta las CAS han tenido casi siempre acceso al crédito de corto plazo, pero recibieron poco para inversiones. Además, el crédito de largo plazo no ha sido utilizado para una tecnificación consistente. Como en la situación de hiperinflación el crédito era barato y los precios distorsionados, las inversiones no fueron muy productivas. Muchas cooperativas, por ejemplo, hicieron inversiones poco rentables en la compra de camiones en vez de renovar las plantaciones de café o de mejorar los pastos.

Las políticas de ajuste han encarecido los insumos y el crédito; además, el mercado de insumos sigue aún controlado por empresas grandes. Monopolios privados amenazan sustituir el monopolio estatal de PROAGRO, y de la misma manera reaparecerán las situaciones monopolísticas en los mercados de productos y en los servicios de procesamiento. El crédito sigue restringido; ya no existe la garantía del BND. Los productores tienen que autofinanciar una mayor proporción de los costos totales, lo que resulta difícil ya que el poco ahorro que tenían se ha evaporado en el proceso de inflación. Hay una tendencia a fortalecer la producción de granos básicos, que requieren menos insumos comprados, y a dar énfasis al autoconsumo. Sin embargo, el sector cooperativo debe mantener y reforzar su participación en la producción para el mercado. Sin esta interacción con los mercados, será difícil tener incentivos para incrementar su productividad.

En esta nueva situación el sector cooperativo debe transformarse para crear las condiciones que le permitan producir en condiciones de competencia. Esto requiere dotarlo de una infraestructura de comercialización de insumos y productos que haga bajar los costos y los riesgos. Para las CAS sería importante reactivar las cooperativas de segundo grado, tipo UCA, que desde 1986 han sido promovidas por el Estado y la UNAG. Las UCA hasta ahora no han funcionado bien y no han tenido una base económica suficiente. Sin embargo, estudios de casos llevados a cabo recientemente (Espinoza y Plantinga, 1990) indican que es menester y factible definir mejor su papel. Específicamente, la UCA podría asumir funciones en los siguientes aspectos:

- crédito: la UCA puede bajar los costos de transacción y desarrollar actividades de apoyo para la administración del crédito;
- insumos: puede adquirir la representación de las casas comerciales. La asociación con el comercio de productos de primera necesidad de los socios podría disminuir el carácter estacional de las actividades comerciales;
- asistencia técnica: puede combinarla con la venta de insumos, implementos y eventualmente maquinaria agrícola a las cooperativas;
- otros: en algunos casos es posible coordinar mejor los servicios de transporte.

El sector cooperativo puede y debe desarrollar una estrategia más empresarial, utilizando ventajas de escala en volúmenes de compra y venta, en su poder de negociación y en la reducción de los costos de transacción. Ahora puede determinar sus activiades y estructuras, pero debe proveer su propio financiamiento. A la vez, tiene que mantenerse una disciplina cooperativa con base en incentivos a los socios que utilizan los servicios.

Es importante promover un modelo de crecimiento más racional: evitar la concentración de los excedentes en sectores con tecnología intensiva en capital y divisas, y evitar asimismo la subutilización de la mano de obra.

Después del cambio de gobierno, la contrarrevolución armada negoció su desmovilización, entre otros, con base en el derecho a formar *polos de desarrollo,* concebidos como asentamientos campesinos. El polo de desarrollo está formado por una comunidad económicamente autónoma, que puede irse extendiendo a su alrededor según sea el desarrollo que vaya logrando. En los polos de desarrollo se cultivarán granos básicos y productos de exportación no tradicionales. En el acuerdo entre el nuevo gobierno y la Contra (30 de mayo de 1990), se delimitaron la localización de los polos de desarrollo. Recibirán financiamientos especiales, apoyo para infraestructura, vivienda, alimentos y medicinas. Las áreas delimitadas no son vírgenes: habrá que investigar la situación de la tenencia de la tierra. Es difícil estimar cuántos desmovilizados tienen interés para establecerse en los nuevos asentamientos.

Funciones del cooperativismo y reactivación del sector reformado

La reactivación de la economía campesina supone:

- reducción de los riesgos;
- tecnificación de la producción;

- integración vertical de la producción en formas cooperativas que permitan la acumulación.

Los riesgos pueden reducirse proponiendo al productor un "seguro agrícola". Los seguros han tenido un papel fundamental en cooperativas de todo el mundo (Braverman y Guasch, 1989). La promoción de cooperativas de crédito y servicios que puedan cumplir con esta función ofrecería un mecanismo mucho más racional que la política de condonación de deudas que se ha utilizado y se sigue utilizando (caso de la sequía).

Los esfuerzos del gobierno sandinista para tecnificar la producción con crédito e insumos baratos han aumentado los rendimientos, pero han conducido a formas de producción poco eficientes. Para reactivar la producción habría que aumentar los rendimientos y a la vez reducir los costos de producción. El primero requiere asistencia técnica, mientras que el segundo puede lograrse mediante economías de escala a través de las cooperativas.

En la época somocista se transfirió gran parte del excedente campesino a los comerciantes y a las industrias de transformación. Aunque la reforma agraria sandinista, al reducir la disponibilidad de mano de obra, redujo estas transferencias, el intercambio entre el Estado "contratista" y el campesino tampoco permitió una acumulación racional y eficiente. La creación de cooperativas de transformación industrial, de comercialización y posiblemente de financiamiento puede ser considerada como un instrumento capaz de captar y reciclar los excedentes hacia los campesinos. Las cooperativas sandinistas de crédito y servicios no han podido cumplir estas funciones. Ni las llamadas CCS (cooperativas de crédito y servicios), ni la UCA (Unión de Cooperativas Agrícolas) lo han podido asumir, porque las empresas estatales tenían un monopolio absoluto en estas áreas, privándolas así de una base económica real.

El desarrollo empresarial de las cooperativas de crédito y servicios requiere de una evolución organizativa conforme al modelo de las cooperativas R. L. (de responsabilidad limitada), que fue establecido en los años sesenta y setenta. El modelo exige:

- constitución de un capital social con base en aportes de los socios;
- capacitación en organización cooperativa en sus aspectos legales, administrativos y de gestión empresarial.

Las cooperativas de segundo grado son muy deficientes en ambos aspectos. Se observa, sin embargo, una multitud de iniciativas y de actividades empresariales (a menudo con fondos de cooperación externa) en las UCA en el nivel de la Federación Nacional de Cooperativas (FENACOOP) y en las cooperativas de consumo y comercialización (ECODEPA), y se constata una revitalización de las cooperativas R. L. Esta integración vertical está condicionada por la forma en que se llevará a cabo la privatización de las empresas estatales. Habrá deterioro si las empresas estatales se transforman en monopolios privados. Si se ofrecen a las cooperativas de primer y segundo grado la asistencia técnica y empresarial y el financiamiento requeridos, la privatización de las empresas estatales creará el entorno económico deseable.

Bibliografía

Baumesister, E., "Estructuras Productivas y Reforma Agraria en Nicaragua", en R. Harris (editor), *La Revolución en Nicaragua,* Era, México, 1985.

Braverman, A. y J. L. Guasch, "Institutional Analysis of Credit Cooperatives", en P. Bardhan (editor), *The Economic Theory of Agrarian Institutions,* Clarendon Press, Oxford, 1989.

Ellis, Frank, *Peasant Economics, Farmhouseholds and agrarian development,* Cambridge University Press, Cambridge, 1988.

Escoto, R., I. Espinoza y J. Plantinga, *Estudio de Caso de la Cooperativa C.A.S Benjamín Zeledón, San Marcos, Carazo,* Depto. de Economía Agrícola, UNAN, 1990.

Espinoza, I. y J. Plantinga, *Estudio de Caso de la Unión de Cooperativas Eddy Guzman, San Marcos, Carazo,* Depto. de Economía Agrícola, UNAN, 1990.

Groot, J. P. y C. Harrie, "La agricultura de exportación y los problemas de la mano de obra en Nicaragua", en W. Pelupessy (editor), *La economía agroexportadora en Centroamérica: crecimiento y adversidad,* FLASCO, San José, 1989.

Instituto Histórico Centroamericano - IHC, "Pueblo, Ejército, Unidad, Garantía de la Victoria", en *Envío,* año 9, núm. 104, 1990.

———, "Quién es quién, el Test de las Barricadas", en *Envío,* año 9, núm. 105, 190.

———, "Protocolo de Transición", en *Envío,* año 9, núm. 102, 1990.

———, "Los Contras de Franklin, ¿cuál sera su futuro?", en *Envío,* año 9, núm. 105, 1990.

Kaimowitz, D., "La planificación agropecuaria en Nicaragua", en R. Rubén y - J. P. de Groot (coordinadores), *El Debate sobre la Reforma Agraria de Nicaragua,* INIES, Managua, 1989.

Wattel, C., J. P. de Groot y R. Rubén, "El sector socializado en la Reforma Agraria de Nicaragua", en R. Rubén y J. P. de Groot (coordinadores), *El Debate sobre la Reforma Agraria de Nicaragua,* INIES, Managua, 1989.

Wheelock, J., *Imperialismo y dictadura,* México, 1975.

Zaldua J., "No me sorprendió el triunfo", en *Pensamiento Propio,* año VIII, núm. 68, 1990.

TIERRA, COMUNIDAD Y POLÍTICA: ESTRATEGIAS DE REPRODUCCIÓN SOCIAL DE LOS AGRICULTORES EN UNA ÉPOCA DE TRANSFORMACIONES SOCIALES

ANA MARÍA A. BONIN
Departamento de Antropología de la Universidad Federal del Paraná (UFPR)

ÁNGELA DUARTE DAMASCO FERREIRA
Departamento de Ciencias Sociales de la UFPR

CLAUS MAGNO GERMER
Departamento de Economía de la UFPR

UN GRUPO de personas se reunió para reflexionar sobre el rumbo que ha tomado el movimiento de los sin tierra en el Estado y sus perspectivas a finales de la década. Se basaron en trabajos elaborados anteriormente por su grupo, en conjunto o por separado, y también en entrevistas recientes a dirigentes del MST-PR, a propósito de investigaciones, para el periódico estatal, sobre noticias en torno de temas relacionados con la tierra y las luchas de los sin tierra en los años de 1983-1989,[1] y también para los *Cadernos de Formação* editados por el "Movimiento dos Trabalhadores sem Terra do Brasil".

Aun cuando se enfoque el estado de Paraná, es importante dejar sentado que no se trata de un estudio de caso *stricto sensu*. Es posible afirmar que Paraná representa lo que este movimiento desarrolló en su forma más acabada, más "clásica". En la visión del propio movimiento local y nacional, en Paraná se llevaron a cabo las más significativas movilizaciones de masas, junto con otras actividades y concentraciones, con la mira en un perfeccionamiento constante de las estrategias de lucha y en el aumento de las áreas conquistadas. Una serie de condiciones coyunturales de los años setenta y ochenta en el Paraná podría elaborarse para explicar lo siguiente: la rápida expansión de la modernización en el campo y la construcción de plantas hidroeléctricas en el estado durante la década de los años setenta, que transformaron a Paraná, de frontera agrícola y foco de atracción poblacional en los años sesenta, en uno de los estados con mayor nivel de desplazamiento de la población rural en los

[1] Para esta finalidad se contó con la colaboración de la socióloga Marisa Borba Ferreira, del estudiante de Ciencias Sociales en la UFPR Claudino Menezes, y de otros estudiantes de ese mismo curso.

[2] Véase, sobre el levantamiento campesino del suroeste de Paraná, ocurrido a fines de los años cincuenta, los trabajos de Ricardo Abramovay, *Transformações na vida camponesa: o Sudoeste paranaense* (Tesis de maestría-UPS), São Paulo, 1981; Maria C. Colnaghi,

setenta; la "memoria" del importante movimiento de lucha por la tierra que tuvo lugar en el suroeste del estado,[2] región donde fueron más activas las luchas recientes por la tierra y en donde ya había una entidad activa de formación y asesoría de pequeños productores, la Asociación de Estudios, Orientación y Asesoría Rural (ASSESOAR), desde el decenio de los años sesenta, es decir, mucho antes de la organización de la Comisión Pastoral de la Tierra (CPT) a escala nacional y estatal; las significativas movilizaciones de productores rurales en el sur del país, las cuales tuvieron gran repercusión en Paraná.

Por esas y otras razones, Paraná fue sede de los primeros encuentros regionales y nacionales de los sin tierra (Primer Encuentro de los Sin Tierra de la Región Sur, en julio de 1982; Primer Encuentro Nacional de los Sin Tierra, en enero de 1984; y Primer Congreso Nacional de Trabajadores Rurales Sin Tierra, en enero de 1985).

MOVIMIENTO DE LOS SIN TIERRA: DEFINICIONES DE ESTRATEGIAS Y DE PROYECTO POLÍTICO

El movimiento de los Agricultores Sin Tierra del Oeste de Paraná (MASTRO) se organizó en 1981. Fue el primer movimiento de lucha por la tierra de ese periodo en el Brasil. Se autodenominó "SEMTERRA". En un principio, esta denominación parecía expresar sólo la condición social de "no tener tierra", pero más tarde, en los primeros documentos y reuniones de MASTRO, el concepto de "sin tierra" comenzó a elaborarse como identidad política que aglutinaba a los que se le expropiaron tierras para la construcción de las centrales hidroeléctricas de Itaipu y a los que "no encontraban tierras para arrendar",[3] a manera de reacción contra una situación generalizada, como forma de organización de una lucha y, posteriormente, como un proyecto de vida compartido por el grupo.

Del MASTRO al MASTES (Movimiento de los Agricultores Sin Tierra del Suroeste de Paraná) y a los demás movimientos regionales de lucha por la tierra y a la organización a escala estatal y nacional, los sin tierra fueron aclarando "su toma de conciencia sobre la expropiación", a través de la formulación sistemática de críticas a la estructura de la propiedad de la tierra, a la política agrícola vigente y a la estructura de poder en el país.[4] Al mismo tiempo, los sin tierra definieron y redefinieron sus estrategias de lucha y sus proyectos. Éstos, cada vez más, extrapolaban las luchas locales por la tierra, y configuraban una visión y una propuesta

Colonos e Poder: a luta pela terra no Sudoeste do Paraná (Tesis de maestría UFPR), Curitiba, 1984; Iria Z. Gomes, *1957: a revolta dos posseiros,* Criar Edições, Curitiba, 1986.

[3] Ángela D. D. Ferreira, "Movimentos sociais rurais no Paraná"; Ana María Bonin *et al., Movimentos sociais no campo,* Criar Scientia et Labor, Curitiba, 1987.

[4] Claus Germer, "Reforma Agrária no Paraná: entre a versão e o fato na aldeia dos expropiados", en *Revista de Abra,* año 16, núm. 2, agosto/noviembre de 1986.

general sobre la manera de asignar tierras, sobre la organización de la producción y de la vida en los asentamientos, sobre el contenido de la reforma agraria que deseaban y sobre la transformación de la sociedad considerada como un todo.

Dividiendo en periodos este proceso de organización y de cambios, en el ámbito del Movimiento, pueden considerarse las siguientes etapas: 1981/1982 —periodo de luchas iniciales, catalizadoras de los procesos de articulación regional y nacional del movimiento y de la formulación abierta del objetivo de la lucha y de sus primeros principios.[5] En esta fase, el movimiento se concentró en las luchas específicamente ligadas a la propiedad de determinadas áreas de tierra, reivindicando la "tierra en Paraná" y no en la frontera norte del país, como preconizaba la política oficial de colonización agrícola. Se logró, asimismo, el crédito agrario para la compra de áreas para los sin tierra. En el plano organizativo, los años de 1981 y 1982 se distinguieron, en Paraná, por el aspecto legal de sus estrategias de lucha. Es interesante notar que al movimiento le preocupaba mucho mostrar el carácter eminentemente apropiado ("a justeza") de sus reivindicaciones: "reconózcase, implícitamente, que la fuerza del movimiento popular se deriva de la legitimidad del derecho reivindicado, y no del poder emanado de la organización y movilización de las masas".[6]

Puede considerarse el periodo 1983-1985 como el de las iniciativas coordenadas. En este periodo se adquirió mayor estructuración y se desenvolvió el carácter masivo. La ocupación de tierras y luego, en la mayoría de los casos, la instalación de campamentos en locales fronteros a los terrenos deseados y delante de dependencias oficiales constituyeron la estrategia principal del movimiento.

Dentro de ese periodo, el año de 1985 se diferenció porque entonces tuvo lugar la transición a la Nueva República y, asimismo, la agitada elaboración del Primer Plan Nacional de Reforma Agraria. En los primeros meses del año, el movimiento con su organización nacional recién formalizada, observó atentamente las perspectivas de un plan gubernamental de Reforma Agraria (RA), y orientó sus propuestas. A principios del segundo semestre, la actitud violenta y crecientemente organizada de los propietarios rurales contra la RA, así como los sucesivos retrocesos del gobierno, hicieron que aumentara el número de los mencionados campamentos. En octubre, con la promulgación de la Ley de Reforma Agraria, bastante desviada de sus propósitos originales, aumentó la desconfianza en la acción del Estado.

El periodo siguiente (1986-1987) se caracterizó por la nueva postura que el Estado adoptó frente al movimiento. Se hizo violenta la represión, y se tomaron medidas "desmovilizadoras" para descalificar el mo-

[5] Ana María Bonin, Ángela Ferreira y Claus Germer, "A luta no Paraná recente", 1987 (mimeo).

[6] Luiz I. G. Gaiger, *Agentes religiosos e camponeses sem terra no sul do Brasil: quadro de interpretação sociológica,* Vozes, Petrópolis, 1987.

vimiento organizado como interlocutor del Estado y como representante de los trabajadores rurales sin tierra. El movimiento recurrió a otras formas para presionar al gobierno a fin de que cumpliese, al menos, con los tímidos objetivos del Plan Nacional de Reforma Agraria. Para esa época ya se había visto que el "poder de coerción" de los campamentos ("plantones") se había agotado, porque se habían vuelto rutinarios al grado de formar parte del paisaje, y porque provocaron una reacción organizada y global por parte de las autoridades. Se comprendió que el único recurso era la ocupación, a pesar de la resistencia, enfrentándose a la policía, al ejército y a las milicias privadas, sin más armas que sus instrumentos de trabajo. El lema del movimiento se convirtió en "ocupar y resistir" (lo cual se refería tanto al Estado como a la sociedad).

En los años de 1988 y 1989 se cierra una vez más para el movimiento el acceso institucional a la tierra, al ser derrotadas sus propuestas en la Asamblea Constituyente, la cual elaboró en esa época la nueva Constitución. Se multiplicaron las invasiones, y se añadió un término al lema: "ocupar, resistir y *producir*", porque la resistencia implicaba iniciar el proceso de la producción agrícola, tanto para subsistir como para consolidar la estrategia que llevó a la ocupación de la tierra. Dentro de esa perspectiva, el movimiento consideraba suyas las tierras ocupadas, y las contabilizaba en el haber de sus victorias.

Posteriormente, ese periodo representó un "redireccionamiento" drástico del movimiento. Como la estrategia de lucha incluía la producción agrícola, y como varios asentamientos ya se habían organizado como conquista del MST, el gran objetivo era funcionar económicamente como productores. El propósito era mostrar a la sociedad un nuevo modelo de vida y de inserción en el proceso productivo, constituyéndose en muestra de la viabilidad de la reforma agraria. La lucha por la reforma agraria comenzó a considerarse, expresamente, como una de las luchas para la transformación de la sociedad, pues se ha considerado que ésta no se realizará en el marco de la actual estructura del poder en el Brasil.

Reflexiones sobre la integración de movimientos de los sin tierra

La Iglesia y el movimiento de los sin tierra

Durante la década de los años setenta, sectores de la Iglesia, ligados a la Teología de la Liberación, a través de los CEBS y de la Comisión Pastoral de la Tierra, actuaron en dos niveles. Apoyaron las organizaciones de los trabajadores rurales y, a la vez, difundieron un mensaje evangélico en el cual les propusieron un compromiso fraternal con la igualdad y la justicia social. En ese sentido, la conjunción de ambos planos de actuación presupone que la lucha de los trabajadores constituye una marcha que conducirá, según la doctrina cristiana, al "reino de la justicia", objetivo último de la historia de la humanidad, conforme al plan de Dios. Se consideran anticristianas las relaciones sociales capitalistas,[7] debido al elevado grado en que practican la explotación. Por consiguiente, transformar la sociedad es misión de la Iglesia y de todos los cristianos. Para esa finalidad se considera necesario utilizar, al lado del Evangelio, las ciencias humanas a fin de conocer la realidad social y escoger las estrategias que posibilitan dicha transformación.

Los agentes religiosos, a través de esta militancia, producen prácticas políticas y religiosas, introduciendo elementos nuevos o redefiniendo la práctica religiosa vista desde el nivel político. Si bien enseñan que dios influye grandemente en la vida de los hombres, también reconocen que la justicia y la fraternidad son viables en la medida del esfuerzo humano para que esa influencia se actualice. Dios aprueba esta forma de obrar porque ha previsto la colaboración activa de los hombres. Esta línea de raciocinio religioso encuentra eco en la experiencia cotidiana del campesinado, para el cual la tierra es una cuestión vital. Como Dios es la salvación y la vida, desea que los trabajadores luchen por la tierra. En este sentido, la lucha por la tierra se convierte en una lucha "sagrada" (además de ser también una lucha política).[8] Contribuye a esta sacralización de la lucha por la tierra la idea de que ésta es un derecho natural del hombre, ya que es fuente de su supervivencia y de su reproducción social. Se constituyó en versión campesina de la utopía del "reino", es decir, de una sociedad perfecta, hacia donde debe encaminarse la humanidad. La distribución de la tierra es un valor de la igualdad deseada. El "reino" no es algo para después sino para ahora. Dios desea la justicia y la felicidad; por lo tanto, toda opresión, toda explotación es ilegítima y contradice los designios divinos.

La Iglesia popular, operando en esos dos niveles (el religioso y el político), ejerció una influencia decisiva en la estructuración de algunos principios fundamentales para el MST, entre ellos, el del trabajo como forma legítima de llegar a ser propietario de la tierra, y la unión y la igualdad como elementos necesarios de la convivencia social. Al apoyar estos elementos, la Iglesia encontró un campo fértil en el campesinado, porque al hacerlo se incorporaba a sus condiciones de existencia.[9]

Este raciocinio cristiano emplea dualidades del tipo "bueno-ruin", "santo-pecador", que en el nivel político corresponden a estas otras dualidades: "oprimido-opresor", "aliado-enemigo". Las estrategias factibles para la superación de esta sociedad considerada injusta serían posibilitadas, como ya se dijo, utilizando los conocimientos que proporcionan las ciencias humanas. Esta "toma de conciencia" hizo posible comprender los

[7] Luiz I. G. Gaiger, *Agentes religiosos e camponeses sen terra no soul do Brasil: cuatro interpretação sociológicas*, Vozes, Petrópolis, 1987.

[8] *Idem.*

[9] Ana María Bonin *et al.*, "Luta pela terra e contradições de un projeto comunitário de vida", en *Movimentos sociais no campo*, Criar Scientia et Labor, Curitiba, 1987.

elementos que unifican el movimiento, a pesar de su heterogeneidad interna; e hizo posible comprender su relación con los demás grupos o clases sociales y sus enfrentamientos con el Estado.

Esa misma influencia se halla también presente en las estrategias y tácticas de lucha, y en las directrices económicas del MST acerca de los asentamientos. No hay duda de que el corolario de estas influencias del marxismo es que los sin tierra pueden y deben constituirse en agentes de transformación de su propia realidad: al demostrar la historicidad de las relaciones sociales capitalistas, rompen la idea de su inmutabilidad, creando así condiciones para que el movimiento se constituya en sujeto activo de la historia. Tanto la visión de la Iglesia como ciertas interpretaciones marxistas enfocan una virtualidad, una utopía que no prescinde de la participación activa de quienes se adhieren a ella. Por el contrario, postula su compromiso con una nueva praxis —redentora o revolucionaria—, constructora en todo caso de una nueva sociedad.

Proyecto campesino, cooperación agrícola y colectivización en el MST

En un trabajo anterior[10] sobre uno de los primeros asentamientos del MST en el estado de Paraná ("Vitória da União-Mangueirinha"), se comprobó que la idea de organizar su nueva vida sobre bases comunitarias predominaba entre los integrantes del asentamiento. Se constató que el proyecto comunitario era la propuesta central del MST. En el periodo inicial constituía, en gran parte, una expectativa abstracta de cara al futuro, que tomaba como referencias concretas prácticas habituales como préstamos, intercambio de días de trabajo y otras formas campesinas de ayuda mutua, así como el ejemplo de cooperativas de consumo, ya existentes y consolidadas en el estado de Paraná. El proyecto se había gestado en los periodos, a veces muy largos, de los campamentos, cuando la solidaridad interna y el concepto de un destino común que unía a todos asumieron importancia preponderante. Cuando comenzaron a establecerse sucesivamente los nuevos asentamientos en 1985, el MST se enfrentó a una problemática global de retos imprevistos, los cuales debían ser superados en la tentativa para implantar concretamente el proyecto comunitario, hasta entonces sólo elaborado en abstracto.

El actual proyecto colectivo se originó en esos retos y en el intento por superarlos. Al fundarse los primeros asentamientos, la nueva problemática estaba relacionada con la necesidad de garantizar el éxito económico de los asentamientos. Para ello era preciso resolver problemas como el financiamiento con plazos y cantidades adecuadas, el suministro de asistencia técnica, la obtención de los insumos necesarios para la producción, la selección de productos que convenía explotar, etc. Al mismo tiempo era necesario resolver el problema de la disgregación dentro del

[10] Ana María Bonin *et al.*, *op. cit.*

asentamiento, pues los *assentados* se habían instalado en lotes individuales que trataban de hacer producir, lo cual amenazaba destruir el sentimiento de solidaridad y cohesión existente en el campamento. Las respuestas a estos problemas inicialmente surgieron en forma aislada, pero poco después comenzaron a aglutinarse y a constituir asociaciones estatales, primero, y después nacionales, de los *assentados.* A partir de esto, se cayó en la cuenta de que unas cuantas experiencias de explotación colectiva, ya implantadas, permitían combinar la continuidad del proceso político del movimiento, a través de la asignación de uno o más de sus integrantes a actividades de coordinación y representación política. Así, hoy en día, la preocupación fundamental del MST es orientarse a un nuevo proyecto. Se trata de crear condiciones para la formación de asociaciones de tipo colectivo, que aprovechan al máximo los recursos existentes —tierras, trabajo, instrumentos, financiamiento— de manera que sean unidades productivas, rentables, que compitan dentro del capitalismo. Se piensa, inclusive, en ingresar al circuito de la comercialización y de las utilidades, formando grandes cooperativas con las agroindustrias, controladas por los *assentados.*

Salta a la vista que se superó el antiguo sentimiento de rechazo total a formas de producción, comercialización y financiamiento asociadas al capitalismo, lo cual conducía, por lo menos en las experiencias iniciales en Paraná, a considerarse negativos el crédito, la maquinaria y los insumos modernos, así como el comercio, la agroindustria, etcétera.

En la actualidad, el concepto subyacente en la nueva propuesta considera que las formas de organización y de producción en gran escala son superiores a las campesinas, calificadas de artesanales, las cuales deben asimilar los avances técnicos del capitalismo para la estructuración de los asentamientos. Bien podría entablarse un debate sobre el significado más amplio de ese énfasis en la colectivización, y también sobre otras cuestiones:

- la primera, acerca de la posibilidad de que parte del MST establezca una relación directa entre producción colectivizada, el surgimiento de nuevos niveles de politización y los nuevos patrones morales de vida. Se encuentra subyacente en algunos de sus escritos el concepto de que el cambio de las relaciones de trabajo conduciría, automáticamente, a un cambio en el nivel de la concientización política, lo cual no es necesariamente realizable;
- frente a la centralización de esfuerzos en la "viabilización" económica de los asentamientos, existe la posibilidad concreta de la autonomización de la esfera económica, o sea de que se hagan a un lado los objetivos políticos del MST referentes a la maduración organizativa y política, partiendo de la cooperación y de la colectivización. Dicho de otra manera, la propia viabilización económica contradice, en cierta forma, el proyecto de transformación más estructural de la sociedad tal como la concibe el MST;

- aun cuando existan algunas experiencias concretas en donde han sido implantados los esquemas colectivizados, no puede creerse, por principio de cuentas, que sean la solución de los problemas económicos que pesan sobre los asentamientos. El éxito de la colectivización dependerá de ciertas condiciones de los asentamientos (suelo, topografía, la propia trayectoria de los *assentados),* además de las formas de su inserción en los más amplios sistemas agroalimentarios;
- en cierta forma, por consiguiente, hay una tendencia a la reintegración del colectivismo, considerándolo como un medio económico para garantizar el desenvolvimiento de los asentamientos y como un medio político para preparar la lucha por el cambio de la sociedad. Podría preguntarse si esto es o no una forma de buscar los resultados de la lucha social en la lucha misma, olvidando que son recursos, estrategias, medios, y no fines.

SIGNIFICADO DE RITOS Y SÍMBOLOS EN EL MOVIMIENTO DE LOS SIN TIERRA

Enfoque preliminar

ANA MARÍA AIMORÉ BONIN
MÁRCIA SCHOLZ DE ANDRADE KERSTEN
Departamento de Antropología de la UFPR

EL PRESENTE estudio[1] toma como punto de referencia a un grupo de agricultores sin tierra, formado a raíz de la expropiación de 10 015 hectáreas de la Hacienda Imariho[2] (municipio de Mangueirimha, suroeste de Paraná). Este logro se debió a dos movimientos campesinos, el Movimiento de los Agricultores Sin Tierra del Oeste de Paraná (MASTRO) y el Movimiento de los Agricultores Sin Tierra del Suroeste de Paraná (MASTES). Esta lucha agrupó a agricultores de los municipios de São Miguel do Iguaçu, Medianeira, Campanema, Nova Prata, Dois Vizinhos, São João, Chopinzinho, Planalto, Santa Izabel do Oeste, Ampere y Coronel Vivida, ubicados en la microrregión suroeste de Paraná. Para entender la constitución de los movimientos de los sin tierra como respuesta a la creciente proletarización, deben reavivarse sus antecedentes históricos y considerarlos como unidad política que se reafirma frente a una sociedad absorbente. Asimismo, debe enfocarse la integración de sus símbolos y ritos.

Al reflexionar sobre las cuestiones que determinaron y determinan la política del uso y de la posesión de la tierra en el Brasil, puede parecer insustancial pensar en la lucha de un pequeño grupo cuyas tierras se expropiaron. Ahora bien, las luchas se forjan en lo concreto. Considerando esto, se puede percibir cómo se constituyen, en lo cotidiano, los reflejos de las acciones de mayor alcance.

De ello proviene la importancia de acompañar, en forma articulada a las definiciones nacionales, la trayectoria de los sin tierra de Imaribo. Esta trayectoria, desde los inicios de su constitución en movimiento organizado para luchar por la tierra, hasta su transformación en colonia de personas recién asentadas en el área expropiada, se siguió paso a paso mediante entrevistas con los dirigentes del MASTRO y del MASTES, y consultando sistemáticamente los periódicos publicados entre 1984 y 1986,[3]

[1] Este trabajo contó con la colaboración de la socióloga Ángela Damasceno Ferreira, del Departamento de Ciencias Sociales de la UFPR.

[2] El primer *estudo de caso* se realizó entre los meses de enero y julio de 1985, mediante un convenio entre la Universidad Federal de Paraná y la Secretaría de Agricultura del Estado de Paraná. Se amplió para ser publicado en el libro de Ana María Bonin *et al., Movimentos sociais no campo,* Criar Scientia et Labor, Curitiba, 1987.

[3] Grande Imprensa do Paraná: *Gazeta do Povo, Jornal do Estado, Correio de Notícias,*

los informes de la Secretaría de Agricultura del Estado de Paraná y de los propios movimientos; leyendo relatos y descripciones de eventos significativos de las luchas de los sin tierra, tales como asambleas, congresos, manifestaciones y asambleas de dirigentes; consultando censos catastrales realizados en febrero de 1985 por el Instituto de Tierras, Cartografía y Florestas[4] con las 365 familias entonces acampadas; y, finalmente, mediante la "investigación de campo" realizada con los grupos de esa población, antes y después de su asentamiento.

El movimiento de los sin tierra en Paraná[5]

A partir de una política de modernización agrícola aplicada en el sur del país, Paraná aumentó en 513% el área plantada con soya, lo cual contribuyó a que aumentaran notablemente la maquinaria agrícola y los insumos modernos consumidos en el estado. Además, se instauró una política crediticia vinculada a este tipo de modernización de los establecimientos rurales. Por tratarse de una modernización parcial y de acceso diferenciado para los distintos grupos de productores, esta política agrícola dio por resultado, en el país y en el estado, la formación de un contingente considerable de trabajadores no residentes que sustituyeron a los trabajadores permanentes y a los asociados (aparceros o arrendatarios). Paralelamente se acentuó la concentración de la propiedad de la tierra al desaparecer predios de hasta 20 hectáreas.

Puede decirse que este proceso de modernización acarreó profundos cambios en la estructura agraria en el país y en el estado de Paraná: proletarización intensa de la población rural; incremento de los cultivos dinámicos y de los pastizales a expensas de los cultivos alimentarios tradicionales; aparición de grandes y medianas empresas rurales, al lado de la mayor parte de las áreas que, antes de 1964, constituían y constituyen latifundios improductivos.

En este contexto de expropiación de los trabajadores en el medio rural, por la crisis a que se enfrentó el régimen militar, se crearon, después de 1979, condiciones para rehabilitar la legitimidad de la organización de los estratos populares en defensa de sus reivindicaciones y para vigorizar los partidos y otras entidades de la sociedad civil, como punto de apoyo para las movilizaciones populares. Al mismo tiempo, la renovada

Tribuna Popular, Indústria e Comércio, Folha de Curitiba, O Paraná, Diário Popular, Diário da Tarde, Folha de Londrina. Grande Imprensa do Brasil: *Folha de SãoPaulo, Gazeta Mercantil* (São Paulo), *Jornal do Brasil* y *O Globo* (Río de Janeiro), *O Estado* (Santa Catarina). Imprensa alternativa: *Jornal dos Trabalhadores Sem Terra*, órgano del Movimiento de los Sin Tierra (São Paulo, capital), *Boletim Cambora* (publicado por la Asociación de Estudios, Orientación y Asistencia Rural, ASSESOAR) (Francisco Beltrao, Paraná), *Picareta de Justiça* (periódico publicado por los Sindicatos de Trabajadores Rurales del Suroeste). *Nosso Tempo* (periódico regional de Foz do Iguaçu, Paraná).

[4] Instituto adscrito a la Secretaría de Agricultura del Estado de Paraná.

[5] Para profundizar en el tema, consúltese Ana María Bonin *et al.*, *op. cit.*

actuación de la Iglesia en el medio rural, con la creación de la Comisión Pastoral de la Tierra (CPT), en 1975, fue decisiva para la unificación de las demandas que expresaban la insatisfacción de los trabajadores rurales y de los agricultores, y también para iniciar el proceso de reactivación de sus sindicatos, como instrumentos reivindicatorios de la lucha por la tierra.

La expropiación de tierras en el oeste de Paraná, para la Planta Hidroeléctrica de Itaipú, agravó considerablemente el problema de la tierra en esa zona. Además de hacer que no pocos propietarios quedaran sin tierra porque no podían adquirir otros terrenos con lo recibido como indemnización, dejó sin trabajo a grupos considerables de arrendatarios, aparceros y trabajadores rurales, lo que dio origen en esa zona al Movimiento de Trabajadores Rurales del Oeste de Paraná (MASTRO), como respuesta a las expropiaciones y a la insufiente indemnización que recibieron los agricultores. Haciendo eco al fortalecimiento de MASTRO y al hecho de que agrupaba exclusivamente labradores del oeste de la región, se iniciaron en el sureste, en 1982, las primeras actividades de un movimiento local orientado a la conquista de la tierra. Esto desembocó en la creación del MASTES.

Desde entonces, el MASTRO y el MASTES, vinculados entre sí, organizaron concentraciones para solicitar al INCRA (Instituto Nacional de Colonización y Reforma Agraria) la expropiación de tierras improductivas en Paraná, a fin de que se establecieran en ellas familias afiliadas a una u otra organización. Al mismo tiempo se llevó a cabo un censo de las principales áreas improductivas del estado, para que se expropiaran por causas de interés social, con base en el Estatuto de la Tierra.

Cuando se cayó en la cuenta de que se habían agotado, como forma de lucha, todos los recursos legales posibles, y que las movilizaciones para dar a conocer las reivindicaciones del movimiento no habían producido resultados suficientes, los sin tierra organizaron otras formas de lucha: ocupación de áreas improductivas, grandes campamentos al lado de las carreteras o en fincas a las que podría aplicarse lo que establecía la ley en materia de expropiación. Esta nueva estrategia se puso en práctica para sensibilizar a los habitantes de Paraná y hacerles ver la situación de quienes se habían quedado sin tierra.

Tres importantes áreas ociosas fueron ocupadas entre mayo y junio de 1984: la Reserva Forestal de Ocoy (reserva ecológica del INCRA, destinada a la protección del "reservatorio" de Itaipú), la Fazenda Mineira (propiedad de Agropecuária Mineira, Ltda.) y la Fazenda Imaribo (propiedad de la Empresa Madeireira Estil).

En enero de 1984, el MASTES, rama del "Movimiento Sindical e Linderanças do Sudoeste", inició los preparativos para la ocupación de la Fazenda Imaribo, la que tuvo lugar el 22 de junio de 1984. El grupo de los sin tierra montó un campamento provisional en terrenos de esa hacienda. Temerosos de que la ocupación se extendiese a otras propiedades, los hacendados de la región enviaron refuerzos. El campamento se desplazó a terrenos de la BR-277, a 19 kilómetros de São Miguel do Iguaçu, al cabo de negociaciones entre el gobierno del estado, los propietarios y los sin tierra. Allí permanecieron hasta julio de 1985.

El campamento, denominado Canhada Funda, se constituyó con miras a adueñarse de Imaribo y también para reforzar las orientaciones del Movimiento de los Sin Tierra en el estado de Paraná, pues la magnífica organización y elevado nivel de las discusiones que allí tuvieron lugar desarrolló, consolidó y legitimó los campamentos, en su calidad de estrategia prioritaria de lucha. La organización comprendía, básicamente, comisiones de "acampados", regidas por una Comisión Central[6] encargada de organizar y coordinar las discusiones sobre cuestiones generales internas o externas, y de agilizar la toma de decisiones.

En enero de 1985, el presidente de la República João Batista Figueiredo firmó, por fin, el decreto de expropiación del área. Por lo pronto, sólo se tomó posesión, en abril, del primer sector de la Fazenda Imaribo (8015 hectáreas), el resto (2000 hectáreas) siguió en poder de los antiguos propietarios durante más de 90 días, para que pudieran seguir explotando los bosques. En junio de ese mismo año se instalaron 365 familias (unas 1900 personas). Los lotes se repartieron teniendo en cuenta el parentesco y el municipio de origen. El propósito principal era hacer del asentamiento un modelo y un símbolo que pusiese de manifiesto la viabilidad de los proyectos. Se escogió ex profeso para el asentamiento el nombre de "Vitória da União".

Constitución y utilización de símbolos y ritos

La tierra que conquistaron y la nueva condición de colono *assentado* constituirán las dimensiones de la validez de su lucha y proporcionan elementos para la elaboración de símbolos y ritos comunes. En este sentido es muy importante reflexionar sobre las simbologías y los ritos. Por consiguiente, debe partirse de esta premisa: los símbolos y los ritos refuerzan el "ethos" del grupo.[7] En un sentido general, las actividades simbólicas se considerarán como tentativas, por parte del grupo, para buscar orientación en situaciones en las cuales no sobreviviría si fuese capaz de comprenderlas. Más aún, los símbolos trascienden la dimensión meramente cognoscitiva. Su significado va más allá de lo racional y alcanza estratos profundos de la mente humana.[8] Los símbolos se utilizan para transmitir significados que no pueden expresarse en toda su magnitud directamente con palabras. La semejanza del símbolo con la cosa sim-

[6] Esta comisión estaba compuesta de dos representantes de cada una de las 17 comisiones específicas, lo que daba un total de 34 miembros.

[7] "Ethos" se entiende aquí como carácter, calidad de vida o estilo cultural y estético de un pueblo, de acuerdo con el criterio de C. Geertz, *A interpretação das culturas,* Zahar, Río de Janeiro, 1978.

[8] I. Epstein, *O Signo,* Série Princípios, 2ª ed., Atica, São Paulo, 1986.

bolizada no es directa; más bien representa su objeto en una forma metafórica. Los símbolos y los ritos están socialmente programados; se derivan de convenciones establecidas entre los individuos que integran el grupo. La significación que se les atribuye no se les da *a priori*. Para comprender su significado común es necesario introducirse en el grupo.[9] A través de esta familiaridad es posible la reproducción del rito. Es imposible interpretarlo sin un conocimiento detallado de la matriz cultural en la cual se inserta.

Por lo tanto, la construcción de símbolos y ritos está enraizada en las prácticas y vivencias cotidianas, demarcando así los espacios del grupo en su dimensión imaginaria. La práctica diaria posibilita la unidad entre las relaciones reales y las imaginarias. Esa "cotidianeidad" permite redescubrir elementos que hacen posible a los agentes sociales tener una percepción aun de las realidades de mayor alcance. Los ritos transmiten informes sobre las relaciones de los hombres entre sí y con la naturaleza, y también con las reglas y restricciones que hacen posible la vida social. La incorporación de elementos simbólicos al ritual suministra respuestas adecuadas del mundo exterior a cuestiones planteadas a partir de su experiencia vivida. En este sentido, los símbolos son elementos intermedios que se colocan entre los agentes sociales y el ambiente circundante. El rito constituiría una evocación de la presencia de lo que representa una imagen reflejada. Los objetos (una bandera, por ejemplo) poseen dos elementos: el simbólico, ausente en la percepción empírica directa, y el concreto, que es el mismo objeto en sí. A través del nombre que recibe el objeto simbólico adquiere existencia social. Es el caso de la bandera del movimiento y de la forma como se utiliza; ambos constituyen un punto de referencia de la existencia del propio grupo que se proyecta en la bandera.

La incorporación de símbolos de la sociedad moderna no significa que los sin tierra estén consumiendo pasivamente cosas que podrían representar un interés ajeno a su proyecto de vida. Significa una reinterpretación y una (re)creación; y, por consiguiente, la atribución de un nuevo sentido. Ese "nuevo sentido" puede contener un sentido de rechazo, de resistencia. Esa ambigüedad puede también significar que se tiene conciencia de la explotación. La ambigüedad es expresión de mecanismos a través de los cuales la estructura de las clases dentro de la sociedad se produce y se reproduce. Los símbolos y ritos utilizados por el MST se tomaron de la simbología de la Iglesia y del Estado: cruz, bandera, himnos, ceremonias, recreados a partir del punto de referencia de la lucha y expresando esa lucha.

Al utilizarse viejas simbologías con el nuevo contenido de su identidad de campesinos sin tierra, se subvierten, en alguna forma, los modelos culturales, pero buscando, al mismo tiempo, canales de comunicación con

[9] J. C. Rodrigues, *Antropologia e comunicação. Principios radicais,* Espaço e Tempo, Río de Janeiro, 1989.

esos modelos, ya como sujetos, como interlocutores válidos, reconocidos en su calidad de personas y de ciudadanos.

Los símbolos representan el anhelo y la angustia de los sin tierra. Su deseo de cambio sobrepasa la comprensión racional; apela a la comprensión emocional, inconsciente, provocando una profunda movilización afectiva.[10] Contiene elementos afines a lo sagrado, que como tales encierran en sí mismos un sentido de obligación intrínseca; exigen devoción y refuerzan el compromiso emocional del grupo.[11] La recreación de elementos simbólicos aparece concretamente en el tratamiento que recibe la bandera del movimiento. La bandera se coloca como un elemento entre el movimiento y lo que representa en cuanto símbolo. En ella se proyecta la imagen del grupo. Esa doble expresión posibilita, consiguientemente, que la sociedad la reconozca. Tienen la expectativa de que se les respete en cuanto otro, por lo cual el ST es "visto y recordado". En una perspectiva inmediata y práctica, la utilización de la bandera tiene dos objetivos: primero, el de la propaganda que ayuda al Movimiento a aparecer en público, a marcar su presencia y a representarlo simbólicamente. El segundo es transformarla en guía que asuma y motive, que se constituya en materialización de un ideal, de un sueño. Así, las formas de utilización de la bandera tienen como objetivo reforzar la identidad colectiva. Por ejemplo, el proceso de ritualización del juramento a la bandera es una forma de compromiso entre quien jura y la lucha que llevan a cabo todos los trabajadores del campo. La obligatoridad del juramento que presta todo neófito tiene como consecuencia que esa repetición secuencial del ritual de la jura busque comunicar un mensaje. El juramento está constituido por un complejo conjunto de palabras y acciones separadas entre sí, y en donde la misma enunciación de las palabras constituye un rito. La utilización de los símbolos reviste solemnidad en varios momentos: la toma de posesión de la tierra, la toma de posesión de los dirigentes, el inicio y la clausura de los cursos de formación, las asambleas, el ingreso de nuevos miembros.

Existen reglas para utilizar cada una de las banderas: la bandera grande la emplean los maestros en las escuelas y asentamientos, en actos públicos y sindicales y en otras situaciones semejantes. La bandera pequeña (hay un gran número de ellas) es prácticamente individual; se agita para fines propagandísticos en manifestaciones, desfiles y otros actos públicos.

Estos ritos pueden interpretarse como ritos de agregación,[12] y, como tales, tienen un significado colectivo. Como se dijo antes, una de sus características es la participación de los individuos en ceremonias colectivas, con lo cual el miembro de nuevo ingreso se siente parte del grupo y se incorpora a su simbología. Esta simbología y todo el procedimiento

[10] I. Epstein, *op. cit.*
[11] C. Geertz, *A interpretação da cultura*, Vozes, Petrópolis, 1978.
[12] A. van Gennep, *Os ritos de passagem*, Antrop. 11, Vozes, Petrópolis, 1977.

ritual se explican en detalle, en el nivel didáctico, en los *Cadernos de Formação.*[13]

Las fechas conmemorativas consideradas importantes son también una forma de señalar el tiempo cronológico, de reconstituir el pasado y de recuperarlo, una vez reescrito sobre las nuevas bases del movimiento. Toda la sociedad conmemora las fechas importantes, por ejemplo el 7 de septiembre y el 15 de noviembre, cuyo significado se traduce en referencias del propio movimiento, evocando, de manera general, su liberación del orden social vigente o la defensa de su modo de vida. Otras fechas importantes se relacionan directamente con la lucha: importantes ocupaciones de terreno, victorias, actos de violencia (incluyendo asesinatos) cometidos contra los trabajadores.

Los ritos y los símbolos religiosos también se aprovechan en los momentos de lucha, derrota o victoria,[14] a fin de unir al grupo y de evocar su fe religiosa, pero también, y ante todo, su "fe laica" en la lucha misma y en su proyecto de vida. A decir verdad, los ritos integran lo religioso y lo político en un mismo espacio, reforzando la identidad colectiva del grupo. Del mismo modo, la utilización de los símbolos refleja esa misma dualidad. La cruz en la ofrenda a Dios de los productos agrícolas, en fiestas y reuniones profanas, demuestra la presencia de esa doble funcionalidad del símbolo. El llamamiento político-religioso a la unidad del grupo, a lo que tiene en común, a través de la simbología de la cruz por todos comprendida, demuestra la presencia de Dios a su lado, reforzando la legitimidad de sus luchas. Se da una sacralización de lo profano y una laiciación de lo sagrado. Es como si se estuviese diciendo a toda la sociedad: no somos truhanes, tenemos un plan de vida sólidamente fundamentado en los principios cristianos. Se da, en realidad, una nueva relación entre lo religioso y lo político que se diferencia de los movimientos mesiánicos tradicionales. La religión no sustituye a la esfera política, a pesar de ser la reflexión religiosa un elemento fundamental para la práctica y el surgimiento de la conciencia política.[15]

El desarrollo de los significados de la simbología y de los ritos religiosos les proporcionó una autoconfianza política y un concepto de grupo que les ha permitido sentirse ciudadanos a través del compromiso político, y, como tales, actores de su propia historia. Mediante esta reconstrucción simbólica, el MST conquista un espacio político y una identidad social propia.

[13] *Cadernos de Formação MST*, publicados periódicamente por la Executiva Nacional do Movimento dos Sem-Terra.

[14] Esto, en cierta forma, lo discute L. I. G. Gaiger, *Agentes religiosos e camponeses sem terra no sul do Brasil*, Vozes, São Paulo, 1978.

[15] L. I. G. Gaiger, *op. cit.*

Bibliografía

Bonin, Ana María *et al.*, *Movimientos sociais no campo,* Criar Scientia et Labor, Curitiba, 1987.

Costa, M. C., *Os caminhos da casa,* IPGAS, Museu Nacional, UFRJ, 1980.

Epstein, I., *Signo,* Série Princípios, 2ª ed., Atica, São Paulo, 1986.

Gaiger, L. I., *Agentes religiosos e camponeses sem-terra no sul do Brasil,* Vozes, São Paulo, 1987.

Geertz, C., *A interpretação das culturas,* Vozes, Petrópolis, 1978.

Leach, E. R., "Ritualization in men in relation to conceptual and social development", en W. A. Lessa y E. Z. Vogt (coords.), *Reader in comparative religion,* Harper & Row Publishers, Nueva York, 1972.

Rodrigues, J. C., *Antropologia e comunicação. Princípes redicais,* Espaço e Tempo, Río de Janeiro, 1989.

Turner, V., *O processo ritual,* Vozes, Petrópolis, 1974.

Van Gennep, Arnold, *Os ritos de passagem,* Vozes, Petrópolis, 1977.

PERÚ:
LA PROTESTA DE UN SECTOR AUTÓNOMO

JEAN MARC GASTELLU
ORSTOM.UNALM

EN OCASIÓN de las últimas elecciones presidenciales en Perú, llegó al poder un candidato desconocido. Ese voto puede interpretarse como una protesta que interesa tanto a los economistas de los sectores informales y del mundo rural como a los politólogos.

EL DESENCADENAMIENTO DE UN ELECTORADO INDEPENDIENTE

Numerosos puestos habrían de ocuparse: presidente de la República, vicepresidentes, parlamentarios y delegados regionales. Nueve candidatos estaban en la liza por la presidencia: Mario Vargas Llosa por el FREDEMO, A. Barrantes por la izquierda socialista, H. Pease por la izquierda unida, L. Alva Castro por el APRA y Alberto Fujimori por el movimiento "Cambio 90".[1] El análisis de los resultados resultará iluminado por la imagen y el mensaje del vencedor y por el contexto de las elecciones.

Los resultados

En la noche de la primera vuelta, el 8 de abril de 1990, Vargas Llosa iba a la cabeza (27.6% de los votos), seguido de cerca por Alberto Fujimori (24.6%). Acumulando esas dos cifras, el primero veía, con razón, la victoria de un electorado independiente, es decir, que rechazaba toda alianza con los partidos políticos.

Esos resultados sólo adquieren significación en una comparación con las elecciones municipales del 12 de noviembre de 1989, cuando aún no existía el movimiento de Fujimori. En abril de 1990, Cambio 90 triunfó en los barrios pobres de Lima y superó tanto a la izquierda como a la derecha en seis departamentos andinos[2] y en el de Tacna. Esta doble polarización es importante para comprender lo que sigue del análisis. El 18 de junio, en la segunda vuelta, Fujimori venció a Vargas Llosa con cerca de 55% de los votos, lo que produjo un descrédito a los institutos de sondeo que habían subestimado las tendencias del medio rural.

[1] FREDEMO: coalición de partidos de derecha; izquierda socialista: tendencia comunista; izquierda unida: tendencia socialista; APRA: partido centrista en el poder.
[2] Ayacucho, Cuzco, Huancavelica, Junín, Pasco y Puno.

Imagen y mensaje de un candidato

Esta sorprendente victoria se explica por la imagen y el mensaje del candidato, que respondían a las esperanzas de una gran parte del electorado. Alberto Fujimori es un ingeniero agrónomo, lo que produce una imagen de seriedad, de competencia, de cercanía al mundo rural. Rector de la Universidad Nacional Agraria La Molina, sabe administrar los bienes públicos. De origen japonés, sin embargo fue asimilado a la población china del Perú,[3] lo que le procuró una relativa neutralidad en la estratificación del país en castas, aunque se le considerara como cercano a la población indígena.[4] Su estereotipo étnico está cargado de valores positivos, perfectamente resumidos en un lema electoral: "Honradez, tecnología, trabajo".[5] Se esbozaron algunas comparaciones con el jefe mesiánico de los cultivos andinos.[6] No está ligado con ninguno de los partidos políticos del Perú. Durante su campaña, se intentó demostrar que tenía nexos con el APRA, lo que él rechazó enérgicamente; indicó la vía de un capitalismo popular, *cholo*,[7] de pequeñas dimensiones, con una ética moralizadora.[8]

El mensaje se redujo a un lema. Nunca se presentó ningún programa cifrado, como si hubiera sido el candidato a un puesto de senador lanzado a una elección presidencial. En sus discursos insistía en la lucha contra la corrupción, lo que se repitió el día de su investidura. La política de ajuste estructural exigida por el Fondo Monetario Internacional siempre fue rechazada, mientras que Vargas Llosa la anunciaba. Y esta diferencia fue decisiva.

La campaña del FREDEMO fue dispendiosa: monopolizó los medios de comunicación, en particular la televisión. Y luego se volvió contra sus autores. La de Fujimori fue informal, llevada de boca en boca en los mercados, en los talleres, entre los mercaderes ambulantes, por los canales de la economía informal o de las iglesias evangélicas, en completa ruptura con el comportamiento de la clase política peruana. Cambio 90, el movimiento de apoyo, cobró importancia sólo a partir de la noche de la primera vuelta. Sin secretario general ni jerarquía ni recursos ni locales, nunca se transformó en partido estructurado. Sus primeras visitas fueron para las barriadas de precaristas de Lima, de donde se desprendió una fuerte imagen: la llegada del candidato al volante de un *fujimóvil*, un tractor, proyectó la imagen de un hombre serio, cercano a los humildes,

[3] A lo largo de toda la campaña electoral, se le llamó "el chinito".

[4] *Página Libre*, 16, 17 y 18 de junio de 1990: "es como nosotros", "es de los de abajo".

[5] E. Manrique Gálvez, "El chino es chamba. Estereotipos étnicos y comportamiento electoral", en *Página Libre*.

[6] J. Dejo, "Hacia una dimensión histórica de lo político en el Perú de hoy", en *Página Libre*, 30 de junio de 1990.

[7] Para el concepto de "cholo", remito a F. Bourricaud, 1989, pp. 76-90. Un proceso de *cholificación* en el valle de Tarma es presentado por M. Egoavil Arce, 1988, pp. 101-107.

[8] G. García Núñez, *Página Libre*, 18 de mayo de 1990.

a los barrios populares y al mundo rural, que lanzaba un mensaje sencillo por vías informales.

El contexto de las elecciones

Los regímenes comunistas se desploman en los países del Este. Desaparece así el que por largo tiempo fue un modelo económico, mientras se toma conciencia del estado de caos de la URSS y de sus satélites. El fin del marxismo-leninismo[9] repercute sobre el público de una izquierda dividida.

El país sufrió una larguísima crisis económica[10] cuya responsabilidad se atribuye tanto al partido en el poder, el APRA, como a la derecha o a los militantes de izquierda que los precedieron. Ha caído en descrédito todo el conjunto del mundo político. El desastre económico puede medirse por la devaluación de la moneda nacional. En el mercado paralelo de Ocoña,[11] el dólar pasó de 33 intis a fines de septiembre de 1987 a 14 000 intis el 1° de marzo de 1990. Los grupos terroristas y los narcotraficantes, a veces asociados, acentúan la desorganización general.

La elección de Fujimori aparece como una protesta contra el FREDEMO y su programa liberal, contra el APRA, con su estatismo caduco y su catastrófica gestión, contra la izquierda, con su ideología caduca y sus divisiones bizantinas, contra el propio Sendero Luminoso, con su proyecto de autarquía campesina y su consigna de boicoteo de las elecciones, que no fue respetado.

Los dos candidatos que llegaron a la cabeza el 8 de abril se presentaron como independientes, sin nexos con el aparato de los partidos políticos. Pero cada uno representa a un electorado distinto. Vargas Llosa parece más ligado a los medios empresariales, a la mediana y grande empresa. Fujimori representa, sobre todo, a las pequeñas y microempresas, a los sectores informales y al mundo rural. A esta última configuración prestaré en adelante mi atención.

LA CONFIGURACIÓN DEL SECTOR AUTÓNOMO

Los candidatos que se presentan como independientes reflejan, en realidad, los comportamientos de sus electores. Fujimori fue el elegido de los sectores informales y del mundo campesino. La originalidad de la pro-

[9] C. Castoriadis, "La fin du marxisme-léninisme", en *Le Monde*, 24 de abril de 1990.

[10] B. Maris, "Le Pérou, l'hyperinflation et la récession", en *Le Monde*, 10 de octubre de 1989.

[11] Ocoña es una célebre calle del centro de Lima donde se compra y se vende libremente en las aceras (y aun en el centro de esta calle, muy concurrida) el dólar americano. Es una "Wall Street" peruana, totalmente informal; sin lugar a dudas uno de los lugares de "lavado" de dinero del narcotráfico.

testa surgida de esta elección se debe a esta bipolarización. Habrá que tomarla en cuenta, precisarla y sacar las consecuencias.

Los sectores informales, potencia electoral

Los sectores informales se han desarrollado prodigiosamente en Perú, sobre todo en Lima, donde se agrupa una tercera parte de la población del país y la mitad de sus habitantes son inmigrantes. Los sectores informales fueron pasados por alto. En los clásicos esquemas de la izquierda, no tienen ningún lugar entre la burguesía y el proletariado.[12] La derecha está más interesada en la justificación del neoliberalismo que en la informalidad.

El FREDEMO y Cambio 90 fueron novedosos al prestar atención a los sectores informales, pero con proposiciones distintas. El primero planteó un programa de ayuda social de alimentación y de salubridad en el marco de una política de ajuste. Ese programa fue considerado como favorable a las grandes empresas contra los pequeños propietarios. Las recientes experiencias de otros países de América Latina no pueden más que alimentar semejante sospecha. La posición de Fujimori, aunque no explícita, fue percibida como en favor de las pequeñas y medianas empresas, sin choque económico, lo que le valió el apoyo de los microempresarios, de las federaciones de los sectores informales y de las asociaciones de distrito.[13]

También recibió el apoyo de Hernando de Soto, autor de *El otro camino*, que tuvo gran repercusión en Perú y en América Latina en general. Esta obra es una apología de los sectores informales como alternativa al desarrollo de los países menos avanzados, pero más aún es una apología del neoliberalismo, con ataques contra el mercantilismo, el estado económico en que se ha quedado el país. Ahí, los sectores informales son definidos siguiendo un criterio jurídico: hay informalidad cuando los costos que representa el respeto a las leyes son superiores a las ganancias que pueden esperarse.[14] Ahora bien, De Soto inicialmente había estado en el bando de Vargas Llosa, quien había redactado un prólogo para su obra y que se presentaba como campeón del liberalismo. A consecuencia de una disputa, se pasó al equipo de Fujimori, de quien ha llegado a ser el asesor más notable, acompañando al candidato en su viaje a los Estados Unidos para encontrarse con los responsables del Banco Mundial y del Fondo Monetario Internacional, gracias a la intervención del secretario general de las Naciones Unidas. Llevado por una corriente que no rechaza la modernidad pero que quiere llegar a ella por su propio camino, Fujimori encarnó a los sectores informales del Perú.

[12] F. Villarán, *Página Libre*, 8 de mayo de 1990.
[13] *Idem.*
[14] C. de Miras y R. Roggiero, 1990, p. 92.

El cielo se entremete, o panteón para lo informal

Ningún libro podría aparecer más oportunamente que el que fue dedicado a Sarita Colonia,[15] santa popular, no reconocida por el Vaticano, cuyo retrato aparece en todos los autobuses, camiones y taxis del Perú.

Casi no se sabe nada de la vida de Sarita Colonia.[16] Nacida en Huaraz, murió a los 26 años en Lima, en 1940, después de haber trabajado como sirvienta doméstica. Es por tanto, una imagen de la "chola", de la inmigrante. Sus despojos fueron echados a la fosa común, y después fueron destruidos. Su culto nació hacia 1960, a consecuencia de un milagro concedido a uno de sus hermanos. Se extendió por todo el Perú, a América Latina, a la comunidad de lengua española de los Estados Unidos. En 1970 se construyó una cripta en el cementerio del Callao para recoger sus supuestos restos. Se ha convertido en lugar de peregrinaciones.

Ese culto es un invento popular, ya que no se conoce ninguno de los actos de la vida de Sarita Colonia, por lo que no puede ser ejemplar. Los humildes se identifican con ella: es una emigrante, con el mismo físico que ellos. "Sarita es de los nuestros, pues es pobre y miserable como nosotros."[17] Desempeña el papel de una "comadre" celeste, e interviene en relaciones de dependencia andinas: puede contar con la devoción de sus fieles a cambio de sus intervenciones en el más allá.

En ese culto se transparenta una profunda necesidad de reconocimiento de toda una categoría de desarraigados, inmigrados al medio urbano. Y este reconocimiento no sólo se busca en el mundo secular, sino también en el dominio de la fe: "los cholos invaden el cielo". Presenciamos el nacimiento de una mitología justificadora, de una ideología de lo informal. Sarita Colonia es una protectora que tranquiliza y mantiene un nexo en lo imaginario entre el mundo andino de origen y una difícil inserción en la ciudad.

La economía campesina en el sector autónomo

Al presentar a Alberto Fujimori como el elegido de los sectores informales, los comentadores limeños han presentado otra dimensión de su surgimiento: en la primera vuelta, triunfó en seis departamentos andinos. Por tanto, es el representante a la vez de los sectores informales y del mundo campesino, y a ello se debe la originalidad de su victoria.

Necesitamos un útil que defina esta globalidad formada por los sectores informales y la economía campesina. Ya se había hecho una tentativa en la Costa de Marfil, donde la agricultura de plantación fue incluida

[15] E. González Viaña, 1990.

[16] Todo el análisis que sigue es un resumen de la presentación pública de ese libro por C. Franco, publicada por *Página Libre* el 21 de mayo con el título de "Sarita Colonia, o los cholos invaden el cielo: razones de un culto popular".

[17] El mismo proceso de identificación fue aplicado, como hemos visto, a Alberto Fujimori.

en los sectores informales,[18] lo que no me satisface plenamente. Para empezar, no es posible definir al todo por una de sus partes. También, el término "informal" me parece impropio para designar actividades agrícolas. Además, las definiciones del sector informal son múltiples y discordantes.[19] Por último, las normas utilizadas se caracterizan más por una ausencia ("ilegalidad", "no registro"...) que por un contenido. En la búsqueda de una denominación que cubriera ambos bandos, la clave fue proporcionada por A. Tchayanov, quien ya había señalado la similitud de funcionamiento de los sectores informales y de la economía campesina.[20] Así, fui llevado al concepto de sector autónomo.

Un sector autónomo agrupa actividades que dependen casi únicamente del empleo de una fuerza de trabajo familiar. Ahí, es simplemente episódico recurrir a una mano de obra asalariada, o bien se practica en pequeñas dimensiones. En ese caso, las relaciones de trabajo están fuertemente impregnadas por relaciones personales, y se ha podido hablar de "asalariado impuro".[21] Esas actividades se ejercen en el seno de una red familiar compuesta de unidades de producción que forman otros tantos núcleos repartidos en el espacio: en el pueblo de origen, en zonas de colonización agrícola, en las ciudades. La lógica de la producción es la de la auto-explotación de la fuerza de trabajo familiar, cuyo grado queda determinado por una comparación entre la satisfacción de las demandas del grupo doméstico y lo penoso del trabajo. Esas unidades no aspiran a la autarquía, sino que participan activamente en una economía de mercado, aunque los mercados con frecuencia son opacos e imperfectos. Se crearon por innovación espontánea, se caracterizan por una situación de reproducción sencilla y muy escasamente dependen de los circuitos oficiales del Estado. Algunas de estas unidades se encuentran hundidas en la economía informal del medio urbano, mientras que otras se consagran a la agricultura o a diversas actividades en el medio rural. Y hay que tener en cuenta esta totalidad.[22]

El sector autónomo se encuentra en otros países. Entre los serer de Senegal, los miembros de la red familiar se quedaban en la aldea de origen y ayudaban financieramente a quienes habían emigrado a la ciudad para montar un taller o una tienda. A cambio, la acumulación se hacía en la aldea, en los rebaños de bovinos del matrilinaje. Sin embargo, se

[18] G. Bureau, 1985.

[19] F. Roubaud, 1990.

[20] A. Tchayanov, 1990, p. 97: "Los principios de la explotación campesina que exponemos no sólo son propios de una explotación de ese tipo. Se les encuentra en toda actividad económica de mano de obra familiar, donde en general el trabajo está unido a esfuerzos físicos, y a las ganancias proporcionales a esos esfuerzos. Tal puede ser el caso de un taller de artesanía o de un puesto en el pueblo, por ejemplo."

[21] E. Baca, 1982.

[22] El concepto de "sector autónomo" difiere del de "sector intermedio", propuesto por P. Couty (1968). El sector intermedio se sitúa en la transición de las actividades agrícolas y de las actividades modernas, en tanto que el sector autónomo es una agrupación de los sectores informales y de la economía campesina.

observaban variaciones de comportamiento, según la edad y la categoría de los emigrados.[23]

La protesta del mundo campesino se comprende en una perspectiva histórica. En 1969, la reforma agraria del general Velasco había organizado unas estructuras asociativas[24] sin tener en cuenta las reivindicaciones de las comunidades campesinas que exigían la devolución de las tierras confiscadas por las haciendas.[25] Entre 1970 y 1980, una confrontación produjo el desmantelamiento de las SAIS en las zonas altas y el desmembramiento de las cooperativas en los valles de la costa.[26] El patrimonio de las tierras quedó fragmentado y pronto se vio aumentar el número de pequeños propietarios rurales. Este estrato económico votó por Fujimori, o al menos por su mensaje de apoyo a la pequeña propiedad. Sin duda, habrá que distinguir, según las regiones y el tipo de institución asociativa. Pero los resultados de los votos del 8 de abril y del 10 de junio no son fortuitos.

La protesta de un sector autónomo en el Perú obliga a hacer una renovación de las problemáticas y de las prácticas. En primer lugar, la investigación ruralista no sólo se efectúa en el campo. El mundo rural no es un enclave, Lima se ha convertido en una ciudad andina. Un enfoque como sector autónomo nos moverá a investigar también en el medio urbano, pues en el seno de una red familiar las decisiones de un núcleo chocan con las de todos los demás. Una segunda renovación es un llamado a superar las problemáticas tomando en consideración etapas ecológicas. La expansión de Sendero Luminoso por todos los Andes del Perú se convierte en un fenómeno sobre el cual deben interrogarse todos los investigadores llevados a este medio. Una última renovación toca a las formaciones universitarias. La aprehensión de un sector autónomo provoca la necesidad de especialistas en la economía campesina y los sectores informales, dos bandos muy ajenos, por el momento, uno del otro. Pero los campos, ¿no están apoderándose ante nuestros ojos de las ciudades?

[23] J. M. Gastellu, 1981.

[24] Estas estructuras asociativas son:
CAP: Cooperativas Agrarias de Producción.
SAIS: Sociedades Agrícolas de Interés Social.
ERPS: Empresas Rurales de Propiedad Social.

[25] J. Chávez Achong, 1983.

[26] M. Eresue y C. Auzemery (1986) y V. Caballero Martín (1990) siguen minuciosamente la desaparición de la SAIS de Cahuide en el Mantaro. No sucumbió a las acciones de los campesinos cercanos, que habían elaborado un proyecto multicomunal, sino a los ataques de Sendero Luminoso, que mató el ganado y saqueó el material. A la inversa, en el valle de Tarma, el desmantelamiento de otra SAIS permitió un súbito aumento de la superficie de los terrenos.

Bibliografía

Baca, E., *Economía campesina y mercados del trabajo. Caso del Valle Sagrado de los Incas,* tesis, Universidad Nacional San Antonio Abad, Cuzco, 1982.

Bourricaud, F., *Poder y sociedad en el Perú*, IEP-IFEA, Lima, 1989.

Brougere, A. M., "Transformaciones sociales y movilidad de las poblaciones en una comunidad del Nor-Yauyos", en *Bulletin de l'Institut Francais d'Etudes Andines,* XV, 1986, núms. 1-2.

Bureau, G., *Le développement par les secteurs informels. Le cas de la Cote-d'Ivoire*, CPDCET, París, 1985.

Chávez Achong, J., *Introducción al problema agrario en el Perú*, IDEAS, Lima, 1983.

Couty, P., "La structure des économies de savanes africaines", en *Cah.* ORSTOM. *sér. Sc. Hum.*, vol. V, núm. 3, 1968.

Egoavil Arce, M., *Agricultura de la papa, mercado y pobreza campesina*, UNMSM, Lima, 1988.

Eresue, M. y C. Auzemery, "El proceso de parcelación de las cooperativas agrarias del Valle de Cañete", en *Bulletin de l'Institut Français d'Etudes Andines*, XV, núms. 1-2, 1986, pp. 179-205.

Gastellu, J. M., "L'égalitarisme économique des Serer du Sénégal", en *Travaux et Documents de l'*ORSTOM, núm. 128, París, 1981.

González Viana, E., *Sarita Colonia viene volando*, Mosca Azul, Lima, 1990.

Miras C. de Roggiero, R., *Les petites activités marchandes en milieu urbain en Equateur. Analyse et bilan de la production théorique,* ORSTOM-CEDIME, Quito, 1990.

Roubaud, F., *Rapport de mission sur le projet de mesure du secteur informel dans l'économie péruvienne,* INE, Lima, 1990.

Soto, H. de, *El otro sendero,* ILD, Lima, 1986.

Tchayanov, A., *L'organisation de l'économie paysanne*, Librairie du Regard, París, 1990.

LA ESCLAVITUD Y SU HERENCIA EN EL CAMPESINADO HAITIANO DE HOY

RICARDO PARVEX
CIMADE
París, Francia

LA ESCLAVITUD, lejos de ser un fenómeno histórico superado, tiene para el campesinado haitiano de hoy una gran significación y consecuencias importantes, tanto sobre su comportamiento sociológico cotidiano como en su relación con el medio. Este artículo trata de explicar la situación actual del mundo haitiano gracias a una red de lectura histórica: inspirarse en la historia rural francesa de Fernand Braudel, donde analiza las situaciones actuales en "el espesor de su historia pasada". En su libro, ya clásico, *Le paysan haïtien*,[1] Paul Moral dice que "los factores históricos parecen de importancia primordial en una introducción al estudio de la vida campesina tal como hoy se observa en Haití", y añade: "La herencia del pasado es tan decisiva como la naturaleza de los suelos o los matices de color."[2]

Entre los problemas más graves a los que se enfrenta el mundo rural haitiano de hoy encontramos la marginación y el hambre, lo precario de la propiedad de las tierras y la violencia que de ello se deriva, la catástrofe ecológica y el desplome de la producción agrícola, la enorme emigración y la total falta de perspectivas. Cada uno de esos problemas tiene un desarrollo propio, y cada uno ocupa un lugar particular en el desastre global en que se encuentran todos esos factores. Cada una de esas situaciones tiene sus raíces en la historia haitiana, historia en que la esclavitud desempeña el papel de hilo conductor.

LA HISTORIA

El arcaísmo y la modernidad

La historia de Haití está tachonada de trastornos y de rupturas que la han convertido en caso excepcional entre las historias de por sí insólitas de los países colonizados. Muchas son las manifestaciones del carácter único de la historia haitiana. La más significativa es, sin duda, la para-

[1] P. Moral, *Le paysan haïtien*, Les Editions Fardin, París, 1961.
[2] *Idem.*

doja y la contradicción permanente entre modernidad y arcaísmo, paradoja presente a través de toda su evolución:

- contradicción entre el carácter moderno de la agricultura impuesto por la colonización (monocultivo, agroindustria, agroexportación) y la sujeción de su mano de obra;
- paradoja entre la lucha de los esclavos por liberarse de una de las formas sociales más primitivas y la modernidad de sus reivindicaciones sobre los derechos del hombre;
- oposición entre la concepción estatal y centralizadora de la producción defendida por los jefes revolucionarios de 1804 y las aspiraciones a la pequeña propiedad de autosuficiencia, deseada por los exesclavos.

En el marco actual subsisten otras contradicciones:

- contradicción aparente entre el carácter político tradicional de las luchas campesinas de hoy y la naturaleza moderna de sus reivindicaciones (defensa ecológica, libertad de los flujos migratorios, autogestión de la pequeña propiedad, etcétera);
- paradoja entre la existencia en la base de formas de organización igualitarias y participativas y una sociedad rural militarizada en torno de los jefes de sección.

Primera ruptura: la conquista

En la mayoría de las otras regiones del continente americano (con excepción de los Estados Unidos y, parcialmente, Canadá), las sociedades que surgieron de la conquista europea lograron conservar, en diversos grados, las contribuciones étnicas, culturales, lingüísticas, etc., hechas por las comunidades indígenas anteriores. Así, el mestizaje permitió a esas naciones nuevas conservar ciertos elementos-clave para su coherencia como pueblos: los nexos tribales, el conocimiento y la adaptación a un medio determinado, el dominio de conocimientos técnicos, etcétera.

En el caso de Haití, primer punto de contacto o de colisión entre conquistadores y conquistados, las cosas fueron bastante más brutales:

> En las Antillas Mayores, la historia indígena llega antes a su fin, desde la realización del primer acto de la conquista europea. De todas las grandes islas, La Española es la más pronto dominada y destruida; servirá de cabeza de puente a la ocupación española. Y por ello, es aquí donde más se precipitará la muerte de los indios. De los 60000 indios que aún se contaban en 1508, quedan... 500 en 1535.[3]

[3] A. M. D'Ans, *Haïti, paysages et société*, Karthala, París, 1987.

> Los tainos, ciboneys y otros arawacos que poblaban primitivamente Ayti no sobrevivieron mas que una veintena de años a la invasión de su país en 1492-1493 (...) Una resistencia feroz, pero dispersa, no impidió al millón de habitantes de los cinco cacicazgos o reinos primitivos que se repartían los 77 000 kilómetros cuadrados de la isla sucumbir a las armas de fuego, las armas blancas, los dientes de los dogos amaestrados, los cascos de los caballos, el choque microbiano...[4]

La desaparición brutal de las etnias originales entrañó la desaparición casi total de los conocimientos tradicionales acumulados durante siglos, la pérdida del control del ambiente y de una gran parte de los conocimientos técnicos indígenas:

> Será necesaria la supervivencia de núcleos irreductibles, como el encabezado por el cacique Henri, al que pronto se unirán los primeros esclavos negros importados, para que algunos elementos de la cultura amerindia hayan podido pasar a la civilización haitiana actual.[5]

> Después de haber agotado —muy pronto las minas auríferas de La Española, primera tierra europeizada y por tanto saqueada en el hemisferio occidental, los conquistadores la abandonaron en masa (...) (La isla) ya no desempeñará más que el papel de cabeza de puente para llegar a Cuba y luego a la "tierra firme", donde se había olfateado ya la existencia de otras fuentes de metales preciosos.[6]

> Durante largo tiempo, Haití deja de interesar a las potencias europeas. Necesitará más de cien años para despertar de un prolongado letargo. A partir del segundo tercio del siglo XVII y sobre todo en el XVIII, nuevos trasplantes humanos modificarán totalmente su faz. Francia edificará allí la colonia tipo del capital mercantil.[7]
>
> La colonia (francesa) se fundó al margen de la iniciativa real, y los primeros aventureros se habían forjado ya su propio cuerpo de costumbres. Eran muy celosos de su independencia y de las franquicias que se arrogaban (...) Poco a poco los oficiales reales llegarán a someter a los primeros habitantes a una administración oficial y regular.[8]

A partir del siglo XVII, el antiguo Santo Domingo empieza a ser repoblado en masa por esclavos africanos. Aunque portadora de una cierta herencia cultural y de una cierta técnica africana, la población esclava estaba demasiado debilitada, atomizada y desarraigada para remplazar lo que Haití había perdido con la desaparición de su población original. *Esto condicionará duraderamente la historia del campesinado haitiano.*

[4] B. Joachim, *Les racines du sous développement en Haïti*, Imprimerie Deschamps, Puerto Príncipe, 1979.
[5] *Idem.*
[6] *Idem.*
[7] *Idem.*
[8] J. Barros, *Haïti, de 1804 à nos jours*, L'Harmattan, París, 1984.

Haití, tierra de exilio; África, tierra de promisión

En todos los tiempos, pero particularmente antes de la independencia, la mitología haitiana ha atribuido gran importancia a África, como tierra de los antepasados. El retorno mítico e hipotético al África no hacía más que dar cuerpo y solidez a una aspiración mucho más concreta: la de escapar de la esclavitud. "Las creencias africanas conservadas por la esclavitud, paralelas u opuestas a la religión cristiana a la cual el amo pretendía convertir a todos, el mito del retorno al África en caso de morir en combate, sirvieron a la lucha por la libertad."[9]

Los movimientos de rebelión han tenido formas individuales o colectivas, insurreccionales o simplemente de evasión, pero siempre han incluido un aspecto de desobediencia civil y de resistencia opuesta a la total negación de libertad personal que imponía la sociedad esclavista. *En cierto modo era una lucha por los derechos del hombre, antes que éstos se promulgaran*. En contraste con los movimientos insurreccionistas del continente (Túpac Amaru en Perú, Túpac Katari en Bolivia, movimiento Mapuche en Chile), el *marronage*[10] no tuvo por objetivo principal la defensa de un territorio ocupado por extranjeros, sino la defensa desesperada de las libertades:

> ¿A qué móvil, si no a la búsqueda de esta libertad, obedecía la masa de fugitivos que durante todo el periodo colonial vivieron en los bosques y en las cañadas inaccesibles, inútilmente perseguidos por la gendarmería?[11]

El establecimiento de territorios libres inaccesibles al orden colonial, donde los *marrones* constituyeron su sociedad autárquica *no era expresión de una conquista o de una recuperación territorial, sino de una victoria de sus derechos cívicos*. Fue la abolición de la esclavitud la que siempre movilizó a los esclavos alzados, nunca la lucha por la posesión o la apropiación de un territorio cualquiera. ¿Cómo unos hombres convertidos en esclavos en esta tierra tan lejana de su África natal podrían reivindicarla como suya?

Segunda ruptura: la independencia

Entre 1771 y 1804 se desarrolló un prolongado y violento proceso de insurrecciones y de guerras que terminó con la expulsión de la colonia francesa. Se produjeron entonces dos hechos, *dos fenómenos que sin duda fueron determinantes en la evolución de la sociedad rural haitiana*. El primero fue la partida en masa de los colonos blancos, lo que libraba a Haití del marco esclavista, pero al mismo tiempo lo privaba del cuerpo espe-

[9] B. Joachim, *op. cit.*

[10] *Marronage*: deserción de esclavos de las plantaciones.

[11] J. Fouchard, *Les marrons de la liberté*, Editions Henri Deschamps, Puerto Príncipe, 1972.

cializado que dominaba la tecnología moderna. El segundo fue la atomización de las antiguas plantaciones, pese a las tentativas de centralización y de conservación de las antiguas estructuras de producción (habitaciones) de parte de Toussaint Louverture y de otros revolucionarios.

Hay que recordar que en la época de la independencia la mayoría de los antiguos esclavos habían nacido en África. "En 1740, por los muelles del puerto del Cabo desfilan más de 500 navíos por año",[12] cargados de "madera de ébano". Para el periodo que va de 1777 a 1791, Jean Fouchard ha calculado la llegada de cerca de 129 mil esclavos sobre un total de 450 mil.[13]

Como recién llegados, les faltaba, pues, una adaptación mínima a esta tierra de la que, tras la independencia, quedaron como únicos responsables. En tanto que mano de obra sometida, su visión y su experiencia de los procesos organizativos y productivos "modernos" eran muy fragmentarias. *Esta ruptura tecnológica y la desaparición al menos parcial de la antigua habitación azucarera ejercieron así una influencia durable sobre la historia del mundo rural haitiano...*

Haití, experiencia piloto

Después de los Estados Unidos, Haití fue el primer territorio colonial del continente americano que adquirió su independencia. Por tanto, tuvo, en cierto modo, el raro privilegio de recorrer un terreno virgen, frecuentemente peligroso. Extraño destino de este país que ha sido, a la vez, el primero en sufrir la conquista y el primero en conocer las trampas de la vida independiente.

La herencia

El carácter transitorio que adoptaba la estadía del colono antes de su independencia, y su falta de compromiso definitivo con un territorio que pensaba abandonar en un futuro relativamente próximo, hicieron de la colonización haitiana una explotación de *día por día*.

> La masa de esos individuos se renueva sin cesar. Nadie llega más que a enriquecerse, y la idea fija es volver a Francia una vez hecha fortuna. El habitante cuenta con lo provisorio.[14]

Esta no instalación marcó profundamente el medio haitiano, mediante el agotamiento y la aniquilación de sus recursos naturales. El campesino haitiano de hoy sigue viviendo en lo "provisorio", producto de la extrema

[12] A. M. D'Ans, *op. cit.*
[13] J. Fouchard, *op. cit.*
[14] Citado por J. Barros, *op. cit.*

precariedad de tierras a la que se ve sometido por una legislación (o por falta de ésta) que hace del Estado el único propietario de la tierra. Esto nunca ha impedido a los sucesivos gobiernos pagar servicios o favores políticos con donativos nacionales. Nace así una nueva casta de propietarios rurales, estrechamente ligada al poder militar.

La consecuencia más temible de esta precariedad es el desastre ecológico ocasionado por una política de ganancia a corto plazo y por la total ausencia de inversiones a mediano y largo plazos.

> En Haití son muy escasos los ejemplos de terrazas progresivas (para contener la erosión difusa) construidas por los campesinos. Esta situación se debe a la juventud de la agricultura en los límites[15] y a la debilidad de las estructuras sociales: factores desfavorables para la aplicación y la difusión de innovaciones de ese tipo".[16]

Legislación fundamental justa y defensa del medio son indisociables en el caso de Haití. Otra manifestación del peligro que se abate sobre los recursos naturales fue puesta en evidencia con la matanza de los cerdos criollos en 1983. Tan sólo gracias a la acción concertada de la cooperación y de un cierto número de ONG (organización no gubernamental) francesas pudo evitarse la desaparición de un patrimonio genético fundamental.

La violencia que adopta la lucha por la tierra desde hace algunos años revela mucho sobre la importancia de lo que está en juego. Las matanzas de Jean Rabel, de Pyat y los enfrentamientos de diversos sectores de la Artibonita son la demostración sangrienta de lo anterior. El aumento del número de *boat people* (en su mayoría, de origen campesino), a pesar de las medidas de intercepción en alta mar adoptadas por los Estados Unidos, no es sino expresión del deterioro de las condiciones de la vida campesina.

> Cada día, el campesino haitiano se enfrenta a una situación más precaria que lo mueve a enrolarse en los bateys dominicanos —en condiciones de verdadera esclavitud—, a desafiar los mares para llegar a las riberas norteamericanas o a probar su suerte en los barrios miserables de la capital. Y cada vez es más difícil sobrevivir en esas parcelas agotadas.[17]

El bloqueo de la emigración haitiana por las leyes internacionales más draconianas recuerda dramáticamente la situación de los esclavos acantonados en las plantaciones sin ninguna oportunidad de abandonarlas legalmente. ¿Qué fue de esos derechos fundamentales, la libertad de desplazamiento y el derecho a la supervivencia, para los miles de campesinos haitianos condenados a morir de hambre en su propia tierra?

[15] *Mornes:* montañas haitianas.

[16] C. Lilin y A. P. Koohafkan, *Techniques biologiques de conservation des sols en Haïti,* FAO PAP, Puerto Príncipe, 1987.

[17] CRESDIP, *dossier* I, *Haïti, pays écorché,* 1990.

Desde la independencia, el poder político no ha dejado de actuar según los modelos de la sociedad esclavista. Su naturaleza elitista y minoritaria que desconoce todo consenso, su base financiera y política en el extranjero, su génesis antidemocrática y la militarización de la administración han contribuido a darle sus principales características: parasitismo, falta de un designio a mediano y largo plazos, naturaleza depredadora de su acción. La población también ha conservado una parte de esa pesada herencia en el *marronage* institucional, la explosión ideológica y la falsa sumisión al poder local. *La ausencia de un Estado de derecho y la inexistencia de libertades es para la nación haitiana y para el campesino en particular un hilo conductor entre su pasado y su presente.*

"UN CONFLICTO PUEDE OCULTAR OTRO":
destino de la modernización agrícola y recomposición de los poderes locales en México

ODILE HOFFMANN
ORSTOM-CREDAL

DAVID SKERRITT
Centro de Investigaciones Históricas
Universidad Veracruzana-ORSTOM, México

EL TÉRMINO "modernización" aparece en el discurso político mexicano desde los primeros años siguientes a la independencia. Hoy, de nuevo, ocupa el centro del debate nacional. El gobierno de Carlos Salinas de Gortari, presidente de la República elegido en 1988, lanza, en efecto, un vasto proyecto llamado "de modernización", simultáneamente orientado a los frentes económico y político. La idea básica es aumentar la competitividad y la productividad nacional en todos los sectores, con vistas, en especial, a la adhesión de México a los acuerdos del GATT. Esto implica una limpia del aparato burocrático y su progresivo retiro de las estructuras productivas en que siempre estuvo presente desde los años setenta. Ha llegado la hora de la verdad de los precios con la reducción de las ayudas y los subsidios (tanto a la producción como a la comercialización o al consumo), así como con una generalización y uniformación de los regímenes fiscales para el conjunto de los productores. A ello se añaden medidas más directamente políticas en el plano electoral y en el funcionamiento de las instancias regionales y nacionales. Se trata de aumentar la participación en las elecciones para los demás partidos, aparte del partido oficial (PRI, Partido Revolucionario Institucional), y de provocar el surgimiento de nuevos interlocutores políticos capaces de remplazar las estructuras de tipo clientelista o caciquista que en adelante se pretende combatir *(cf.* G. Gordillo, 1990).

La región del golfo de México y en particular el centro del estado de Veracruz, que abriga una vasta gama de las principales producciones "tropicales" (caña de azúcar, café, petróleo, ganadería bovina), ofrecen reveladoras ilustraciones de los cambios en curso *(cf.* CREDAL, 1990).

En el sector de la *caña de azúcar,* poderosamente controlado por el Estado desde el decenio de 1940, la privatización de las refinerías comenzó en 1988 y recientemente se ha acelerado. El organismo paraestatal del sector *café,* INMECAFE (Instituto Mexicano del Café), había logrado estimular la formación de un grupo de productores pequeños e intermedios, con una política voluntarista de precios garantizados y de ayuda a la comercialización. El debilitamiento de esta institución, en el marco de crisis inaugurado por la ruptura de los acuerdos de la OIC (Organización Internacional del Café), en julio de 1989, enfrenta a esos productores con los únicos interlocutores del mercado y con los altibajos de las cotizaciones internacionales. Por último, sector importante en el mundo rural aunque no agrícola, la extracción, la refinación y la exportación del petróleo se encuentran muy presentes en el norte de la zona que estamos considerando. Ante la organización sindical de Pemex (Petróleos Mexicanos, nacionalizado en 1938), particularmente poderosa, el Estado prefirió el enfrentamiento, con el arresto del principal dirigente, La Quina, acusado de acopio ilegal de armas (M. F. Prevot Schapira, 1989). Mostraba así claramente sus intenciones de modificar ciertas "reglas", en especial en las relaciones entre obreros, sindicatos y patrón (el Estado) y en los contratos colectivos de trabajo.

Así, los primeros pasos de la modernización se convierten, en la región del golfo, en una puesta en entredicho de los equilibrios económico-políticos anteriores y de los principales grupos de poder locales, ligados a los grandes sectores productivos más o menos controlados por el Estado.

La política y el mensaje del Estado ante el sector privado son menos claros. Oficialmente, este último es el gran privilegiado de la modernización, presentada como porvenir del país, la solución a los problemas de la burocratización, etc. En realidad, el gobierno se muestra más prudente y muy consciente de los enormes poderes que tienen algunos grupos de empresarios privados, en el norte del país, pero también, en menor escala, en la mayoría de las regiones.

EL SECTOR AGRÍCOLA PRIVADO EN EL CENTRO DE VERACRUZ: ¿ADHESIÓN O RESISTENCIA AL ESQUEMA DE MODERNIZACIÓN?

En la región central de la llanura costera de Veracruz, un importante grupo de empresarios privados conserva desde hace más de un siglo un lugar preponderante en el control de la producción agrícola regional: criadores de reses, cultivadores de plátanos y hoy de cítricos, y grandes propietarios de tierras.

Hacen oír su voz por múltiples canales: Asociación Local de Ganaderos (ALG), y regional (Unión Ganadera del Centro —UGC— y Unión Ganadera del Norte —UGN— del estado de Veracruz), asociación de productores de plátanos, los puestos electivos (mandatos municipales, diputados nacionales y del estado), y las relaciones personales y familiares que mantienen con los altos funcionarios del Estado.

Siguiendo, con un interés mezclado de ansiedad, los avances de Carlos Salinas de Gortari en su proyecto de modernización, estos empresarios se levantan enérgicamente contra ciertas medidas, especialmente la reforma fiscal que el presidente mexicano pretende imponer a los productores según su cifra de negocios declarada; hasta ahora, se les aplicaba el impuesto a las transacciones y los movimientos del ganado. Otros motivos animan la oleada de descontento, más ligada a las condiciones coyunturales desfavorables de la producción: las heladas de 1989 afectaron gravemente las reservas y las capacidades forrajeras del año, la exportación de cítricos a los Estados Unidos se redujo por problemas fitosanitarios, y se ha hundido el mercado interior de la carne. Los ganaderos exigen la ayuda del Estado, sobre todo por medio de una extensión del derecho a la exportación de ganado a los Estados Unidos (hasta hoy, sometida a cuotas estrictas para el estado de Veracruz) y una mejora de las condiciones de comercialización.

Después han aumentado las tensiones entre el grupo de ganaderos y el Estado: las alianzas políticas tradicionales se modifican, como por ejemplo la sistemática adhesión de los ganaderos al partido oficial (PRI) o el apoyo de las asociaciones de productores a los candidatos oficiales durante las elecciones. Algunos coquetean con el PAN (Partido Acción Nacional), otros aún están indecisos pero no vacilan en hacer manifiesto su descontento, por medio de la prensa o individualmente. Desde 1987 y tras el ascenso al puesto de gobernador del estado de Veracruz de Fernando Gutiérrez Barrios (nombrado después secretario de Gobernación), el Estado ha multiplicado las señales de desacuerdo y ha afirmado su deseo de acabar con ciertos sectores privados, especialmente ganaderos, demasiado comprometidos en problemas de caciquismo y de tráfico de armas (para no hablar más que de las objeciones oficiales). Así, un gran cacique ganadero del sur del estado, Cirilo Vázquez Lagunes, conocido de todos desde hacía muchos años por sus exacciones, fue detenido en 1987 pese a sus influencias.

El análisis detallado de una situación local[1] en el curso del primer semestre de 1990 ofrece una serie de "pistas" o de hipótesis para elucidar las complejas y cambiantes relaciones entre el Estado y ese grupo de presión: ¿qué argumentos se emplean? ¿Con qué cuentan unos y otros? ¿Qué fuerzas sociales o políticas intervienen en esas negociaciones?

"Un conflicto puede ocultar otro": relato de un enfrentamiento

A comienzos de mayo de 1990, un grupo de campesinos que declaraba ser miembro del Movimiento de los 400 Pueblos, invade tierras de pastoreo de La Soledad en el municipio de Atzalán. De inmediato, la policía procede a su expulsión, en el curso de la cual cuatro personas pierden la vida.

Hay que observar la rapidez y la violencia de la reacción de las autori-

[1] Informes obtenidos del banco de datos de la prensa local y nacional sobre Veracruz, "SIV-Veracruz", 1989-1990, establecido por el CEA (Centro de Estudios Agrarios, Jalapa).

dades a esta invasión. La expulsión ocurrió antes que surgiera ninguna tentativa de diálogo, y sin que hubiese habido un enfrentamiento entre los campesinos y el propietario. El Estado quiso, ante todo, probar su determinación de luchar contra toda forma ilegal de ocupación de tierras[2] y su negativa "categórica" a negociar fuera del marco legal. Sólo después fue elaborada una "solución política", con una concesión de tierras a los campesinos y la no encarcelación de los dirigentes del Movimiento. El gobierno se enfrentaba así, brutalmente, a César del Ángel, líder del Movimiento, personalidad compleja y de primera importancia en las luchas agrarias de Veracruz desde el decenio de 1960. El momento escogido para la invasión de tierras, en 1990, corresponde a un periodo de "flujo político" para César del Ángel, de regreso de su efímera alianza con la oposición cardenista en 1988 y sin tendencia política clara desde entonces.

Casi en el mismo momento recomienza un viejo conflicto por tierras en el vecino municipio de Martínez de la Torre, en torno de los pueblos de San Rafael y Jicaltepec, que también enfrenta a ganaderos y a campesinos que exigen tierras.

Las primeras concesiones de los años 1936 y 1972 habían sido seguidas, a comienzos del decenio de 1980, por nuevas exigencias de tierras de los campesinos relacionados con el Movimiento de los 400 Pueblos. En este periodo, César del Ángel estaba en plena "luna de miel" con las autoridades, después de su afiliación al sindicato oficial, la CNC. Sin embargo, su poder no alcanzó a darle satisfacción y rápidamente se retiró del asunto. Aparece entonces, en 1983, otro grupo, Antorcha Campesina. La entrada en escena de Antorcha Campesina en las costas de Veracruz revela la expansión geográfica y política de ese movimiento (activo hasta entonces en el centro del estado de Puebla), y su acceso a los servicios y al aprovisionamiento. Tras siete años de trámites burocráticos, con resultados contradictorios, el tribunal de Veracruz da la razón a los campesinos de Antorcha Campesina *(El Dictamen,* 16 de junio de 1990) en su demanda de expropiación de 100 hectáreas en San Rafael *(Diario de Xalapa,* 4 de mayo de 1990). Entonces, los ganaderos organizan la contraofensiva, con el apoyo activo de las uniones regionales del centro y del norte del estado. La asamblea anual de la Confederación Nacional Ganadera (CNG), reunida el 21 de mayo de 1990 en Veracruz en presencia del secretario federal de Agricultura, les ofrece una excepcional tribuna para exponer sus quejas. También se valen de otros canales, como la Asociación Local de Productores de Plátanos del estado de Veracruz, la cual publica una página entera en la prensa, "para sostener públicamente las justas reivindicaciones de los pequeños propietarios de Martínez de la

[2] Según la Secretaría de la Reforma Agraria, hubo 41 casos de invasión de tierras en la primera parte del año de 1990 en todo el estado *(Diario de Xalapa,* 31 de mayo de 1990). Según otras fuentes, desde comienzos del año había habido ya 454 expulsiones de terrenos invadidos, tanto en el medio rural como en las colonias urbanas *(El Dictamen,* 20 de junio de 1990).

Torre y de Nautla" (los ganaderos de San Rafael) *(Diario de Xalapa,* 22 de mayo de 1990). Los campesinos responden con la invasión inmediata, el 23 de mayo, de 30 hectáreas en San Rafael, sin esperar a las formalidades oficiales de entrega de tierras. Esta vez, las autoridades gubernamentales reaccionan de manera muy diferente de la empleada en La Soledad: no se intenta ninguna expulsión violenta y la policía sólo se encarga de una "vigilancia" de las tierras en litigio. Durante ese tiempo de "tensa calma" en San Rafael, se entablan discusiones en el palacio del gobernador, en Jalapa. Este último trata de restar importancia al conflicto y de evitar que pase al terreno político. Muy pronto convencido de que el conflicto ha entrado en un callejón sin salida legal (por la complejidad de un expediente que se muestra en su contra), los ganaderos exigen una solución política. Ese mismo día, los campesinos responden con una nueva ocupación de 10 hectáreas en San Rafael *(Gráfico,* 30 de mayo de 1990). A finales del mes de junio, el conflicto sigue sin resolverse.

Hipótesis e interpretaciones: la revisión de los papeles y de los poderes locales

Se pueden sacar algunas enseñanzas, o al menos formular algunas hipótesis. ¿Por qué la actitud de las autoridades gubernamentales ante esas invasiones de tierra fue tan distinta en La Soledad (intervención inmediata y brutal) y en San Rafael (negociación)?

Las dramáticas consecuencias de la primera intervención (varios muertos), ¿habrán instado a la prudencia? No es probable, en la medida en que, en el momento en que se establecían negociaciones en San Rafael, la policía procedía a efectuar violentas expulsiones en el sur del estado (municipio de Moloacán), en terrenos ocupados por los campesinos de la Central Campesina Independiente (CCI), grupo campesino que, sin embargo, estaba afiliado al sector oficial, pero perdiendo influencia *(Diario de Xalapa,* 1 de junio de 1990). En el primer caso, en La Soledad, el Estado intervenía frente a un asociado social debilitado. El Movimiento de los 400 Pueblos no tiene, hoy, en realidad, sino una legitimidad y una representatividad limitadas después de su reciente desviación política, y César del Ángel reúne sus fuerzas poco a poco, habiendo recurrido a acciones espectaculares para provocar su movilización. El Estado no vacila desde entonces en intervenir, demostrando así que una modernización bien comprendida sólo puede hacerse en un estado de derecho, no tolerando ya esos abusos cotidianos en el mundo rural: los saqueos y las invasiones de tierras. A algunas decenas de kilómetros, en San Rafael, la situación ya no es la misma. Los campesinos invasores son, si no protegidos, al menos vigilados por las fuerzas del orden. No hay que deplorar ninguna expulsión brutal, ninguna violencia. Es poco probable que el Estado acepte inmediatamente unas reivindicaciones y unas formas de lucha que siempre ha reprobado. Las reivindicaciones de San Rafael no son, en sí mismas, más o menos justificadas que otras. El origen de la clemencia de las autoridades públicas no debe buscarse en el lado de la legitimidad de la demanda, sino, más que nada, en el de la personalidad de los protagonistas.

Antorcha Campesina, movimiento revolucionario extremista en sus discursos, a menudo ha marchado de la mano con el Estado o con ciertas instancias oficiales, siempre que encontraba ventajas inmediatas o posibilidades de lucha contra unos adversarios considerados más peligrosos, como lo son, a sus ojos, los grupos y movimientos campesinos "competidores". En la región que estudiamos esto se traduce en conflictos y divisiones en el interior del mundo campesino, con repetidos ataques contra la Unión Campesina Independiente (UCI), movimiento de reivindicación campesina fuertemente establecido en la sierra de Puebla y el centro de Veracruz desde los años setenta. Funcionando un poco como saboteador lanzado por el gobierno, Antorcha Campesina ha contribuido así a intensificar la división de los campesinos y a debilitar ciertos movimientos oposicionistas. Mientras mantiene una retórica sumamente violenta y crítica del Estado, no vacila en aprovechar cada coyuntura y en establecer alianzas *contra natura,* especialmente con el Estado, para influir fuera de sus tradicionales baluartes en el centro de Puebla. Si aceptamos esta hipótesis, el movimiento campesino Antorcha no es, hablando con la verdad, un "actor social", ya que no representa ninguna fuerza organizada del mundo rural, sino tan sólo una unión de intereses en un momento dado; unión de que se sirven los poderes locales para hacerle frente a sus adversarios de momento, a saber, los ganaderos, furiosos por las medidas fiscales y desconfiados de la "política de modernización".

Sin embargo, los ganaderos no son abiertamente hostiles a los proyectos gubernamentales, a los que a menudo apoyan en sus discursos. Pero, antes, plantean la solución pidiendo que se tomen en cuenta sus reivindicaciones, principalmente la seguridad de las tierras y una mejora de las condiciones de comercialización. Ante esta "tibieza" de los ganaderos, puede verse que en los medios estatales se desarrolla una corriente de opinión que les es desfavorable, que los acusa de incapacidad por el cambio y actitudes retrógradas, casi reaccionarias. El tono se hace más violento, y el director de Ganadería del estado de Veracruz los apostrofaba recientemente en estos términos: "La ganadería no es un *hobby*, es una empresa." *(Diario de Xalapa,* 16 de junio de 1990.) Recordemos aquí que las relaciones entre los ganaderos y el Estado siempre han seguido una dinámica de balanceo: periodos de alianzas "indefectibles" suceden a periodos de crisis y de enfrentamiento.[3]

El conflicto de San Rafael es como una advertencia del gobierno a los

[3] Para la época reciente mencionemos el conflicto relacionado con la central nuclear de Laguna Verde, muy criticada por los ganaderos, o el que fue suscitado por el arresto de ganaderos que habían intervenido en asuntos de caciquismo y de bandidismo armado (cf. *supra).* En ambos casos, la ira de los ganaderos y su oposición cesaron después de unas enconadas negociaciones, al más alto nivel, y de las garantías dadas a los ganaderos sobre los puntos que consideraron fundamentales, como la seguridad de sus tierras.

campesinos, sobre un punto particularmente sensible a sus ojos: un atentado contra la propiedad. En efecto, para los ganaderos la cuestión de la seguridad de las tierras siempre ha sido uno de los pilares y fundamentos de la producción y de su influencia política en la localidad y fuera de ella, de su existencia misma en tanto grupo social. Podemos apreciar la importancia de lo que está en juego por la intensidad de la respuesta. Los ganaderos directamente afectados aplican toda una serie de acciones tendientes a ensanchar el conflicto, haciendo intervenir a ganaderos de otras regiones (llamado a las uniones vecinas y a la confederación nacional) y a los "aliados" de otros sectores (la unión de plantadores de plátanos). De todas maneras hay que subrayar que excluyen un modo de acción que, sin embargo, les era habitual: la violencia y la defensa armada de sus intereses, recurriendo a milicias privadas. Si las formas adoptadas por la reacción cambiaron fue porque los intereses y los factores eran distintos. No se trata de un "habitual" conflicto de tierras, con un enfrentamiento entre campesinos y propietarios, sino de una negociación en que el Estado interviene, detrás de los interlocutores más visibles. Esto lo comprenden inmediatamente los ganaderos que tratan de imponer una solución "política" *(cf. supra).* Presenciamos una especie de pulsear entre los ganaderos y el Estado: el movimiento Antorcha Campesina sólo desempeña un papel secundario.

El objetivo de ese conflicto, en cierta forma manipulado si no suscitado por el Estado, sería la negociación en torno de nuevas reglas en las relaciones políticas y productivas en el nivel local. Se solicita insistentemente el apoyo de los ganaderos a las orientaciones modernizadoras, sin el cual los conflictos por tierras podrían recomenzar, mientras que el Estado está firmemente decidido a pasarlos por alto o a sofocarlos en casi todas las demás regiones. Las cuestiones de tierras y técnicas se imbrican y se condicionan mutuamente, en un juego mediatizado por alianzas y negociaciones políticas.

En la búsqueda de una reintegración global del mundo rural, el Estado interviene directamente en los sectores que aún controla mayoritariamente, como por ejemplo el petróleo o la caña de azúcar. Aparece entonces como un actor y un interlocutor dotado de legitimidad y de medios económicos y políticos. En cambio, en los sectores privados como la ganadería, que abriga un numeroso grupo de presión con tradiciones históricas sólidamente fundadas, el Estado no tiene, al parecer, legitimidad suficiente para intervenir en forma directa, tanto menos cuanto que su nueva política predica precisamente un retiro de la producción. Actúa entonces como árbitro o mediador en conflictos locales que sabe aprovechar para transmitir sus mensajes e imponer su nueva visión del reparto de papeles: sí a la iniciativa privada (a condición de que respete las nuevas reglas de la liberalización y sus consecuencias, especialmente fiscales). Están en curso de elaborarse nuevas relaciones políticas, por medio de la resolución de esos conflictos locales, de los que el de San Rafael no es más que un ejemplo.

Bibliografía

Diario de Xalapa.
Gráfico.
El Dictamen.
Entrevistas y observaciones de campo (O. Hoffmann y D. Skerritt), octubre-noviembre de 1989.
CREDAL colectivo (O. Hoffmann, J. Y. Marchal, M. Pepin Lehalleur y M. F. Prevot Schapira), 1989, "Pistes et questions pur l´étude du pouvoir local dans le golfe du Mexique", en *Documents de Recherche du* CREDAL, núm. 217, 1990.
Gordillo de Anda, Gustavo, "Politique macro-économique, rôle de l'Etat et participation active de la societé rurale", en *Colloque* SOLAGRAL, París, junio de 1990.
Rello, F., "Sistemas de abasto y acceso a la alimentación (el caso de México)", en *Colloque* SOLAGRAL, París, junio de 1990.
Prevot Schapira, M. F., "Après les élections, la chute d'un cacique syndical", en *Problèmes d'Amérique Latine,* La Documentation Française, París, 1989.
Skerritt, D., *Peasant organisation in Veracruz,* 1920-1980, multigrafiado, Oxford, 1980.

MÉXICO: PODERES POLÍTICOS, PODERES ECONÓMICOS Y TRANSFORMACIONES SOCIALES EN UNA COMUNIDAD DE MICHOACÁN

JEAN PAVAGEAU
Centre de Recherche Ibériques et Latino-Américaines
Universidad de Perpignan
GRAL-IPEALT
Universidad de Toulouse Le Mirail, Francia

PARA comprender mejor el funcionamiento real del sistema de poder de una comunidad rural mexicana, debemos preguntarnos qué fuerzas intervienen en la evolución de la vida económica, y cuál es la realidad de las relaciones sociales y de las relaciones de poder en la actualidad.

LOS ACTORES EN ACCIÓN EN LA EVOLUCIÓN ECONÓMICA

En un largo proceso caracterizado por la degradación del espacio comunitario, el deterioro de la economía campesina y el surgimiento de una agricultura capitalista en Tarecuato intervienen múltiples actores (individuos, grupos, instituciones). Numerosas fuerzas, a la vez contradictorias y complementarias, intervienen en todas las escalas de la vida social, desde la local hasta la del Estado.

Los jefes económicos de cada pueblo son los que han sabido "evaluar" más o menos empíricamente la realidad de la situación económica local y cobrar conciencia de la importancia del medio económico y de las posibilidades que ofrece. Otros, con un alto lugar en la jerarquía comunitaria y disponiendo de superficies cultivables importantes habiendo accedido a cargos sociales, religiosos y políticos, han sabido constituir unas explotaciones viables. A menudo, la migración de uno o de varios miembros de la familia ha contribuido a consolidar ese capital.

Esta evolución económica iniciada por gentes de la comunidad se amplificó por la llegada de extraños al pueblo, con fuerte capacidad de inversión. Es interesante observar el papel de la gente originaria de Tarecuato, pero que reside y ejerce una actividad remuneradora en el exterior, generalmente en las ciudades cercanas. Ellos justifican su papel económico apoyándose en la ideología indigenista: consideran que hay que desarrollar al pueblo y que tienen que desempeñar un papel en ese desarrollo; por tanto, deben invertir, crear unas explotaciones modernas y dar un ejemplo de innovación técnica. Así, adquieren tierras "cedidas" por gentes de la comunidad; invierten, organizando producciones de renta más remuneradoras; para esas tareas recurren a la mano de obra asalariada del lugar; por lo demás, a menudo son los antiguos propietarios de esas tierras quienes se vuelven sus asalariados.

En ese muy significativo proceso de la evolución social y económica de Tarecuato, el personaje clave es el Representante de los Bienes Comunales (RBC), encargado de velar por la integridad del patrimonio de la comunidad. Él guarda celosamente los documentos antiguos (textos y mapas) que constituyen los títulos de propiedad de la tierra desde la Colonia. Por tanto, debe prestar su ayuda a la comunidad, pero no debe recibir ningún pago por el servicio. El papel del Representante de Bienes Comunales ha evolucionado poco a poco hasta perder su significación inicial; en un sentido más o menos laxo, interpreta la muy ambigua ley de propiedad de la tierra. Se encuentra en el meollo de una auténtica contradicción: mientras que supuestamente defiende los intereses de la comunidad y protege su patrimonio, en cambio tiene que cerrar los ojos ante la explotación abusiva del bosque, y ceder discretamente[1] los derechos de uso de la tierra. En realidad, su papel se vuelve contra la comunidad; asegura una función de relevo entre el "interior" (cuyos contornos tienden a borrarse) y el "exterior"; entre intereses individuales cada vez más precisos, intereses comunitarios cada vez más diluidos, e intereses de grupos económicos cada vez más intrusos. Esta alteración de la función del Representante es bastante reveladora del deterioro de la ideología y de la práctica tradicionales. El sistema comunitario de valores se enfrenta cada vez más al sistema marcado por la generalización de las relaciones mercantiles. Parece, claramente, que el Representante favorece la relación entre el pueblo y su medio económico. Pero esto sólo será posible a través de un proceso que refuerce el control de la comunidad por el *municipio* y el Estado.

En efecto, el sistema comunitario rige según la tradición el ritual de la vida a la vez social, política y religiosa, y asegura, en el marco de la *tenencia* la organización y el funcionamiento del espacio del pueblo. Tarecuato, con la simple categoría de *tenencia,* está enteramente dominado por el *municipio* del que depende, Tangamandapio; es ahí donde se toman las decisiones importantes, particularmente de orden presupuestario (financiamiento de los equipos colectivos, escuelas, dispensarios, vialidad, etc.). Más de uno, sobre todo entre los jóvenes, deplora esta dependencia de Tarecuato; también provoca resentimiento en relación con el Estado, que interviene por medio de numerosas instituciones y diferentes procedimientos. Es cierto, como lo hemos visto que se habían dado las condiciones para una transformación de la economía campesina tradicional —la irregularidad de las escrituras de tierra, la falta de infraestructura y de medios técnicos, el crecimiento demográfico, el surgimiento de nuevas necesidades, la presión sobre las tierras—, pero esta transfor-

[1] Hay que darle un soborno (*mordida*) equivalente a cerca de 20% de la venta.

mación no habría podido hacerse de esta manera sin la influencia de la sociedad global y de la *intervención del Estado*, en particular en la organización y administración del espacio agrícola, en el desarrollo económico y en la administración de la agricultura. Abordaremos rápidamente esos tres aspectos.

La intervención del Estado

Su papel en la organización y gestión del espacio agrícola es ya antiguo. La historia agraria de México ha sido larga, rica y dinámica; la revolución se menciona continuamente, ya que sigue en proceso, y la reforma agraria, establecida desde hace 50 años, es infatigablemente buscada, pero siempre inconclusa. Hoy, el Estado interviene cada vez más para orientar y enmarcar el desarrollo económico. Los campesinos de Tarecuato están habituados a ver llegar a representantes del Estado o de sus muchas instituciones; como dice uno de ellos, "no pasa una semana sin que nos convoquen a participar en una reunión de información en la *jefatura de tenencia* o en Tangamandapio".

La bodega de Conasupo concreta una acción de desarrollo emprendida por el Estado a través del SAM, Sistema Alimentario Mexicano, organizado durante la presidencia de López Portillo (1976-1982) para movilizar al país con objeto de recuperar rápidamente la independencia alimentaria; las bodegas del Estado hacen posible la distribución de los productos básicos, a precios accesibles, por todo el territorio de México.

Los campesinos se ven aún más afectados por los actos de modernización de la agricultura y de la economía emprendidos por el Estado en estos últimos años; los técnicos agrícolas, promotores y otros agentes del Estado, por medio de los representantes políticos, han alentado a los campesinos a agruparse en cooperativas, a interesarse en la mecanización de la agricultura, a utilizar abonos modernos y a pedir prestado para comprar semillas.

El empleo de abonos se hace más extenso, pero de manera irregular y poco racional; hemos podido comprobar que las normas de empleo son poco respetadas: por ejemplo, las dosis son insuficientes por afán de economía, o excesivas por ignorancia técnica. Pedir prestado para comprar semillas está bastante generalizado, pero las dificultades que tienen para pagar pronto impulsan a muchos agricultores a abandonar sus tierras y a buscar otras actividades.

La cooperación agrícola no pudo realizarse de manera positiva en Tarecuato; se considera que hace "doble empleo" con la organización tradicional del trabajo. La cooperación se realiza concreta y naturalmente en el marco de la solidaridad del clan, del grupo de parentesco o de vecindad; por otra parte, tiende cada vez más a ceder el lugar a la organización individual o familiar del trabajo en el contexto de una economía destructurada, es decir, individualizada, de la comunidad.

El conjunto del modelo de desarrollo agrícola y de desarrollo económico occidental propuesto por el Estado mexicano resulta poco coherente con el modo de organización y de funcionamiento de la actividad productora agrícola comunitaria. La modernización de la agricultura pone en entredicho el sistema agrícola campesino, impone un cambio técnico rápido y establece "una agricultura costosa, poco eficiente y ayudada".[2] El ejemplo más reciente de esta contradicción lo presenciamos a finales de 1985, a propósito del riego de insecticidas por avión. Las descripciones son testimonio de su fascinación por las técnicas modernas, al mismo tiempo que revelan su desencanto; en efecto, esas nuevas prácticas suprimen centenas de horas de trabajo para los jornaleros, los que se han vuelto en su mayoría, y a menudo sobre sus antiguas tierras. Los cambios técnicos van mucho más allá de la imposición de nuevas técnicas, ya que incluyen el rechazo de sus propias técnicas y de su modo de organización, en la lógica de un desarrollo endógeno; generan nuevos modos de pensamiento y nuevas relaciones de poder. Ya hemos comprobado el creciente papel de los habitantes de Tarecuato que tenían acceso al conocimiento técnico en el funcionamiento de la política; los técnicos de la agricultura y otros agentes del Estado disponen, con la técnica, de un instrumento de poder nada desdeñable. Por razón de su organización tan sectorizada, jerarquizada y centralizada, la administración agrícola ha formado un modo de intervención poco adaptado a las circunstancias. Teniendo dificultades para obtener la adhesión y la participación de los campesinos, por falta de contacto real y de pragmatismo, el sistema administrativo se ve llevado, las más de las veces, a emprender sus acciones de manera autoritaria. No hay otra alternativa que recurrir a la fuerza, al paternalismo y a la corrupción.[3] Con ese modo de intervención coercitiva al mismo tiempo que paternalista, la administración rural refuerza la falta de estima de sí misma, tan a menudo observada entre la gente de Tarecuato.

La acción del Estado para modernizar la agricultura, favorecer el cambio técnico e integrar las sociedades rurales a la economía global (nacional e internacional) es amplificada por las sociedades multinacionales y transmitida por dos instancias importantes: el Instituto Nacional Indigenista y el Partido Revolucionario Institucional (PRI). Vemos así que es todo un conjunto de instituciones y de actores sociales, económicos, culturales, políticos y a veces religiosos el que interviene en los procesos de transformación que afectan las técnicas de producción, la organización del trabajo y de los intercambios, la gestión del espacio; en suma, toda la vida material y económica de Tarecuato. Esas transformaciones significan —al mismo tiempo que provocan— *cambios de valor significativos*. Hay que tener cuidado de no mitificar el sistema de valores comunitario, pero la ideología comunitaria está, no obstante, siempre pre-

[2] Th. Linck, *El campesino desposeído*, CEMCA-El Colegio de Michoacán, México, 1989.

[3] Th. Linck, *Le paysan dépossédé. Pouvoir technique et décision dans l'agriculture mexicaine*, tesis, tomo III, p. 155, Aix en Provence, 1985.

sente; anima lo esencial de las relaciones sociales y el funcionamiento sociopolítico de Tarecuato. Mientras tanto, el Estado, el mercado y los medios informativos proponen nuevos valores: el enriquecimiento por la modernización, el préstamo, el desarrollo de los cultivos especulativos, la promoción individual según el modelo occidental y sobre todo norteamericano. La presentación de esos nuevos valores contribuye a favorecer el desplome de la comunidad, no tanto en su dimensión cultural y ritual como en su dimensión material y económica. La dominación por el Estado y por el mercado acelera el proceso de pérdida de autonomía de la comunidad y de los campesinos "desposeídos" y la creación de estrategias individuales y familiares, estrategias de supervivencia o estrategias de acumulación.

Un ejemplo de ese cambio del sistema de valores nos lo muestra el actual modo de explotación de los bosques: buen número de campesinos buscan allí nuevos medios de subsistencia. El patrimonio de la comunidad de Tarecuato es de 17000 hectáreas; 5000 hectáreas están destinadas al cultivo del maíz, 4000 al de los chícharos, del trigo, de la papa, etc. Cerca de un millar de hectáreas están constituidas por landas o tierras no cultivadas. Las 7000 hectáreas restantes constituyen el patrimonio forestal de la comunidad. Hoy, el bosque está sobreexplotado por los pequeños campesinos pero, sobre todo, por los industriales. La comunidad ya no controla realmente su explotación; la explotación individual del patrimonio comunitario, la explotación oficial o clandestina, se efectúa con el acuerdo tácito de la comunidad, según la regla consuetudinaria, mientras que esta explotación, si es industrial, se asemeja, antes bien, al pillaje. El beneficio es poco importante para los comuneros, aunque constituye un comienzo de acumulación para algunos, pero en cambio tiene grandes consecuencias para los empresarios industriales. Esta explotación constituye una amenaza para el equilibrio ecológico y para la perennidad misma del bosque; y sólo es posible por la inexistencia de una jurisdicción precisa, por la ausencia de una administración autoritaria, por el silencio de la comunidad y por la corrupción de algunos caciques. El RBC vuelve a encontrarse en el corazón mismo de intereses contradictorios. Más allá del problema del equilibrio ecológico y de la conservación del patrimonio, son la vida de la comunidad misma, su funcionamiento sociopolítico y su sistema de valores los que están en juego aquí.

Relaciones sociales y relaciones de poder en la actualidad

La degradación de la pequeña explotación familiar desde los años cincuenta, acentuada por la presión sobre las tierras y reforzada por la acción del Estado, ha transformado grandemente las relaciones sociales en Tarecuato. Tras las apariencias de cohesión y de igualdad comunitarias, por encima de los discursos revolucionarios, la diferenciación social se acentúa cada vez más. La estratificación social se hace evidente en el interior mismo de la esfera comunitaria por el acceso desigual a la tierra: algunas familias han reforzado su posición social y han acumulado capital en tierras y capital financiero con base en una agricultura tradicional pero diversificada y extensiva.

El proceso de estratificación social se hace cada vez más evidente en lo que toca al pueblo en su conjunto, formado por miembros de la comunidad (diferenciada ella misma), algunos habitantes del pueblo viven en las márgenes del sistema comunitario (comerciantes, funcionarios, usureros...), y "extranjeros" que han invertido en el patrimonio de Tarecuato; es grande la diferenciación entre las cerca de 20 familias que no tuvieron acceso a la tierra y el propietario de 60 hectáreas. Los rápidos cambios producidos por las transformaciones técnicas y económicas han causado la proletarización de una gran mayoría de los habitantes de Tarecuato. Y aunque poseen su casa y su huerta, señales de que pertenecen a la comunidad, han perdido su auténtica posición de campesinos, no sólo porque no son ya "propietarios" de sus parcelas, sino también porque su cultura campesina ya no es pertinente, eficaz ni reconocida.

A primera vista, las diferencias de posición social son poco perceptibles a través de la morfología del pueblo. Lo que establece las diferencias es la posesión de un camión o de un automóvil, y luego la disposición de electricidad, la posesión de un televisor o de un radio. Según un ex-médico, la población sufre de subalimentación y malnutrición (exceso de chile, exceso de cocacola y de bebidas azucaradas). El nivel de vida es bajo y muy desigual. El proceso de proletarización afecta a todos los campesinos que no pueden mantener su pequeña explotación familiar, inadaptada a los imperativos técnicos y económicos de hoy; no pudiendo volverse explotadores ni empresarios agrícolas, pierden su condición de campesinos; y aunque conservan sus parcelas (comunitarias), las más de las veces éstas se hallan mal mantenidas, y a veces ni siquiera han sido explotadas. Por ello podemos hablar de tierras sin campesinos que las trabajen.

Los más jóvenes a veces logran trabajar por un salario en las pocas huertas de aguacate. Hemos encontrado a varios trabajando en antiguas parcelas familiares, recién cedidas a agricultores-empresarios. Pero la mayoría de quienes se quedan en Tarecuato trabajan como jardineros en el pueblo o en los alrededores, en otras grandes explotaciones, en los ingenios de caña de azúcar o en la fábrica de resina de pino, etc. El éxodo de los jóvenes se confirma año tras año[4] y Tarecuato, como la mayor parte de los pueblos de la meseta tarasca, parece una útil reserva de mano de obra.

Al lado de ese proceso "clásico" de proletarización, presenciamos el

[4] Hemos contado 60% de jóvenes de 16 a 25 años que iban a trabajar al exterior. Varios habitantes nos dijeron que toda una red de indígenas de Tarecuato se había desarrollado en Chicago. Se dice que algunos hombres mantienen a su familia que se quedó en el pueblo y la familia que también han creado en los Estados Unidos.

surgimiento de una economía más informal, que va desde las prácticas de supervivencia hasta auténticas prácticas de acumulación. Ahí, el artesanado existe desde hace largo tiempo —hace 40 años, la fábrica de sacos de fibra y de pinturas naturales estaba floreciente—, pero la fabricación de camisas bordadas se ha convertido en actividad esencial para muchas mujeres que se quedan en casa; otras tejen cinturones para mujeres. El pueblo aún no ha abierto un lugar de exposición y de venta de esos productos artesanales, muy apreciados por los pocos turistas de paso; las camisas (de bajo precio) son colectadas para venderlas en las grandes ciudades como Morelia. La agrupación de apicultores favorece el desarrollo de una apicultura cuidadosa y la venta de miel da subsistencia a una decena de familias.

Al lado de esas actividades tradicionales se desarrolla el pequeño comercio: pequeños expendios se multiplican por todos los rincones del pueblo para la venta de productos de consumo corriente. Ante la necesidad de sobrevivir y de adaptarse a las nuevas condiciones de existencia, surgen otras actividades: un transporte privado ofrece sus servicios; un fotógrafo, un proyeccionista de cine y un panadero empiezan a ejercer su actividad. Pero sobre todo es al exterior del pueblo adonde la gente acude en busca de medios de subsistencia: las mujeres van a vender pequeñas cantidades de productos agrícolas o de alimentos preparados en el mercado, o bien anuncian sus productos de puerta en puerta; de esta manera, algunas mujeres proponen "buena tierra del bosque" de casa en casa, para enriquecer los jardines de los citadinos. Sin duda, el comercio ambulante es la actividad que mayor atractivo ejerce sobre la gente de Tarecuato: venta de artículos artesanales, de juguetes, de fantasías, de adornos... y de toda clase de productos que han entrado más o menos clandestinamente a México. Se está estableciendo toda una economía paralela. A través de esas experiencias, a veces de aventuras, la realización de sueños, intentan pese a todo mantener el máximo de nexos con el pueblo, ya sea quedándose a residir en él, ya sea volviendo lo más a menudo posible si son emigrantes.

En esta búsqueda de medios de subsistencia intentan mantener (reproducir) las normas, los valores, las formas de organización del trabajo comunitario (solidaridad en el marco de la familia extendida, el clan; al mismo tiempo experimentan nuevas maneras de trabajar, de comercializar, de consumir, de comunicarse). Esos modos de hacer y de vivir son, en gran parte, "copia" de prácticas urbanas existentes, pero también son testimonio de nuevos modos de integración a las relaciones comerciales y de participación en la sociedad global, mientras conservan lo esencial de las prácticas y de la ideología india comunitaria. Esas formas de adaptación y esas estrategias individuales, ¿podrán seguir siendo largo tiempo compatibles con la lógica comunitaria? Todo permite pensar que esta misma lógica ha perdido mucho de su pertinencia y de su fuerza. Por encima de los cambios técnicos y económicos, por encima de la transformación de las relaciones sociales, el conjunto de los modos de participación en la vida social, de los procesos de decisión, de las relaciones de poder y del funcionamiento de la política se ha transformado en Tarecuato como en todas las sociedades rurales de México.

Conclusión

Al término de este análisis de las relaciones entre la vida política y el funcionamiento de lo político, puede uno comprender un poco mejor que la sociedad rural de Tarecuato no es un sistema cerrado; es un lugar de intercambio —intercambio desigual, sin duda— pero, de todos modos, un lugar de intercambio de conocimiento y de intercambios económicos.

Si la instancia *comunidad* puede ser "aislada" por las necesidades del análisis en tanto que sistema social coherente y homogéneo, con sus estructuras territoriales, sociales, religiosas y políticas, más difícil es precisarla como sistema económico homogéneo: las estructuras económicas han estallado hasta alcanzar las dimensiones del *pueblo* y de la sociedad global; el mito de la sociedad autárquica es insuficiente aquí más que en ninguna parte. Y en el nivel de la instancia comunidad, hay que comprobar el deterioro de la economía comunitaria y el cambio del sistema de valores que favorece las prácticas y las estrategias individuales; al mismo tiempo puede verse una pauperización y una "desposesión" de la casi totalidad de los habitantes —siguen siendo indios, pero ya no son campesinos—, y un empobrecimiento de la vida comunitaria; la transformación de las relaciones sociales refuerza los poderes de los más ricos al mismo tiempo que desarrolla el individualismo y la pérdida del sentido comunitario.

A pesar de todo, la vida comunitaria sigue siendo rica en Tarecuato, aunque el poder tradicional ya no domine la economía ni el desarrollo del pueblo: lo esencial se le escapa, pues la vida real (el "progreso", el enriquecimiento, las decisiones económicas...) se sitúa en otra parte, fuera de la comunidad, como si ésta no estuviese adaptada a los nuevos datos de la economía. Pero la comunidad aún conserva el control de lo esencial de la vida sociopolítica, ritual y religiosa; son la riqueza de la cultura india y la fuerza de los nexos comunitarios las que permiten a los pobres soportar lo precario de su situación. La ideología cristiana refuerza, por lo demás, la ideología comunitaria en la aceptación de la pobreza y del sufrimiento. Para muchas personas, la *comunidad* ya no es el lugar de existencia y de producción —ya que a menudo encuentran en otra parte, parcial o totalmente, sus medios de existencia—, pero sigue siendo el lugar de pertenencia y de identidad, de cohesión y de reproducción de la vida social; ésta es la razón por la cual los emigrantes quieren regresar para las fiestas, que para ellos son ocasión de prácticas de identificación.

La instancia *pueblo* constituye un sistema administrativo y también un sistema económico: encontramos ahí un mercado de tierras (ofertas de parte de los campesinos pobres, demanda de parte de los campesinos ricos y de los inversionistas exteriores), un mercado de bienes (el mercado semanal y los comercios prosperan), un mercado de trabajo (reserva de mano de obra), servicios (técnicos, financieros, sanitarios, educativos...) y la administración municipal *(tenencia).* Es el lugar de la competencia económica, de la expresión de los antagonismos y de las relaciones de poder; es la instancia a cuyo nivel se toman las decisiones que afectan la vida material y económica; es, asimismo, la instancia intermedia entre la comunidad y el sistema que constituye la sociedad global.

De los modos de articulación entre esos tres sistemas (comunidad, poblado, sociedad global), unos personajes-clave desempeñan papeles de relevo; el *representante de bienes comunales,* el *jefe de tenencia,* así como algunos técnicos, dirigentes económicos o ideológicos, mestizos que apadrinan a familias indias; contribuyen a la integración de la sociedad rural de Tarecuato en la sociedad mexicana al mismo tiempo que a su dominación económica y política.

El análisis del funcionamiento socioeconómico que acabamos de hacer debiera permitirnos comprender mejor el funcionamiento sociopolítico de la sociedad de Tarecuato.[5]

[5] Véase J. Pavageau, *L'autre Mexique. Jeunes indiens du Mexique en quete de reconnaissance,* L'Harmattan, París, 1991.

ÍNDICE

Presentación

¿Qué porvenir espera a las agriculturas y los campesinados de América Latina, Thierry Linck 9
Cambios y recomposiciones 9
Una confrontación necesaria. 10
Interdisciplinariedad y combinaciones de escala 11
Estado, políticas agrícolas y cambio técnico, 12; Sistemas de aprovisionamiento, 13; Limitaciones exteriores e internacionalización de la agricultura, 13; Sociedades rurales y transformaciones agrarias, 14; Reformas agrarias y movimientos campesinos, 14
Algunas líneas directrices de la investigación 16
Cuestiones de edición. 17

Conferencia inaugural

Expansión y crisis: impactos sobre la pequeña agricultura brasileña, Charles C. Mueller 21 F42009
La economía brasileña en los quinquenios 1975-1980 y 1980-1985. 22
Desplazamientos de la mano de obra rural a la luz de los censos agropecuarios 23
Factores en la evolución reciente de los movimientos de la población rural 25
Comentarios finales 26

Taller I

Estado, políticas agrícolas, cambio técnico

Síntesis y comentarios, Thierry Linck 31 F42010
El choque neoliberal. 32
¿Renacimiento de lo local?. 34

Impacto de las políticas económicas y agrícolas en América Latina, Vicent Ribier 35 F42011

Las grandes líneas de las políticas económicas 35

Una homogeneidad relativa, 35; Factores de diversidad, 36;

Carácter e impacto de las políticas sobre el ingreso agrícola . . . 38

Las políticas agrícolas, 38; El impacto sobre el sector agrícola, 40

¿Es el agrícola un sector productivo como los demás? 42

Bibliografía 44

El cambio técnico y las estrategias campesinas, Guy Durand 46

Estudio de tres casos 47

Chile: desarrollo de la cría bovina y ovina en la isla de Chiloé, 47; Colombia: programa de Desarrollo Rural Integrado (DRI) en el departamento de Magdalena, el pueblo de Media Luna, 48; Honduras: transferencia de tecnologías para impulsar la producción lechera en el norte del país (región de La Ceiba), 48

Del funcionamiento técnico-económico a la estrategia 49

Resultados 50

Honduras, 50; Chile: los sistemas de cría chilotes, 52; Media Luna (Colombia), 53

Conclusión 54

Bibliografía 55

Los cambios agrarios en Chile bajo Pinochet, Anne Dubreucq 57

La formación del espacio económico y agrícola hasta 1973 . . . 57

El periodo republicano, 58; La situación del agro antes de la aplicación de la reforma agraria (comienzo de los años sesenta), 59

Las transformaciones agrarias bajo Pinochet 60

¿Por qué la estructura agraria ha evolucionado poco?, 60; Hacia 1960 resulta necesario un cambio. ¿Por qué?, 60; ¿Cuáles son esas respuestas, que tendrán influencias profundas sobre el sector agrícola?, 61; La nueva estructura agraria, 62

El nuevo espacio rural chileno 63

Conclusión 64

Nicaragua: los cambios técnicos bloqueados por las relaciones de fuerza política, Levard 65

El desarrollo bloqueado 65

La vía campesina, base de un distinto desarrollo 66

Las tecnologías socialmente "aceptables", 66; Las condiciones del despegue económico, 67

El fracaso de la política agraria sandinista 68

Las causas del fracaso, 69; ¿Por qué tales decisiones?, 71

Las relaciones sociales fijas; una burguesía en crisis de hegemonía . 72

Costa Rica: política económica y exclusión campesina en los ochenta, Jorge A. Mora A. 73
Bibliografía 77

Las ONG latinoamericanas y los cambios técnicos de la agricultura campesina, Philippe Barret 78
¿Qué problemas técnicos se van a resolver? 78
¿Cuáles referencias técnicas? 79
Concepción y adaptación de las técnicas nuevas 80
La elección de una solución. 81
Valorar las prácticas tradicionales 82
Bibliografía 82

La dinámica de una frontera agrícola tecnificada, Jean François Fritsche 83
El Estado y la dinámica del desarrollo de los Cerrados 83
Consolidación del frente pionero pese al retiro del Estado 84
Dinámica de Cerrados de Bahía 85
Aparición de una dinámica regional 86
¿Hacia una recomposición política? 88
Bibliografía 88

Modernización y crisis: la economía campesina en el sur andino del Perú, Volkmar Blum 90
Crisis económica y economía campesina 91
Remigración, intensificación y nuevas técnicas 92
Conclusiones 95
Bibliografía 96

Protección del medio y desarrollo agrícola, Jean Christian Tulet 98
Transformación radical de los valles altos 98
Los orígenes: la protección del medio 99
Del "Subsidio Conservacionista" al "Programas Valles Altos" 100
"Programa Valles Altos": una metodología del desarrollo. 102
Conclusión 103
Bibliografía 103

Cambio técnico y desarrollo económico, Derli Dossa y Eduardo Chia 105
El cultivo de la soya 105
El cultivo de la soya en la economía brasileña, 107; La soya en la región tradicional y Cerrados, 107
La soya y el cambio técnico 108

La difusión del cambio técnico, 108; El progreso técnico y la difusión de la soya, 109; Los agricultores de la región tradicional (Paraná) y Cerrados (Goias), 110

Conclusión 114
Bibliografía 115

F42021 *Los instrumentos del cambio técnico en la agricultura,* Gérald Assouline 116
La modernización agrícola 116

El Estado, actor esencial de los cambios técnicos en la agricultura, 116; Un modelo de desarrollo dinámico y contradictorio, 116

Estrategias de la industria agroquímica. 118

Brasil, mercado esencial, 118

La supremacía del hecho organizacional 120

El papel fundamental de las cooperativas, 120; ¿Y la pequeña agricultura?, 121

Conclusión 121
Bibliografía 122

Taller II

SISTEMAS DE ABASTO

F42022 *Síntesis y comentarios,* Fernando Rello. 125

F42023 *México: hábitos alimentarios y sistemas de abastecimiento,* Thierry Linck 129
Urbanización y ascenso de las clases medias 129
Nuevos hábitos alimentarios y viejas recetas: hacia una gestión bien comprendida de la pobreza 130

F42024 *Ciudad de México: crisis y consumo de alimentos,* Jacques Arnauld. 137
La crisis mexicana 138
La investigación del Instituto Nacional del Consumidor (INCO) . 139
El periodo agosto 1986-febrero 1988 141

Agosto de 1986. Situación económica y alimentaria, 141; Evolución de la situación económica de agosto de 1986 a febrero de 1988, 142; Evolución de la canasta alimentaria, de agosto de 1986 a febrero de 1988, 144

Conclusión 145

F42025 *Los cambios de los sistemas de abastecimiento en el Caribe,* Denise Douzant Rosenfeld 147

La crisis del abastecimiento 148

El aumento de la demanda urbana, 148; La modificación de los hábitos alimentarios, 149; Producciones insuficientes, 149; Importaciones alimentarias estructurales, 151; La adaptabilidad de la redes de comercialización, 151; Del campo a la ciudad: los flujos de productos alimentarios, 151

La diversidad de las formas de distribución urbana 153

Conclusión 155

De recolectores a porcicultores: cien años de ganadería porcina en Guanajuato, Jalisco y Michoacán, Patricia Arias 157 F42026

Historia de pollos y puercos (1890-1930) 159

Hasta la era de las transnacionales (1960) 161

Diversificación y especialización: los años recientes 163

Bibliografía 164

Brasil: electrificación rural, limitaciones económicas y límite de los efectos modernizadores en la agricultura, Christophe de Gouvello 165 F42027

La electrificación, catalizador selectivo del desarrollo 165

Se limitan los efectos de arrastre 165

La difusión de los usos de la electricidad sigue a la modernización agrícola, 166

Límites de los programas clásicos de electrificación rural 166

Un peso económico reciente, 166

Deterioro de la situación económica 168

Experiencia de innovaciones técnicas y legislativas en curso . . . 168

Las redes Monofásicas con Retorno por Tierra (MRT), 168

Cambios legislativos 169

Conclusión 169

Bibliografía 170

Bolivia: comunidades campesinas divididas entre economía de subsistencia y economía monetaria, Joseph Laure 171 F42028

Periodo de disponibilidad alimentaria y orientación de los intercambios 171

Abandono de las comunidades campesinas 172

La crisis vivida por los campesinos 172

Bibliografía 173

Brasil: consecuencias de los planes de estabilización sobre los problemas alimentarios, Raymonde Ladefroux 174 F42029

Los gobiernos brasileños y la evolución de los salarios y de los precios de los alimentos 174

Los planes de estabilización económica y los problemas alimentarios 176

El Plan Cruzado (28 de febrero de 1986-diciembre de 1986), 176; El desenvolvimiento práctico del Plan, 177; El fracaso del Plan Cruzado en el ámbito de la alimentación, 178; El Plan Collor, 179; Los efectos del Plan Collor, 179

Conclusión 180

Bibliografía 181

Evolución del consumo y constitución de un cinturón verde. El caso de la metrópoli de recife (estado Pernambuco, Brasil), Pernette Grandjean 182

El acceso a la tierra, al agua y los modos de comercialización diferencian a los aparceros 184

El acceso a la tierra y a las vías de comunicación, 184; El acceso al agua es esencial, 185; Las formas de comercialización, 185

Los aparceros del noreste siguen siendo pequeños campesinos tradicionales 186

Taller III

PRESIONES EXTERIORES E INTERNACIONALIZACIÓN DE LAS AGRICULTURAS

Síntesis y comentarios, Jean Pierre Bertrand. 191

Brasil y Argentina: políticas agrícolas, políticas de ajuste y competitividad en los mercados agrícolas y agroalimentarios internacionales, Jean Pierre Bertrand y Guillermo Hillcoat 194

Factores costo y "fuera de costo" de la competitividad 194

Metodologías, 195; La competitividad-costo de Brasil y de Argentina, 196; Los factores "fuera de costo" de la competitividad y la evolución de la ventaja comparativa, 196

Competitividad y política del Estado 197

La política agrícola en Brasil: la construcción de las ventajas comparativas, 198; El lanzamiento de la agricultura pampera, 198; La política macroeconómica en Argentina: una tendencia antiagrícola, 199

Políticas de ajuste y proceso de integración 200

La indización de los precios agrícolas en Brasil, 200; ¿Hacia una disminución de la presión fiscal en Argentina?, 201; La política de integración, 202

Bibliografía 203

La política de ajuste y agricultura en América Latina, Alexander Minda 205
La evolución reciente de las políticas de ajuste. 205
El concepto de ajuste, 205; El debate entre ortodoxos y heterodoxos, 206; Las políticas de ajuste en la práctica, 207
Efectos previsibles de las políticas de ajuste sobre la agricultura 209
Una evaluación difícil, 209; Los efectos posibles sobre la agricultura, 210
Impacto real de los procesos de ajuste sobre la agricultura . . . 211
Resultados contrastantes, 211; Los efectos nocivos del ajuste sobre la agricultura, 213
Bibliografía 214

Agricultura chilena y economía internacional, David E. Hojman . . 216
Condiciones domésticas 216
Campañas de asistencia técnica a campesinos 217
Condiciones internacionales y relaciones con Estados Unidos. . 217
Control de calidad 218
Fruta 219
Productos forestales, hortalizas y otros 220
Vino y otros productos elaborados. 220
Algunas conclusiones 221
Bibliografía 222

La fruticultura chilena: balance y perspectivas, Jean Marie Codron . 223
La supremacía de Chile 224
Recaídas económicas y sociales 228
Perspectivas 231

Argentina: introducción de nuevos cultivos y diversificación de los riesgos de producción, Charles M. Baldy. 233
Situación actual de los cultivos y de la ganadería 234
¿Qué medios posee la agricultura argentina?. 235
¿Qué nuevos cultivos proponer? 235
Conclusión 236
Bibliografía 237

Las implicaciones sociales, ecológicas y políticas de la "nueva agricultura de exportación", Alberto Arce y David Booth 238
La necesaria aproximación "desde abajo". 239
Nuevos esquemas político-económicos 239
Implicaciones ecológicas 241
Implicaciones sociales y económicas 242

Relaciones de trabajo y de género 244
Implicaciones políticas 245
Conclusión 246
Bibliografía 246

Taller IV

SOCIEDADES RURALES Y TRANSFORMACIONES AGRARIAS

F42038 *Síntesis y comentarios,* Alain Ruellan y Pierre Gondard 251

Resultados, perspectivas de investigación y de acción, Alain Ruellan 251
Resultados 252
El porvenir de la reflexión científica 252
Reflexión y acción 253

Las dinámicas sociales, Pierre Gondard 253
La innovación 253
Las redes 254
El mercado de tierras 254

F42039 *Análisis agroeconómico de los sistemas de producción en la zona árida chilena,* J. M. D'Herbes 255
Las comunidades agrícolas de la región de Coquimbo 255
Las comunidades agrícolas, 255
Diagnóstico y funcionamiento de las comunidades agrícolas . . 257
El uso del espacio y de los recursos, 257; Balance de los efectos ecológicos, 260
Problemática del desarrollo de las comunidades 260
Los comuneros son demasiado numerosos en relación con los rendimientos y los recursos, 261; La estructura de explotación de los sistemas ecológicos de las comunidades agrícolas es culpable, en parte, de la degradación de los recursos naturales renovables, 261; La dispersión geográfica de los comuneros limita su desarrollo, 262
La interfase, sistemas ecológicos-sistemas sociales 262

F42040 *En las márgenes del universo andino,* Yves Poinsot 263
Origen y funcionamiento de la sociedad de la papa 264
Dos etapas, 264; La organización del cinturón de la papa, 264
De la papa a la cría del bovino 265

Los factores de desestabilización del sistema agrícola se multiplican en los años setenta, 265; Los bovinos remplazan a la papa; el espacio agrícola se extiende hacia las grandes alturas, 266

Los efectos de la colonización de las márgenes del universo andino 266

La aparición de las heladas nocturnas caracteriza una mayor frontera socio-espacial, 266; Ese frente pionero conduce a una "paramización" del alto-andino, 267

Bibliografía 268

La sierra peruana: estrategias campesinas frente a la crisis, Evelyne Mesclier 269 F42041

Tres comunidades de Cuzco 269

Evolución de las elecciones de producción 273

La importancia de los altibajos del clima, 273; Hiperinflación: repliegue o anticipación, 274; La evolución de los precios relativos: sacar partido de la crisis, 275

No todas las reacciones son de retirada 276

Perú: educación y organización de las comunidades campesinas, Marguerite Bey 277 F42042

Sistemas espontáneos de intercambio de trabajo entre pequeñas explotaciones de un frente pionero argentino, Christophe Albaladejo 285 F42043

Los diferentes tipos de relaciones técnicas. 286

El ayutorio, 286; El pucherâo, 286; El cambio de día, 287; Préstamos de material e intercambio de trabajo, 287

La función de los intercambios técnicos 287

La densidad de los intercambios técnicos 288

La organización técnica local 289

¿Qué intervención puede tener un organismo de desarrollo? . . 290

Bibliografía 291

La agricultura de várzea *y el campesinado de la amazonia central,* Pierre Grenand y Sylvia Bahri 292 F42044

Breve historia de la colonización y de la agricultura de la *várzea* 292

La formación de los terruños: la isla de Careiro 294

Los terruños contemporáneos de la isla de Careiro. 295

La zona uno, 295; La zona dos, 295; La zona tres, 296; La zona cuatro, 296; La zona cinco, 297; La zona seis, 298

Conclusión 298

La guyana francesa: una minifrontera amazónica, Jean Paul Gachet, Myriam Toulemonde y Eliane Garganta 300
El resultado de las encuestas regionales 301
El surgimiento de un nuevo sistema agrario 303
Movimientos migratorios y frentes pioneros 303
Las dinámicas migratorias, 303; El frente pionero: la frontera, 304
Conclusión 304
Bibliografía 304

Pequeña agricultura, diversificación y comercialización. Economía, nutrición y política agrícola en Guatemala,

Maarten D. C. Immink y Joachim von Braun 306
Presentación de los proyectos 306
Efectos económicos de la diversificación 308
Situación nutricional 309
Diversificación y políticas agrícolas 312

Taller V

REFORMAS Y ESTRUCTURAS AGRARIAS, MOVIMIENTOS CAMPESINOS

Síntesis y comentarios, Christian Gros 317
Las comunidades campesinas 317
Las reformas agrarias 319
El balance de las reformas agrarias, 319; Las promesas no cumplidas, 319
Los movimientos campesinos 320
El Estado, las solidaridades internacionales 320

Perú y Brasil: reformas y contrarreformas de estructura en los sistemas agrarios, Claude Auroi 322
Parcelación a la peruana 323
Brasil: ¿sed de tierras o sed de trabajo? 325
Explotación familiar y cooperativa 328
Bibliografía 328

Transformación agraria en Nicaragua en los años ochenta y perspectiva actual, Jan P. de Groot 330
Características de la reforma agraria sandinista 330
Límites y ajustes de la reforma agraria sandinista 331

Cambio político y reforma agraria 332
Política económica y reforma agraria 333
Perspectivas del sector reformado. 334
Funciones del cooperativismo y reactivación del sector reformado 337
Bibliografía 339

Tierra, comunidad y política: estrategias de reproducción social de los agricultores de una época de transformaciones sociales, Ana María A. Bonin, Ángela Duarte Damasco Ferreira y Claus Magno Germer 340

Movimiento de los sin tierra: definiciones de estrategias y de proyecto político 341
Reflexiones sobre la integración de movimientos de los sin tierra 343
La Iglesia y el movimiento de los sin tierra, 343; Proyecto campesino, cooperación agrícola y colectivización en el MST, 345

Significado de ritos y símbolos en el movimiento de los sin tierra, Ana María Aimoré Bonin y Márcia Scholz de Andrade Kersten . . 348

El movimiento de los sin tierra en Paraná 349
Constitución y utilización de símbolos y ritos. 351
Bibliografía 355

Perú: la protesta de un sector autónomo, Jean Marc Gastellu 356

El desencadenamiento de un electorado independiente 356
Los resultados, 356; Imagen y mensaje de un candidato, 357; El contexto de las elecciones, 358
La configuración del sector autónomo 358
Los sectores informales, potencia electoral, 359; El cielo se entremete, o panteón para lo informal, 360; La economía campesina en el sector autónomo, 360
Bibliografía 363

La esclavitud y su herencia en el campesinado haitiano de hoy, Ricardo Parvex 364

La historia 364
El arcaísmo y la modernidad, 364; Primera ruptura: la conquista, 365; Haití, tierra de exilio; África, tierra de promisión, 367; Segunda ruptura: la independencia, 367; Haití, experiencia piloto, 368
La herencia. 368

"Un conflicto puede ocultar otro", Odile Hoffmann y David Skerritt 371

El sector agrícola privado en el centro de Veracruz: ¿adhesión o resistencia al esquema de modernización? . . . 372
"Un conflicto puede ocultar otro": relato de un enfrentamiento 373
Hipótesis e interpretaciones: la revisión de los papeles y de los poderes locales 375
Bibliografía 378

México: poderes políticos, poderes económicos y transformaciones sociales en una comunidad de Michoacán, Jean Pavageau 379
Los actores en acción en la evolución económica. 379
La intervención del Estado. 381
Relaciones sociales y relaciones de poder en la actualidad . . . 383
Conclusión 386

Este libro se terminó de imprimir y encuadernar en el mes de diciembre de 1994 en los talleres de Impresora y Encuadernadora Progreso, S. A. de C. V. (IEPSA), Calz. de San Lorenzo, 244; 09830 México, D. F. Se tiraron 2 000 ejemplares.